キース・ブラッドシャー〈著〉
ニューヨーク・タイムズ前デトロイト支局長
片岡夏実〈訳〉

SUV（スポーツ ユーティリティ ビークル）が世界を轢《ひ》きつぶす

世界一危険なクルマが売れるわけ

築地書館

COURTESY OF JAMES K. WAGNR

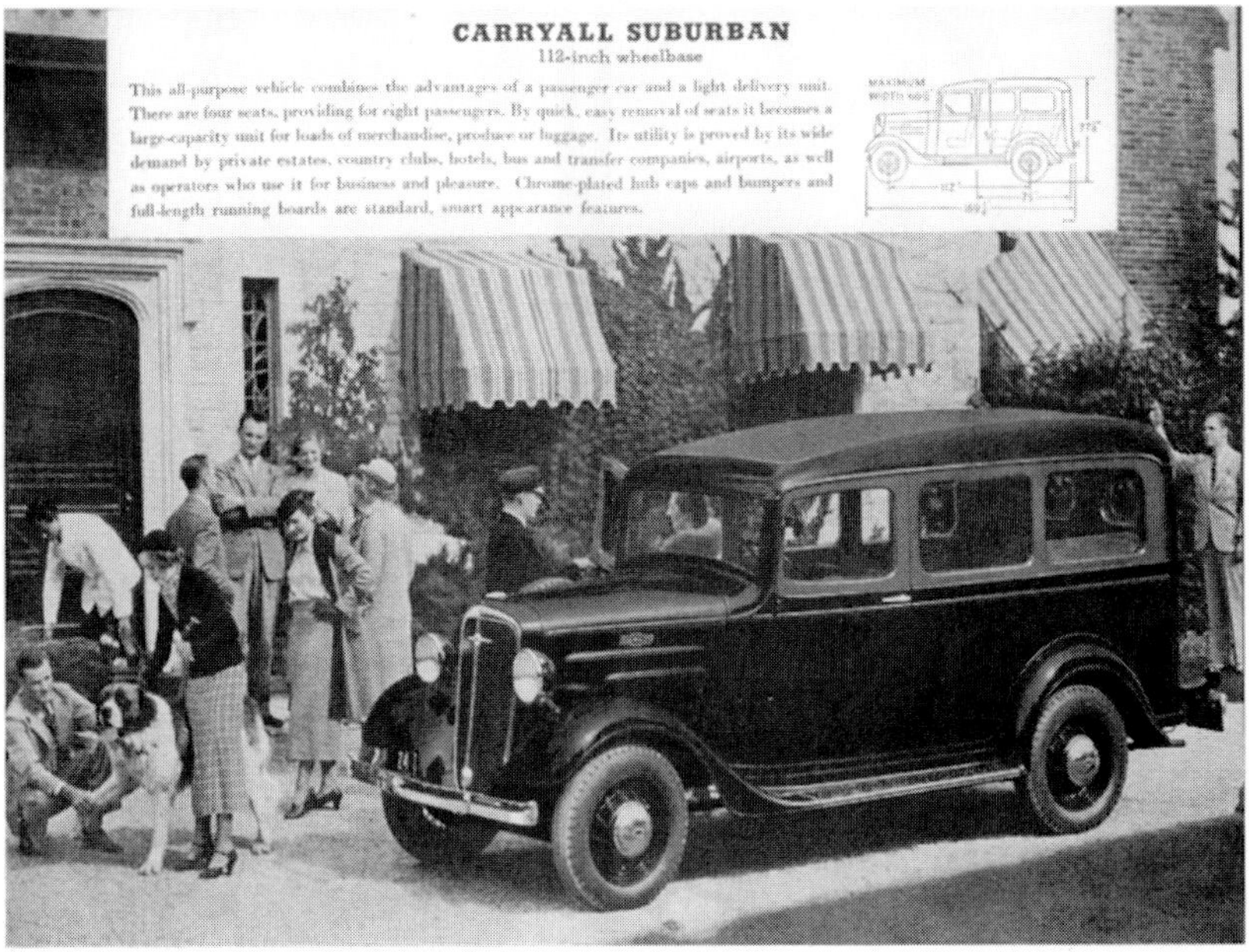

初期のシボレー・サバーバンは、写真の1936年型のように美しい車であったが、乗用車に代わるものとして考えられることはほとんどなかった。1章参照。

U.S. ARMY

ある世代のアメリカ人は、第二次世界大戦中にジープに乗った。写真はフランクリン・D・ローズベルト大統領。

アメリカン・モーターズ会長であったロイ・チェイピン・ジュニアは1969年にジープの商標を買収し、ジープをファミリーカーに変えた。1、2章参照。

1960年代から1970年代にかけてのジープ・ワゴニアは、現代のSUVのような車高の高いステーションワゴンの一種に見える。しかし売り込みがまずく、あまり人気は出なかった。

ASSOCIATED PRESS

ボブ・ラッツは、アメリカ人のもっとも利己的で卑劣ですらある本能に訴えるSUVをデザインし、デトロイトのビッグスリーすべてに成功をもたらした。しかし自分自身の車としては乗用車を好んでいる。写真は彼の邸宅のガレージ。3、6章参照。

KYLE J. KEENER

メーカーはほとんどのSUVのボディをシャシーとは別に作り、組立ラインの最後で接合している。1990年代後半に世界一利益の大きな工場であったミシガン・トラック工場では、予備のフォード・エクスペディションとリンカーン・ナビゲーターのボディが、巨大な棚に収められ、昼夜を分かたず生産が可能になっている。5章参照。

EARTHQUAKE
Certificate
INSURANCE
FLOOD
MUDSLIDE
INSURANCE COMPANY
TORNADO
AVALANCHE
POLICY
JEEP GRAND CHEROKEE.
STILL THE BEST INSURANCE POLICY OUT THERE.
JEEP GRAND CHEROKEE It's your classic man vs. nature struggle. Man goes out in 4x4—nature gets nasty. So we engineered Grand Cherokee to be one of the safest 4x4s out there. Its legendary four-wheel drive shows no fear in the face of a blizzard. Its braking system helps you stop even when the rain or sleet or snow hasn't. Its agile suspension can see you through a rock slide. And should the sun come out, Grand Cherokee is ready for that too. Contact us at 1-800-925-JEEP or www.jeep.com for more info.
Jeep
THERE'S ONLY ONE
Jeep is a registered trademark of DaimlerChrysler.

ジープ・グランドチェロキーの広告。車の上に描かれているのは地震、洪水、土砂崩れ、雪崩、竜巻の保険証書で、この車が最高の保険であると宣伝文句は謳っている。このように自動車メーカーは、四輪駆動が安全性を向上するかのようにほのめかしているが、実はそうではない。7章参照。

リンカーン・ナビゲーターの広告。宣伝文句は「まわりに差をつけよう」と読める。SUVの広告は、特に自己中心的とメーカーの市場調査員が呼ぶ人々に迎合している。6章参照。

ASSOCIATED PRESS

写真左、リンカーン・ナビゲーターのようなSUVの高い車体前部は、衝突時にセダンのバンパー、ボンネット、クランプル・ゾーンを乗り越えやすい。右はホンダ・アコード。

ROBERT GALBRAITH

1997年５月、ダイアナ・ド・ビアが運転するサーブの側面に、SUVのレンジローバーが衝突した。彼女は意識不明のまま、自身がそれまで理学療法士として勤務していた病院に担ぎ込まれた。５年にわたる治療にもかかわらず、彼女は脳挫傷から完全に回復せず、夫グレンの介護を必要としている。９章参照。

ROBIN NELSON

ヘンリー・フォードの曾孫、ウィリアム・クレイ・フォード・ジュニア（右）は、1999年にフォード・モーター会長となり、SUVの環境安全の業績を改善しようとしたが、最高経営責任者ジャック・ナッサー（左）の失策により、同社は財政難に陥り、後退を余儀なくされた。14章参照。

ASSOCIATED PRESS

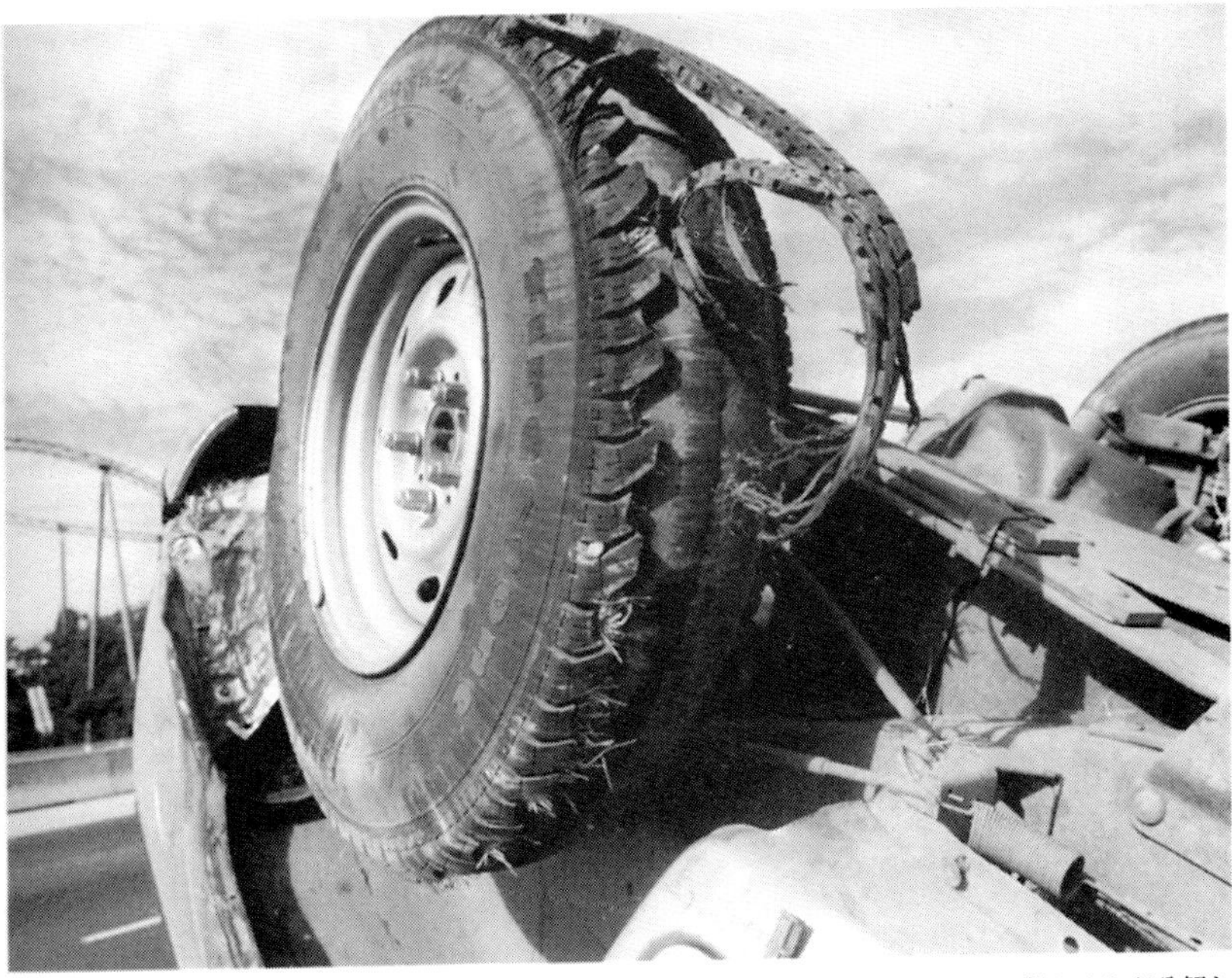

2000年夏、フォード・エクスプローラーに装着されたブリヂストン／ファイアストン製タイヤが分解し、車がひんぱんに横転、時には乗員に致命傷をもたらした。15章参照。

発売から10年、ジープ・グランドチェロキーはいくつかのマイナーチェンジを経たが、今もユニフレームと呼ばれる構造を持った数少ないSUVである。やはりユニフレーム構造を持つ兄弟車のチェロキーとともに、同車は非常に安定性が高い。

DON HOGAN CHARLES/THE NEW YORK TIMES

俳優でボディビルダーのアーノルド・シュワルツェネッガーは、2001年春、ハマーH2の試作車でニューヨーク市マンハッタンのタイムズ・スクウェアに乗りつけ、ゼネラルモーターズが同車の量販を決定したことを宣伝した。この車はハンビーの名で知られる軍用車輌の民間向けである。18章参照。

目次

II　SUVの暗部　127

序章　「豚が流行っていれば、わが社は豚をつくる」

アウトドアでの冒険

多目的スポーツ車（SUV）はこの一〇年でアメリカの道路を席捲し、今や世界中の道路を占領しようとしている。四輪駆動車は机にしばられたベビーブーマーに、アウトドアでの冒険というロマンチックな幻想を与えている。大型のモデルは家族と荷物を収容する広いスペースを提供する。大きなボディゆえに安全というイメージがある。SUV人気は中西部北部の経済を回復させ、九〇年代前半に始まるアメリカの好景気を助けた。

しかしSUVの急増は大きな問題を生みだしている。その安全なイメージは幻想である。SUVはきわめて横転しやすく、驚くほど高い確率で乗員を死傷させる。また、衝突した乗用車にすさまじい被害を与え、歩行者に致命的な脅威をもたらすなど、他の道路利用者にとっても危険である。その「自然」のイメージも幻想である。乗用車に比べSUVは、スモッグや地球温暖化のはるかに大きな原因となっている。ガソリンを大量消費する設計のために、中東で反米感情が渦巻いているときでも、アメリカは中東の石油への依存度を増している。

SUVの成功の理由は、一部には自動車メーカーによる設計上とマーケティング上のきわめて利己的な判断のためであり、一部は政府の規制に欠陥があるためである。メーカーのマーケット・リサーチャーは、数百万のベビーブーマーは冒険的なイメージを求めており、そのためには他人を危険にさらすことなどほとんど何とも思っていないと判断した。そして彼らは自動車エンジニアに、そのような車を設計させた。その結果が異常に車高が高く、凶暴な車である。例えばダッジ・デュランゴはジャングルに棲むネコ科の猛獣の歯に似せたグリルを持ち、その張り出したフェンダーは獰猛な顎に盛り上がる筋肉のようだ。

メーカーがこのようなガソリンをがぶ飲みし、汚染物質を吐き散らし、乗員と他のドライバーを危険にさらす怪物を生産できるのは、政府の規制に抜け道があるからである。連邦政府が一九七〇年代に自動車の安全性、環境、税制に関する法規を定めた際、乗用車に対しては、ピックアップ・トラック、バン、オフロード車（以後、発展してSUVになる）よりもはるかに厳しい基準を採用した。抜け道の多くは今も存在し、アメリカの規制をまねた他の国々にも拡がっている。その結果、社会政策に破滅的な影響が現れた。乗用車の生産をやめ、安全性、燃費、環境面で劣るSUVへと移行する大きな誘因を、期せずしてメーカーに与えてしまったのだ。

ドライバーの視界をふさぐSUV

フォード・エクスプローラーSUVに装着されていたファイアストン製タイヤが破損し、横転事故が多発した事件ほど、国中の強い注目を集めた交通安全問題はかつてなかった。エクスプローラーとタイヤの設計および製造上の手抜き、また一部の社員がタイヤの問題に気づきながら数年にわたりほとんど何も手を打たなかったことで、フォードとファイアストンは当然非難された。

このタイヤを原因とする事故は、過去一〇年間に全世界で三〇〇人もの命を奪うひどいものであったが、それはSUVにかかわる安全と環境の問題のごく一部にすぎない。これらの問題のために、すでに年間数千人のアメリカ人が、落とさなくてもいい命を落としているのである。多数のSUVが使われ始めた他の国々でも、何百という無用の死が引き起こされている。

一般にSUVは車高が高く幅も広いので、後ろを走る車のドライバーには前方の道路状況がわかりづらく、事故、特に多重衝突を避けがたくなる。トラックのような硬いフレーム構造のSUVシャシーは、樹木や路上の構造物に衝突したとき、衝撃をほとんど吸収しない。SUVはその大きさゆえに渋滞を増加させる。後ろを走る乗用車のドライバーは車間距離を長めに取り、そのため一回の青信号で交差点をわたれる車が減るからだ。米国内のガードレールの高さは、大部分が車高の低い乗用車に合わせて作られているので、衝突したSUVを安全に車線に戻すのでなく横転させてしまう。SUVのブレーキとサスペンションはトラックのものに似ており、そのため制動距離が乗用車よりも長く、SUVドライバーが衝突前に車を停止させる可能性を低くしている。そしてSUVが歩行者を撥ねると、バンパーが身体の上部を襲い、乗用車よりもひどい傷を負わせる（乗用車は低い位置にあるバンパーで、歩行者を比較的柔らかいボンネットへとはね上げてしまう）。

他のドライバーに致命的な危険を及ぼしながらも、SUV自体の乗員も乗用車より安全ではない。それどころか、より危険なのだ。SUV一〇〇万台あたりの乗員死亡率は、乗用車一〇〇万台あたりの乗員死亡率よりも六パーセント高い。フルサイズのSUVは、他のドライバーには最大の危険をもたらすが、ミニバンや、フォード・トーラス、ポンティアック・グランプリといった大きめの中型乗用車に比べて、八パーセント高い乗員死亡率を示す（註1）。なぜこのようなことが起こるのだろうか。要するにSUVの乗員は死に方が違い、横転で死亡する可能性が、他のドライバーを墓場に送る可能性と同じく、乗用車よりもはるかに高いのだ。

SUVの乗員は事故で身体麻痺を起こす危険性が高い。国レベルの調査は行なわれていないが、アーカンソーとユタの州レベルの調査では、横転事故が麻痺の症例全体の半分近くを発生させていることが判明している。違う言い方をすれば、横転事故は、疾病、転落、および横転以外のあらゆる形態の交通事故を合わせたものとほぼ同数の、麻痺につながる脊椎の損傷を引き起こしているのだ――横転はすべての事故の一パーセントに満たないにもかかわらず。

乱暴なドライバーの手に危険な車

最悪なのは、SUV問題は始まったばかりであり、この先確実により大きく、より致命的になるということだ。SUVの安全上の問題は、これまでのところ緩和されていた。それはこの車がアメリカでもっとも安全なドライバーを主に引きつけていたからだ。九〇年代と二〇〇〇年代初めのSUV購入者の中心は四〇代のベビーブーマーで、三〇代と五〇代にも多少売れていた。こうした裕福な最初のSUVオーナーは、どちらかといえば路上でもっとも慎重なドライバーである。彼らはおおむね中年であり、運転経験が豊富で、まだ視力、聴力、知的能力がしっかりしている。大半は家族があり、したがって事故率が非常に高い時間帯である深夜に、車で出かける可能性は低い。

米国内には二〇〇〇万台のSUVが走っており、その半数以上が車齢五年以内である。もっとも大きなフルサイズSUVでは、四分の三が五年以内だ。裕福で慎重な運転をするベビーブーマーがそのSUVを売り、あるいはリース期間が終わって返却すると、中古車市場にこれらの車があふれる。価格が低下すれば、若いドライバーや経歴に問題のあるドライバー——飲酒運転者を含む——にとって魅力的になる。交通安全の専門家が、新車のSUVを運転する悪質ドライバー以上に恐れる唯一のものが、ブレーキの劣化など整備上の問題を抱えた中古SUVを運転する悪質ドライバーだ。

ピックアップ・トラックと同じシャシーを使用する従来型のSUVが新車販売台数に占める割合は、一九八二年の一・七八パーセントから九一年には六・七パーセントに増え、九七年には一六・一パーセントにまでなって、以後一七パーセントほどで安定している。この変化は自動車市場の高級部門で特に早く、九〇年には市場の二〇分の一に満たなかったものが、九六年には高級車市場の半分を占めるまでになっている。しかしSUVはまだ、現在アメリカで登録されている白動車の一〇パーセントにすぎない。八〇年代に製造された自動車がまだ現役で走っており、その大半は乗用車であるため、SUVが全車輌に占める割合を抑えてきたのだ。だが年式の古い車は廃車にされ、新しい車に入れ替わっており、その中にはより大きな割合でSUVが含まれている。そのため最終的にSUVは現在の倍近くは行き渡るだろう。

環境への影響

SUVは交通安全だけでなく環境にもひどい悪影響を与える。燃費が悪いために、地球温暖化に関係する二酸化炭素を大量に放出する。中型SUVは走行距離一マイルにつき、標準的な乗用車よりもだいたい五〇パーセント多く二酸化炭素を発生させ、フルサイズSUVでは二倍も排出する。シエラ・クラブが好んでする指摘では、中型乗用車の代わりにフルサイズのSUVを一年間運転すると、冷蔵庫の扉を六年間開けっ放しにしたのと同じエネルギーを余分に消費するという。

またSUVは同じ走行距離で乗用車の五・五倍ものスモッグの原因となるガスを吐き散らす。

自動車メーカーは一九八〇年代から九〇年代にかけて、乗用車の燃費改善において目覚ましい進歩を遂げた。しかしこの進歩も、SUVの増加によって徐々に帳消しにされている。クライスラー社はコンコード・フルサイズ・セダンについて、一九七八年型クライスラー・ニューヨーカーの高級セダンより加速がよく、室内の広さはちょうど同じでありながら、七八年型ダッジ・オムニ・サブコンパクトカーにほぼ匹敵する二三マイル／ガロン（リッター約九・七キロ）の燃費を実現したと豪語している。だがコンコードなど大型乗用車の売上は減っており、クライスラー・デュランゴのような大型SUVが取って代わっている——この車の燃費は、七八年型ニューヨーカーと同じ一四マイル／ガロン（リッター約五・九キロ）である。

SUVブームの陰ですでに何人が不必要に死んでいるのだろうか。筆者ができる限り正確に見積もったところでは、乗用車がSUVに置き換えられたことで、現在アメリカでは年間三〇〇〇人近くが不必要に死亡している——二〇〇一年九月一一日の世界貿易センターへのテロ攻撃で死亡したのと同じ数の人間が毎年死亡しているのだ。SUVの横転による死亡者数を、こうしたドライバーが乗用車に乗っていたと仮定した場合に予測される死亡率と対比すると、年間だいたい一〇〇〇名が余計に死亡している。さらにSUVとの衝突で死亡した乗用車の乗員のうち一〇〇〇名は、衝突したのが乗用車であれば死なずに済んだと考えられる。そして毎年最大一〇〇〇名が、SUVが引き起こすスモッグの増加で、呼吸器障害により死亡している（注2）。

これは控えめな推定であり、SUVが歩行者に及ぼす危害、地球温暖化の助長など計算が難しい多くの問題を除外している。また、SUVが同様に増加を始めている海外、特にヨーロッパ、南米、オーストラリアで増大している問題も含めていない。

ハイウェイ軍拡競争

SUVは世界でもっとも危険な車である。それは本質的に乗用車よりも他の道路利用者にとって危険で環境に有害な、新型の個人交通手段を代表するものだからだ。SUVはまた、「ネットワーク外部性」として知られる現象により乗用車を駆逐しようとしている。

この経済概念は、一定以上の人々がある製品を使い始めると、すでにその製品を持っている人と共有できるという利益のためだけに、誰もが同じものを買うようになるというものだ。消費者は、選ぶ製品が他の製品より技術的に劣っていてもそうするのだ。

ネットワーク外部性の最たる例がコンピューター産業にある。一定以上の人がMS-DOSや、のちにはマイクロソフト・ウィンドウズを使い始めると、ほとんど誰もがそれを使うようになる。たとえアップル社にマッキントッシュという明らかにずっと優れた製品があってもだ。

ネットワーク外部性のもう一つの好例が、VHSビデオである。VHSは当初競合していたベータ機と比べて、技術的に劣っていた。しかし一定以上の数の人間がVHSビデオを持つと、ほとんどのビデオレンタル店はVHSのソフトしか置かなくなり、みんながVHS機を買わざるを得なくなった。

SUVは安全性、低公害性、快適性、操縦性能において、乗用車より劣っている。にもかかわらずその売上はネットワーク外部性の恩恵を受けてきた。乗用車に乗っていると、路上で先を見るのがだんだん難しくなっている。車高の高いSUV、ミニバン、ピックアップが前方を走っていると、見通しがきかないからだ。夜にはまぶしいSUVのヘッドライトが乗用車のドライバーの目をくらませる。二台の背の高いSUVに挟まれた駐車スペースからバックで乗用車を出すときには、他の車が猛スピードで通り過ぎようとしていないことを願うしかない。SUVの巨体と凶悪な外見は、乗用車のドライバーに必然的に不安感を抱かせる。その結果がハイウェイ軍拡競争だ。

「道を譲れ」

この流れを押し止めるために何らかの手を打たなければ、自動車メーカーはだんだん多くの人々に、乗用車は時代遅れだと思わせていくだろう。SUVが売れるとさらに大きなSUVの需要が発生し、国中のガレージからフォード・トーラスやトヨタ・カムリが次々にフォード・エクスプローラーとトヨタ・セコイアに追いだされる。広告がこの傾向に拍車をかける。あらゆる産業の中で自動車業界の広告量は群を抜いており、米国内の広告費の七分の一を占め、国内のメディア、とりわけテレビと雑誌業界に巨額の資金提供をしているのだ。自動車業界は広告費で、二位から四位までの業界、すなわち金融業、電気通信事業（地域電話、長距離電話、携帯電話を含む）、全国チェーン・レストランを合計したものをしのいでいる。自動車メーカーの広告費の相当部分は、人々の乗用車への信頼を、時には微妙に、時には露骨に傷つける広告に使われている。

特に不愉快なSUVの広告を選ぶのは難しい。候補が多すぎるからだ。筆者が気に入っているのは一九九九年にキャデラックが出した、巨大SUVエスカレードのほぼ全面を使った新聞広告である。エスカレードの写真は、前方一メートル五〇センチ、地上六〇センチほどの位置から撮影されており、そのため車の巨大なグリルが眼前にそびえている。その上のフロントガラスは全面真っ黒で、中から見る者を威圧しているのは誰か、見当もつかない。車の両側で木々はぶれて見えるが、前に突進してくるSUV自体には、ピントがくっきりと合っている。それはあたかも人生の最後の瞬間に車のサイドウィンドウから見る、赤信号で停まれなかったSUVが突っ込んでくる光景のようだ。

広告の文句はさらに恐ろしい。「道を譲れ」と広告の最上段で、高さ二センチ半のアンダーラインつきの文字が命令している。エスカレードの下には一センチの文字で、カッコに入った別の警告が与えられている。「（すぐに右に寄ってください）」。その下には大活字の本文が同じ調子で続いている。「いう通りにしたほうがいいでしょう。なぜならこれは新しいキャデラック・エスカレードだからです。この非常に頑丈な造りと高度な装備を持つ唯一の高級SUVは、そう、抵抗不可能に設計されているのです。どこでもサポートを提供するオンスターシステムを標準装備したエスカレードは、一対一の接客サービスから緊急サポート、ナビゲーションまで、ほとんど無制限に指一本で可能にします。このように言い切れるSUVは世界中どこにもありません。だから他の高級SUVには道を譲るようにいいましょう。エスカレードが通るのだからと」

その下にはエスカレードのスローガンが、黒一色の囲みに白抜きで書いてある。「エスカレード：それはキャデラックであるにふさわしい」

この広告がいうキャデラックに乗っていれば、それがぶつかろうとしている車高の低い乗用車に乗っているよりも、生き延びる確率は高いかもしれない。だが、この広告を丹念に読んで、「キャデラックである」ことが道義的に「ふさわしい」ことだと判断する人はほとんどいないだろう。また、この広告の意味で「キャデラックである」人がいることも、公衆の安全や環境によいことではないのだ。

竹馬に乗った豚

だが、他のドライバーに道を譲れという広告のアドバイスは、実際なかなかいいアドバイスである。エスカレードはベテランのドライバーにとっても運転が難しいことがあるからだ。ステアリング・レスポンス（ハンドル）は鈍く、サスペンションは頼りなく、ブレーキは乗用車ほどきかない。九九年の初め、筆者は試乗のためにデトロイト空港で初期型のエスカレードに乗り込んだ。だがあまりにステアリングの反応が悪いのに驚いてそのまま家に帰り、キャデラックに電話をして車を引き取りに来てもらった。筆者が初めて乗ってから、キャデラックはエスカレードを多少改良しているが、今もそのレスポンスと乗り心地は、竹馬に乗った豚のようだ。

エスカレードの巨体は、乗用車との衝突時にある程度乗員を保護してくれるだろうが、それはこの車が他の事故においても安全であるように、特にうまく設計されているということではない。エスカレードが同じ重さの車や橋台のような堅固な物体に正面衝突したときのドライバーの生残性に、規制当局はまあまあの三つ星（一つ星から五つ星の五段階で）を与えている。大型乗用車やミニバンの多くには現在五つ星がついており、そうでなくても四つ星が一般的である。また、生存確率の計算に大腿部の負傷は含まれないが、エスカレードのドライバーは重大な正面衝突において、大腿骨を折る危険が異常に高いことに、きわめて異例ながら当局は注目している。

リンカーン・ナビゲーターが売り出されたとたんにヒットしてから一年と少したった一九九八年、ゼネラルモーターズの一部門であるキャデラックは、あわててエスカレードを市場に出した。エスカレードは基本的に、GMCユーコンSUVにたくさんのメッキ部品とオプション装備を取りつけたものである。そのGMCユーコンは、シボレー・タホSUVを豪華にしたものにすぎない。そしてまたタホは、シャシーをはじめ多くの部品をシボレー・シルバラード・フルサイズ・ピックアップ・トラックから流用している。つまりキャデラックは、基本的には二万ドルの作業用トラックをメッキ部品や革張シートや高級ステレオで飾り立て、五万ドル近い値段で売っているわけだ。このようにして自動車メーカーは、フルサイズＳＵＶで巨額の利益を得ているのだ。ＧＭとフォードの売上はマイクロソフトの七倍近く、両社ともＳＵＶの利益で財務状況を建て直している。

ＧＭはこの数年、大型のピックアップ・ベースＳＵＶの販売促進にもっとも積極的なメーカーである。ＧＭの経営陣はエスカレードのような車を作る決定を下したことについて、アメリカ人が欲しがるものを作っているだけだと好んで主張する。ガソリン価格が上がらない限り、政府の規制が乗用車に厳しい限り、アメリカ国民が辺境《フロンティア》にふさわしい大きくマッチョな車に熱中している限り、ＧＭはじめ自動車メーカーの幹部はＳＵＶを作り続けるつもりだ。

ＧＭの有力な副会長ハリー・ピアスは、二〇〇〇年八月の記者会見で、去り際にそのことをもっともうまく言い表した。「もし豚が流行っていれば、わが社は豚を作るだろう」

1

SUVの誕生

1章　SUV前史

デトロイト郊外にあるヘンリー・フォードの邸宅では、木彫りの胸像が舞踏場の天井を支える柱になっており、T型フォードの開発者と、その三人の親友の姿を今に伝えている。いずれも名のある者ばかりだ。その名を冠したタイヤ・メーカーの創立者ハーベイ・ファイアストン。電球と蓄音機の発明者トーマス・エジソン。ナチュラリストのジョン・バローズ。一九二〇年代、フォードに雇われていたコックやその他の使用人を連れて、四人はキャンプ旅行に好んで出かけた。フォードの工場で特別に作った自動車を駆り、四人は一度に何週間もかけて何度もアメリカ西部を横断した。彼らはみずからを放浪者《バガボンド》と呼んだ。

その邸宅、フェアレーンは、今では博物館になっており、ヘンリー・フォードの時代ほぼそのままに保存されている。大きな八角形のガレージは、自動車王のものとして期待通りのものであろう。あるいは、鉄道王のものとして。というのは、そのガレージは転車台を持つ機関車庫に少し似ているからだ。周囲を大きな窓が取り囲み、ヘンリー・フォードの自動車を自然光のもとで鑑賞できる。中央には転車台があり、それぞれの車を壁際にあるスペースに楽に収められるようになっている。

入ってすぐにあるのはバガボンドの旅行のために特注された一九二二年型リンカーン・キャンパーだ。フォード・モーター社は、一九九七年のデトロイト自動車ショーでリンカーン・ナビゲーターのフルサイズSUVを発表した際、この車を展示して、ヘンリー・フォードが初の多目的スポーツ車《SUV》を創ったと主張した。しかしこのキャンパーは、今日のSUVとは似ても似つかない。前列シート以外に座席はなく、後部にはキャンプ用具を収納するための長い有蓋の貨物スペースがあるだけだ。これは基本的には、荷台を覆ったピックアップ・トラックなのだ。

SUVとは何か

　SUVとは何か？　公的な定義はない――ほとんどの政府の規則には、単に「未舗装路用車輌」という分類しかなく、ピックアップ・トラックやミニバンと十把一からげに「小型トラック」とされている。自動車産業界にも決まった定義はない。筆者の定義は五つの部分からなる。SUVとは以下の条件に当てはまる車である。（1）標準装備またはオプション装備として四輪駆動がある。（2）ミニバンのような有蓋の後部貨物室を持つ。（3）オフロード走行用に最低地上高が高くなっている。（4）ピックアップ・トラックの車体下部構造を使用している。（5）主に都会の消費者向けに設計、販売されている。そのため、柔らかいサスペンションなど、本格的なオフロード走行をするドライバーは魅力を感じそうにない特徴を備えている。ここ二、三年、自動車メーカーはかなり車高の高い乗用車を設計、製造し、四輪駆動を与えて、SUVとして売り出している。この種の車、例えばセダンのカムリから派生したトヨタ・ハイランダー（クルーガーV）などは、トラックのフレーム構造を持たないので、自動車業界内では、SUVではなく多目的クロスオーバー車と呼ばれることが多い。本書もこの慣習に従っている。

　ゼネラルモーターズは、一九三五年に売り出されたシボレー・サバーバンが世界でもっとも古い大量生産されたSUVであると主張している。サバーバンは偶然にも、アメリカで現在も生産が続けられているもっとも古い銘柄（乗用車であれ、ミニバンであれ、SUVであれ、ピックアップ・トラックであれ）でもある。

　初期のサバーバンは見事な車で、大きく馬力があり、アル・カポネが得意げに乗り回しそうな類の自動車である。フロント部分には背の高いグリルと長いボンネットを持ち、長く優美な車室には片側三枚の窓がつき、後部ドアにさらに二枚の窓があった。

　サバーバンを作るにあたり、シボレーのエンジニアはピックアップ・トラックのボンネット、エンジン、フェンダー、シャシーをそのまま用い、ピックアップの運転席と荷台に代えて魅力的な車室を取りつけた。GM社員の誰も、サバーバンの元になった車を特定できない。シボレーの関係者がいうには、最初のサバーバンはおそらく小さなプロジェクトで、既存のピックアップの一バリエーションとみなされ、したがってその開発は当時から今まで残るような資料に記録するほどのことではなかったのだろうとのことだ。「サバーバン」という名前も新しいものではなかった。GMの別部門であるキャデラックが、高価な内装を施した七人乗りのサバーバン・セダンを一九一八年から二七年に販売していた。

一九三六年のシボレー・トラック・カタログは、「キャリーオール・サバーバン」は乗用車としても、また一列目の座席より後ろの窓を埋めれば軽配達トラックとしても使用できると謳っている。乗用車型の写真では、制服姿の運転手がサバーバンのドアを押さえ、上品に着飾った女性が降りようとしている。「個人のお屋敷、カントリークラブ、ホテル、バス会社、近距離運輸会社、空港、また仕事や遊びにお使いになる方にまで幅広くお求めいただいていることが、その便利さの証明です」とカタログはいう（註1）。

しかし一九六〇年代になるまで、シボレーはツードアのサバーバンしか販売しなかった。ベースとなったピックアップ・トラックのモデルを踏襲したデザインである。そのため後部座席に乗り込みにくく、ファミリーカーとしての需要は限られたものだった。サバーバンの生産が長年続いたのは、トラック型の需要のおかげだった。ある特殊な市場で特に人気が高かったのだ。それは葬儀社であった。

最前列以外の座席を全部はずせば、サバーバンの後部は、袋入りであれ棺に収めたものであれ遺体を運ぶのにちょうどおあつらえ向きの長さと高さであることに葬儀屋は気づいた。サバーバンは、死者を「第一報」で家や病院へ迎えにいき、埋葬の準備のために引き取る車として使われ、葬列用の霊柩車としては改造したリムジンが好まれた。サバーバンは生花や椅子を運び、棺桶工場から棺を引き取り、空港から遺体を運ぶのにもよく使われた。航空会社が死体の輸送に使う頑丈な金属の箱は、多くの棺よりも大きく重いからだ。

葬儀社のサバーバン需要は、一九八〇年代半ば以降、サバーバンがおしゃれになり値段が急騰するにつれてだんだん縮小している。しかし今日でも、サバーバンの後部貨物室の床の高さは、死体の積み下ろしに一番楽な高さを模索したGMエンジニアのかつての努力が一部反映されているのだと、長くGMでエンジニアを務め、現在では大手コンサルタント会社オートパシフイックに勤務するジェームズ・ホールはいう。
一九六七年になってようやく、シボレーはフォードアのサバーバンを売り出した。そのころにはサバーバンは、家族向けのステーションワゴンというよりも、コストを気にする葬儀社やその他商売むきの実用一点張りの車になっていた。だから初期のサバーバンは、実際には現在考えられているような多目的スポーツ車の元祖ではない。その名誉はジープに与えられるべきだ。

ジープの誕生

第一次世界大戦後、アメリカ軍はラバと偵察用オートバイに代わる軽量車輌の実験を始めた。四輪駆動を装備し兵士と重機関銃を載せられる軽量車輌を陸軍は要求していた。一九四〇年、ヒトラーがフランスを破り、英軍がダンケルク撤退を余儀なくされた三週間後、陸軍は本腰を入れてそのような車輌を大量生産するため、企業に入札応募書類を送った。アメリカン・バンタムという名のつぶれかかった会社が、軍の仕様をほぼ満たす設計を提出した。しかし陸軍はアメリカン・バンタム社の製造能力をほとんど信用しておらず、バンタム社のものに似た車の大口契約をフォード社とウィリス・オーバーランド社にも与えた。ウィリス・オーバーランドはよりよいエンジンを積んでこの車を改良し、結果的に第二次世界大戦を戦ったジープの大部分を生産した（註2）。

「ジープ」という言葉がどこからきたのか、はっきりとしたことを知る者はいない。一部の歴史家は、一九三〇年代のE・G・シーガーの漫画『ポパイ』に登場する同名のキャラクターに敬意を表してつけられたという。別の専門家は、万能車の略称GPに由来すると示唆する。他の小型軍用車輌も第二次大戦初期の一時期、ジープの名で知られていた。しかしすぐにウィリスのモデルが唯一本物のジープとなった。漫画家のビル・モールディンは、車を描いた一枚絵としてはたぶんもっとも有名なスケッチを描いている。馬車の時代からの老兵が、車軸が壊れたジープのボンネットを撃って、安楽死させてやろうとしている絵だ（註3）。

ウィリス社はジープの名を商標として登録し、戦後の民間マーケットで自社がこのブランドを保有できるようにした（註4）。しかし戦争が終わるとウィリスは問題にぶつかった。政府の支援を得て、同社は他の会社からジープに使う外装用板金を購入していた。だが終戦にともない、自動車ボディ用の大きな鉄板を打ち抜くことができる工場はひどく足りなくなった。そしてGM、フォード、クライスラーおよびその関連下請業者が、そのような工場のほとんどを支配していた。

この難題に対するウィリス社の対応は、以来SUV市場に取り憑いている。大戦末期にウィリス社社長に就任したチャーリー・ソレンソンは、ボンネット、フェンダー、屋根、ドアなど必要な部品を打ち抜ける工場を見つけた。それは以前洗濯機を製造するために金属を打ち抜いていた工場であった。この工場の欠点は、洗濯機の側面に使われるようなかなり平面的な金属板しか打ち抜けないことだった（註5）。したがってウィリス社は、戦前にはなかなか格好のよい曲線的な車を作っていたのに、戦後になると元洗濯機工場で打ち抜いた部品を使って、箱形で直線的なスタイルのジープしか製造できなくなった。

他の自動車メーカーは戦後、女性の身体の曲線を思い起こさせることを狙った、丸みを帯び官能的ですらあるスタイルを強調するようになっていった。もっともよく知られた例が、一九四六年から五九年にかけてキャデラックで、そのクロームメッキされた円錐状のバンパーの先端は、女性の胸のようであった。しかしジープは洗濯機工場を起源とする真四角のスタイルを保ち続けた。あとを引き継いだ会社所有者が、このブランドにほとんど投資しなかったためだ。箱形であることが多目的スポーツ車を定義づける特徴となるまでは。

ウィリス社は戦後すぐにファミリーカーへと転換した。一九四六年にはジープ・ステーションワゴンを発表し、四九年にはそれに四輪駆動を与えたものを売り出した。しかしジープ・ステーションワゴンは、姿こそステーションワゴンで二列の座席と後部に大きな貨物室を備えていたが、まだツードアで、後部座席に乗り込みにくかった。当時アメリカ人は第二次大戦の欠乏のあとで豪華さを求めており、実用本位で飾り気のない車の売れ行きは鈍かった。ウィリス社は苦戦した。

一九三〇年代にダム建設、第二次大戦中には造船で財をなした実業家、ヘンリー・J・カイザーが一九五三年にウィリス・オーバーランド社を買収、ウィリス・モーターズと名を改めた。しかしカイザーは、新しい工場設備や新型車の設計にわずかな額しか投資しなかった。一九五〇年代には州間高速道路網《インターステート・ハイウェイ》の建設が始まるなど、道路が改善され、四輪駆動の必要性は減った。まるで大恐慌時代のピックアップ・トラックを改装したかのようなジープ・ステーションワゴンを必要だと思う者はほとんどいなかった。

ランドローバー、ランドクルーザー、スカウト

ジープに代わる実用車が、第二次大戦後数年を経てヨーロッパと東アジアの市場に登場した。英国ではランドローバー社が、ぬかるんだ領地を見回る地主階級のために、四輪駆動車の製造を始めた。日本では、トヨタが朝鮮戦争中にアメリカ陸軍との契約のもとジープの生産を開始した。契約が切れると、トヨタはこのノウハウを生かして、ジープによく似たランドクルーザーを製造した。この車は、道路がほとんど舗装されていない遠隔地で活動する警察や林野関係の省庁が買った。トヨタは一九五七年にランドクルーザーを一台だけアメリカに運び、これがすぐに売れると、一九五八年には正規に輸出し始めた（何度にもおよぶモデルチェンジの末、ランドクルーザーは巨大化し、もはやジープとは似ても似つかなくなっている）。しかし九〇年代になるまで、トヨタとランドクルーザーは、アメリカのSUV市場ではわき役のままであった。

一九六一年、ジープは本格的な競争にさらされることになった。この年インターナショナルハーベスター社が、スカウトという小型四輪駆動車を発売した。ピックアップ・トラックのような無蓋の荷台と、雨漏りすることで評判の悪い幌の屋根がついた車である。座席はベンチシートの前席だけで、フロントガラスは、ひどい泥はねが落ちなくなったときのために折り畳めるようになっていた（註6）。インターナショナルハーベスターはスカウトで大きな成功を収めることはできず、結局一九八〇年には生産を放棄して、本業である商用トラックと農業機器に専念した。

ウィリス・モーターズは一九六二年にカイザー・ジープと名を改め、同じ年、ジープ・ステーションワゴンを一から見直して、ジープ・ワゴニアと改称した（註7）。ワゴニアの車室はある程度家族向けに設計されており、また同車は四輪駆動を装備していた。ジープ・ステーションワゴンとは違い、ツードアの他にフォードアもあった。雑誌広告は、軍用車輌としてのジープの歴史だけでなく、ピンクと白の内装も用意されていることを強調していた（註8）。それでもワゴニアは図体の大きな乗り心地の悪い車であり、派手な内装も、この車が六〇年代初めに売られていたステーションワゴンとはまったく別物であることをごまかせはし

なかった。それはファミリーカーの購入者のニーズにはあまりあっておらず、気を引くことはほとんどなかった。

カイザー・ジープは年間二、三〇〇〇台しかワゴニアを売ることができなかった——GM、フォード、クライスラーの通常規模の組立て工場なら一週間で製造する数にすぎない。一九五四年から六九年までカイザー・ジープ社長だったスティーブン・ジラードは、雑誌広告はどうあれ、狩猟や釣りといった活動のために四輪駆動を本当に必要とする少数の家族にワゴニアは受けるだろうと考え、社は主にそうした顧客にこの車を売り込んだのだという。加えてカイザー・ジープは、世界二十数カ国に工場や代理店を持っており——ブラジルとアルゼンチンが最大の市場だった——そのような国々で毎日悪路走行に酷使される頑丈なモデルを設計しなければならなかった。ワゴニアですら、「四輪駆動を必要とする人に提供していた」のだとジラードはいう。

マーケティングを軽視していたカイザー・ジープ

それでもなおワゴニアは競争相手を刺激する役目を果たした。フォードは一九六五年に、かなり大型でツードアのブロンコの販売を開始した。シボレーは六七年、サバーバンに三枚目のドアを加えた。歩道側に後部ドアをつけたことで、後部座席に乗り込むのが楽になった。一九六九年、シボレーは非常に大型でツードアのブレイザーを売り出した。これはフルサイズのピックアップ・トラックのシャシーをベースにしていた。しかしシボレーとフォードの製品は、ワゴニア以上にトラック的だった。大型の四輪駆動車を乗用車に代わるものとして売るという発想は、まだ誰も持っていなかった。

カイザー・ジープでは、エンジニアが幅を利かせ、一方いかにマーケティング担当者が軽視されていたかが、現場でのやり方に反映されている。ヘンリー・カイザーは一九五三年にウィリス・オーバーランド社を買収する以前から、生産財企業の世界帝国を築いていた。一九三〇年代から四〇年代初めにかけては、フーバー、グランド・クーリー、ボネビルなどのダムを造った建設会社の共同企業体を組織した。第二次世界大戦中には、西海岸に造船所を七カ所持ち、それらは輸送船をわずか四日半で造れるほど仕事に熟達していた。戦後はすばやく鉄鋼業とアルミニウム産業に手を拡げ、デトロイトの巨大自動車メーカーを相手に商売をした。カイザー・ジープ以前の唯一の大きな失敗は、四〇年代末から五〇年代初めにかけてヘンリー・Jというファミリーカーを売ろうとしたことであった。

ヘンリー・カイザーの成功した事業すべてに共通するのは、ヘンリー・Jやその後のジープとは異なり、ごく少数の買い手に売ることに専念していたことである。カイザーとその側近たちは、ダムを造りたがっている州や連邦の役人の口説き方は知っていた。船会社や自動車メーカーの購買担当者に貨物船や鉄鋼を買わせるセールス・トークのやり方は知っていた。しかし、二億のアメリカ国民に消費財を売り込む方法については、ほとんど知らなかった。自身も水力発電ダム建設のエキスパートであるジラードは、何年も後、自分もカイザー・ジープの重役陣も販売術の重要性をとにかく理解していなかったと述懐した。「私はクーリーの頃から社にいたが、国じゅうを相手に売り込みをした経験がある者は一人もいなかった」と、ジラードはいった。それができる者が登場するまで、ＳＵＶブームは待たなければならなかった。

冷凍鶏肉をめぐる米欧通商紛争と小型トラック税

カイザー・ジープが苦闘しながら六〇年代を迎えていた頃、ワシントンではまったく別の紛争が、ごく一部の通商協議者と農業ロビイストの間で続いていた。これがのちにＳＵＶ市場の発展に多大な効果を及ぼすことになる。この紛争により外国の自動車メーカーは、一九九〇年代末までアメリカのピックアップ・トラック市場から原則的に締め出され、ピックアップとその流れを汲むＳＵＶは、四半世紀以上にわたり事実上デトロイトの自動車メーカーの独占領域として守られることになるのだ。これはさらに、デトロイトの自動車メーカーと強大な全米自動車労働組合（ＵＡＷ）をなだめる方策として、乗用車に対する規制は強化してもＳＵＶの規制は手控える強い動機を連邦政府に与えることとなる。

とはいえ、そもそもの通商紛争は、奇妙なことに、自動車とは何の関係もなかった。それはどうしたわけか冷凍鶏肉に関わるものだったのだ。一九五七年から六一年にかけて、アメリカの農家は西ヨーロッパへの冷凍鶏肉の輸出を五倍に増加させていた。当時わずか六カ国だった欧州経済共同体（ＥＥＣ）は共通農業政策を作成していたが、養鶏業者、特に西ドイツの業者はコストが高すぎて廃業の危機にあることに気づいた。ＥＥＣは冷凍鶏肉に高額の輸入税を課すことで対応した。このため冷凍鶏肉の値は非常に高くなり、アメリカの農家がヨーロッパで売ることはできなくなった。

この税は、ヨーロッパが従うことを約束していた自由貿易ルールに、まぎれもなく違反していた。一九六二年にアメリカは、慣行どおりの調停プロセスの一環として、ヨーロッパの税をジュネーブにある貿易諮問機関に提訴した。一年後、諮問機関はアメリカに有利な裁定を下し、ヨーロッパ共同体が早急に鶏肉税を撤回しないかぎり、米国は失った鶏肉輸出額と同額のヨーロッパからの輸入額に対して輸入税を上げることができるとした。

ケネディ政権の貿易担当当局者は一九六三年八月、輸入品四品目に対して課税すると脅しをかけた。それは高級ブランデー、馬鈴薯でんぷん、デキストリン（糊やある種の食品に使われるでんぷん製品）、小型トラックだった。当時はデトロイトの自動車メーカー、特にゼネラルモーターズが世界市場を支配しており、アメリカはほとんど車を輸入していなかった。しかし西独のフォルクスワーゲン社は、コンビ・パネルバンと二、三種のピックアップ・トラックを、少数ながらアメリカに輸出していた。コンビ・バンは前席にしかサイド・ウィンドウがなく、花屋やドーナツ屋など小さな商店の配達車として売られていた。西ドイツは鶏肉税の課税の主な原因となった国なので、フォルクスワーゲンに対して報復をちらつかせるのは当然の選択に思われた。

ヨーロッパ諸国は数カ月間は妥協しなかった。六三年一一月二二日にジョン・Ｆ・ケネディ大統領が暗殺され、リンドン・ジョンソンが政権についたとき、貿易摩擦は最初の課題の一つであった。

ジョンソンの大統領図書館により当時から公開されているひそかに録音されたテープによれば、ジョンソンは暗殺の翌日から、全米自動車労働組合委員長ウォルター・ルーサーと頻繁に連絡をとっている。ジョンソンはすぐにルーサーを力強く説得し始めた。ジョンソンは何よりルーサーに、ＵＡＷと三大自動車会社との労働協約が失効する一九六四年九月、つまり大統領選挙まで二カ月もない時期に全国ストを打つのを思い止まらせたかったのだ。

一方ルーサーは、ジョンソンの助力を願っていた。

ビッグスリーが小型車市場を無視して、フォルクスワーゲンがビートルの売り上げを伸ばすのを黙って見ていることに、ルーサーは懸念を抱いていた。ルーサーはジョンソンに、ビッグスリーに小型車を作らせるために手を貸してほしいと頼んだ。必要とあれば共同事業で。だがそのためには特別に反トラスト法の適用免除が必要となるだろう。ジョンソンは司法長官のロバート・ケネディと国防長官のロバート・マクナマラに何度も相談した。マクナマラはケネディ政権に加わる前、短い期間だがフォード自動車の社長を務めていた。

だが少なくとも録音された会話の中に、小型トラックの税を上げる話は、フォルクスワーゲンの製品もそこに含まれるにもかかわらず、残っていない。このグループの中でただ一人存命しているマクナマラに筆者が質問したところ、小型トラック税は重要なことには思えなかっただけだといった。小型トラック税がどんな重大事になるか、当時誰もわかっていなかったようだ。一般家庭は乗用車に乗る。だから乗用車は重要だ。トラックは一部のブルーカラー労働者と農家のものだった。

ジョンソン大統領は一九六四年一月、脅しに使っていた課税をついに実行に移し、輸入トラックに対しても二五パーセントの税が課された。フォルクスワーゲン社はただちにコンビ・バンとピックアップの米国への輸出を停止した。税のせいであまりに高価なものとなり、もはや競争力がなくなってしまったからだ。

貿易ルールのもとでは、しかし、新税は西ドイツだけでなく世界のどこから輸入される小型トラックにも適用される。そしてブランデー、馬鈴薯でんぷん、デキストリンへの課税は後に撤廃されるが、六〇年代初めの鶏肉戦争はいまだ停戦に至っていない。小型トラック税は今日も残っているが、その範囲は長年にわたりさまざまな判決を経て、いくぶん狭まってはいる。その後一九七〇年代と八〇年代には、日本の自動車メーカーがアメリカの自動車市場の相当部分を支配した。しかしアメリカのトラック市場に割り込むにはまだまだ時間がかかり、関税を逃れるために米国内に工場を建設する必要があった。

鶏肉紛争によって、小型トラックは九〇年代末に至るまで、デトロイトの自動車メーカーがほぼ独占し続けた。政府の規制当局は、新しい規則をまず乗用車に適用し、デトロイトが牛耳る小型トラック市場には適用するにしてもずっと遅らせることで、何度となくその打撃を和らげてきた。

自動車貴族の狩猟

小型トラックは乗用車の代用として使えることをアメリカ人に納得させる道への第一歩は、一九六〇年代にカナダ・オンタリオ州南部の私有カモ猟場で踏み出された。デトロイトの繁華街から車で一時間の距離にあるこの猟場は、アメリカの自動車貴族たちの田園趣味あふれる静養地であり、アメリカン・モーターズ社の新進の重役、ロイ・Ｄ・チェイピン・ジュニアの所有地であった。

チェイピンは、二〇世紀半ばにデトロイトを支配した類の二世実業家だった。ロイ・Ｄ・チェイピン・シニアは一九〇九年にハドソン・モーター・カー・カンパニーを設立した一人であり、長年にわたり同社社長、さらに会長を務めたのち、退職してフーバー政権で商務長官を務めた。息子は、ミシガン州グロスポイントでも指折りの大きく美しい豪邸で育ち、ニューイングランドの全寮制エリート校、ホチキスに入学した。ロイ・チェイピン・シニアは一九三六年に急死した。長身で社会的にバランスのとれた息子はまだイェール大学にいた。一年後、チェイピン・ジュニアはイェールを卒業すると、すぐに亡父の会社でエンジニアとなった。彼はすでに同社の株を大量に相続していた。一九五四年にハドソン・モーターがナッシュ＝ケルビネーター社と合併してアメリカン・モーターズ社（ＡＭＣ）になったとき、まだ幹部補佐にすぎなかったチェイピンは重役陣に加わるように要請された。チェイピンはＡＭＣで急速に出世コースを歩みだした。

チェイピンは富裕な銀行家や実業家らで作るエリート・サークルに入った。彼らはカナダやナンタケット島（チェイピン家の避暑地があった）などの人里離れた川や沼で狩猟や釣りをするのを好んだ。オンタリオ州南部にあるチェイピンの猟場の森陰、じめじめしたセントクレア湖のほとりから数百メートルのところに調度の整った大きなキャビンがあり、台所、食堂、居間、チェイピンと猟仲間が泊まる四室の小さな寝室が備わっていた。秋の猟期には、カモを料理する女性が一人と、高価な猟銃の手入れや黒いラブラドル・レトリーバーの世話をする雑用係が一人か二人住み込んだ。キャビンの表には古びたジープが一台停まっており、離れたところにあるブラインド（ハンターが身を隠すための小屋）まで行くのに使われていたと、ロイチェイピンの息子、ウィリアム・Ｒ・チェイピンは回想する。

そこを頻繁に訪れていた客が、チェイピンの親しい友人であったスティーブン・ジラードだった。ジラードは、オハイオ州トリードに拡がるジープ工場と隣り合せのカイザー・ジープの管理本部に勤務していた。秋にデトロイト（トリードからは北東に六〇キロほど）で会議があると、ジラードはいつもチェイピンに電話して、その夜はキャビンで過ごす段取りをつけ、翌朝トリードに帰った。二人は、時にはチェイピンの友人数人を交えて夜遅くまで話をし、翌朝は夜明け前に目を覚ますとコガモやマガモを二、三羽獲れることを期待してブラインドへ向かい、その後仕事に戻った。

アメリカン・モーターズによるジープの買収

一九六五年、カイザー一族はジープ事業の売却を決定し、買い手を探す仕事がジラードに回ってきた。ジラードは、ゼネラルモーターズ、フォード、いくつもの外国企業――特に海外でジープと工場を共用するルノー社――に打診した。興味を示す企業は一つもなかった。彼を追い返した経営者の中にリー・アイアコッカがいたことをジラードは覚えている。アイアコッカは当時フォードの最高幹部だった。

アメリカ人はジープではなく乗用車を欲しがっていると、当時自動車メーカーは信じていた。さらに広告費もない田舎の販売店を抱えて、ジープの流通システムは最悪であった。トリード工場の労使関係もひどいもので、ストが定期的に行なわれ、販売前の車への破壊行為まで起きていた。ジープ自体からして、カイザー家があまり投資をしなかったために、一九四〇年代の技術と工場施設を使っていた。六〇年代には、それ以外の自動車産業は景気づいていたというのに、ジープの売上は落ちていた。

ちょうどその頃ジラードは、カイザー・ジープを猟仲間のロイ・チェイピンＡＭＣ副社長に売りたいと本気で思っていた。「ロイと私はとても親しく、私たちはその話をするようになった。彼はいつもジープとはいい提携関係を築けるだろうと考えていた。そこで私はその考えに手を貸したのだ」とジラードは回想する。「チェイピンは取引上の重要人物だった」

チェイピンは乗り気だった。ナンタケットでもどこでも、富裕な友人たちは狩猟クラブや別荘ではジープに乗っており、このブランドはもっと広く受けるかもしれないとチェイピンは確信した。彼はＡＭＣ社長ロイ・アバナシーにカイザー・ジープを買収するよう働きかけ、ジラードと仮契約の交渉までした。しかしこの取引は、ヘンリー・カイザーが法外な値をつけ、アバナシーが拒否したため決裂した。他にカイザー・ジープを欲しがる者はなく、ジラードはそれを市場から引っ込めざるを得なかった。

しかし一九六七年になると状況は変わった。チェイピンがアメリカン・モーターズの会長兼社長になり、ヘンリー・カイザーは死去してその息子エドガーが一族の帝国を継いだ。エドガー・カイザーはチェイピンの友人で、父が買収したあと最初の一年間カイザー・ジープを経営したことがあり、ジープの製造をやめたがっていた。トリードの地方組合指導者とのたび重なる争議のせいで、ジープ事業を心底嫌っていたのだ。彼は一族がアジアに持つさまざまなビジネス・チャンス、特に鉱山業への投機のほうに興味があった。「弟は自動車業界が好きではなく、関わりたいとは思っていなかった」とエドガー・カイザーの長子、カーリン・カイザー・スタークは述懐する。「弟は父に強制されて、とても嫌な思いをしていた」

新たに買収が受け入れられやすくなった環境を得て、チェイピンとジラードは一九六九年後半に数度にわたって会談し、新しい契約の概要を練り上げた。チェイピンはサンフランシスコに飛び、人目につかないようにに安いレストランで昼食をとりながら、エドガー・カイザーにそれを提示した。アメリカン・モーターズはカイザー・ジープを、ちょうど一〇〇〇万ドルに加えて、大目に見積もって六〇〇〇万ドルの価値がある大量の自社株と債権で買収する。ロイ・チェイピンの息子ウィリアムによれば、投資銀行家や弁護士が同席することもなく、二人の男はレストランのランチョンマットに契約事項を書き込んでいたという。

「歴史に残るランチョンマットはたくさんあるが、あのマットもとっておけばよかった」と彼はいう。「当時書いている当人たちには大したことではなかったかもしれないが、間違いなく相当な歴史的価値があった」

その時は誰も夢にも思わなかったが、カイザー・ジープの取引は、アメリカ中の、そしてやがては世界中の道路を走るものが大きく移り変わる発端だった。アメリカン・モーターズは、ジープを自家用車にするというカイザー・ジープが試みて果たせなかった戦略に成功し、大衆のジープに対する認識を変えることになる。自動車産業の周縁で数十年を経て、世界一有名なオフロード車のブランドは、ついに本当のマーケティング能力を持った自動車メーカーの所有となったのだ。

フォードでもゼネラルモーターズでもなくアメリカン・モーターズがカイザー・ジープを買収したことは、トラスト規制当局にとっては好都合だった。しかしこの買収劇は、のちに成長するＳＵＶ市場には厄介な影響を与えることになる。

アメリカン・モーターズはデトロイトの自動車メーカーの中でもっとも弱小であった。優秀な販売スタッフと大規模なディーラー網を持ってはいたが、ライバル社のような財政面と技術面の資源を欠いていた。アメリカ自動車産業にとって黄金期だった一九六〇年代でも、アメリカン・モーターズは悪戦苦闘していた。ガソリン価格が急騰し、アメリカ経済が行き詰まり、自動車の規制が強化された七〇年代には、やっと生きながらえている状況だった。同社は再三政府に救済を求めた。多くの場合その救済策は、ハイウェイを安全にし、空気をきれいにし、アメリカ経済の外国産石油への依存度を減らすことを目的とする規則から、ジープを除外する形をとっていた。

2章　死体再生

ジェラルド・マイアーズは自分を、死体に生命を吹き込んでコントロールできない怪物を作り出してしまった科学者、フランケンシュタイン博士にたとえるようになるが、それはもっとあと、三〇年以上経ってからのことだ（註1）。

マイアーズは、アメリカン・モーターズがカイザー・ジープを取得したときの車輌開発部長だった。一九六九年の晩秋、エドガー・カイザーとの取引がまとまった直後、ロイ・チェイピンはマイアーズに、数日後に迫った次回のAMC取締役会議に向けてジープの工場、車の設計、マーケティング活動についての予備的評価を行なうように要求した。

マイアーズはこの思いつきに即座に反感を抱いた。自動車会社重役のご多分にもれず、ジープは最悪だと思っていたのだ。彼は車でトリードへ行き、無愛想な労働者に落胆した。アメリカン・モーターズが時々チャーターしている小さなセスナのプロペラ機でインディアナ州サウスベンドに飛んだが、老朽化した工場設備には心が動かなかった。ジープのディーラーは大部分が田舎にある家族経営の店で、広告費もなく、ほとんど使いものにならないことはすでに知っていた。なかでも最悪なのはカイザー・ジープが、不安定なジープが横転して死んだり麻痺したりした人の家族から、いくつもの訴訟を起こされており、解決のために巨額の訴訟費用に直面していることだった。

マイアーズは取締役会議の直前にデトロイトに戻り、アメリカン・モーターズはジープを買収すべきでないと取締役に進言すると、チェイピンに単刀直入にいった。マイアーズにいわせればジープは死体であり、すぐにスチュードベーカー、パッカード、その他アメリカ自動車メーカーの墓場に埋葬されている多数の会社の後を追うはずだった。

　しかしチェイピンは簡単には引き下がらなかった。彼はマイアーズに、まだ話していなかったもう一つの任務を告げた。マイアーズは述懐する。「ロイは、もし支持してくれるなら、私を副社長にしてジープの建て直しを任せるといった。私は『部長から副社長になれるなら悪くないな』と思って、支持することにした」

　重役陣はチェイピンの取引を追認し、アメリカン・モーターズは一九六九年一二月二日、カイザー・ジープの買収に正式に合意した。安い買い物であったにもかかわらず、とある地元誌のコラムニストはこの取引を「チェイピンの愚行」と呼び、生き残りに必死だというのに、アメリカン・モーターズにはもっとましな金の使い方があったのではないかと、多くの者が疑問を投げかけた。だれ一人、チェイピンでさえ、ジープは自動車産業史上最高の掘り出し物であったことに気づかなかった。

キャンバス座席と幌つきジープの改良

　新任の副社長として、マイアーズはさっそくアメリカン・モーターズの新子会社ジープの総点検に取りかかった。まず手をつけたのは小型のＣＪ５、第二次世界大戦型ジープの直系の子孫であった。ＣＪ５は非常に簡単に横転するため、保険業界の統計では路上においてもっとも致命率の高い車の一つに数えられていた。アメリカン・モーターズがカイザー・ジープを買収したとき、ＣＪ５はまだ軍用タイプのキャンバス座席《シート》と幌つきで販売されていた。この車はアウトドア愛好者と仕事に必要な人々――一九六九年後半にカイザー・ジープが作った最後のカタログには、ＣＪ５を使って地面から木の切り株を引き抜いている写真が載っている――を相手に売り込まれていたのだ。

　ＡＭＣはＣＪ５用の金属製屋根《ハードトップ》の生産を始めた。裕福な若い都会人を引きつけるため、同社はキャンバス・シートを乗用車用の革張りバケット・シートに交換し、革の表面にグッチの模様をエンボス加工するライセンスを取得した。ＣＪ５の騒々しいアルミ・エンジンは、アメリカン・モーターズ製の重い鋳鉄製エンジンに換装され、よりパワフルで、わずかながら横転しにくくなった。またＡＭＣはホイールの取り付け幅《トレッド》を拡げた。その結果タイヤは車の側面から事実上少しはみ出し、安定性はさらに高まった。ロールバーが取り付けられ、横転時の致命率は減少した。ただしシートベルトを着用していて事故の際に車外に投げ出されなければだが、シートベルトをする乗員は少数派だった。フォードアのジープ・ワゴニアも、都会の顧客にアピールするように少し豪華になった。

AMCのマーケティング担当者は、ワゴニアが停まっているドライブウェイ（公道から建物、車庫などへ車を乗り入れるための私道）には他にどのような車が駐車されているかを観察した。彼らが見たのは、ロイ・チェイピンはとうに知っていたのだが、ワゴニアのブルーカラー的な性格とはまったく共通項のないベンツやポルシェなどの高級乗用車だった。AMCの重役は、誰がなぜジープを買うかをすぐに見きわめた。

マーケティング担当者が探りあてたのは、多くの都市在住のアメリカ人がジープの軍用車輌としての伝統に憧れ、その実用本位のイメージを好み、ナンタケットなど富裕な地域の乗馬サークルや狩猟サークルの車の趣味をまねしたがっていることだった。こうした豊かな都会の顧客は、ジープが四輪駆動を装備していることを特に好んでいた。それは悪天候の中を走るのに役立つ感じがし、冒険の気分を車に与えていたのだ。

「四輪駆動」は必要な機能ではなく「気分」

AMCはジープの四輪駆動を宣伝した。もっとも同社のエンジニアや重役は、それが都会の顧客にはほとんど無用のものだということを知っていた。四輪駆動は深いぬかるみや厚く積もった雪の中から車を脱出させるためにある。しかし、ただ濡れているだけだったり、一〇センチも積もらないうちに除雪されてしまうような舗装路ではほとんど無意味である。「SUV市場はすべて気分だ。実際に四輪駆動を必要とする顧客などいやしない」と、ロイ・チェイピンの息子ウィリアム・チェイピンはいう。彼はAMCがジープを保有している間に、その上級マーケティング担当管理職にまで登りつめた。

ウィリアム・チェイピンは多くの顧客と同じ間違いを犯している。一九七〇年代、彼は無償提供される社用車にジープを選んだ。雪が多いデトロイトの冬にはそれが必要になるだろうと考えたのだ。だが、四輪駆動が必要なほど雪が深くなる前に、道路はほとんど常に除雪されていた。「必要なかった」というのが彼の結論である。

しかし、ジープを裕福で若い都会の顧客に売る前に、AMCには片づけなければならない問題が一つあった。カイザー・ジープは、四輪駆動が狩猟や釣りや仕事のために本当に必要な小さな町にある、零細で資金に乏しいディーラーのネットワークに支えられていたのだ。

自動車メーカーの成否はディーラーにかかっているといっても過言ではない。アメリカのフランチャイズ法は、自動車メーカーが販売店を所有することを、あるディーラーから別のディーラーへとフランチャイズが譲渡されるつなぎの短い期間を除き、原則として禁じている。したがって新型車のデザインと設計に数億ドル、時には数十億ドルをかけたあとは、メーカーは全国にある自営のカーディーラーに実際の販売を任せなければならない。やり手のカーディーラーは自腹を切って、地域での大規模な宣伝や洒落たショールーム、広い敷地などに大金を投資する。自動車メーカーはこのような資本力のあるディーラーを多額の融資で援助し、新型の乗用車や小型トラックを幅広く取りそろえて陳列しておけるようにする。

ディーラー網のリストラ

カイザー・ジープは、地元の会社やアウトドア愛好者を相手にした田舎の小ディーラーの寄せ集めに頼る、安上がりの手段をとっていた。こうした小さなディーラーは、投資する金があまりない中流家庭が所有するものが多かった。彼らには街中にショールームや大きな敷地を買う余裕も、大規模な広告を打つ余裕もなかった。客が来る前に車の在庫を数多くそろえておくための金さえなかったのだ。

そのかわり、このような店の多くは、ガソリンスタンド、小さな自動車修理工場、目抜き通りの商店の店先などで営業し、買う見込みのある客に見せるための在庫をあるいは一台か二台持っていた。客はカタログを見て車を注文し、工場が作って出荷するのを待つことになっていた。しかし、受注生産システムは今でも一部の国、特に日本では主流だが、一九七〇年には大型ディーラーが支配的になっていたアメリカでは、車を買う楽しみを先に延ばすことは、とんでもなく時代遅れとなっていた。アメリカ人は、歩いてショールームに入り、車を買い、その日のうちに乗って帰るというすぐに得られる満足感を期待するようになった。

問題を長々と検討した末、アメリカン・モーターズは長年のディーラーにジープを出荷するのをやめた。AMCはかわりに、店を守るために弁護士を雇って裁判に持ち込む金のない小さな町の家族から、わずかな金額でフランチャイズを買い戻すことを要求した。

ウィリアム・チェイピンは一九七二年に大学を出てすぐに父の会社に入社した。その最初の仕事は、このような世帯を訪問して必要書類にサインするように説得することだった。「こういうジープ・ディーラーはほとんどが狭くて汚らしくて、入る前に破傷風の予防注射をしなくちゃいけないんじゃないかと思うようなところだった」とチェイピンはいう。「私が旦那に契約解除の書類にサインをもらっている間、かみさんは泣いていた」

フランチャイズを買い上げてしまうと、AMCはそれを今度は国じゅうの都会にある最大級のディーラーに再分配した。こうしたディーラーは広々としたショールームや大都市の交差点の路肩でジープの展示を始め、地方紙にジープの広告を大量に載せた。ディーラーはネットワーク作りに長けており、リトルリーグの理事会や、慈善事業や、宗教団体で作った、多くの友人にジープについて熱心に説明した。

マッチョ＝シック（男らしくておしゃれ）

ジープの売り上げは七〇年代を通じて四倍に増えた。『タイム』誌は基本型のジープを「マッチョ＝シック・マシン（男っぽくておしゃれな車）」と呼んだ。ジープの死体は間違いなく目覚め始めていた。しかしまだ大きな障害物がマイアーズには残されていた。政府の規制である。

ジープは、そして後に続く多目的スポーツ車《SUV》の多くは、乗用車に比べて本質的に安全性が低く、燃費が悪く、排ガスが汚い。ぬかるんだ山道を登るなどの酷使に耐えるように設計された高く重く堅いシャシーのために、急ブレーキをかけてもなかなか停まらず、燃料を大量に消費する。衝突の力を吸収する衝撃吸収部分（クランプル・ゾーン）はなきに等しい。必要以上の車高のために横転しやすくなっている。車高、堅さ、クランプル・ゾーンの不足が相まって、それ自体の乗員も、ぶつけられた車の乗員も、死亡する率が異常に高い。また大型でかなり原始的なSUVのエンジンは、呼吸器系の疾患を引き起こしスモッグの原因となるガスを大量に吐き散らす。

ジープが政府の安全・公害規制を免れた理由

七〇年代はアメリカの自動車産業が、作ろうと思えばほとんど何でも作れる勝手な大企業の集合体ではなくなった時期である。ラルフ・ネーダーは一九六五年の告発本『どんなスピードでも安全ではない』で、国は自動車の安全性と公害の問題に取り組むべきであると説き、自動車産業は徐々に規制の厳しい業界になっていった。安全性から燃費規制、大気汚染防止まで新たな規則が毎年のように作られた。ジープが単なる小さな隙間市場でなければ、その多くの欠陥について詳しい調査が行なわれたことであろう。しかし安全性や環境問題に取り組む活動家は、当時は小さかったジープ市場を無視し、乗用車を重点的に扱った。

AMCはデトロイトでももっとも小さく経営状況の悪い自動車メーカーだった。七〇年代には、ジープを規制してAMCを廃業に追い込む危険を冒すよりも、ワシントンの政治家と規制当局は、再三ジープに手心を加えるという政治的に得策な道を選んだ。

副社長として、またチェイピンが七七年に引退した後には会長として、マイアーズはワシントンに足繁く通った。その目標は、規制をめぐる多くの論争の中で、ジープを乗用車ではなく小型トラックに分類させることであった。小型トラックに適用される規則ははるかに緩いからである。

当時の小型トラックは主に商用車であり、自動車の全販売数の五分の一以下にすぎなかった。それらはピックアップ・トラックや側面に窓がほとんどない大型のツードア・バンで、配管工、工務店、農家など小事業主が利用していた。こうした商売では、小型トラックは重い荷物を牽引したり、ぬかるんだ土地を行き来するような、強力なエンジンを要する仕事に使われた。大きなエンジンには付き物の燃費の悪さやひどい大気汚染を、事業主はあまり気にしなかった。また小事業主は政治家や規制当局に多大な政治的影響力を持っていた。彼らは七〇年代の不況の際にその影響力を使って、乗用車の値上がりの原因となった安全・環境対策装備を、自分たちが使う車には取り付けなくていいように手段を講じた。

たまたまAMCは、ピックアップ・トラックを作るときと同じ車体下部《アンダーボディ》、つまりシャシーを使ってジープを製造していた。したがってジープはピックアップと同じ規制を受けるはずだと主張することは可能であった。規制をめぐる一連の論争のひとつひとつで、マイアーズはこの点をまずオハイオ州とミシガン州選出議員に、続いて他の州の上下院議員に強調した。やがて少なからぬ政治的支持を得ると、今度は規制当局そのものに出向いた。アメリカン・モーターズはすでにジープをできるだけ豪華にするために全精力を傾け、事実上ファミリーカー市場へ参入する一方、アウトドア愛好者や小企業が使うトラックのような飾り気のない車の市場はほとんどほったらかしにしていたが、それについては一言もいわなかった。

「ジープをトラックに分類させるために念には念を入れた。我々は必死にロビー活動をした」とマイアーズは回想する。

七〇年代、自動車業界は非常に注目された、政治力のある国内産業で、すでにその諸問題の原因を、資質の低さや労使関係の悪さなどの欠陥よりも政府による過度の規制のせいにしていた。AMCがそのような中で多くの従業員を抱えていることは、不利益ではなかった。AMCには特別の影響力があった。その多数の労働者と下請け業者の労働者が、ミシガン、オハイオ、ウィスコンシンにいるからだ。特にミシガンとオハイオは民主党と共和党の勢力が非常に拮抗しているため、大差のつかない大統領選挙では、この二州が常に鍵を握る。だからワシントンは自動車メーカーの利益に特に敏感に反応するのだ。

たび重なるジープの特別扱いは大気汚染、つまり環境保護庁（EPA）が一九七〇年大気汚染防止法施行のために起草した規則から始まった。AMCにはジープ用の低公害エンジンを製造する技術的ノウハウがなく、ライバル自動車メーカー、とりわけGMはAMCに最先端の排ガス浄化技術を売ることを渋った。そこでEPAは一九七三年末、ジープを乗用車でなく小型トラックとみなすことにした。

「われわれは、大気汚染防止法のせいでAMCが倒産したと非難されないような手だてを見つけなければならなかった。それでトラックのシャシーによる定義に手を出したのだ」と当時環境保護庁の自動車汚染担当次官補であったエリック・ストークは振り返る。

燃費基準への抵抗

次に大きな決定がなされたのは一九七五年、議会が七三年と七四年のガソリン価格の高騰とガソリン不足に恐れをなして、自動車業界に燃費の改善を強制することにしたときだった。デトロイトの自動車メーカーと、その議会におけるもっとも強力な味方であるミシガン州選出のジョン・ディンゲル下院議員（民主党）は、新たな連邦法に抵抗した。しかし自動車産業の政治的影響力は、すみずみまで組織化された二〇〇万人近い労働者を雇用していることに負う部分が大きかった。多くの者が驚いたことに、全米自動車労働組合はおとなしく法案を支持した。

組合指導部は、省エネルギーや安全性の改善、大気汚染の緩和を求める市民の声に共感していた。組合は一九七〇年の第一回アースデーの主催者に一万ドルの寄付までしていた。組合指導部は自動車メーカー幹部に不信感を抱いていた。六〇年代から七〇年代初めにかけて経営者側は、汚染の軽減と、特に安全性の改善は非現実的であるとかコストがかかりすぎると繰り返していた。規制当局や議会の命令があると、そのたびに自動車メーカーは即座に改善してのけた。だから自動車メーカーが燃費基準への抵抗に力を貸すよう頼んでも、組合指導部は拒否した。組合役員は法律制定のために積極的に働きかけることはなく、具体的な数値を決めての基準引き上げには不賛成だったが、訊かれれば必ず、政府は燃費改善の手段を講じる役割を持つといった。

「私たちの側は、ともかく私は、自動車産業のいうことに心底疑念を抱いていた。それが始まったのは安全基準からだ。このときも業界は一歩進むごとに抵抗したもので、ワシントンからも信用されなかったほどだ」と一九七五年当時UAW役員で二年後に委員長になったダグラス・A・フレーザーは述懐する。

自動車メーカーは、どのような燃費基準にせよ、議会でなく規制当局に定めてもらいたかった。いったん議会が法案を可決したら、それを取り消すのはきわめて困難であるが、規制当局は、複雑な手続きを踏んで、将来何らかの改善が技術的に可能であるか評価しなければならないというのがその理屈だった。政治家と消費者がガソリン不足を心配しなくなれば、規制当局にロビー活動を行ない、あとから基準を緩めることもできる。

乗用車について立法措置による基準ではなく行政による基準に賛成しているのは自動車メーカーだけだった。しかし小型トラック（その大部分はまだピックアップ・トラックだった）に関しては、行政による基準に一緒に賛成してくれる強い味方がいた。環境保護団体は、正当な業務目的で使われるからという理由で、この種の車にはまったくといっていいほど注意を払わなかった。農家、小規模事業主、ボート愛好家、馬の所有者らはみんな、たとえ燃費が悪くても、重い荷を載せたり牽引したりするために、大きく馬力のあるピックアップ・トラックをこれからも買い続けられることを望んだ。

SUVは乗用車ではなくトラックの規制基準で

結局、議会は自動車業界に対して、乗用車の燃費の平均値を、一九八五型式年度までに二倍の一ガロンあたり二七・五マイル（一リットルあたり約一一・六キロメートル）にすることを要求した。以来この基準は維持されている。しかし議会は、小型トラックの燃費基準を運輸省の規制に任せた。自動車業界の大勝利だった。「何であれ手に入るものは手に入れる努力をすることだ。軽量トラックにいい味方ができれば、勝ち取ることができるが、他はだめだ――乗用車を擁護する団体はあまりない」と、当時自動車業界の上級ロビイストだったジム・ジョンストンはいう。

一九七五年の法律は運輸省に小型トラックを扱ううえでの幅広い裁量権を与えた。この法律は漠然と運輸省が「規則の定めるところにより、乗用自動車でない自動車について平均燃費基準を規定する」（註2）と述べていた。

運輸省は問題に直面した。法施行のための規則案を作成していた一九七六年には、燃費に関する信頼に足るデータを持っている者はいなかった――EPAのストークを除いて。自動車のエンジンは一ガロン（約三・八リットル）を燃やすごとに八・八キログラムの二酸化炭素を発生させる。燃料の中に含まれる二・四キログラムの炭素が、グリルから入ってくる六・四キログラムの酸素と化合するのだ。ストークのスタッフは、窒素酸化物や燃焼しなかったガソリンの蒸気などスモッグの原因となるガスの放出を評価するために、自動車排ガスの詳細な測定を行ない、二酸化炭素の量も測っていた。EPAは運輸省のために、二酸化炭素の計測値を用いて各モデルの燃費を計算した。

EPAのデータを使用するということは、当然の成り行きとしてEPAによるトラックの定義も採用するということである――SUVは乗用車ではなくトラックであるという定義も含めて。加えて、そうすることを望む強力な圧力団体があった。一九七三年には、排ガス規制のためにSUVをトラックに数えさせようとしているのはアメリカン・モーターズただ一社であった。同じ問題が燃費規制についても浮かび上がってくると、自動車産業すべてが仲間に加わった。乗用車の燃費を平均二七・五マイル／ガロンに上げることは、大きくてガソリンをがぶ飲みするジープ・ワゴニア、シボレー・ブレイザー、フォード・ブロンコなどが平均に含まれていれば特に難しいと自動車メーカーは主張した。「業界はこのような車を何が何でも小型トラックのカテゴリーに入れておきたかった」と、七六年にGMの主席ロビイストになり、九四年に引退するまでその職を続けたジム・ジョンストンはいう。

最終的に運輸省は、EPAのトラックの定義をほとんど変更なしに採用し、七七年に官報で規則を公表した。この規則ではジープや他のSUVを、法に定められた「乗用自動車でない自動車」のカテゴリーに合致するものとして、ピックアップ・トラックや貨物バンの一種に押し込んでいた。

この規制はのちにSUVの車高がより高くなる傾向をあおることになる。ピックアップは自動的に小型トラックに分類されるが、SUVが小型トラックに分類されるのは、それが規則に定められた「道路外での作業の能力を有する自動車」だと製造者が保証したときのみである。オフロード走行にはかなりの最低地上高が必要であり、それは車が腰高になることを意味する。

運輸省の決定でSUVの燃費基準は、他の小型トラックと共に、毎年あるいは二年ごとの小型トラック基準に関する規制見直しで設定されることになった。これは後でロビー活動の横行を招くことになる。燃費基準がデトロイトの大型乗用車の売上に大打撃を与え、日本製輸入車の販売を助けたのを見ると、UAWは自動車メーカー側について、これ以上の燃費基準引き上げに反対した。乗用車に関する法律の撤回は政治的に不可能だったが、組合とメーカーは、小型トラックの燃費基準が乗用車並みに引き上げられないように気をつけた。

車輌総重量というトリック

七〇年代の排ガス規制法と燃費基準はまた、本当にきわめて「軽い」小型トラックだけを対象としていた。トラックを分類するために、自動車業界は道路や橋梁の建設業者と同じく、「車輌総重量」といわれるものを以前から使っていた。これはメーカーが推奨する最大重量まで荷を満載したときのトラックの重量である。連邦法はEPAと運輸省に対し、車輛総重量一万ポンド（約四五〇〇キロ）までの小型トラックについて規則を定める権限を与えていた。しかし両機関の規制当局は当初、比較的大きな小型トラックについては規則を定めることを控えていた。これらは往々にして、真面目に仕事に使われる非常に大型のピックアップ・トラックであったからだ。したがって初期の排ガスおよび燃費規制は、車輛総重量六〇〇〇ポンド（約二七〇〇キロ）――現在のフォード・エクスプローラーSUVに相当する重量――以下の小型トラックのみを対象にしていた。

自動車メーカーはすぐにこの抜け道に目をつけた。ピックアップ・トラックのサスペンションを補強してより多く荷を積めるようにすれば、車輛総重量を六〇〇〇ポンド以上に押し上げ、規制を逃れることができるのだ。一九七一年に排ガス規則が施行されたとき、販売される小型トラックの三分の二が対象となった。七七年に排ガス規則と新たにできた燃費規則の対象となったのは、小型トラック市場の三分の一でしかなかった（註3）。言い換えれば、ガソリンの値段が上昇していたこの時期に、自動車メーカーは厳しすぎると考えた規制に合わせようと努力するかわりに、より鈍重で燃費の悪いピックアップへと転換していたのだ。

一九七七年、大統領に就任したジミー・カーターは、活動家的な傾向を持つベテランの規制担当者ジョーン・クレイブルックを、運輸省で安全性および燃費問題の監督のために任命した。クレイブルックとそのスタッフは、自動車メーカーが小型トラックを重くすることで燃費規制を逃れていることに気づいており、問題是正に乗り出した。しかしそのなかで、彼女は大きな過ちを犯してしまう。今日に至るまでほとんど注目されていないが、それは環境にも安全にも悪影響を及ぼすものであった。

一九七八年、クレイブルックとスタッフたちは、八〇年および八一年式小型トラックの燃費基準を策定した。その作業中、彼らは重量制限を法の規定通り一万ポンドまで引き上げることを検討した。しかし法律は、燃費の平均値は技術的に可能なだけしか上げてはならないとも規定していた。そこでクレイブルックには二つの道があった。限度を一万ポンドまで引き上げ、平均的な小型トラックに要求するガソリン一ガロンあたりの走行距離の引き上げは控えめにする。あるいは、限度の引き上げは八五〇〇ポンド（約三八二五キロ）

に抑え、燃費基準をもう少し上げることもできる。

八五〇〇ポンドから一万ポンドの間で売られている車はごくわずかしかなかった。自動車メーカー、例えばGMは、八五〇〇ポンドの限度は「商用車と自家用／商用両方に用いられる車との区分として合理的」(註4)であるとクレイブルックに請け合った。クレイブルックとスタッフはこの主張を受け入れ、新たに八五〇〇ポンドの限度を設けた。これは官報で次のように述べた声明をつけて発表された。「小型トラックの範囲は、燃費基準の回避を防ぐために、さらに（すなわち一万ポンドまで）拡大しうる」(註5)。続いてEPAも重量制限を八五〇〇ポンドに引き上げた。

しかし、それ以来何年たっても範囲が拡大することはなく、自動車メーカーは現在、八五五〇ポンドから八六〇〇ポンド級の車輌総重量を持つ多彩なピックアップと数機種のSUVを販売して、すべての燃費規制と多くの排ガス規制を巧妙に逃れている。七八年のGMの発言にもかかわらず、これら大型ピックアップとSUVの多くは、今では自家用として売られている。八〇および八一型式年度に新しいトラックが達成すべきガロンあたり走行マイル数として「私はできる限り最大の数字を設定しようとしていた」とクレイブルックは二〇年を経て悔しげに語った。「当時、これが先例としてこんなにいつまでも残るなどとは、まったく思わなかった」

乗用車の燃費基準は、議会の命令通り八五年式でガロンあたり二七・五マイルへと急速に上がったが、小型トラックの基準は八七年式でガロン二〇・五マイル（リッターあたり約八・六キロ）にとどまっていた。自動車メーカーにとって、これが意味するものは明白だった。いずれガソリンが値下がりし、アメリカ人が再び大きく馬力のある車を愛するようになったら、メーカーは小型トラックを作るしかない。

税制もガソリンをがぶ飲みする小型トラックに有利に作用する結果になった。一九七八年に議会は、連邦政府が要求する燃費の基準を五マイル／ガロン（リッター約二キロ）以上下回る乗用車を「大ガス喰らい《ガスガズラー》」と呼んで新たに課税する法案を可決した。これは今日なお条文に残っている。一部のきわめて高出力でガソリンを食うスポーツカーでは、価格に七七〇〇ドルもの税が加算される。

しかし、下院歳入委員会が新税の草案を作成していると、小型トラックの免税を求める嘆願がもたらされた——自動車工場のある州の議員からだけではなく、農村地域からもだ。「自家用車と商用車兼用なのだから、農家のピックアップ・トラックは免税にすべきだという感情があった」と、引退した両院合同税制委員会の上席エコノミストで、当時ガスガズラー税《タックス》に取り組んでいたアルバート・バックバーグは回想する。農村部の議員が勝利した。自動車メーカーは小型トラックをいくらでも大きくすることができ、高額な税金を心配する必要もなくなった。そして議会は小型トラックとはいかなるものか定義しなおそうとしなかったので、ガスガズラータックスの免除はSUVをも対象とすることになる。

甘い安全規制

自動車業界は小型トラックの安全性についても甘い規制を勝ち取った。小型トラックは当初、むち打ち症を防ぐためのヘッドレストと側面衝突時の傷害を抑制するドア内部のスチールビームの装備を義務づける、新しい規則を免除されていた。また、緊急ブレーキ時の停止距離も乗用車より長くてよく、タイヤの耐久性も低くてかまわなかった。

重大な決定の一つがバンパーの高さ規制に関するものだった。乗用車は衝突に耐えるバンパーを、地面から一六インチから二〇インチ（約四〇～五〇センチ）の高さに備えていなければならなかった。小型トラックにはこの規則がいっさい適用されなかった。乗用車を急なドライブウェイに入れようとしてよくやるように、オフロード走行の際バンパーを擦ることなく、急傾斜を登れるようにするためだ。しかしこの免除のせいで、のちに自動車メーカーが、運転者の着座位置が高くなるようなピックアップやSUVの設計を始めると、この種の車の前部を乗用車と同じ高さにしておくための法的強制力がないという事態になった。

多くの抜け穴の一部は、のちにふさがれ、例えばヘッドレスト、ドア内のスチールビームなどについて小型トラックは乗用車と同じ規制に従わなければならなくなるが、タイヤやバンパーの規則などそれ以外の抜け穴は今も残っている。これらあらゆる安全規則について、SUVは小型トラックであると見なされている。

なによりもアメリカン・モーターズは、その誕生からジープを悩ませ続けていた車の安定性の問題に、政府が取り組もうとするのを阻んだ。運輸省の全米高速道路交通安全局（NHTSAのほうが通りがいい）は一九七三年に、車輛の横転しやすさを規制する計画を発表した。しかし同局が安定性の評価法で苦労し、自動車業界が躍起になってこの構想に抵抗すると、運輸省は規制案を捨てた。

運輸省が手を引いた直後、連邦公正取引委員会（FTC）がAMCの広告を問題視し始めた。CJ5に乗ったドライバーが、高い砂丘を車体を傾けて疾走し、森の中へと走り去るさまを描いたものだ。同委員会は広告を禁止するだけでなく、CJ5自体が横転しやすく危険な車であることを宣言する意向であることをAMCに告げた。

マイアーズは抵抗した。AMCにはわずかな車種しかなく、CJ5は数少ない売れ筋だった。「我々はアメリカン・モーターズであり、ゼネラルモーターズではなかった」。マイアーズは回想する。「私たちはこういった。『我が社はこれをやめることはできない。私たちはこれで生活しているんだ。我が社には全国に二万七〇〇〇人の社員がいるのだ』」

ジープなどのオフロード車はアメリカ市場の一パーセント弱を占めるにすぎず、規制当局が大げんかするのを正当化するほど大きな対象ではなかった（註6）。NHTSAが、ホイールベース（前輪と後輪の間隔）が一一〇インチ（約二八〇センチ）未満のすべてのSUVについてサンバイザーに警告ステッカーを貼ることを自動車メーカーに命じる案を提出すると、FTCはCJ5を禁止しようとするのをやめた。NHTSAの案はCJ5から開始され、一九八四年式からは他のホイールベースが短いSUVにも実施された。以来、小型および中型のSUVのサンバイザーには、このステッカーが貼り付けられている。ステッカーを貼っても自動車メーカーには一台あたりわずかな負担にしかならず、長年にわたる多くの調査から、横転の抑制にはこれといった効果がないことが判明している。

「私は『それだけでいいのか？　よし、決まりだ！』といった」とマイアーズは述懐する。

ステッカーは車に危険な雰囲気を与え、アメリカン・モーターズにとってセールスポイントにすらなった。「どうなったと思う？　売上は急増し、子供には大人気になり、ブームに拍車がかかったのさ」とマイアーズはいう。

生きていた鶏肉関税と日本のメーカーへの勝利

ジープは外国との競争からの保護も勝ち取った。もっともそれには時間がかかった。日本の自動車メーカーは、六〇年代後半から七〇年代初めにかけて米国内で小型ピックアップ・トラックの販売を始めたが、当時まだ条文にあった六四年の鶏肉戦争に端を発する二五パーセントの税を払いたくなかった。そこでピックアップのボディとシャシーを別々に輸出し、ごくわずかな自動車部品の税を代わりに払うと、カリフォルニア州ロングビーチのドックで組立て直した。

一九七九年の終わりに、アメリカ経済は再び不況に陥り、デトロイトは政府に助けを求めた。八〇年初め、デトロイトの自動車メーカーの会長連とフレーザー（UAWの委員長に就任していた）はホワイトハウスの大統領執務室に集まり、難儀をカーター大統領と話し合った。自動車会社重役のほとんどは高い金利に不満を漏らしていた。そのせいでアメリカ人の多くは自動車ローンが利用しづらくなっていたからだ。しかし、それについてはカーターにはどうにもならなかった——金利は独立機関である連邦準備銀行が左右しており、連邦準備制度理事会議長ポール・ボルカーは出席していなかった。

マイアーズは六〇年代初めにクライスラー社のヨーロッパ戦略上級管理職を務めたことがあり、鶏肉税がまだ生きていることを承知していた。自分が発言する番が来ると、マイアーズは、ばらばらのピックアップ・トラックに課税することを大統領に直訴した。フレーザーも支持すると即座にいい添えた。カーターは、自分が一方的にそんな大きな行動に出る裁量権を持っていると知って驚きを示していたことを、フレーザーもマイアーズも覚えていた。

たまたまホワイトハウスのほうにも、UAWと折り合いをつけようとする理由があった。その春の民主党大統領予備選挙で、フレーザーはカーターではなくテッド・ケネディ上院議員を支持していた。ケネディの国民医療保障計画のほうが、自動車工場労働者の利益に沿うものだと考えたからである。しかしまた、フレーザーは日本から入ってくる分解されたピックアップに二五パーセントの課税を望んでおり、ホワイトハウスとカーター本人にそれを教えた。「彼らは私と折り合おうとして道を探っていた」とフレーザーは振り返っていう。

最終的にアメリカ関税局は八〇年五月二〇日、小型トラックに課税される二五パーセントの関税は、一部分解した小型トラックにも適用されることを宣言した。これはデトロイトにとって大勝利であった。海外の自動車メーカーがアメリカのピックアップ・トラック市場に参入しようと思ったら、大変なリスクと出費をともなって組立工場をまるまる一つ米国内に建設し、そこで生産しなければならないからだ。ピックアップ・トラック、特にフルサイズのピックアップは、アメリカ特有の現象である。ヨーロッパやアジアの大部分では、純然たる業務用の車と考えられており、このような人気はまったくない。ピックアップ・トラックの大きな市場はほとんどなく、世界でアメリカに次いで需要があるのはタイである。タイでは屋根のない荷台を備えた車は税制上優遇されるため、小さな市場があるのだ。

関税局の決定以後、アジアとヨーロッパの自動車メーカーは、それぞれの地域の市場向けに、小型のピックアップをいくらか作り続けた。しかしフルサイズ・ピックアップの設計に投資することはなかった。その本当の市場はアメリカにしかなかったのである。

レーガン大統領の規制緩和

ロナルド・レーガン大統領は一九八一年一月に就任すると、すでに実施されていた自動車規制の大部分を、その後数年にわたり凍結した。当時アメリカン・モーターズの幹部ですら、ジープ部門がそれまでの一〇年間荒れ狂った規制をほとんど全部くぐり抜けてしまったことにあっけにとられていた。燃費問題では、ゼネラルモーターズらのロビー活動に劣らず、マイアーズとその側近たちもワシントンにお百度を踏んでいた。そうしなければジープ部門は技術的問題に何十億ドルもの出費を強いられていただろうし、それ以前にそのためのエンジニアを見つけられなかったかもしれない。

「ジープは規制を逃れた。私たちは燃費の心配をさほどしなくてもよくなった。バンパーの高さの基準も、側面衝突の基準も、排ガス基準も心配の必要がなくなったのだ」とマイアーズはいった。「いいかね、これは私たちの夢だったんだ――我々には何をするにも金がなかった、だから何もしなかった……私は社会をどうこうしようとしていたんじゃない、つぶれかけた会社を存続させようとしていたんだ。余計なことは目に入らなかった」

初期のSUVの抜け道作りに力を貸した他社の重役は、これほど弁解がましくはない。GMのジム・ジョンストンは、今も乗用車に乗っており、それゆえSUVを嫌っているが、ロビー活動したことを悔やんではいない。「後ろについたときは、すごくいらいらするよ。前が全然見えないからね。それでも、言論の自由と同じように、国民がそれを買う権利のために私は断固戦う」と、ジョンストンはいう。

　しかし八〇年代の始まりとともに、AMCは競争の激化を覚悟していた。過去数十年、フォードとGMは小型ピックアップ・トラックなどをわざわざ製造しようとはせず、もっと儲かる大きなV8エンジンを積んだフルサイズのモデルを生産することを選んできた。つまり、いずれの社も小型SUVのシャシーと共用できる小型ピックアップ・トラックのシャシーを持っていなかったのだ。だからフォードもGMも、小型SUV市場はジープとインターナショナルハーベスターの好きにさせて、ばかでかく取り回しの悪いフォード・ブロンコやフルサイズのシボレー・ブレイザーを作っていた。これらの車には、ベースとなったフルサイズ・ピックアップのようにツードア・モデルしかなかった。

GMとフォードの参入

　七〇年代のオイル・ショックで、急遽デトロイトは再考を余儀なくされた。そして七〇年代後半、小型で燃料を食わない日本製ピックアップ・トラックの人気が急上昇したことは、GMとフォードにとって衝撃であった。一九八〇年に分解された日本製トラックに鶏肉税が課税されたことで攻勢は鈍るが、それまでにGMとフォードは、自分たちもできるだけ早く小型ピックアップを売り出そうと先を争っていた（註7）。その結果生まれたのがシボレーS-10とフォード・レンジャー・ピックアップであった。

　新型ピックアップのフレーム、サスペンション、車軸《アクスル》、その他車体下部《アンダーボディ》を構成する部品の設計に莫大な予算を費やしてしまった両社は、設計費を多数の車に分散するために、シャシーを流用する方法を探った。両社はこれらの車のSUV版を製造することを決め、車室を車体後部まで延長し、ピックアップの荷台の代わりに座席をもう一列と荷室を設けた。こうしてできたのがS-10ブレイザーでありブロンコIIである。

　シボレーS-10ブレイザーは一九八二年九月に、フォード・ブロンコIIは翌年三月に発表された。六〇年代後半に出た元のブロンコやブレイザーより小さなこれらの車は、ジープの成功に触発されたわけではなく、七三年と七九年の石油高騰の産物であった（のちにGMはややこしくなって、S-10ブレイザーをただのブレイザー、本来のフルサイズのブレイザーをタホとそれぞれ名を改めた)。

S-10ブレイザーとブロンコⅡは、ベースとなったピックアップ・トラック同様ツードア車だった。どちらのSUVにもフォードア・モデルはなかったが、それはフォードアのレンジャーやS-10ピックアップがなかったからだ。フォードもGMも、SUV版のドアを増やすだけのために、技術的および設計作業に余分な投資をしたくなかったのだ。またブロンコⅡとS-10ブレイザーは主にアウトドア愛好家相手に売り込まれた。フォード・GM両社はこれらの車を、アメリカ人の自動車の嗜好が変わり始めたことを把握していたからではなく、財政上の理由から作りだしたのである。

アメリカン・モーターズの重役陣は、ブロンコⅡとS-10ブレイザーの準備を早い段階から恐れおののきながら見守っていた。実際、彼らは文字通り見張っていたこともある――AMCのエンジニアは時々、ミシガン州ミルフォードの森にひそかに足を踏み入れ、大きく拡がったGMの総合テストコースを見下ろせる丘に双眼鏡を持って登った。

伝説のフォードGTを設計したエンジニア

ジープはアメリカン・モーターズにとって一大事業となったので、同社はまったく新しいフォードアのモデルを一から設計することにした。横転を心配したマイアーズは、フォードでも指折りの自動車エンジニア、ロイ・ランを雇い入れた。

ランは、ル・マン二四時間耐久レースで優勝した最後のアメリカ車であり、六〇年代後半を席捲したフォードGTの設計に中心的な役割を果たした。そのレース経験から、彼はいかなる速度でも安定する車を作り上げるノウハウをこと細かに理解し、自動車のアンダーボディのあらゆる部品の相互作用を人一倍把握していた。

燃費にも優先して取り組まねばならなかった。一九七九年のイラン革命のため石油価格は高騰、一方アメリカ経済は衰退し、自動車の売上も運命を共にした。マイアーズは自社株を何度かに分けて売却するが、その最初がルノー社だった。同社は燃費のよい小型車の専門家を多数擁しており、なかでも最高の一人、フランソワ・カステンをフランスからよこした。彼はデトロイト郊外の高級住宅地、ブルームフィールド・ヒルズにある自宅の地下室でソック・ホップ・パーティを開くほど、アメリカ式の生活を受け入れていた。

ルノーからきた小型車トップ・エンジニア

中背で巻き毛のカステンは、第二次大戦から数年たったフランスで育った。一家は小さなドゥーシュボー（シトロエン2CV）を持ち、両親は豊かになっても、もっと大きな車には買い替えず、二台目のドゥーシュボーを買った。「車を持てるのはありがたいことだったし、ガソリンは高かった」とカステンはいう。「私は、ガソリンは貴重な節約すべきもので、小さな車はすばらしいという世界観を持って大きくなったんだ」

ランと共にフォードアSUVプロジェクトに加わったカステンは、構成部品をひとつひとつ綿密に調べて、重量を減らす方策を探った。彼とランは、他の小型トラックが積んでいるような大排気量エンジンでなく、やや小ぶりの二・八リットル・エンジンを選択した。それでも小型乗用車に比べて相当多量のガソリンを消費した。この車のほうが大きく、背の高い車の常で空力特性が悪かったからだ。しかし小型トラックとしては燃費は良好であり、オートマチック・トランスミッション付きのもので市街地ではガロン一六マイル（リッター約六・七キロ）、ハイウェイではガロン一八マイル（リッター約七・六キロ）、マニュアル車ならもっと走った。

新型車はジープ・チェロキーと名付けられ、一九八三年末に八四年モデルとして発売された。これ以上のタイミングはまずなかっただろう。一九七九年から八二年にかけて続けざまに襲った二度の深刻な不況は終わり、所得は再び上向いていた。ガソリン価格は八一年に急落し、八〇年代の大部分を通じて、とりわけインフレを調整すれば、安値で安定することになる。人々は再び大きな車を求めるようになった。だが、もはやそれは見つからなかった。少なくとも乗用車のなかには。

燃費に関する規則が定められた一九七五年には、国中がガソリン不足に脅えており、乗用車の設計を大きく変えざるを得なかった。各自動車メーカーは新しい乗用車の平均燃費を七五年式のガロン一三マイル（リッター約五・五キロ）から七八年式には一八マイル、チェロキーが発売された八四年式には二七マイル（リッター約一一・四キロ）に引き上げることを要求された。

ジープ・チェロキーの成功

日本の自動車メーカーは当時、小型車を主に作っていた。したがって新しい規則はデトロイトの自動車メーカーに負担となった。燃費のいいエンジンを設計し、自動車部品ひとつひとつの設計をやりなおして重量を切りつめる時間はなかった。そこで国内の自動車メーカーは、大型車の販売を減らして、より多くの小型車を売らなければならなくなった。まだ売ることができた数少ない大型車は、キャデラックやリンカーンといった大きな利幅が見込まれる高級車部門を通じて販売されていた。軽量で燃費のいい小型車は、当初は同時に安全性が低かった。重量を減らすために、メーカーはただ車の前部と後部を縮めて多くの構造材を取り除いたからだ（のちに燃費の向上は、鋼製の部品を高強度アルミニウムや合金鋼製のものと置き換えることで行なわれるようになった。こうすれば車を大きく軽く作ることができ、安全性にあまり影響を及ぼさずに燃費をよくすることができる）。

また乗用車は空力を改善するために背が低くなった。だが、このために年配の人たちには乗り降りがきつくなった。座席は車室に低く取付けられ、ドライバーは直立した椅子に快適に座るのではなく、床に置いたクッションの上に座り、脚を前に投げ出してペダルを踏んでいるような感じだった。

車によってはエンジンを急いで設計しなおしたが、エンストなど信頼性の問題が起きやすくなり、品質に関するデトロイトの悪評をますます高めた。ゼネラルモーターズはディーゼル・エンジンに飛びついた。ディーゼルはもともと燃費はいいのだが、あわてていい加減な設計をしたために、黒煙を噴くうるさいものになった。

中流家庭は、以前ガソリンが安かったときの大きく、ゆったりとした、信頼できる頑丈な車が忘れられず、欲しくてたまらなかった。だからチェロキーはたちまちヒットした――しかもすぐそばに大自然が広がっている西部や南部の町や都市でだけではない。北東部の大都会が最大のマーケットだとわかると、AMCの重役陣ですら唖然とした。AMCはチェロキーのほとんどを、南部や南西部で人気の淡い色で塗装することを計画していたが、最終的にはニューヨークのような場所で人気のある暗い塗色の割合を増やすことにした。

クライスラーの前輪駆動ミニバン

八三年末に家族向けの小型トラックを発売したのはアメリカン・モーターズだけではなかった。これもまた苦闘中のデトロイトの自動車メーカー、クライスラーは、初の現代的な前輪駆動のミニバンを売り出して、同様に戦端を開こうとした。ミニバンはジープ・チェロキーをさらにしのぐ大成功だった。ミニバンは瞬く間に大型ステーションワゴンに取って代わったが、いずれにせよデトロイトが燃費基準を達成しながら大きな高級乗用車も作りたいと思ったら、大型ステーションワゴンはもう生産できない車種だった。

バンを小型トラックと認定するために運輸省が求めたのは、フロント・シートの後ろから車体後部まで床が面一《つらいち》で伸び、簡単な工具で座席を取り外せることだけであった。この規則は七〇年代半ばに、当時年間一万二〇〇〇台ほど売れていたフルサイズのバンが小型トラックとして認められるように作られたものである。最初のミニバンは、この審査に合格するように入念に設計され、以来製造されたミニバンの大部分は、本質的には乗用車の設計を改変したものであるのに、すべて平らな床を持ち、小型トラックの地位を与えられている。

EPAはバンに関して個別の規則を持っていなかった。ある車が小型トラックと認定され、緩い大気汚染防止規則が適用されるためにEPAが要求したのは、それが「主に財物の運搬に使用するために設計され、あるいはそのような車輌から派生している」ことであった。そこでクライスラーのエンジニアは抜け目なく、最初のミニバンに乗用バージョンだけでなく、フロント・シートより後ろには側面の窓がない貨物バージョンを作った。それから規制当局者に対して、乗用バージョンは貨物バージョンの派生型であると主張し、この車が小型トラックであることをEPAに納得させた——たとえ実際には貨物バージョンがクライスラー・ミニバン販売数の三パーセントに満たなくても。

ミニバンを小型トラックとして認めさせようというクライスラーの要求に、議論がないわけではなかった。UAWは、ミニバンは燃費および排ガス規制法令の精神に反するものだとしてクライスラーに異を唱え、ミニバンは乗用車に分類されるべきであると述べた。「品物を運ぶ車がトラック、人間を運ぶ車は乗用車だといった覚えがある」と、当時UAW委員長だったフレーザーはいう。

しかし、組合がそのような立場を取り続けることは難しくなっていた。燃費規則が大型乗用車市場に悪影響を及ぼしだしたからだ。組合はミニバンの認定を全国的問題にしようとはしなかった。はっきりいえば、雇用のために出したくはなかった。「当然我々は、外だ」とフレーザーはいった。

レーガン政権は、政府の規制が財界にかける負担を軽減しようとしていたため、ミニバンは燃費および排ガスに関する規則のもとでトラックに認定されるというクライスラーの主張を認めた。一九八三年以来、およそ一〇〇〇万台のミニバンが、この抜け穴を通り抜けている。

ミニバンとSUVを小型トラックに分類させることで、クライスラーとアメリカン・モーターズは、燃費、安全性、大気汚染に関する規則に違反する心配をすることなく、これらの車を続々と大量生産できるようになった。初期のミニバンは、乗用も貨物バージョンも、衝突時にむち打ち症を防ぐヘッドレストさえ装備していなかった。ヘッドレストは乗用車に要求されるもので、小型トラックには要求されていなかったからだ。

ミニバンはクライスラー社社長ハロルド・K・スパーリックの産物であった。何年も経ってから、ミニバンを小型トラックに認定することで多くの利点があることを知っていたかと質問されたスパーリックは、満面の笑みを浮かべて答えた。「気づいていたさ――どんな利点でもあれば生かすものだ」

ジープ・チェロキー成功の意味したもの

ヘンリー・フォード博物館の交通担当学芸員、ロバート・ケーシーは、チェロキーが現在理解されている意味で初の本格的SUVであったと、説得力のある主張をしている。チェロキーはワゴニアより少し小さく、都会に住む家庭に扱いやすいサイズにできている。四輪駆動を装備している。さまざまな点でステーションワゴンに似た、豪華な内装を持つ。都会の家庭向けに販売され、乗用車の代用として買われている。旧来のピックアップ・トラックの車体下部をベースにしてはいないが、乗用車のシャシーがベースでもないので、この点は無視できる。

三年後の八六年末にAMCは、より豪華だが技術的には類似のチェロキー・リミテッドを発売した。外装は金色の飾り《ゴールドモール》の入った黒に塗装され、より馬力のある四リッターエンジンを積んだこの車は、ガソリン価格の急落によって即座にヒットした。リミテッドのおかげで、チェロキーの売れ行きはさらに急上昇した。「多目的スポーツ車」という言葉が、全国の新聞で初めて使われだした。トリード工場の労働者は二四時間体制で働いたが、それでも生産が追いつかなかった。

しかし本当にSUVブームを起こしたのは一九八四年型チェロキーであった。それは非常に重要な模倣を何台か生んだからだ。斬新な外見と八四年から八五年にかけての販売の伸びに、クライスラーのミニバンの成功が相まって、ついに自動車会社経営陣の偏狭な世界でも、SUVをじっくりと検討して、乗用車の代替品としての可能性を考え始めざるを得なくなったのだ。デトロイト一流の集団心理を発揮して、フォードとGMの両社は、先行するチェロキーの成功に、中型の家族志向SUVを数多く作る計画を立てることで対応した。一九八七年、ジープ部門の成功を主な理由に、クライスラーはアメリカン・モーターズを一五億ドルで買収した。今やクライスラー会長のリー・アイアコッカは、ジープを定評ある消費者ブランドとして、二〇年前、彼がまだフォードにおりジープが一部のアウトドア愛好家のものだった頃よりもはるかに高く評価していた。

現在ではSUVに分類されているモデルの売上がアメリカ自動車市場に占める割合は、一九八〇年の一・七九パーセントから、八九年には六・四九パーセントにまで増えた。もっとも飛躍的な伸びは、家庭が中型SUVを購入するようになって起きた。この種のSUVは、たいがいジープ・チェロキーのようなモデルで、中型乗用車と同じようにフォードアで二列の座席を備えていた。中型SUVの売上は八〇年代に三倍に急増し、一九八〇年には自動車市場の〇・一パーセントにすぎなかったものが、八九年には三・五五パーセントにまでなった(註8)。同時に、もっと大きいシボレー・サバーバンのようなフルサイズモデルも、まだ葬儀社やその他の商売用に売られており、ジープ・ラングラーやスズキ・サムライ(ジムニー)といった小型モデルも、冒険好きな若者が買っていた。

この新たな市場区分は、環境保護団体からの批判をほとんど招かなかった。中型SUVの燃費は大型乗用車と比べても悪かったのにである。実のところ、SUVは悪路走行能力を持つことから、いつかは大自然を探検したいと考えるベビーブーム世代に、まず集中的に売り込まれたのだ。ベビーブーマーは七〇年代に環境保護運動の推進力となり、親世代の大型乗用車をガスガズラーと呼んで非難した。しかし彼らは、もっと環境に悪いＳＵＶをすでに受け入れ始めていたのだ。

ＳＵＶの隆盛の原因は、連邦政府が乗用車に厳しい燃費基準を維持することに固執しながらガソリン税を上げなかったことにあると、カステンら多くの自動車メーカーの重役は考えている。ガソリンが安価であったことと乗用車の燃料消費が厳格に制限されていたことが共に影響して、自動車メーカーは家庭向けに好まれる車種を乗用車からＳＵＶに転換せざるを得なかったのだと、彼らはかなり的を射た主張をする。「大きな乗用車が売れなかったから、それをトラックにしたんだ」とカステンはいう。「はっきりいって原因はトラック自体じゃない。四気筒エンジンの小型乗用車に乗りたがらないアメリカのユーザーだよ」

自動車メーカーの重役の例にもれず、カステンもＳＵＶへの転換を、八〇年代初めに顧客を無視していると激しく非難されたデトロイトが、顧客の声に敏感になったことの表れだとして擁護する。「マスコミはみんな、国民の欲しがるものを製造しないといってビッグスリーを叩いた」とカステンはいう。「策略なんてものはなかった。ただみんなが買いたがるものを売りに出しただけだ」

3章　フォード・エクスプローラーの開発

ボブ・ラッツは退屈気味だった。デトロイトの自動車ショーの片隅に置いたテーブルで、もう何度目かもわからないマスコミのインタビューを受けながら、彼は側近がコーヒーを持ってくるのを待っていた。コーヒーが来ると、ラッツはポケットを探って大きなスイス・アーミーナイフを取りだした。慎重に一番大きな刃を起こしてカップに突っ込み、二、三度かき回す。それからナイフを引き上げ、鋭い刃の両面を端から端まで一度舐めてからナイフを畳み、ポケットに戻した。

ラッツの口から血は垂れていなかった。つまり舌を切りはしなかったということだ。これぞラッツの流儀、非常に男っぽい《マッチョな》業界の中でも、あからさまに男らしさを誇示する管理職として象徴的なものである。

ボブ・ラッツ――ナイフを舐める元戦闘機パイロット

ラッツは自動車野郎《カー・ガイ》、つまり速い車を走らせることを愛し、そのエンジンに夢中になる男というイメージを身につけようと努めている。がっしりとした体格で、顎は角張り、髪は今では白くなっているが、六〇年代初めに海兵隊のパイロットだったときほぼそのままに刈り込んである。ラッツの武勇伝はデトロイトの誰もが一つは知っている。例えば、とある大手自動車部品メーカーの重役が、ラッツのオフィスで口論している最中、怒り狂ってラッツを脅したときの話だ。相手はフットボールで全額給費を受けて大学へ通った元ラインバッカーの巨漢だった。

「奴は『おまえをぶちのめしてバラバラにしてやる』といった」。ラッツは回想する。「で、私はこういってやった。俺は九年間海兵隊にいて戦闘歩兵をやっていた。白兵戦の訓練も受けている。俺は一つしか戦い方を知らん。殺すための戦い方しかな」

「威張り散らす連中はだいたいそうなんだが、奴もこれには言い返せなかった。目を見開いただけで、黙り込んでしまった」

ラッツは旧チェコスロバキアからソビエト時代の軍用ジェット練習機、L-39アルバトロスを自家用に買い、今でも週末には自宅近くの飛行場で飛ばしている。彼の側近たちが好んで話すのが、地元の軽飛行機パイロットがパニックに陥って着陸できなかったときのことだ。ラッツは、たまたま近くを飛んでいて、そのパイロットを無線誘導で安全に着陸させた。着陸装置を出さずに着陸してしまった事件についてはラッツも側近も多くを語りたがらない。ジェット機は火花をまき散らしながら滑走路を滑っていった。少し放射能を帯びた油圧油がこぼれ、洗浄するために相当な金がかかったが、ラッツは無傷だった。

ラッツの冒険好きは同僚の管理職を常にはらはらさせた。自動車会社は安全上の理由から、管理職が自動車やオートバイのレースに出ることを禁止しているが、ラッツはいずれにも出場している。彼は南フランスのあるレースに、「ビッグ・ワン《BIG ONE》」の偽名でこっそり参加した。アナウンサーはその名をイタリア式に「ビゴネー」と発音し、ほどなくしてラッツは、ウンベルト・ビゴネーの異名をとるようになった（註1）。

以前ラッツは、自家用の一九八六年型ロビンソンR-22ヘリコプターを操縦して、時々ミシガン州アンアーバー近くにある森に囲まれた四ヘクタールの屋敷から、地元の飛行場までの短い距離をひとっ飛びすることがあった。そのような飛行の折、滑走路への最終進入態勢の最中に、エンジンが高度一五メートルで突然停止した。のちの公式見解では、キャブレターが凍結したとされている。非公式見解では、凍結したのはエンジンが完全に温まっていなかったためであるといわれる。理由はともあれ、ヘリコプターは舗道に向かってまっすぐに墜落し、何度か高く弾んでばらばらになった。信じられないことに、ラッツは膝の高さにつぶれた残骸から、手に五針縫う切り傷を負っただけで、何事もなかったかのように出てきた（註2）。

ボブ・ラッツ——洗練されたコスモポリタン

だが、そのタフガイのイメージとは裏腹に、実はラッツは、洗練された趣味を持つコスモポリタンである。時々、彼が過剰に男らしさを誇示するのは、都会的すぎて自動車業界には向かないと思われないようにするためではないかと、つい考えてしまうことがある。最近GMの副会長になり、ポンティアックの新型車開発を監督したラッツは、当初その車に、リビエラにあるお気に入りのリゾート地にちなんでアンティーブという名をつけようとした。ポンティアック（若い、多くの場合ブルーカラー世帯向けのブランドである）のマーケティング担当者が彼を説得し、この車は代わりにポンティアック・ソルスティス（絶頂点）ということになった。

ラッツはスイスの裕福な投資銀行家の長男として、一九三二年二月一二日にチューリヒで生まれた。父と、やはり金持ちのおじは、アストンマーチンなどの非常に高価なスポーツカーを集めており、ラッツは二人を崇拝していた。彼は三歳のとき、道路を走るあらゆる車の型と年式を識別することができたという。「私は『一九二九年型フォードA型』などといっている小さなイディオサバン（特定分野に優れた才能を持つ知的障害者）だった」とラッツは回想する（註3）。

成長したラッツは、一家が大西洋の両側を何度も往復するのに合わせて、スイスとニューヨーク市郊外の全寮制私立高校の間を行ったり来たりしていた。彼は英語の他にもドイツ語とフランス語を流暢に話せるようになった。しかし一家がアメリカからスイスに戻って来るたびに、進級が遅れた。スイスの学校のほうが要件が厳しいためであった。第二次大戦が終わり、一家がようやくチューリヒに落ち着くころには、ラッツは教科書よりも女の子に関心を持っていた。「ヨーロッパで空費した青春」を思い起こしながら、ラッツは筆者に、車の後部座席でのセックスはいわれているほどいいものじゃないと話したことがある。その目的のためには、前席のほうがいいのだそうだ。「助手席は平らになるまで倒せるんだ」とラッツはいい、こう付け加えた。「見つかりそうになっても、とりあえずはフロントシートにいるわけだから」

経営のコツについて書いた著書『ガッツ』でのちに述懐するように、結局ラッツは高校を放校になる。学業にほとんど興味を示さなかったのと、市で一番の実業家の娘に興味を示しすぎたのが理由だった（註4）。彼はなめし革倉庫で六カ月力仕事を経験したあとで、彼はスイスのローザンヌの公立高校に入り、二二歳でようやく卒業する。それから父親の強い勧めで、アメリカ海兵隊に入隊し、戦闘機パイロットになる。彼は大尉にまで昇進するが、実戦に参加することはなかった。訓練を完了したときには朝鮮戦争は終わりが近かったからだ。

予備役になったラッツは、生産科学で学士号、経営学で修士号をカリフォルニア大学バークレー校でわずか五年のうちに取得し、一九六二年に卒業した。彼はヨーロッパに帰ると、ゼネラルモーターズとBMWで出世街道を邁進し、二〇世紀の最後の四半世紀をフォード、クライスラーの首脳陣の一員として送った末、GMに戻った。デトロイトの三大メーカーすべてでこれほどまで卓越した役割を果たした重役は、近年では彼が唯一である。ラッツはほとんどすべての職で成功を収めてきた。それは彼があらゆる階層の消費者を知りつくしたマーケティングの天才だからだ。

ボブ・ラッツ――マーケティングの天才

ラッツは一九八〇年代の半ばにフォードのトップ管理職として、SUV市場にその名を刻んだ。ほとんど知られていないが、九〇年代にベストセラー自家用車となる車、フォード・エクスプローラーを世に出すうえで、中心的な役割を果たしたのだ。エクスプローラーは次の一〇年、フォード社の利益の基礎となり、九六年のフォード・エクスペディション、九九年の巨大なエクスカーションと続くさらに大きなSUV開発の発端となる。しかしラッツによるエクスペディションの創造は、ある種の歴史的偶然であり、彼の輝かしい経歴の中で数少ない挫折のひとつから生まれたものだった。

一九七〇年代終わりから八〇年代初め、ヨーロッパ・フォードの社長兼会長として、ラッツは、アメリカ市場での失敗による倒産から社を救うのに十分な利益を上げた。ディアボーンのフォード本社に呼び戻されたラッツは、国際事業担当副社長に就任し、同時に取締役にもなった。副社長にはまれな栄誉であり、最高経営責任者となって全社を運営する候補生としての運命が約束されていた。

　取締役となったことで、ラッツはライバル管理職に対して途方もない権力を持った。フォードの取締役会は、多くの他社の取締役会に比べて、会社を監督するうえでより積極的な役割を果たしている。フォード一族は、今も同社議決権株式の四一パーセントを保有しており、取締役会に持つ三議席を使って社の進路を左右し、大規模な投資やその他の決定に最終的な判断を下す。役員として、ラッツはこのような決定をする場に席を持ったのだ。

　しかしフォードの頂上近くまで登りつめながら、ラッツはつまずいた。GMはヨーロッパ事業への投資を増やし、フォードのシェアを食って売上と利益を上げ始めていた。ラッツは一九八四年にヨーロッパに戻るが、問題をすぐに解決することはできなかった。対抗馬のドナルド・E・ピーターセンが、ラッツに代わって八五年に最高経営責任者となった。ラッツは八六年初頭に国際事業責任者としての信用を失い、フォードの小型トラック事業を監督するという屈辱的な職務に追いやられた。

　八六年初めには、乗用車がまだ王座にあり、小型トラック——大部分はピックアップ——は付けたりだった。フォードの小型トラック担当管理職は、自前のエンジニアが足りず、常に乗用車部門から人手を借りなければならなかった。乗用車用に設計されたヒーターやラジオ、その他さまざまな部品をピックアップに使い回すことは日常的に行なわれていた。トマス・J・フィーニーの記憶によれば、彼が一九八三年にフォード社自動車技術部長を退いたとき、部下のエンジニアは一万二〇〇〇人いたが、当時小型トラックのエンジニアは四〇〇名しかいなかった。フォードの小型トラック部門は縄張り根性の強いところで、いまだに市場といえば、戦前から自分たちの車を買い続けてきた農家、牧場主、中小企業経営者、アウトドア愛好家だと考えていた。

　在ヨーロッパ時代にパリ、ジュネーブ、フランクフルトの自動車ショーで注目を浴びた管理職にとって、ここは薄汚れたほこりっぽい職場だった。しかしフォード取締役会は、もっとも華麗で魅力的な重役の一人であったラッツに情けをかけた。ポストの格は落ちたものの、ラッツは副社長の肩書を保ち、取締役会に留まることまで許された。小型トラック担当管理職がフォード取締役会の席に着く資格を得たのは、これが最初で最後である。ラッツは経営のスーパースターであり、消費者マーケティングの達人でありながら、企業の中の小さな淀みにはまりこんでしまった。しかし彼は自分の小さな領地を拡大する力を持っており、またそうするつもりであった。

フォードのSUV開発

フォードの国際事業を運営しながら、ラッツは米国内でのジープ・チェロキーの成功に早い段階で気づき、驚きを覚えていた。フォードアと豪華な内装を備えたその車は、実用一点張りなツードアのフォード・ブロンコⅡを食って売上を伸ばしていた。泥だらけにしてもかまわないものを求めるハンターや釣り人用に製造されたブロンコⅡは、一般家庭向けの市場ではおしゃれなチェロキーにかなわなかったのだ。

八六年初め、チェロキー問題は突如ラッツの担当となった。フォード・トラック部門は、ブロンコⅡに代わるフォードアのSUVを作り、一般家庭の購買層を開拓する必要があると、ラッツは判断した。それも早急に。あとでわかったのだが、これは新しいアイディアではなかった。ヘンリー・フォード二世の息子、エドセル・フォード二世（註5）が一九七〇年代に、フォードアのSUVを製造することをたびたび会社に勧告していた。当時エドセルは、デトロイト郊外の高級住宅地グロスポイントで、英国から特別に輸入したフォードアのレンジローバーを妻と乗り回していた。しかしフォードの財務担当重役は、ツードアのブロンコⅡにドアを二枚足すためのコストに見合ったフォードアSUVの購入者がいないと言い張り、エドセルの意見を蹴った。

ラッツがこのアイディアを復活させるまでに、三つの変化があった。第一に、ベビーブーマーの間にフォードアSUVの未開発の大市場があることをチェロキーが証明したことである。このベビーブーマーを狙って、各自動車メーカーは躍起になっていた。彼らはもっとも購買力のある年齢にさしかかっていたからだ。

第二は、一九七五年に議会が、一〇年間で乗用車の燃費を倍増させることを命じたために、乗用車の連邦燃費基準がガロン二七・五マイルにまでなったことである。これにより自動車メーカーが、ステーションワゴンをはじめとする家族向けの大型乗用車を作り続けることは、きわめて難しくなった。しかし小型トラックに要求される燃費はガロン二〇・五マイルに抑えられていた。

最後は、七〇年代の安全基準がSUV市場をほとんど見過ごしていたことだ。ツードア・クーペをフォードア・セダンに改装しようとすれば、後部ドアのビームを追加するなど、多くの細部の設計が必要となり、非常に高いものにつく。ツードアのSUVをフォードアにするには、同じような厳しい規制に合わせる必要はなく、設計コストを相当減らすことができる。

「安全基準を満たさないことでコストを三〇パーセント省ければ、プロジェクトは全体的にもっともっと魅力的になる」と、元ジープ重役のウィリアム・チェイピンはいう。

フォードがフォードアSUVを生産する経済的意義はきわめて切実であり、ラッツには無視できなかった。トラック事業を引き継ぐとすぐに、ラッツはフォードきっての優秀な若手エンジニア、三一歳のスティーブン・ロスを呼びだした。ラッツはロスを新型車の製品プランナー主任にした。エクスプローラー生産プロジェクトに配属された、まさしく最初の人物であった。

ロスは中肉中背の黒髪の男性で、人込みに紛れてわからなくなってしまいそうな人物である。ただし、その目は別だ。一分でも一時間でも話をしている間、彼は絶妙にアイコンタクトを取り続け、ひと言も聞き逃すことがないのだ。

また、ラッツがロスを選んだことにより、エクスプローラー・プロジェクトはフォード社内で特別に目立つようになった。ロスは、フォードに五人いる副社長の一人、ルイス・R・ロスの息子であった。ルー・ロスはフォードの北米自動車事業すべての責任者で、ラッツ同様フォード取締役会の役員だった。ルー・ロスは八六年当時、社内で絶頂にあった。フォード・トーラス・セダンの発売を監督し、大成功を収めたばかりだったからである。トーラスはその空力学的な涙滴形のスタイルで、中型乗用車市場に革命をもたらした。

買い手の琴線に触れるものを設計できるエンジニア

自動車エンジニアはたいてい、車がどのように機能するか、車をどう組み立てるかに没頭している。スティーブン・ロスは、車のエンジニアリングだけでなくマーケティングについても、ラッツと共通する才能を持っていた。自動車を売るということは、信頼できる機械を作ることではなく、買い手の心の琴線に触れるものを設計することだと、スティーブン・ロスは誰よりも理解していた。

しかしラッツがロスを呼びだして職務を与えたとき、フォードの経営陣がエクスプローラーの量産を認めるかどうかは定かではなかった。七九年末から八二年にかけて立て続けに襲った不況の際に、フォードは倒産寸前になり、ピーターセンと副社長連は、新型車の企画・設計に多額の投資をすることにはまだ慎重だった。フォードアSUV市場参入のためにスティーブン・ロスが小型トラックを設計しようとしていることも、プラス要因にはならなかった。フォードの乗用車担当重役から見れば、SUV市場は海のものとも山のものともわからなかったのだ。

「乗用車事業のほうがトラック事業よりも予算を獲得しやすかった――取引高の多い分野だし、リスクもそれほど大きくない。あまり確信がなくてもよかった」とロスは回想する。そこでロスは、取締役会が嫌とはいえないほど儲かる車を設計しようと決心した。

ロスは八六年初旬、他の若手エンジニアを何人かプロジェクトに集めた。進化しつつあるベビーブーム世代の価値観に特に注目しながら、時代の文化的動向をつかもうとするところから彼らは始めた。彼らは『ランボー2』、『ロッキー4』、『トップガン』など当時もっとも流行していた映画を見た。ここ二、三年の雑誌から写真を切り抜き、期間別に並べた一連の大きなコラージュを作った。すると、最近の写真のコラージュだというのに、多くの人がカウボーイ・ハットやその他ウェスタン調の衣類を身につけているのが印象に残った。カリフォルニア州サンタバーバラ近郊の牧場にレーガン大統領が持っている二台のジープが、メディアの注目を集めたことにも、彼らは目をつけた。

こうした作業全体から、いくつかのテーマが浮かび上がってきた。ステーションワゴンは明らかに流行遅れだった。若いベビーブーマーたちは、新しい種類の車で個性を表現したがっていた。またすべての年代のアメリカ人が、大自然やフロンティアとの絆を感じていたいと思っていた。

ロスをはじめ若手チーム自身がベビーブーマーであり、親のステーションワゴンを運転しながら成長した。ロス自身にも、十代のときに両親の大きなカウンティ・スクワイア・ステーションワゴンを運転したたまらなく嫌な思い出があった。「女の子には受けなかったね」と彼は回想する。

クライスラーは八三年末に初の現代的なミニバンを発表し、同時期にジープ・チェロキーを発表したAM

C以上の成功を収めていた。しかしミニバンにはすぐに「ママ車」というレッテルが貼られた。大きな子供は乗るのを恥ずかしがり、かつて反体制的であったベビーブーマーは、家庭を背負うことに甘んじている表れとして見た。ロスと同僚たちはチェロキーやその他のオフロード車の所有者から聴き取りをして、彼らがミニバンを検討しようとも思わないことを知った。「SUVの購入者はたいがいミニバン嫌いだ——家族があっても、所帯じみたところを周囲に見せたくないんだ」と、スティーブン・ロスはいう。

エクスプローラーは主に都会の家庭向けに販売されることになるので、この車に本当に四輪駆動が必要かどうか、フォードは決断を迫られた。フォード社の調査では、購入者はめったにこの機能を使わなかったが、それでも絶対に欲しいといっていた。四輪駆動があったほうが安全で安心に思えるというのだ。

フォードの調査員が特に興味を持ったのは、購入者が四輪駆動を気に入っているのは、休暇の間、何者にも縛られずどこでも走り回る自由を期待させるからということだ。こういったユーザーは、おそらく消防士や警官やスーパーヒーローになりたいという子供の頃の夢をあきらめて、親になり、デスクワークと多額の住宅ローンを持った。しかし、自分たちがまだ気ままで冒険心にあふれ、本当にその気になれば、すべてを捨ててすぐにでも大自然に向かうことができるような気分をSUVは味わわせてくれると、彼らはフォードの調査員に語った。

このような購入者は、国立公園など自然保護区に行く人間の大半が四輪駆動を必要としないこと、いずれにせよたいていの場所では、パークレンジャーにオフロード走行を止められることを知っている。休暇は年にたぶん二週間か三週間しか取れないことも、そのうち親戚まわり以外に使えるのは一週間だけであることもよくわかっている。顧客にはそんなことはどうでもいいと、ロスはいう。肝心なのは、休みのときに何がしたいかという空想であり、友人や他の車のドライバーに、自分が本当は（今でも自分でそう思いたがっているような）勇敢な人間だということを見せつける能力である。

「その一週間は、一年のほんのわずかな期間かもしれないが、その年一番大切な一週間なのだ」とロスはいい、こう付け加える。SUVを買うことが「レクリエーションのすべてなのだ。顧客がそれを使うのは年に一日か一週間かもしれないが、その時間は人間として一番大事なものなのだ」。

たとえそのために普段の乗り心地や使い勝手が悪くなっても、顧客は四輪駆動を求める。ＳＵＶがオフロードを走ると、車輪は激しく上下に跳ねる。そのためＳＵＶのタイヤハウスは高く、幅広くなっており、車内の有効スペースを減らす。またオフロード走行のために、ＳＵＶの車体下部は岩をまたいでもこすらないように高くなければならない。これは車室の床がかなり高くなければならないということであり、したがってＳＵＶはミニバンに比べて乗り降りが大変で、車内の有効スペースはさらに小さくなる。

「ＳＵＶはミニバンほど機能的ではない――床は高く、それほど幅はない」とロスはいう。それでも顧客は四輪駆動を持つために、喜んでこうした犠牲を払うということにフォードは気づいた。

エクスプローラー・プロジェクト最大の脅威

ロスと同僚たちは、フォードの経営陣よりも先に予測を分析し、エクスプローラー・プロジェクト最大の脅威の一つは社内にあると判断した。上級管理職は、一九八六年中にリスクを伴うプロジェクトを一つしか認めそうになかった。乗用車担当のトップ管理職は、多額の資金をＳＵＶに使いたくなかった――彼らはシボレー・コルベットの向こうを張るような高級スポーツカーを作り、たとえたくさんは売れなくても、フォード・ブランドに箔を付けたいと思っていた。

しかしスポーツカー・プロジェクトには弱点があった。安くはないということだ。乗用車担当重役は、他の車の部品をそのまま使い回すことはできず、相当なコストをかけて一から設計しなければならない。一番の問題は、フォード社にはそのような高性能車にふさわしいエンジンとトランスミッションがないことだった。フォードは他社、おそらくヨーロッパの高級車メーカーのどこかから、それを買わなければならないだろう。

スティーブン・ロスは、エクスプローラーはスポーツカーに比べて設計コストが低く、それでいて生み出す利益は相当大きいことを述べた理由書の作成を始めた。第一段階として、年間何台のエクスプローラーが売れるか見積もりを出した。フォード社は、一九八五年にツードアのブロンコⅡを九万七〇〇〇台販売しており、エクスプローラーが発売されればブロンコⅡの生産は中止される。ツードアとフォードアのエクスプローラーを年間一六万台販売し、しかもブロンコⅡよりわずかに高い値段に抑える自信があると、ロスはいった。

ブロンコの売上に加わる六万台強の一部が、トーラス・セダンや小型ピックアップ・トラックのレンジャーなどフォードの他の車種を食うことは避けられない。フォードのディーラーに来た客が、それらの代わりにエクスプローラーを買うかもしれないからだ。こうした他車種の売上減は、予測される利益をさらに低下させる。

この慎重な予測を手に、ロスのチームは、取締役会にエクスプローラーは採算が合うことを示すため、可能なかぎり低コストで設計する方法の考案に取りかかった。彼らは大急ぎで、フォードの他のエンジニアがすでに設計していた部品の中に使い回せるものがないか探した。ランとカステンはチェロキーを一からSUVとして設計することができたが、ロスとその同僚は、ツードアのレンジャー・ピックアップ・トラックとブロンコⅡに使われている既存のシャシーを利用して、そこに多少の改修を加えた。ドアを二枚付け足したのだ。ブロンコⅡより車室を少々長くして、ドアを二枚付け足したのだ。エクスプローラーはケンタッキー州ルイビルにあるレンジャーの組立ラインで、ほとんど同じロボットやその他の設備を使って製造できたので、コストをさらに下げることができた。プロジェクト全体にかかる金は数億ドルで、自動車業界の基準からすれば<u>はした金</u>だった。

「できるだけ既存の部品を使い回すようにすれば、必ず採算が合う――儲かっている会社はみんなそうしているし、ビジネススクールでもそう教えている」と、ロスはいう。部品を再利用すれば、品質と信頼性も向上する。同じ部品が古いモデルで折れたり曲がったりその他の故障を起こすことなく機能しているのなら、新型車で欠陥が見つかることは考えにくいからだ。

相当に気をもみながら、一九八六年晩春、スティーブン・ロスと同僚は経営陣の検討結果を待った。判断が下ると、彼らは大喜びした。社の指導部は、エクスプローラーのプロジェクトを進め、一九九〇年初めに販売を開始するようにといった。当時のデトロイトにしては迅速な計画進行であった。高級スポーツカーが作られることはなかった。

エクスプローラー計画が承認された直後、ラッツはフォードを去り、クライスラー社の取締役副社長となって国際事業とトラック事業を兼務した。この転向に対してフォードは、いつものデトロイト流で対応した。

つまり、そんな人間はいなかったことにしたのだ。エクスプローラーが発売されたとき、ラッツには何の功績も与えられなかった。しかし少数のフォード関係者は、ラッツの果たした役割を記憶し、認めている。ロスもそのなかの一人だ。ロスはフォード社内で昇進を重ね、現在英国にある子会社ランドローバーで、すべての新型車の開発を監督している。

「あの人が地固めをして、資金を確保したんだ」とロスはいう。

エクスプローラーの爆発的成功

エクスプローラーとシボレー・ブレイザーは共に一九九〇年春に売り出され、共に瞬く間にヒットした。デトロイトが出すものには見向きもしなくなり、ホンダ・アコードやトヨタ・カムリを好んでいたような裕福なベビーブーマーが、フォードとシボレーのディーラーに群がった。ルイビル工場は二四時間体制で稼働し、エクスプローラーを製造したが、それでも需要に追いつかなかった。九〇年八月二日にイラクがクウェートに侵攻して、しばらくのあいだ原油価格が一バレル四〇ドルを超え、アメリカが一時的に不況に陥っても、売れ行きには影響しなかった。

チェロキー、エクスプローラー、ブレイザーの成功を受けて、大慌てでピックアップ・トラックの設計変更に飛びついた他の自動車メーカーも、ほとんどすべてフォードと同じ手法を取ることになった。各メーカーはさらに大きなモデルの可能性に関心を向け始めた。これは昔から取られてきた手法である。あるモデルがよく売れたなら、もう少し大きなものはさらによく売れ、さらに利益がある。六〇年代にはすらりとしたクーペであったフォード・サンダーバードとマーキュリー・クーガーが、一九九七年にはふわふわした乗り心地の贅肉がついた大型乗用車になっていたのは、このためである（同年フォードは、両方とも製造を中止した）。完全に設計をやり直すため、徹底的に贅肉を削って

SUVは乗用車の多くよりもいっそう深刻な体重増加問題を抱えている。中型SUVは、革製シートや防音材、その他快適さのための装備で膨れ上がり、大きく重くなり始めた。さらに重大なのは、フルサイズ・ピックアップ・トラックのシャシーでフルサイズのSUVを作り、値段を釣り上げる方法をメーカーが探り始めたことだ。

しかし九〇年にエクスプローラーが市場に出たとき

には、大きな障壁となりうるものが、まだ行く手に立ちはだかっていた。政府による調査と規制、とりわけエクスプローラーに先行するブロンコⅡにからむものである。

規制当局の無策

八〇年代にSUVの人気が上昇している頃、交通安全推進団体と、その支持者である人身事故専門の弁護士が、不穏な事実に注意を促していた。その事実とは、初期のSUVは驚くほど頻繁に横転するため、搭乗者の死亡率が恐ろしく高いということだった。道路交通安全保険協会が算出したところでは、一九八〇年には、SUV(当時は大部分がジープだった)一〇〇万台あたりのすべての事故における死亡率は、乗用車による事故の死亡率のほぼ二倍に等しかった。死亡率の大きな開きは、一部は乗用車とSUVの運転者の違いを反映したものだった。SUVはまだ主に向こう見ずな若者が運転していた。このカテゴリーの人間は、何を運転しようと多くの事故を起こした。しかしSUVの搭乗者は、乗用車の搭乗者と同じく正面衝突、側面衝突、追突で死亡するだけでなく、横転事故でも多数が死亡していた。この種の事故は乗用車ではさほど問題にならなかった。

七〇年代を通じて、小型のジープは特にひっくり返りやすいと悪評が立ち、アメリカン・モーターズを相手取った多くの訴訟の原因となった。人身事故専門の弁護士と協力して、CBSテレビの報道バラエティ番組「シックスティ・ミニッツ」は、受賞作となるドキュメンタリーを一九八〇年に放映し、乾いた一般道でも、急ハンドルを切るとジープは横転する場合があることを明らかにした。運転者は予期せぬ危険、例えば三輪車に乗った子供が道路に飛び出してきたときなど、それを避けるためにこのような操作をすることがある。

S-10ブレイザーや特にブロンコⅡのような急造りのSUVは、これも急いで設計されたピックアップのシャシーにボルト止めされており、八〇年代中に初期のジープとほとんど変わらない致命的な横転事故の記録を作っている。自動車メーカーはこの問題を、車高の高いツードア・モデルに引きつけられる無謀なドライバーのせいにした。しかし保険会社は納得しなかった。保険金を支払わねばならない立場だし、同じ若いドライバーが他の車種ではそうそうひっくり返らないことを示す統計上の証拠もあったからだ。人身事故専門の弁護士もやはり納得しなかった。保険会社、弁護士、ワシントンにある非営利の交通安全団体は一九八六年、最低限の車輌安定性基準を公布するようにNHTSA（全米高速道路交通安全局）に働きかけた。

同局はこの問題を詳細に調査した。職員による統計分析で、SUVは乗用車よりも非常に高い頻度で横転することが明らかになった。また車の重心が高いほど、それを埋め合わせるために特別に幅が広くない限り横転しやすくなることを分析は示していた。初め人身事故専門弁護士に依頼された研究者が提示し、その後政府の統計学者が裏づけた単純で常識的な公式が、データにぴたりと当てはまる。左右の車輪の間隔を車の重心の高さの二倍で割る。簡単な言葉でいえば、幅が広いほど車は安定する――一方、車高を高くすれば疑いもなく安定性が損なわれるということである。

ところが、この強い統計上の相関関係を現実の規則にして、ある車種を不安定であるか否かで禁止したり許可したりできるようにしようとすると、問題が起きた。ほとんどのモデルはパターンにはまるのだが、当てはまらないものもいくつかあった。シボレー・コルベットは重心が非常に低く、幅もかなり広いのだが、無謀な若者が運転するために横転死亡事故率がきわめて高い。NHTSAは、一定のパターンに従って曲がり角を走らせ、このコースを走っている間にひっくり返った車種は販売を禁止できるような、何らかの新型車の試験法を必要としていた。

NHTSAの技官はそのような試験を考案しようとしたが、いくつかの理由からうまく行かなかった。最大の問題は、テストドライバーがハンドルを左右に切るときに、毎回正確に同じタイミングと力で切れないことだった。ドライバーが無意識に作る微妙なばらつきが、試験結果に大きな違いをもたらすこともあるのだ。また、メーカーは、エアコンのような重いオプションをいくつ搭載するかによって、同じモデルに少しずつ違うサスペンションを取り付けたものを販売している。このサスペンションのわずかな違いが、試験の際に車が横転するかどうかに予測できない影響を及ぼす。さらにメーカーは、各モデルに数種類の異なるタイヤを純正指定しており、どのタイヤを履いているかによって、車は横転テスト中に違った挙動を示す。タイヤの設計をどう改善するかについてのはっきりした基準も、やはり存在しない。すべてのモデルでタイヤとサスペンションのあらゆる組合せについて横転しやすさを評価することの難しさを見て、NHTSAは途方に暮れた。

試験において「再現性が得られることはなかった」と、NHTSAの研究者ケナリー・ディグズはいう。八〇年代にディグズは、この問題に対処しようとしていたNHTSAと業界合同の横転事故委員会の委員長を務め、以来SUVを遠慮会釈なく批判している。

しかし信頼できる試験がないために、NHTSAは一切何もしないことにした。重心の高い車は安定性が悪いという統計上の証拠を無視し、車の安定性に関してまったく規制せずにおいた。交通安全団体には手痛い敗北であり、自動車産業にとってはSUV販売拡大の大きな障害になりかねないものを阻止した大勝利であった。

規制基準はより安全な車を求めるためのNHTSA最強の武器だが、武器はこれだけではない。同局には欠陥調査部があって、特定モデルの性能を検査でき、もし許容できなければ、その車の回収と修理を命令できる。しかし八〇年代の大半、この部署は横転問題にほとんど興味を示さなかった。

フォード社では、八〇年代後半を通じてエクスプローラーの設計は順調に進んだ。ところが発表予定のわずか八カ月前、深刻な脅威が発生した。『コンシューマー・リポーツ』誌がブロンコⅡの横転テストを行ない、八九年夏、この車は状況によっては危険なまでに不安定になることがあると読者に警告したのだ。交通安全団体、法廷弁護士、保険会社は、ブロンコⅡを欠陥車と見なしてリコールする必要があるほど不安定かどうか、正式に調査を開始することをNHTSAに促した。法廷弁護士は当局に大量のフォード社の書類を提供した。それは同社がブロンコⅡの安定性をどのように改善するかで苦心していることを示していた。

フォードのエンジニアは『コンシューマー・リポーツ』のテストに反感を覚えた。その結果には必ずしも再現性があるわけではなかったからで、したがって調査は不要と強く主張した。しかし、エクスプローラーはブロンコⅡとほとんど同じ設計であるため、この影響力のある雑誌から、また政府の調査から同じ汚名を着せられる危険性は明白だった。結局フォード社は急いでエクスプローラーの安定性改善に取り組むことになった。

フォードを訴えている弁護士がのちに入手した社内メモは、エンジニアは三つの選択肢を考えていたことを明らかにしている。より短いサスペンション・スプリングを使用するようにサスペンションの設計をやり直し、車体前部を半インチ（一・二五センチ）、後部を一インチ（二・五センチ）低くする。あるいはかなり低いタイヤ空気圧を推奨すれば、エクスプローラーの乗り心地はより安定し（ただしタイヤが破損しなければ）、また乗用車に慣れた人たちが好むような柔らかくて弾み方の少ないものになる。あるいはシャシーを大幅に設計しなおして、車輪の取り付け幅《トレッド》をもう二インチ（五センチ）離すこともできる。

エンジニアは最初の二つの選択肢を選んだが、最後の一つは躊躇した。トレッドを拡げることは役には立つだろうが、それでも横転問題の解決にはならない。重量と車高が車の安定性に及ぼす影響に関する政府の分析にもとづけば、間隔を拡げることで減少する横転の頻度はおそらく二、三パーセントだろう。エクスプローラーの車高のほうが大きな問題だった。これは車高の低い乗用車に作り替えないかぎり、根本的な対処にはならなかった。

トレッドを拡げることは、事実上レンジャーのシャシーの転用をやめて、新しいシャシーを作るということでもある。レンジャーと同じ組立ラインではおそらく製造できないので、この方法は時間と法外な費用がかかる。試作車が最初の二つの変更だけでフォード社の安定性試験に合格すると、エンジニアはトレッドを拡げるのはやめることにした。「『仕事1』を遅滞させることなく、可能なかぎりシャシー修正を生かすこと」とフォード社の社内伝言は、新型車の大量生産開始を意味する自動車業界用語を使っていっている。

規制当局の退職役人を雇用するフォード

フォードの設計技師がエクスプローラーの改良を急いでいた頃、NHTSAはブロンコⅡをどうするかで板挟みになっていた。『コンシューマー・リポーツ』の研究に法廷弁護士からの圧力が重なって、NHTSAは調査を行なわざるを得なくなった。しかし車が一度作られてしまえば、安定性改善のためにできることはほとんどなかった。リコールとはつまり、ブロンコⅡを一つ残らず道路から引き上げてスクラップにするという費用のかかる案をフォードに要求するということだ。

一九九〇年八月、NHTSAはブロンコⅡの安定性の調査に関して評価の分かれる判断を下した。ブロンコⅡは乗用車ほど安定がよくないが、他の多くのSUVと比べて特に悪くはない、と同局は断言した。局がある車のカテゴリーすべてを禁止するような規則を定めることを、連邦法は明確に禁じている。同局は、すべてのSUVを道路から排除する命令を出さない限りブロンコⅡを禁止することは難しいと結論し、ブロンコⅡが安全だとも危険だとも公式に判定することなく調査を終了した。その後、NHTSAを去る職員がいると、フォードは彼らを鑑定人として雇い、国中で起きているブロンコⅡ横転訴訟に勝つために利用した。

すこしでも有利な判決なり和解なりを期待し、自腹を切って何百万ドルもの金を訴訟の準備につぎ込んできた横転問題を専門とする法廷弁護士の一派は、はらわたが煮えくり返る思いだった。彼らは大量に収集したブロンコⅡに関するフォード社の内部文書を手に、訴訟を想定して新型のエクスプローラーを研究し始めた。一部の者は惨敗の経験から悲しむべき結論を導いた。政府に安全問題を警告することは、自分たちの利益にも依頼人の利益にもまったくならないということだ。調査は結局うわべだけであり、リコールが実現することはないのに訴訟が止まってしまうからだ。

九〇年代の始まりとともに、燃費規制が新たにSUVを脅かすことになった。初期のエクスプローラーの窓に貼られたステッカーは、この車が市街地でガロン一五マイル（リッター約六・三キロ）、高速道路ではガロン二〇マイル（リッター約八・四キロ）走ることを示していた。これはオートマチック・トランスミッションと四輪駆動を装備したモデルの数字だが、エクスプローラーのほとんどはこのタイプだった。のちにフォードがV6エンジンに加えてV8エンジンを積んだモデルを売り出すと、燃費はさらに悪化した。

たとえ小型トラックにはガロン二〇・五マイルの基準が適用されても、燃費規制法を順守することはSUVを製造しているメーカーには簡単ではなかった。しかし九〇年には、議会は乗用車も小型トラックも一様に、大幅な基準引き上げを検討していた。SUVをさらに大型化し、大量に売れるようにするには、自動車業界はワシントンでの激戦を勝ち抜かねばならない。

4章 SUV大型化への道――燃費・税制・大気汚染の政治学

たいていの議員は自動車産業を先頭に立って告発するほど愚かではない。それは政治改革推進派が近年目の敵にしている政治献金のためではない。自動車業界はもちろん献金をする。そして最近の選挙では、共和党（一般的に規制緩和に賛成する傾向がある）に対しては民主党への三倍を献金している。しかし他の業界の献金額ははるかに多い。最近の大統領選挙年には、製薬会社、商業銀行、石油会社はそれぞれ自動車メーカーの八倍から一五倍の金を出している（註1）。

八〇〇ポンドのゴリラ――アメリカ自動車労組

自動車産業の政治力の秘密は、実はその巨大ですみずみまで組織化された労働力にある。八〇万人の組合員と一七〇万人の退職者および配偶者を代表するUAWは、アメリカでも最大級の労働組合である。もちろん資金力も最大級で、一〇億ドル近いストライキ基金を持つ。こうしたUAWの労働者、退職者、家族の大半が住むのが、政治的影響力が異様に大きな地域である中西部北方、特にミシガン、オハイオ両州――過去四〇年のすべての大統領選における激戦区――である。中西部北方の利害は、例えば国政選挙において、北東部（民主党候補の常勝地域）や大平原諸州（共和党候補がたいてい当選する）の利害よりも注目を受ける。また自動車工場はそれ以外の中西部や南部にも散在しているので、UAWは広範囲におよぶ影響力をも持っている。

自動車産業がらみで政治的論争が起きるとき、UAWは八〇〇ポンドのゴリラになる。眠たいゴリラは心底不安になると、ひたすら自分の体重を誇示してくる

（英語のジョークに「八〇〇ポンドのゴリラはどこで眠るか?」「どこでも好きなところ」というものがある。）。UAWは何度か敗北を喫している。一九九三年に議会が北米自由貿易協定（NAFTA）を承認するのを阻止できなかったことはよく知られるところだ。しかしこの労組は、自動車産業を対象にするほとんどすべての立法を、その気になれば潰すことができるのだ。

自動車産業における環境問題は、組合幹部にとって特に難しい問題になりやすい。彼らは多様なリベラル派との連携の一環として、環境活動家と交流があるが、一方で労働者の利益にも気を配らなければならない。組合にとって何よりも厄介な問題が、燃費にかかわるものだ。一九八〇年代初めに乗用車の燃費基準が高められたことは、数千人の失業の一因となった。今日、小型トラックの燃費基準が、組合にはもっとも微妙な政治問題である。小型トラックは組合員が作っている可能性が乗用車よりもずっと高いからだ。ジョンソン政権が鶏肉貿易戦争の際に課した関税により、外国の自動車メーカーが米国の小型トラック市場に占める地位は数十年来きわめて限定されていた。国内乗用車市場はUAWと労働協約を結んでいない海外メーカーが支配するようになったにもかかわらず、SUVは九〇年代終わりまでほとんどデトロイトのビッグスリーの専売品であった。

地球環境と燃費問題

一九八〇年代には燃費基準はあまり問題にならなくなった。乗用車の基準は、八五年式で達成されたレベルのガロン二七・五マイルで止まっており、小型トラックの基準も八七年式でガロン二〇・五マイルに達してから上がっていなかった。レーガン政権は自動車産業のために基準の棚上げすら行ない、基準を一度にガロン一ないし二マイル、一～二年にわたって引き下げた。

一九八九年、ネバダ州選出の民主党上院議員リチャード・ブライアンは、この問題を精力的に追い始めた。ネバダ州は、自動車組立工場が一つもなく、自動車部品工場も皆無に等しい数少ない州の一つであった。人口が希薄なこの州の有権者は、大変な距離を車で走るため、車の燃費が悪いとこぼすことがあった。ブライアンはアメリカが輸入石油に依存していることを憂慮していた。また彼は、当時テネシー州選出の民主党上院議員だったアル・ゴアと共に、地球温暖化も危惧していた。この頃から多くの科学者が、温暖化と化石燃料の燃焼を結びつけ始めたのだ。ブライアンは一九八九年、各自動車メーカーが新規に販売する乗用車と小型トラックの企業平均燃費（Corporate Average Fuel Economy　頭文字をとったCAFEで知られているが、コーヒーとは無関係）の引き上げを要求する法案の作成に取りかかった。

ワシントンにおけるUAWの主席ロビイストであるディック・ウォーデンと、元民主党政策委員会委員長でクライスラーの上級ロビイストになっていたロバート・リベラトーレは、再三ブライアンに面会した。ウォーデンとリベラトーレには用事が二つあった。引き上げを小さく、段階的なものにすることと、計算の方法を変えることである。

いずれの基準をガロンあたり数マイル引き上げても、日本の自動車メーカーはほとんど影響を受けない。日本企業は小型車市場で優位を占めており、小型トラックはごくわずかしか売っていないからだ。ホンダとトヨタはそれぞれ、一九九〇年式で平均燃費ガロン三〇・八マイル（リッター約一三キロ）、つまり乗用車の基準をガロン三・三マイルの余裕を残して満たす車を販売していた（註2）。トヨタは少ししか小型トラックを販売しておらず、ホンダには小型トラックはなかった。しかし乗用車にせよ小型トラックにせよ、かろうじて基準を満たすにすぎないデトロイトの自動車メーカーにとって、基準の引き上げは大変な重荷になる。

そこでウォーデンとリベラトーレは、現行の燃費を一定の割合で少し引き上げることを各メーカーに要求してはどうかと、ブライアンに提案した（リベラトーレは一〇ないし一五パーセントの引き上げを提案したと記憶している。ウォーデンとブライアンは具体的な数字について話し合った覚えはないという）。エンジン技術の革新と軽量のアルミニウムや高張力鋼合金の利用が進んだことで、メーカーは単に車を小さくすることなく燃費を改善することが可能になった。パーセンテージによる引き上げを選べば、日本のメーカーも燃費改善を強いられる。実際にかかる労力はデトロイトよりも日本のメーカーのほうが少し大きくなる。トヨタ、ホンダ、ニッサンはすでに多数の小型乗用車を作っており、一部は少々先進的なエンジンを使ってもいた。つまり簡単にできる燃費向上は、すでにある程度行なわれていたのだ。

画期的な燃費規制法案

ブライアンは二人の助言に従い、パーセンテージによる引き上げを選んだ。しかし彼が選択したのは非常に大幅な引き上げ、一〇年間で各自動車メーカーの乗用車と小型トラックの平均燃費を四〇パーセント向上させるというものであった。これにより乗用車ではガロン三八・五マイル（リッター約一六・二キロ）、小型トラックではガロン二八・七マイル（リッター約一二・一キロ）の基準が、政府の規制をかろうじてクリアしているフォードとGM（クライスラーはもう少し良かった）には設定されることになる。トヨタとホンダに関しては、すでに効率のいい両社の車の燃費をさらに引き上げるので、ガロン四三マイル（リッター約一八・一キロ）の新基準が課せられる。

環境保護団体は喜び、車を小さくし出力を落とすことでメーカーは目標を達成できるといった。民主党の新星ゴアは法案を強力に支持した。しかし日本の自動車メーカーは怒り狂った。それはデトロイトのビッグスリーとUAWも同様だった。

ブライアン法案が上院で可決される確率はかなり低く、下院ではさらに低いうえ、大統領が拒否権を行使する可能性が高かった。だが自動車メーカーはそれでもなお、法案つぶしとブライアンの信用失墜のために乗り出した。UAWは介入すべきかどうか様子をうかがっていた。

日本企業は幅広いワシントン人脈、すなわちKストリートのロビイング会社に籍を置く、数十人もの有力な元議員、その他元連邦政府職員を頼りにした。ビッグスリーは、燃費基準引き上げに反対する草の根団体らしく見えるものを結成しようという、あかぬけない不器用なやり方を用いた。

GM率いるデトロイトの自動車メーカーは、ワシントンのロビイング会社二社、FMRとボナー・アンド・アソシエーツ社に依頼した。FMRは「公正な燃費基準を求めるネバダ州民の会」というラスベガスの住所を持つ団体を設立した。同社はネバダ州のタクシー会社、アウトドア愛好家、アウトドア用品販売店に接触した。そして燃費基準の引き上げは、四輪駆動車を含めた自動車のコストを上げ、割高で使い勝手の悪いものにするといって、入会を勧誘した。次にこのような市民とその所属先のリストを印刷した便箋を作ってネバダ州民に大量の手紙を送り、地元の上院議員宛に簡単な手紙を書くか、同封のサンプルレターに署名して投函してほしいと訴え始めた。ブライアンのもとには九〇年二月に、燃費基準引き上げを支持しないよう警告する手紙が届きだした。

ロビー活動――法案を葬れ

しかし聞いたこともない団体なので、ブライアンは不審に思い、便箋に載っているなかから数人の知人に電話をかけた。彼はこの運動の背後には自動車産業がいることを知り、何人かの友人を説得して支持をやめさせた。この団体の郵便物のコピーを入手したところ、そのなかにはワシントンのＦＭＲの住所を使っているものがあることが明らかになった。ブライアンはこの運動はなんら重大な脅威ではないとして片づけ、法案を推し進めた。

翌月には別の攻撃が始まった。ボナー・アンド・アソシエーツ社は、大型車輛を必要とする団体の連合会を作り、燃費基準が引き上げられればそうした車の利用価値が損なわれるかもしれないと警告した。同社はこれらの団体の代表を、費用を全額持って一泊二日でワシントンに送り、ミシガン州選出の民主党上院議員ドナルド・Ｗ・リーグル同席のもと、上院議員会館での記者会見に出席させた。アラバマの保安官は、緊急事態に対応するために大きくて速い車が必要だといった。銀髪のフロリダ州議会議員は、体の不自由な高齢者を乗せるために大型バンが必要だといった。イースター・シール協会の職員は、車椅子の障害者を乗せるために大きな車が必要だといった。ネブラスカの農民ブライス・ナイディックはこう問いかけた。「ホンダ・シビックで家畜のトレーラーを引っ張ったり、穀物や飼料を運んだりするところが想像できますかね？」

この記者会見によって、大きな車の必要を主張できる比較的小さいが同情を集めやすい層に、社会の目を向けさせることができた。この成功にデトロイトの自動車メーカーは驚き、急いで「自動車選択の自由連合」を創った。ＧＭのジョンストン率いる自動車ロビイストのグループは、レーガン政権下で全米高速道路交通安全局《NHTSA》長を務めたダイアン・スティードを新団体の運営のために雇わせた。自動車業界のほとんど丸抱えだったが、連合会は消費者団体を自称した。この団体はメンバーとして二〇〇以上の業界団体、例えば馬の調教師（トレーラーを引くために大型のピックアップ・

トラックを必要とする）を代表する団体などの参加を取りつけ、こうしたグループをいかなる燃費基準の引き上げにも反対するために結集した。また連合は、全国から会費無料の個人会員を大量に募り、会報を送ったり、基準引き上げに反対する手紙や葉書を国会議員に送るよう促したりした。

この夏ブライアン法案の勢いは鈍らされた。ところがイラクのサダム・フセイン大統領がクウェートに戦車を進撃させ、エネルギーの自給問題が再び浮上した。イラクのクウェート侵攻を受けて議会では、輸入原油への依存を減らす方策として、燃費規制の強化を支持する声が一斉に起きた。自動車産業の激しいロビイングにもかかわらず、ブライアンは法案可決に必要な票をほぼ持っていた。クウェート侵攻の一カ月後、法案上程の賛否を問う採決において、ブライアンは六八対二八で難なく勝った。

ミシガン州のリーグル議員は議事妨害をかけて、上院がブライアン法案を審議するのを阻止しようと必死の試みを始めた。議事妨害を止めるために、ブライアンは一〇〇人の上院議員中六〇票を必要としたが、先の採決で得た票はそれを八票、上回っていた。

秋が深まるにつれブライアン法案が勢いを増すと、自動車業界はそれを阻止するために超人的な努力をした。メーカーは三つの重要な支持者に協力を求めた。自動車ディーラー、ブッシュ政権、自動車労働者である。

自動車ディーラーはメーカーよりもさらに大きな影響力を議会に対して持つ。ディーラーは常に見込み客のネットワークを作りながら、慈善委員会に加わり、リトルリーグのチームに寄付をし、地域社会の中心となっていることが多い。すべての州、ほとんどすべての下院選挙区にディーラーはあり、政治活動に対して自動車メーカーよりも気前よく献金してくれる。大きなガスガズラーはディーラーに利幅をたっぷり生み出してくれた。ガソリン価格が低く、大きな車の需要は多かったため、値引きをあまりしないか、あるいはまったくせずに売れたからだ。ブライアン法案に対抗するために自動車ディーラーは大挙してワシントンに集まり、地元選出の議員に、法案は大型車の売上に打撃を与えると直訴した。

ブッシュ政権もまた強力な味方であった。連邦政府機関がロビイングを行なうことは法律で規制されているにもかかわらず、NHTSAは衝突試験の映画に、燃費規制を強化すれば死亡事故の増加につながる恐れがあると警告するナレーションを入れた。この映画は、大型乗用車がサブコンパクトカーを押しつぶしているところを撮ったもので、その後自動車選択の自由連合にリークされた。連合はこの映画を使って、燃費基準の引き上げと交通事故死の増加を結びつける大規模な宣伝キャンペーンを行ない、成功を収めた（ずっとあとになって明らかになったことだが、実は小型車の中のダミーは驚くほど無事であった。小型車のクランプルゾーンは設計通りにつぶれて、衝突の衝撃の大部分を車室に伝えることなく吸収したのだ）。

法案に向けられた第三の力は、なかでももっとも強力なもの、自動車労働者とその組合、UAWだった。

最終的な採決を数日後に控え、GMは特に躍起になって、この法案が通過すれば自動車産業は数万の労働者の解雇を余儀なくされると警告していた。自動車メーカーは、工場労働者が会社の電話を使って議員に電話をかけられるように、休憩を余計に与えた。こうした活動に促されて、UAWがついに介入した。法案に反対するロビイングのために、委員長のオーエン・ビーバーがじきじきにデトロイトからワシントンに飛んだ。九月二五日の夕方、上院が議事妨害の終了についての採決を行なう時刻には、ビーバーは議事堂の上院の議場のロビーに行き、ゼネラルモーターズのジム・ジョンストンとともに、議場に入ろうとする議員を一人ひとり引き留めた。

ブッシュ（父）政権の高官も上院に行き、拒否権行使もありうると警告した。投票集計の結果、一一名の議員がくら替えし、ブライアンが得たのは五七票だった。過半数ではあるが、議事妨害を終了する六〇票には足りない。実際の票読みは見かけ以上にきわどかった。二名の議員が、もし自分たちを除いて五八票集まれば、六〇票にするためにブライアン法案に賛成すると約束していた。しかし二人とも、あえて自動車産業の逆鱗に触れてまで、否決される法案に賛成するつもりはなかった。つまり一票差で法案はつぶれたのだ。

「私の人生でも飛び抜けて誇らしいときだった。オーエンと二人協力してCAFE基準反対のロビイングをして、勝ったのだ」と、ジョンストンはいう。「あの採決では、UAWなくして勝つことはできなかっただろう」

クリントンとゴアの燃費政策

九〇年に自動車会社が小型トラックのCAFE引き

上げを、たとえクライスラーのリベラトーレが当時提案したという一五パーセントでも強いられていたら、二〇〇〇年までに平均燃費ガロン二三・六マイル（リッター約九・九キロ）――つまり九〇年の最低基準がロン二〇・五マイルの一五パーセント増し――の小型トラックを生産しなければならなくなっていた。この水準に達していたら、SUV、特にフルサイズ・モデルの増加は抑えられていただろう。

しかし、九〇年の上院での論争を最後に、燃費基準の引き上げは、何年もの間本気で取り組まれることはなくなった。ブライアン上院議員は九一年に法案を再提出した。だがそれは、よりによって環境派につぶされた。環境保護運動は石油会社が北極圏国立野生生物保護区で採掘するのを阻止しようと戦っており、ブライアン法案の支持を取りやめることと引き換えに、自動車メーカーを掘削反対の味方につけていた（註3）。

九二年一一月のビル・クリントンとアル・ゴアの当選は、SUVにとって次の大きな脅威となりえた。民主党の大統領候補指名を得ようとしていたその年の春、クリントンはアースデーに「より燃費のよい自動車への進歩を加速させ、自動車メーカーの平均目標値をガロン四五マイル（リッター約一八・九キロ）に引き上げるように努力する」（註4）ことを提案していた。当時の環境保護運動と同様に、クリントンは小型トラックには言及しなかった。しかしその演説は、燃費基準の一律引き上げを要求するものと一般に解釈された。その印象をクリントン陣営は否定しなかった。クリントンが指名を勝ち取り副大統領候補にアル・ゴアを選ぶと、環境派は興奮した。

ゴアは『地球の掟――文明と環境のバランスを求めて』と題する本を出版したばかりだった。この本の中でゴアは、自動車が地球環境に及ぼす影響を強く批判していた。世界の平均気温は過去五〇年間徐々に上昇しており、ほとんどの科学者は、人類がこの「温室効果」を助長する少なくとも一因であると考えるようになっていた。温暖化に結びつくガスの主要なものが二酸化炭素である。あらゆるタイプの自動車は、燃焼させるガソリンの量に応じた二酸化炭素を発生するので、非常に大きなガスガズラーはもっとも多く二酸化炭素を放出する。

ゴアは自著の中で、内燃機関――すなわちすべてのガソリンエンジンとディーゼルエンジン――を廃止することを呼びかけた。ゴアは特に自動車に批判的で、このように述べている。「その地球環境への影響が積み重なって、あらゆる国々の安全に致命的な脅威を与えている。これは私たちがこの先直面する可能性があるいかなる軍事的脅威よりも危険である」

自動車メーカーは震え上がった。さらに困ったことに、自動車組立工場がないアーカンソーの州知事、クリントンをメーカーはよく知らなかった。「クリントンに接近する方法はほとんどなかった」と、当時フォードのトップ管理職であったピーター・ペスティロは回想する。

しかし自動車会社の重役連は、クリントンが耳を傾けざるを得ない人物を知っていた。UAWの幹部であるビーバーと、当時その最高政治参謀だったヨーキチは、その夏何度もクリントンの選挙事務所長に面会し、ビーバーは電話でクリントンとじかに話した。決着のときはついに訪れた。八月二一日、クリントンはデトロイト経済クラブで演説をすることになった。この大規模な団体には、デトロイト市で最有力の実業家が参加しており、たまたまその多くは自動車メーカー重役であった。

ブッシュ＝クエール陣営はその朝、市の二大日刊紙にクリントンの燃費基準引き上げ案をこきおろす半ページの批判広告を載せて、クリントンをデトロイトに迎えた。「ビル・クリントン氏の好きにさせたら、四万人のミシガン州の自動車労働者が、組立ラインのかわりに失業者の列に並ぶことになるでしょう」と広告は訴えた（註5）。

コンベンションセンターの非友好的な聴衆に話す前に、クリントンは優雅なレセプションに出席し、非公式な対話を自動車メーカー重役、ビーバー、下院通商委員会委員長を務める有力なミシガン州の民主党議員ジョン・ディンゲルと持った。集まった聴衆の前でクリントンが演説を行なったときには、燃費に対する彼の姿勢は軟化していた。燃費基準の引き上げは、そのような低燃費の車が実現できると証明されるまでは不可能かもしれない、と彼はいった。「私は、燃費基準を引き上げねばならないと強く信じておりますが、そのための方法は一つしかないと申したことはありません」。クリントンは聴衆に語りかけた。「競争相手よりも大きな車を作っているというだけで、我が国の自動車メーカーを不利な立場に置きたくはありません」（註6）

政権についたクリントンが、新たな研究助成プログラム「次世代自動車パートナーシップ」を作ったことは確かだ。これは年間二億から三億ドルの助成金を、主に国立研究所や自動車部品メーカーに提供するものである。このプログラムの目標は、二〇〇〇年までにガロン八〇マイル（リッター約三三・七キロ）走る中型乗用車の試作車を作り、二〇〇四年までに超低燃費車の大量生産を始めるという非現実的なものだった。

燃費悪化を招いた八年間のクリントン政権

だがこの計画を推進する一方で、クリントン政権は燃費基準引き上げのために何もしなかった。乗用車の基準値はガロン二七・五マイルのままであり、小型トラックはわずかに〇・二マイル上がって二〇・七マイル（リッター約八・六キロ）になったが、この増加は退陣したブッシュ政権がすでに認めていたものだった。一九九四年一一月の中間選挙で上下院を支配した共和党は、研究にせよ基準引き上げにせよ、燃費問題へのいかなる出費も禁止した運輸省の予算案を、毎年作成するようになった。この禁止はクリントン大統領の任期中、毎年更新されることになる。クリントン政権期間中に販売される新車の平均燃費は、自動車メーカーが乗用車から小型トラック、特にＳＵＶに生産を切り替えるにつれて、上がるどころか実際には確実に低下した。

自動車ロビーは次世代自動車パートナーシップを歓迎した。それは燃費基準にかかわるいかなる措置も事実上停滞させたからだ。「八年間、悪法はそれ以上悪くならなかった」と、長年ＧＭのロビイストを務めたジョンストンはいう。

九〇年代初めに燃費基準を引き上げられなかったことは、二つの重大な結果をもたらした。デトロイトの自動車メーカーは、燃費を考慮することなく好きなように小型トラックのサイズを拡大することができるようになり、八〇年代後半に始まった傾向に拍車がかかった。また、燃費基準のパーセンテージで引き上げるというブライアンの企てに日本の自動車メーカーは脅え、結果としてより大きなモデルの生産へ向かった。九〇年代を通じて徐々に燃費を下げることで、日本のメーカー、特にトヨタは、議会がのちにブライアン法案と同じパーセンテージ引き上げを可決しても、受ける被害は小さくなった。

日本の輸出自主規制とＳＵＶ輸出

燃費論争が多方面から注目を集める一方で、エクスプローラー発表の直前と直後に、他にもいくつかの進展があった。これらはそれほど注意を引かなかったが、やはりSUVが国中の道路を占領するお膳立てをした。変化はいずれも、誰も本気で小型トラックに注目していないときに、自動車産業が激しいロビイングを行なったことを物語っている。そのすべてが、フルサイズ・フォードアSUVブームの下地を作ったのだ。

まず最初に、デトロイトと日本の自動車メーカーが対立した、通商政策を巡る激しい摩擦があった。八〇年代には、日本政府は年間にアメリカに輸出できる乗用車の数をいわゆる「輸出自主規制協定」で制限していた。この規制は、国際通商法違反になっても輸入をより厳しく制限すべきだとする米国内の圧力を、うまくそらしていた。しかし日本政府は、アメリカへの小型トラックの輸出については何ら制限を課していなかった。

日本のメーカーは、少数のSUVとミニバンをアメリカに輸出し、それを小型トラックに分類するようになった。輸入乗用車にかかる二・五パーセントの税の代わりに二五パーセントの「鶏肉税」を払ってである。というのは、もし乗用車に分類すれば、一切輸出することができないからだ。トヨタや日産のような企業には莫大なコスト優位があったので、法外な鶏肉税を払っても利益を上げられたのだ。

だが八〇年代後半になると、日本企業は自動車工場を米国内に開くようになり、通貨市場では円高が急速に進行したので、日本から車を輸出することは割高になった。日本からの乗用車の輸出は減少し、メーカーは割当をいっぱいに使うことがなくなった。そこで日本のメーカー各社は、自社のミニバンやSUVは実は貨物車ではなく乗用車であると言い出し、乗用車の割当に含めて、税率がずっと低い乗用車輸入税を課すように要求した。関税局は当初拒否したが、その後財務省の法務官が国際貿易協定を調べ、日本企業のいうことが正しく、SUVとミニバンは乗用車扱いされるべきとの判断を下したため、決定は覆った。

この決定はアメリカの燃費および大気汚染防止法令には影響がなく、こちらではSUVとミニバンは今日に至るまで小型トラックに分類されたままである。しかしそれでもデトロイトは激怒し、激しいロビイングと輸入税を巡る法廷闘争が一九九三年まで続いた。クライスラーは「これはトラックか?」と題する光沢紙に印刷したパンフレットを発行した。各ページにミニバンの写真を載せて、それが乗用車とトラックのどちらに分類されているかを検討したものだ。排ガスのページではトラックだといい、燃費のページもトラックだといい、ところが関税のページは乗用車といっている。しかし結局、一連の判決により、SUVとミニバンは輸入税のうえでは乗用車であるとされた。

それでも、外国企業がアメリカのSUV市場に参入しようとするには、まだ束縛があった。外国企業は、タイなどアジア市場向けには小型のピックアップを作っていたが、大型ピックアップはほとんど作っていなかった。つまり、小型または中型SUVの製造に使えるピックアップのシャシーはあったが、フルサイズのSUVを作れるシャシーはなかったのだ（例外はトヨタである。同社にはやたら大きなシャシーがあり、すでにランドクルーザーに使われていた）。日本のメーカーが、トヨタ・4ランナー（ハイラックス・サーフ）やニッサン・パスファインダー（テラノ）のような中型SUVの販売に力を入れると、当然デトロイトは競争のないもっと大型のモデルへの転換に駆り立てられた。

税法の大きな抜け穴

たまたま自動車産業のロビイストは、税法にもトラックが通れるほど大きな抜け穴を開けていた。七八年にできたガスガズラータックスから、小型トラックはすでに免除されていた。だがミニバンとジープ・チェロキーがたちまちヒットしたのをきっかけに、業界のロビイストは初めて、小型トラックに優遇税制を獲得して、乗用車、さらには高級乗用車に代わるものとして使えるようにしようと特別の関心を持ち始めた。

一九八四年、議会は、不動産業者、販売代理店、コンサルタントなど、自家用車を部分的または全面的に業務に使用する中小企業経営者や自営業者による不正な税控除に、厳しい態度で臨んでいた。こうした経営者は車の購入価格全額を、わずか三年間で課税所得から控除することができ、したがって税額を相当減額できた。この規則は不動産業者らに、手に入る限りで一番大きくて高価なキャデラックやリンカーンといったセダンの購買動機を与えた。実質的には車のコストを一切払わなくていいからだ。当然彼らはこうした高級車を私用でも乗り回した。

一九八四年の減価償却法では、このような企みは厳格に阻まれた。車がどれほど高価だろうと、控除額は基本的に一万七五〇〇ドルに制限され、また控除は三年ではなく五年にわたってほぼ等分に分散されることが定められた。また、その車を事実上何らかの私用に少しでも供していることを認めた者には、さらに控除を制限した。この法律は高級車販売の妨げとなった。多くの顧客が前のように高価なモデルを買ったり、ひんぱんに車を買い替えたりできなくなったためだ。

しかし、車輛総重量六〇〇〇ポンド（約二七〇〇キロ）を超える小型トラックは特別扱いを受けた。このカテゴリーにはフルサイズ・ピックアップの頑丈なシャシーを利用して作られたもののほとんどすべてが含まれる。このような小型トラックの購入者は、まだ購入価格全額の控除を受けられた。それも最初の年に価格の半分までもが控除され、残りはさらに四年にわたって控除される。私的利用にもほとんど制限はなく、農家はピックアップで子供を学校に送っていくことも、映画やレストランに行くこともできる。

最大積載時の重量わずか六〇〇〇ポンドで線を引いたのは、明らかにデトロイトの勝利だった。以前の規則は加速減価償却を、空虚重量一万三〇〇〇ポンド（約五九〇〇キロ）以上のトラックだけに認めており、非常に大きな運送用トラックにしかこの条項は適用されなかった。重量級小型トラックへの特別待遇は、当初おもにフルサイズのピックアップ・トラック、つまり鶏肉税のおかげでデトロイトが独占していたカテゴリーの車の購入者が利用した。しかしアメリカ人がいったん乗用車の代わりに中型SUVに乗るという考えに慣れてしまうと、税法のなかに埋もれた減価償却規則が、人々が非常に大きな高級SUVに買い替える大きな誘因となることが後に判明する。

もう一つの税は一九九〇年に登場した。この年、議会は三万ドルを超える車に一〇パーセントの奢侈税を課した。だが議会はまたも車輛総重量六〇〇〇ポンドを超える小型トラックに奢侈税を免除した。自動車産業はロビイングにあたってきわめて巧妙に立ち回った。農家が大きなピックアップに奢侈税を払わされるべきではない、と激しく主張していた農業州の議員に、この問題を一任したのだ。

少なくとも議員やそのスタッフは「この種のSUVをリムジンにする方法があるなどとは、誰も予想していなかった」と、議会の両院合同税制委員会で自動車関連税を扱っていたエコノミスト、アルバート・バックバーグはいう。「リンカーン・コンチネンタルのSUVなどというものは、その頃はなかったのだ」

当時、車輌総重量が六〇〇〇ポンドにもなるミニバンやSUVはきわめて少なく、三万ドルを超えるものは皆無に等しかった。例えばシボレー・サバーバンは、重量の要件を十分満たす大きさであるが、まだ実用本位のトラックらしい車で、四輪駆動バージョンの基本価格は一万六六四五ドルにすぎない（註7）。それでも奢侈税法は、自動車メーカーにとってのもう一つの大きな誘因を生み出した。そしてメーカーはフルサイズSUVを、富裕なアメリカ人に高級乗用車の代わりに受け入れられるほど豪華な作りにして、販売を始めた。

減価償却規則、奢侈税、小型トラックに甘い燃費基準が相まって、実は重量級小型トラックであるものを社用車として消費者が求める誘因と、デトロイトの自動車メーカーがそのような車を作る誘因を生んだ。パズルの最後のピースは、大気汚染規制にあった。

大気汚染規制でも抜け穴

小型トラックは大きく燃費の悪いエンジンを積んでおり、それは往々にして排気の汚いエンジンでもある。自動車メーカーは七〇年代後半から八〇年代にかけて、新しい乗用車用エンジンに数十億ドルを費やした。そうしてできた新設計のエンジンは燃費がよく、期せずして低公害であった。小型トラックのエンジンは優先順位が低く、多くは六〇年代や時には五〇年代の設計を踏襲していた。例えばバルブは一気筒あたりまだ二つだった。より複雑な設計の四バルブにすると、製造費は高くなるが、燃費は向上し汚染も減る。SUVが初めて四バルブエンジンを積んだのは一九九四年のことだが、その頃には販売される乗用車の五分の二が、四バルブエンジンを積んでいた。

議会は一九九〇年に大気汚染問題を検討し、いくつもの取り組みを委員会で頓挫させた末に、大気汚染防止法令を一三年ぶりに大幅に改訂した。環境保護運動は同年、乗用車によるスモッグの原因となるガスの排出を制限するために奮闘し、かなりの成功を収めた。大気清浄法は、一九九四型式年度から、乗用車の窒素酸化物の許容排出量を、走行距離一マイルあたりわずか〇・四グラムと定めた。

しかしこの法律は小型トラックにははるかに甘かった。このカテゴリーの車は環境保護団体の関心をまったくといっていいほど引かなかったのだ。大部分の小型トラックは、マイルあたり〇・七グラムの窒素酸化物の排出を許容され、サバーバンのようなフルサイズのSUVやピックアップの多くは、マイルあたり一・一グラムの排出を許されていた。

のちに自動車メーカーの重役は、SUVによる汚染を批判されると、触媒コンバーターを政府が義務づけていなかった五〇年代末には、乗用車も小型トラックもマイルあたり三～四グラムの窒素酸化物を排出していたことを指摘して対応した。だがアメリカの道路を走る車の数は、一九六〇年から三倍に増えている（註8）。全車輌の走行距離の合計は実際には四倍になっている。主に都市のスプロール現象のせいで、一台一台の走行距離も長くなる傾向にあるからだ（註9）。今ではほとんど毎日ロサンゼルスの繁華街から山脈を見ることができるのは、六〇～七〇年代にかかっていた紫色のもやが薄くなったからだ。この状態が、たとえアメリカ人がさらに長い距離を車で走るようになっても保たれるように、スモッグの原因となるガスの放出を常に改善し続けることが必要である。

大気汚染防止法令は、ますます大きなエンジンを積んだ、ますます大きなSUVの製造をメーカーに許す最後の一歩だった。シボレー・サバーバンの豪華版、シボレー・タホとGMCユーコンは一九九四年後半に市販された。フォード・エクスペディションとレクサスLX-450は九六年、リンカーン・ナビゲーターは九七年、キャデラック・エスカレードが九八年、フォード・エクスカーションが九九年、トヨタ・セコイアが二〇〇〇年。これらは一例にすぎない。ハイウェイの軍拡競争が本格的に始まった。

こうしたモデルはすべて、かつて高所得のアメリカの家庭に選ばれていた大型で安全な高級乗用車と、市場で真っ向から競合した。SUVが自動車市場全体に占める割合は一九九〇年以降、活発な伸びを示し、九六年までに一四・二パーセントに達した。高級車市場においてはすさまじいとでもいう他はない。

データサービス会社、例えばウォーズ・オート・インフォ・バンク（同社はアメリカ商務省にデータを提供している）などは、高級車市場の定義を、市販されているもっとも安く簡素なバージョンが最低でも二万六〇〇〇ドル程度するモデルをすべて含むものとしている（厳密な境界線はインフレにより毎年上がるので、市場の変動を反映するように定期的に見直される）。一九九〇年には乗用車が高級車市場の九五パーセントを占めており、残りが一握りの高価なミニバンとSU

Vだった。ところが乗用車の販売シェアは九六年までに四四パーセントまで急落し、脇役だったSUVは新型の発表につれて高級車市場の半分を占めるまでに変貌した。新型を計画して市場に出すまでに四年から六年かかる業界にあって、途方もない変化が、特に高級車市場に瞬時にしてもたらされたのだ。

環境保護運動は何をしていたのか

あとから考えると、数十年にわたってSUVのために作られた数々の抜け道について、大きな疑問が一つ浮かび上がる。環境保護運動は何をしていたのか？数百万票を握るメンバーと、ロビイストの費用を払う多数の富裕な資金提供者を擁する環境保護運動は、ワシントンにおいて自動車メーカーとUAWの影響力に対抗する役割を長年果たしてきた。しかし、遅いが着実な変化がアメリカの道路で起き始めたというのに、環境運動はSUVに関して九〇年代半ばまでずっと黙ったままで、SUVの規制変更のために本気でキャンペーンを起こしたのは九九年のことだった。

環境保護団体には税法に関心を持たなかった前歴があり、重量級小型トラックの減価償却と奢侈税に関する規定にまったく注意を払わなかった。さらに異常なのは、環境団体が九〇年のブライアン法案を巡る戦いの際にSUVを無視し、同年の大気清浄法令においても、小型トラックの甘い規制に無関心であったことだ。

シエラ・クラブは九〇年代初めにミニバンを批判してはいる。ミニバンは、それが取って代わろうとしている乗用車より燃費が悪いという理由だったが、このときSUVについては何も言わなかった。大気汚染防止活動家は、九〇年の大気清浄法令以降、自動車からの汚染物質放出にほとんど注意を払わなくなった。それはこの法律が、二〇〇四型式年度まで連邦政府がより厳しい基準を課すことを禁止しているからである（ただし一部の州政府はこの課題を検討している）。

問題の一端は、長年自動車メーカーがSUVを、自然を探検するアウトドア好きの人たちにぴったりの車として熱心に売り込んできたことにある。自然を愛する豊かなベビーブーマー世帯は、環境保護運動の中核であり、同時にSUVの主要市場でもあった。「一部の団体は、SUVを非難すれば自分たちのメンバーを遠ざけることになるように思った」と、「環境防衛」の汚染防止部長ケビン・ミルズはいう。「企業ではなくメンバーを非難しているような感じがするのだ」

多くのワシントンの環境活動家が、ガソリン消費と地球温暖化関連問題の専門家も含め、自家用車にSUVを買った。世界自然保護基金（WWF）の気候変動プログラム部長アダム・C・マーカムは、「田舎道を半マイル登ったところに住んでいるから」と、ジープ・チェロキーに乗っていた。

米国エネルギー効率経済評議会の燃料効率の専門家であるジョン・デシコは、一九六六年型インターナショナルハーベスター・スカウトを七七年に購入したことがある。「キャンプに行くために四輪駆動のトラックが欲しかったんだ」と彼はいう。「この手の心理と考え方は、我々の世代にはごく普通のことだ」

また環境保護運動は、自動車の新しいトレンドを察知するということになると、巨大な盲点を持っていた。信じられないことに、デトロイトに個人事務所でも置いて国内最大の産業の監視に専念させるということを、九〇年代を通じて行なった団体は一つもない。いや、今日なお、そのような事務所は存在しない。活動家はかなり裕福な生い立ちの若い独身者というのが一般的で、大規模な環境団体はこうした活動家を、西海岸と東海岸のにぎやかな繁華街がある都市に大勢雇っている。最大のオフィスはワシントンDCにある。ロビー活動の相手となる政治家や規制当局の役人がたくさんいる刺激的な街だ。対照的にデトロイト市街は、人口五〇〇万を超えるアメリカ第八番目の都市ではあるが、ここ何十年か若者の流出が続いてきた今もかなり排他的な中西部の地域社会である。デトロイト中心部は数十年の苦難の末、ようやく再建され始めたばかりだ。

絶滅の危機に瀕したクジラやサンゴ礁の間をカヌーを漕いで回ったり、ヒマラヤの森林破壊が進む地域で木を植えたりすることに比べて、機械工学は環境派の興味をそそらない。環境運動の中に自動車問題の真の専門家は一〇人もおらず、そのほとんど全員がワシントンDCとその近郊に住み、残りはカリフォルニアのバークレー（「憂慮する科学者同盟」の自動車関係の事務所がある）にいる。ミシガン州にも地元の環境団体がいくつかあるが、伝統的に自動車問題を避けている。地域の自動車工場から発生する大気汚染や水質汚染は批判するのだが。

「新技術が問題を解決」の幻想

環境運動は自動車に注目するようにはなった。ところが今度は、車の安全性や快適性を犠牲にすることなく燃費を改善する楽な方法が、新技術によって得られるはずだという期待に、簡単に目がくらんでしまった。「九〇年代の環境運動が我を忘れてしまった理由には、技術的な問題解決が非常に魅力的だったことと、電気自動車に支持が集まったことがある」とデシコはいう。

電気自動車は市場では失敗に終わった。GMは数億ドルを費やしてEV-1を開発した。これは純粋な電気自動車で、車室はごく小さくて航続距離も短く、一九九七年に市販されたものの、手厚い助成金にもかかわらず一〇〇〇台と売れなかった。ホンダ・インサイトやトヨタ・プリウスのようなガソリンと電気のハイブリッド車は、環境派の間でセンセーションを巻き起こした。例えばインサイトは、市街地でガロン六一マイル（リッター約二五・七キロ）、高速道路でガロン七〇マイル（リッター約二九・五キロ）走るからだ。しかし欠点もあって、販売台数は限定されそうである(註10)。

自動車産業は環境運動が技術的修正に魅力を感じていることに気づき、それを利用したのだ。業界は先端研究技術者を、先進的な電気自動車や燃料電池車の試作品と共にひんぱんにワシントンに送り、政治家、規制当局、環境団体にお披露目した。マーケティング担当者、設計担当者、生産管理者はデトロイトを動かず、仕事をややこしくするといって規制当局、政治家、環境派を一様に馬鹿にしていた。

クリントン政権の末期、ビッグスリーの重役は、ガロン八〇マイル（リッター約三三・七キロ）走る中型乗用車の試作車をワシントンでアル・ゴア副大統領、環境保護団体、新聞記者の前に示したが、大量生産するという言質を取られることは慎重に避けていた。同じ日、GMの重役はデトロイトの自動車ライターを集めて記者会見を開き、二〇〇三年までにフルサイズのSUVとピックアップを新たに二〇バージョン発売する予定を発表した。研究技術者がワシントンでハイブリッドエンジンについてまくし立てている頃、自動車設計者はデトロイトで我々にシボレー・アバランチ（これは半ばフルサイズSUV、半ばピックアップという車である）や片側に二枚でなく三枚のドアがついたサバーバンのようなガスガズラーを見せていた。GMはワシントンで責任ある車を披露しながら、デトロイトでは禍々しい雰囲気を発するようなデザインのSUVを展示していた。しかしSUVのほうがはるかに儲けが大きく、自動車産業の財政再建とミシガン州の経済再建を強固なものにしてくれそうであった。

5章　SUVが支えたアメリカ経済

自動車産業の経済的重要性を理解するために、次のように考えてみたい。もしマイクロソフト社が売っているのが、年間二二〇億ドル相当のコンピューター・ソフトウェアでなく同額の自動車部品だとしたら、ビル・ゲイツは一介のGMの部長で、誰も名前を聞いたことがないだろう。

GMだけでマイクロソフトの七倍の売上

二〇〇二年の時点でさえ、GMは売上の面でマイクロソフトの七倍の規模を保っている。一九九〇年代にSUVの売上が伸びたために、自動車産業はアメリカ経済の要の座を保った。GMとフォードはそれぞれ、IBMとAT&Tとマイクロソフトを合わせたよりも大きな売上を得ており、その国内事業だけでもそれぞれ、アメリカの航空業界全体よりも大きな年間収益を上げていた。GMとフォードの年間収益を合わせたものは、アメリカの国防予算よりも相当大きいが、軍のほうがはるかに多くの人間を雇用できる。兵士の給料は自動車労働者よりもずっと安いからだ。クライスラーはデトロイトではちっぽけな会社だが、それでもアメリカで七番目の大企業であり、IBMに近い規模を誇った。九八年一一月にダイムラーベンツ社がクライスラーを買収すると、『フォーチュン』誌はGM、フォード、ダイムラークライスラーを売上の点から世界三大企業と評価した（註1）。

九〇年代の大部分を通じて続いたハイテク熱は、ついには株式市場でインターネット関連株のバブルにまで発展したが、その陰で自動車産業の経済的重要性は一般に見過ごされていた。『ビジネスウィーク』や

『ウォールストリート・ジャーナル』のような雑誌は、企業の規模を発行済みの株式の価値を基に評価するようになった。しかし一国の経済生産高は株価ではなく、消費者が購入した財とサービスの総額（に輸出額を加え輸入額を減じたもの）が基になっている。九〇年代にアメリカの全経済生産高の一パーセント以上を占めた企業は、ＧＭとフォードの二社だけであった。

九〇年代にデトロイトの自動車メーカーは、六〇年代以降見たこともない規模の富を築いた。株価は高騰し、重役は数百万ドルのボーナスをふところに入れ、労働者はたくさん残業をして六ケタの給料を受け取った。デトロイトの市街地域では住宅価格が一〇年間で一二〇・七パーセント急騰し、全国の三倍近い伸び率を示した（註2）。芸術は盛んになった。ＧＭはネーメ・ヤルビーのデトロイト交響楽団に財政援助した。クライスラーはデトロイト美術館に世界的な展示品を買ってやった。フォードはミシガン・オペラ劇場を、素晴らしいオペラ施設を備えたアメリカでも指折りの地方オペラ団にするのを支援した。スラム街は再建され、失業はゼロに近くなり、犯罪発生率は激減した。

こうした輝かしい繁栄の大部分は、ＳＵＶの利益の上に築かれている。そのことを知るには、ある工場を見るのが一番だ。デトロイトの西の郊外にある広大なミシガン・トラック工場を。

ミシガン・トラック工場の繁栄

この工場は一九九六年春には陰気くさい場所であった。エンジニア、ロボット修理工、電気工、配管工らがまだ組立ラインのそこここで生産開始の準備をしており、高さ一五メートルの鋼鉄製の天井から落ちる光が彼らを照らしていた。だがそれ以外の場所では節電のために照明が消されていた。築三二年の工場の壁に開いた数少ない窓から入る日の光で、長大なコンベアーベルトと鋼鉄の安全柵に収まった武骨なロボットが、薄闇にまぎれてぼんやりと見えた（註3）。

自動車ライターの集団を先導するフォード社の重役は、もうすぐここで製造される新型のフルサイズＳＵＶに熱を上げていた。六年前フォード・エクスプローラーがブロンコⅡにうまく取って代わったように、新型のフォード・エクスペディションは、最終的には年代物と化したブロンコに取って代わることになる。ブロンコは一九六五年に発表されて以来の、大きく野暮ったいアウトドア愛好家向けのツードアＳＵＶである。

この車がもっともよく知られているのは、九四年に全国放送された低速カーチェイスで、O・J・シンプソンが警察から逃げるときに乗っていた車としてである。

新型のエクスペディションはブロンコにはほとんど似ていない。エクスペディションは四枚のドアと三列の座席を備え、乗用車そのものの居住性を持ち、なおどこへでも行ける四輪駆動車の利点を約束している。標準装備にはクローム・バンパー、パワー・ウィンドウ、電磁ロック、リアウィンドウのワイパー、ウォッシャー、デフロスターがあり、八つのカップホルダーまで付いている。

一方フォードの重役は、エクスペディションに社運をかけているわけではないことも明言した。エクスペディションの前部三分の一、フロントガラスから前はすべてF－150ピックアップ・トラックの前部と同一であり、後ろ三分の二もピックアップと同じ部品を多数使っていた。F－150は一年前に、車高が高い攻撃的なスタイルにデザインを直したばかりだった。つまりエクスペディションも高くマッチョな前部を持つということになる。

フォードの当初の計画では、毎年一三万台のエクスペディションと一〇万台のF－150をこの工場で製造することになっていた。ピックアップは同じライン上でSUVに混ざって組み立てられる予定であった。フォードはブロンコを年間三万二〇〇〇台しか売っていなかったので、エクスペディションの生産計画は大胆なものに思われた。だがエクスペディションが成功しなくとも、九六年春に追加設置された工場設備は、すべてのピックアップ・トラックを製造するために問題なく使える。ピックアップの市場ならばしっかりと確立されている。

生産が追いつかない高収益SUV

ウォール街のアナリストは、しかし、予測は的確だと考えており、エクスペディションはかつてない利益の大きなモデルになるだろうと予想していた。エクスペディションは平均して一台三万六〇〇〇ドルで販売される。基本的にはこれは、ドアを一組とシートを二列余分につけたピックアップ・トラックなので、製造コストは管理間接費とそこそこの設計費を含めて二万四〇〇〇ドル前後である。一台あたりの利益は一万二〇〇〇ドルと上々である。

この数字を見たウォール街はフォード株に注目した。

それまでの数年、同社の株の動向はひどいものだった。「私はこれまで、フォード株の熱狂的支持者ではなかった。しかしこれからは違うかもしれない」と、JPモルガン証券会社のデイビッド・ブラッドリーは、エクスペディション販売開始の数カ月前にいった。

ふたを開ければ、フォードのエクスペディション販売予測はひどく間違っていた。これでもまだ楽観的というにはほど遠かったのだ。工場がいくらエクスペディションを生産しても、いっこうに需要に追いつかなかった。フォードは同工場でのF-150の生産をすべてやめ——いずれにせよこのピックアップは北米に他に四カ所ある工場で生産されている——エクスペディションだけを製造した。それでも出荷のペースに客は満足しなかった。労働者は週に六〇~七〇時間働いたが、注文は溜まるばかりだった。フォードは工場を夜間操業するために三直の人を雇い、二四時間週六日体制で組立ラインを動かし始めた。組合に加入している組立ラインの労働者は、長時間の残業を行ない、一〇万ドルもの年収を得た。やはりUAW組合員である熟練した電気工、配管工、ロボット修理工らは、工場設備が適切に調整、修理されているように、夜間に働いたうえほとんど毎週末にも出勤して、年間一五万ドルから二〇万ドルを稼いだ。それでもディーラーの予約リストはさばけなかった。

すでにエクスペディションが発売される前から、フォードのエンジニアはリンカーン・バージョンのSUVを考えており、ナビゲーターと名付けられることになった。わずか一三週間、通常四、五年かかる自動車設計のサイクルで考えると一瞬で、コンピューター上の二、三のスケッチから完全な試作車まで作っていた。ナビゲーターの設計は簡単だった。エクスペディションの車体パネルを二、三変えて、大きなクロームのグリルを取りつけただけだ。またエンジニアは、ドアやその他車体各部に、一〇〇キログラム余計に吸音材を詰め込む方法を考案した。こうすると車内はピックアップのような音はせず(実際にはピックアップなのだが)、セダンのように静かになる。試作車はすぐに取締役会を通り、エクスペディションの一年後に発売された。ナビゲーターもミシガン・トラック工場で組み立てられたが、年間四万台のナビゲーターをエクスペディションの代わりに作るのは、フォードにしてみれば気楽な決定だった。ナビゲーターには四万五〇〇〇ドルというさらに高い定価がついていた。その利益は驚くばかりであり、財務アナリストは一台売れるごとに一万五〇〇〇ドルと推定している。

金がかからない工程――ボディ・オン・フレーム構造

この多大な利益は主に、供給不足の車に需要が殺到したことを反映している。しかしまた、この車の製造工程に金がかかっていないからでもある。その工程は、乗用車の製造法とはまったく違っていた。

七〇年代後半以降、ほとんどの乗用車はモノコックボディとして知られるものでできている。シャシー、側面、屋根が鋼鉄のいわば格子を形成し、鋼製のサイドパネルを車の基本構造の一部とする一つの単位となる。この方式には二つの利点がある。相当軽くなり、燃費の改善につながることと、クランプル・ゾーンが十分に確保できることである。鋼製の外板は衝突時に予測可能な形でつぶれるように設計できる。これにより、その車の乗員、あるいは衝突した車の乗員に伝わるはずのエネルギーを吸収できるのだ。

ミシガン・トラック工場で用いられる工程はまったく違う。ボディ・オン・フレーム構造で知られるそれは、ヘンリー・フォードの時代に始まったもので、七〇年代までは乗用車にも小型トラックにも使われていた。

ミシガン・トラック工場の工程は、基本的には、夜中に鉄道の線路から盗んできたような、長さ五メートルの二本の鋼鉄製レールのように見えるものから始まる。断面で見ると、レールは高さ八・九センチ、幅八・一センチで、厚さ二・五ミリから三・二ミリの特別に硬化された鋼鉄でできた、ほぼ正方形で中空の箱である。これがフレームレールであり、SUVやピックアップの車体下部を前後に通っているのだ。レールは実際には鉄道線路のようにまっすぐではなく、重量をよりうまく支えられるように、またさまざまな下回りの部品が取り付けやすいように、いくぶん上下に、また全長にわたって左右に湾曲している。

この二本の太いレールをほぼ一メートル間隔で据え、七本の鋼鉄の桁を六〇センチから八〇センチ間隔に横に渡して溶接し、非常に大きなはしごを床に寝かせたようなものを作る。これが小型トラックのフレーム、基礎である。フレームが黄色いコンベアーベルトの上を動いていくにつれて、レールの上下にサスペンション、車輪、燃料タンク、燃料パイプ、エンジンなどの部品がだんだん取り付けられていく。

工場の別の区画では、車のボディが作られている。巨大なハゲタカに似た高さ三メートルの溶接ロボットが、さまざまな角度に長い機械の首を伸ばすと、滝のような火花が飛んで、車の側面、ボンネット、屋根などになる灰色の鋼鉄パネルが溶接されていく。コンベアーベルトは気密室に近い部屋にボディを運び、そこでスプレーガン・ロボットが塗装する。それからボディは組立ラインの終わりへと運ばれ、その間に何十人もの労働者がヘッドライト、ハンドルからシート、ダッシュボード、フロントガラス、窓、カーペット、尾灯に至るまで取り付ける。

シャシーを運ぶコンベアーベルトと車室を運ぶコンベアーベルトは、組立工場の終点近くでようやく出会う。車室を載せたベルトが、シャシーの上まで音を立てて登っていくと、強力なクレーンが車室を掴んで、下で待っているシャシーへと下ろす。十数本の太い鋼鉄製のボルトがフレームから突き出しており、車室の底に開いた十数カ所の穴に寸分たがわず通る。頑丈なボルトはきつく締めつけられ、車の上半分と下半分は一つになる。それから新車はよたよたと前進し、配線やブレーキなどをつながれ、ヘッドライトの光軸が調節され、ガソリンタンクが満たされ、多項目にわたる品質チェックが行なわれる。

ピックアップ・トラックの設計を基本にしたSUVを生産する組立工場では、他でもほとんど同じような工程をとっている。欠点はシャシーがきわめて重く燃費に悪影響を及ぼすことと、非常に堅いために衝突時に十分つぶれないことである。ボディ・オン・フレーム構造の最大の利点は、大きな重量を積んだり牽引したりできる車を作れることだ。

GMのエンジニアリング担当部長ジム・クイーンは、モノコックの乗用車とボディ・オン・フレームの小型トラックのもう一つの違いを好んで指摘する。乗用車のボディや機械的な基礎を設計しなおすには、かなりの費用がかかる。大幅な変更は車の構造全体に影響を及ぼす可能性があるからだ。ボディ・オン・フレームの車の再設計は、経済性においてまったく異なる。ボディの設計変更には費用がかからない。車体の外板は車の構造の一部ではないからだ。したがってSUVでもピックアップでも、バリエーション・モデルを数多くデザインして、新鮮な見てくれの車をそこそこのコストで絶えず消費者に提供するのは簡単なことである。すべて同じフレームの上にボルトで留めればいいのだ。一方、小型トラックの重いシャシーを変更するにはきわめて多額の費用がかかる。その結果、乗用車が四年から六年で再設計される傾向にあるのに対して、小型トラックのシャシーは、大幅な再設計までに一〇年以上かかることもあるが、その途中でシャシーにかぶせるボディを、何度も違うものに変えて売り出すことができる。

新しい車のボディを以前に設計したフレームに載せるのは簡単だったからこそ、フォード・モーターは取締役会の承認後すぐにナビゲーターの生産に入ることができたのだ。GMは基本的に同じシャシーを使って、いくつものバージョンのフルサイズ・トラックを発売している。シボレー・シルバラードとGMCシエラのようなピックアップだけでなく、一連のSUV――シボレー・タホとサバーバン、GMCユーコンとユーコンXL、キャデラック・エスカレードもそこに含まれる。GMはこのシャシーを、ピックアップとSUVの特徴を兼ね備えたシボレー・アバランチとキャデラック・エスカレードEXTにまで使い回している。

富みを生み出す工場を止めるな

フルサイズSUVからの莫大な利益を維持するために、自動車メーカーは時にとんでもないことをやってのける。例えば、一九九九年一月二日の土曜の深夜にデトロイト市街を襲った吹雪のような危険な状況でも、メーカーは工場を開けていたのだ。平原を吹く強い風にあおられて、濃密な雪は降るというよりも真横に飛んでくるようであったが、それでもすぐに積もり、一日足らずで三〇センチ、吹きだまりでは一メートル以上になった。何百台もの車が高速道路や幹線道路に乗り捨てられ、除雪車もなかなか通れなかった。ミシガン州警察はラジオで、急用のない者は終日家から出ないようにと警告した。

デトロイトの空港は麻痺していた。数十機の飛行機が着陸していたが、出勤できた整備員はわずかで、機材の多くは凍りついていた。四〇〇〇人を超える乗客がこれらの飛行機に乗ったまま、降りるのを許されるまで最高七時間も待たされた。空港長は状況を調べようと車で外に出たが、雪に視界を遮られて一メートル先も見えず、自分の空港の敷地で方向を見失った。

しかし、空港の五キロ北西では、熟練工がまだミシガン・トラック工場にいて、工場設備の整備をしていたた。一〇〇〇人を超える組立ライン労働者は日曜の午後遅く雪の中を車で出勤し、時間通りに週の最初のシフトに現れた。エンジンと車軸を運ぶトラックが雪に阻まれて工場に着かなくなると、フォードの社員は他のフォードの工場へ向かうトラックに無線連絡した。ミシガン・トラック工場の組立ライン上に組み立てる車がなくならないうちに、積荷は迅速に行き先を変えた。一時間として生産の時間は失われなかった。

これだけの努力をする価値はあった。ミシガン・トラック工場の収益は、世界中のあらゆる場所のあらゆる産業の中で単独トップとなっていたからだ。この工場は平日一日に一〇四〇台のフルサイズSUV、年間では二四万五〇〇〇台のエクスペディションと四万八〇〇〇台のナビゲーターを作り出していた。その年間生産高は約一一〇億ドルに相当した——フォーチュン500社の、例えばノースウェスト・エアライン、CBS、テキサス・インスツルメンツ、ハネウェル、ナイキなどの九八年の全世界での売上より多く、マクドナルド、アボット・ラボラトリーズ、ルフトハンザの売上にほぼ等しい。

この売上による工場の利益はさらに驚くべきものである。税込みの利益は約三七億ドル、マイクロソフト社に迫る利幅である。およそ一三億ドルの税金を支払っても——連邦政府とミシガン州にとっては棚からぼたもちの大儲けだった——一九九八年のエクスペディションとナビゲーターの販売による税引き後利益は約二四億ドル残った(註4)。

フォードには全世界に五三カ所の組立工場があったが、ミシガン・トラック工場は同社の全利益の三分の一を占めていた。この工場一つが九八年に稼ぎだした額よりも多くの利益を上げた会社は、世界中で一〇〇社に満たなかった。こうした企業の多くは、工場を持たないステートファームやウォルマートのような会社だ。あとはインテルやゼネラル・エレクトリック社のように、多種多彩な工場や事業から利益を上げており、一つひとつの儲けは慎ましいものだった。

SUVの利益でボルボ、ランドローバーを買収

富はミシガン・トラック工場とそれがあるウェイン市に留まってはいない。三年間の工場の操業でフォード社が得た利益は、九九年にボルボ社を買収できるほどになった。ボルボといえば世界的に定評あるメーカーであり、スウェーデン国内に多くの工場と研究所を持つ。九〇年代末までにフォードがSUVで稼いだ金は二四〇億ドルにも上り、一社が蓄積した現金として

は過去最大級である。フォードは二〇〇〇年にランドローバーを買収し、BMWの買収も考えたが、BMWは我が社は売り物ではないときっぱり断った。

SUVの利益は、自動車の売上全般を増大させたアメリカの好景気と相まって、フォードの株価に奇跡を起こした。エクスペディションが発売されてから九九年初めまでに、同社株は再投資された分配金を含め、投資に対して二一五パーセントの収益率を生んだ。これはスタンダード・アンド・プアーズ社株価指数にある大型株五〇〇種の収益の八五パーセントに匹敵する。フォードの従業員は、主に退職金制度を通じて、自社株の五分の一を保有している。だから、運良くSUVを生産する工場に勤めてたくさん残業をしている者以外でも、株価高騰による恩恵を受けられた。毎年初め、フォードは利益分配のために一人あたり八〇〇〇ドルもの小切手を、SUV工場の勤務であるかどうかにかかわらず、一〇万人を超えるUAW加入労働者に発行した。

他の自動車メーカーの労働者も利益を得た。ウィスコンシン州ジェーンズビル（サバーバンはここで製造されている）からアラバマ州タスカルーサ（ここでは、全国でも屈指の貧困な州の労働者が、突如自分たちが作っているメルセデスベンツMクラスのSUVを買えるほど稼ぐようになった）に至るまで、SUVブームは地域社会を豊かにした。メーカーが新車を作るのに使う部品のうち、社内で作っているのは現在半分に満たない。だから自営の部品メーカーの労働者や経営者もブームで潤った。

SUVの利益のおかげで、デトロイトの自動車メーカーはすべて、高額な医療費給付をUAWの要求通りにできるようになった。デトロイト三大メーカーの労働者、退職者、その家族はみな、制約も自己負担もなしに医者を選ぶことができ、薬の処方もほとんど無料で数に制限なく受けることができた。ビッグスリーの医療保障には、九九年までに二五五万人のアメリカ人、すなわち全人口の約一パーセントが加入していた。コストは急上昇した。どのメーカーにも現役労働者と同じくらいの数の退職者がおり、現役労働者も平均年齢が四六歳だったからである。退職者とその配偶者を保障するための費用を含めると、フォード社の薬剤費だけで現役の時間給労働者一人につき年額二八〇〇ドル近くに達する。ともかく処方薬に給付金を出そうという企業の全国平均の六倍である。

九〇年代末には、デトロイト市街には国内最高レベルの病院がいくつかできていた。高等教育機関も恩恵を受けた。ミシガン大学は年間三〇億ドルの予算のうち一〇億ドルを、その第一級の病院と診療所から得ていた。これらの医療機関は、自動車メーカーの従業員に質の高い医療を高い費用で提供していた。

自動車産業の近年の盛況ぶりは、特にクライスラーで歴然としている。同社は、ジープの利益がなかったら、一九九一年の不況で倒産していたかもしれない。それが九〇年代中ごろには、重役用にガルフストリームのジェット機を何機も購入するほど裕福になった。ボブ・ラッツら首脳部は、文字通りにも比喩的にも世界の上に立ったのだ。

SUVに依存するアメリカ自動車産業

SUVの低い製造原価と巨大な利益は、これまでにも増してオフロード車を製造する強力な金銭的誘因を、デトロイトのトップ管理職に与えた。しかし別の誘因もあった。乗用車の世界市場は供給過剰で、急速にわずかな利益でも得ることが非常に難しい市場となった。九〇年代後半には、世界の自動車メーカーは、実際に売れる車二台に対して三台を製造する生産能力を持っていた。最近工業化された韓国や中国のような諸国は、多額の補助金を自動車工場の建設に対して与えた。この種の補助金は採算の取れないメーカーへの政府貸し付けという形をとり、返済の見込みは皆無に近かった。日本の自動車メーカーは、少なくとも九〇年代後半までは、小さな利幅にもかかわらず国内の投資を集め、工場を建設し続けることができた。デトロイトのビッグスリーも生産力過剰の一因となっている。例えばGMだけでも、九〇年代後半にはアルゼンチン、ブラジル、中国、ポーランド、タイに工場を建設しているのだ。

しかし新しい工場がよそに建設されようとも、強力な組合の存在が、先進工業国では既存工場の閉鎖をきわめて困難なものにしている。ヨーロッパの自動車労組はかつて、工場閉鎖に対するもっとも不屈な闘争で定評があったが、アメリカ、カナダ、ブラジルの自動車労組は、このお株を奪おうとしていた。UAWがビッグスリー各社と九九年秋に調印した、四年間の労働協約にある注目すべき文言を考えてみたい。各社は「本協約のもとに交渉単位を構成する、いかなる工場、資産、いかなる種類の事業体についても、閉鎖、一部もしくは全部の売却、スピンオフ、スプリットオフ、統合、その他いかなる形の処理をも行なわない」(註5)ことに合意している。他の規定では、たとえ会社が不可抗力による被害を受けた場合でも、労働者を恒久的に解雇することを禁じている。

小さな車ほど既存生産力は過剰傾向にある。小さく安価な車は製造がもっとも容易なので、自動車産業を持つことが工業国に仲間入りするための必須条件と考える国が最初に選ぶからだ。一〇年ごとにだんだんと大きな車の市場競争力を失っているという現実に、デトロイトのメーカーは脅かされていた。フォード・エスコートのようなコンパクトカーは八〇年代には利益が上がったが、九〇年代初めには赤字のもとになった。フォード・トーラスなど中型乗用車が儲けになったのも、九〇年代後半、ホンダ・アコードやトヨタ・カムリが市場を席捲するまでであった。ホンダが造りがよく魅力的なアコードを、利益のいい小売り市場で家庭向けにほとんど完売しているというのに、フォードは今、作ったトーラスの半分をレンタカー用に、二つのトーラス工場を開けておく言い訳にかろうじてなる程度の安値で叩き売っている。

通貨市場でのドル高を肯定する過去一〇年のワシントンの政策も、デトロイトには痛手だった。日本の自動車メーカーは、現在アメリカ市場で販売する車の過半数が米国内で組み立てられていることを声高に宣伝している。だが証券アナリストの試算では、ケンタッキー州ジョージタウンやテネシー州スマーナのようなところで組み立てられる車でも、そのコストの少なくとも半分は今も日本で発生している。基本設計と技術的な作業は日本で行なわれ、トランスミッションなど一部の高価な部品は未だに日本で生産される傾向にある。こうしたコストがすべて、安い円で発生するのだ。

九〇年代が進むにつれ、デトロイトの重役陣は、自分たちの未来はSUVの売上げにあることをより強く確信するようになった。生産担当重役は、コストをぎりぎりに抑えながらSUVを大量生産する方法を知っていた。外国との競争は無視できた。アメリカの輸入税によって、外国メーカーは小型トラックのシャシーを作る技術をあまり開発できずにいたからである。すでに市場にあるものよりも少し大きくて少し豪華な新型SUVを作るたびに、儲けが約束されていた。必要なのは攻めのマーケティングにより、SUVがその欠陥にもかかわらず、乗用車と同じくらい、あるいはもっといいものだと裕福なアメリカ人を納得させることだけだった。そして世界最大の広告予算と、一世紀に及ぶマーケティングの経験を持つ自動車メーカーほど、世論を形成する力を備えたものは他になかった（註6）。

6章　「威圧的で凶暴」を売る…SUVマーケティングの基礎

次はどのモデルがアメリカの消費者に受けるかを把握するために、自動車メーカーは数千人の人員を雇用している。そしてさらに数千人を、最新モデルの宣伝方法を考えるために雇っている。医療人類学者として訓練を受けたフランス人、クロテール・ラパイユは、アメリカの自動車市場調査とマーケティングに新局面を開いたとは思えない人物である。

アメリカ人になりたかったフランスの医療人類学者

長身で筋肉質、明るいブロンドの髪を持つ六〇歳のラパイユは、三八歳のときに初めてアメリカに移ってきたために、強いフランス訛りで話す。そのような経歴から、クリーブランド、トリード、フリントのような中西部の街で育ち、抑揚の少ない中西部訛りで話す男（女はまれ）が支配的な業界では、彼は異彩を放っている。だが、なぜ多目的スポーツ車が人間のもっとも原始的な本能に訴えかけるかについての彼の心理分析は、SUVの徹底的なマーケティングを正当化するために役立っている。

九〇年代、クライスラー社の市場調査担当重役デイビッド・ボストウィック、同社自動車エンジニアリング部長フランソワ・カステン、そしてボブ・ラッツと共に、ラパイユは二〇以上のプロジェクトに従事した。カステンの話では、彼とラッツは新型車の設計にあたって本能的直感を市場調査よりも信じており、基本設計の作業が終わってから、自分たちの直感が正しいことを再確認するために、初めてラパイユに試作車を見せたという。しかし将来発売されるかもしれないモデルの現実性をチェックするのは、相当責任の重い仕事である。この時期クライスラーは疑いもなく、デザインとマーケティングにおいてデトロイトのリーダーだったので、ラパイユの仕事は他のメーカーにも影響を与え、やがてはフォードとGMも彼をプロジェクトのために雇うようになった。

クロテール・ラパイユは一九四一年八月一〇日、パリに生まれた。ヒトラーの軍がこの街を占領してから二カ月足らずであった。父は陸軍将校だったが、ドイツ軍の捕虜となり、戦争が終わるまで強制労働収容所で過ごす。収容所から出たときには、彼は衰弱しきっていた。母は、占領下のパリでの危険を恐れて、まだ赤ん坊の息子を手元から離し、パリとノルマンディー海岸の中間にある小さな町、バレー・ド・シュブルーズに住む祖母に預けた。

ラパイユの一番最初の記憶は、三歳のとき祖母に見守られながら外で遊んでいて、思いがけず数人のドイツ兵が逃げていくのを見たことである。「私は『なんでドイツ人が逃げているんだろう、ドイツ人は逃げたりしないのに』といった。すると、森から怪物が出てくるのが見えた。アメリカの戦車だった」と、ラパイユは回想する。「ヘルメットに被せた網に花をさした大きなアメリカ人が、私を戦車に乗せ、チョコレートをくれて戦車を走らせてくれた」

この経験が忘れられない印象となった。彼は幼くしてアメリカ人になりたいと強く思った。フランス人は戦争に負けたし、ドイツ人は占領中みんなに意地悪だったからだ。

ラパイユの両親と祖父母は、戦争によってほとんど無一文になっていた。ラパイユは、夜間にビールを配達するトラックの運転手をして、パリにある大学と大学院を卒業すると、七〇年代初めにフランスの二大自動車会社、ルノーとシトロエンのコンサルタントになった。

心理学的調査の原理を研究し、さらに応用するにつれて、ラパイユはある確信を抱きはじめた。人間と物や考え方との情緒的関係は、その人がそれらに初めて遭遇したときに形作られ、終生持続するというものだ。一九七九年にアメリカに移り住んでから、彼はこの確信を応用し、精神分析の手法を得意とする卓越したマーケットリサーチャーになった。

分析心理学の基礎を築いたスイスの心理学者カール・ユングの研究に依拠して、ラパイユはある商品に対する人間の反応を、三段階の脳の活動に分けた。大脳皮質は商品を知的に評価する。大脳辺縁系は情緒的な反応を示す。そして爬虫類、これをラパイユは「生存と生殖」に基づく反応と定義する。

爬虫類の本能に訴える

ラパイユは、人々が消費財に抱く根本的でもっとも爬虫類的な本能に注目した。人間にとってのある商品の元型、すなわち人々が最初に遭遇したときに形成された、商品の持つ根本的で情緒的な本質を彼は特定しようとした。調査の結果、彼はSUVの売り方に関して、ある不穏な結論に達した。ラパイユはSUVをもっとも爬虫類的な車だと考えた。その威圧的で、凶暴ですらある外見は、「生存と生殖」への人間の根深い欲求に訴えるからだ。

外国人として客観的に見て、アメリカ人は犯罪に対する恐怖を強めているとラパイユは考える。この恐怖は不合理であり、犯罪発生率が相当低下していることを示す統計を無視していることを彼は認めている。こうした犯罪への恐怖が拡大する原因を、ラパイユは主に暴力的なテレビ番組、暴力的なテレビゲーム、インターネット上のどぎつい議論と画像であるとする。こうしたものによって、アメリカの若者や中年は、自分たちの身体的安全を脅かすものに必要以上にこだわるようになったというのだ。同時に、高齢化の進行によりアメリカでは老人が増えている。彼らはメディアの中の暴力にはそれほど注意を払わないが、個人の安全一般については、若い人々よりも用心深い、そうラパイユは主張する。

この恐怖は一〇代の若者の間でもっとも強烈であることにラパイユは気づき、こうした傾向の原因を、ベビーブーマーが毎日のように見ていたテレビの中の殺人に加えて、テレビゲームの増加と、だんだんとまがまがしくなっていくアクションフィギュアに求める。「暴力が非常に強調されている――いつでもどこでも戦争だ」と、二〇〇一年九月一一日のテロ攻撃の二週間前に行なったインタビューで、彼はいった。ティーンエージャーの反応について、彼は付け加える。「彼らはこんなメッセージを伝えたいんだ。『やっつけてやりたい。やられたらやり返したい。俺に手を出すな』」。ティーンエージャーはそれほどSUVを買わないが、それでも若者文化はアメリカ社会の態度を広い範囲にわたって形成する傾向にある。

ラパイユによれば、SUVの元型は爬虫類の生存願望を反映している。人々がSUVを買うのは、自分をできるだけ凶暴に見せて、犯罪やその他の暴力への恐怖を小さくするためだと、ラパイユは自動車会社重役にいう。ジープは世界中で常にこのイメージを持っていた。それは戦争映画で多用され、一九四〇年代、五〇年代のニュース映画にもたびたび登場していたからだ。そして新しいSUVもこのイメージを共有している。「私はいつも『屋根の上に機関銃を載せれば、もっと売れますよ』といってるんだ」とラパイユはいう。「スーパーマーケットに行くときも、戦う覚悟が必要なんだ」

このような結論に達するまでに、ラパイユは数十回の消費者フォーカスグループ法、あるいは彼の好きな言葉でいえば「発見」を行なった。まず、三〇人からなるグループを窓のない部屋に座らせ、ある車についての理性的で筋道の立った反応を、交替で一時間述べるようにいう。「みんな私にとっては本当はどうでもいいことばかりいう。だから聞いちゃいないんだ」とラパイユはいう。

それからラパイユはグループに、次の一時間は他の惑星から来た五歳児の真似をさせ、車について短い話をしてもらう。これは彼らの情緒的反応を得るためである。しかし、この話の記録も、やはりあとで捨ててしまう。

ラパイユが本当に興味があるのは、調査の第三段階である。消費者をマットの上で寝かせ、部屋の明かりをごく暗くする。それから薄暗闇の中に横たわる消費者一人ひとりに、初めて車と関わりを持ったときのことを話すようにいう。さまざまなデザインに対する彼らの「爬虫類」反応を得るのがこの目的である。

こうした消費者グループの答えから、アメリカ文化は驚くほど先祖返りしており、犯罪に強迫観念を抱いていることをラパイユは確信した。さらなる証拠として彼は、ゲートを備えた住宅地の普及と、私営の警備員に守られたオフィスビル、防弾板入り高級車市場が小さいながら成長していることを挙げる。「我々は中世に逆戻りしているのだと思う。門と私兵を備えたゲットーに住んでいるということから、それがわかるだろう」と彼はいう。「SUVはまさしくそれだ。戦場を走る装甲車なのだ」

ラパイユ本人ですら、その意見は一部極端すぎて現実的ではないという。SUVの購入者は、ストリート・ギャングと自分の車で戦い、なぎ倒せたらいいと思っているが、あわててこれをテレビのコマーシャルで見せるのは不適切であろうと彼はいう。ラパイユはクライスラーに雇われた広告代理店の重役を説得して、映画『マッドマックス』をテレビ・コマーシャルに使う権利を買わせようとしたが、うまく行かなかった。一九七九年に制作され、メル・ギブソンを世に出したこの映画は、革の服に身を固めてオートバイに乗った悪党が、最終戦争後のオーストラリアを走り回り、ガソリンを奪うために人を殺すという内容だった。コンピューターでクライスラーのSUVを映画のシーンに合成し、映画に出てくる凶悪なホッケーマスクの敵役に捕らわれたヒーローかヒロインを車で助け出すCMを、ラパイユはクライスラーに作らせようとしたのだ。しかしこの案はあまりに物議をかもしそうだとして却下された。また筆者がハリウッド関係者に確認したところ、『マッドマックス』の権利は訴訟ざたに巻き込まれており、コマーシャルに使うのはまず無理だということがわかった。

それでも、運転マナーを守ろうという考えは消えうせており、SUVのデザインはこれを反映する必要があるとラパイユはいう。「そんなのはもう終わっている。みんな構っちゃいない。人によってはこう思っている。外は『マッドマックス』の世界だ。外はジャングルだ。だが俺は殺されやしない。攻めてくるなら戦ってやる」

より穏当な選択肢として、ラパイユが評価しているのは、ジープがドライブウェイの入り口に積み上げられた岩を乗り越えて家に入るというようなものだ。「自分の家が城になるわけだ」と彼はいう。

ボブ・ラッツ――デトロイト一の自動車野郎

ラパイユがクライスラーに雇われるようになったとき、最初のプロジェクトの一つが、同社のジープに消費者は本当は何を見ているかを明らかにすることだった。ラパイユのひねくれた、冷酷ですらある世界観は、ボブ・ラッツの「ガッツ」にぴったり重なった。ラッツは八六年にフォードから移籍し、すぐにクライスラーの国内小型トラック事業を監督していた。ラッツの企業帝国は、一九八七年にクライスラーがアメリカン・モーターズを、利益の大きなジープ・ブランドもども買収すると、いっそう大きく成長した。

ラッツは、今までにない強力なエンジンを、今までにない車高の高いSUVやピックアップに載せ、今までにない凶暴な顔の車にすることを主張した。ラパイユが熱心に勧めていたやり方である。ラッツの指示は終始一貫していたと、クライスラーの自動車外装デザイン部長、デイビッド・C・マッキノンはいう。「高く、でかくしろ」とラッツはアドバイスした。それは、オフロードを決して走りそうになく、したがってそれほどの車高と最低地上高を必要としない二輪駆動バージョンのSUVについても同じだったと、マッキノンはいう。クライスラーは当時デトロイトのデザイン・リーダーであり、ラッツはデトロイト一の自動車野郎だったので、ラッツの決定は世界中のSUVのデザインを方向づけた。

九二年デトロイト・オートショーでのジープ・グランドチェロキーのデビューは、いかにもラッツらしい瞬間だった。大勢の記者がつめかけるなか、ラッツが乗ったグランドチェロキーは、デトロイトのコンベンション・センターの階段を登り、板ガラスの窓をぶち破って建物の中に入ってきた。前もって特殊なガラスが入れてあり、想像するほどの危険はないようになっていた。それでもテレビ写りは抜群で、頑丈な車としてのグランドチェロキーの信頼は確立された。

ダッジ・ラム・フルサイズ・ピックアップ・トラックは二年後に発表され、その前部はマック・トラックのように大きく凶暴にデザインされていた。『USAトゥデイ』紙は、他のドライバーが道をあけたくなるような車だと感心した説明をした。

ラムの傍若無人なスタイリングは、ほとんどのアメリカ人はそれを嫌うことを消費者フォーカスグループが示したにもかかわらず、熟慮の末に選ばれたと、その著書『ガッツ』のなかでラッツは書いている。「回答者の八〇パーセントまでもが、この大胆で新しい、フェンダーの低いデザインを嫌った。多くは憎みさえした！」。しかし、と彼は説明する。「被験者の残り二〇パーセントは、このデザインが本当に、熱狂的に、心底気に入ったといっていた！　そして、旧型のラムは当時市場の四パーセントしか占めていなかったので、我々は考えた。かまうものか、肯定的な回答者の半分しか買わなかったとしても、シェアは倍以上だ！　結果は？　我々のピックアップ市場でのシェアは、過激な新デザインによって二〇パーセントに跳ね上がり、フォードとシェビーのオーナーは、うらやましくて呆然と見とれていた！」（註1）

事故のときは相手が死ねばいい

フォードとGMはこの売上減を軽くは見なかった。両社はフォードFシリーズ・ピックアップやシボレー・シルバラード、GMCシエラ・ピックアップをより凶暴にすることで対応した。フォードとGMのピックアップはその後改修が施され、七車種のフルサイズSUVが作られた。こうして作られたのが、フォード・エクスカーション、フォード・エクスペディション、リンカーン・ナビゲーター、シボレー・タホ、GMCユーコン、シボレー・サバーバン、GMCユーコンXLである。こうしたSUVはすべてベースになったピックアップと車体前部の部品の多くが共通であるため、ダッジ・ラムが車体前部を凶暴にする道をつけたことで、フルサイズSUV市場全体がより凶暴になった。フォード社によれば、フォード・エクスカーションの部品の九〇パーセント近くが、ベースとなったフォード・スーパー・デューティー・ピックアップのものと同じである。牡羊《ラム》を野獣にしたことで、ラッツはSUVの間で争われていたハイウェイ軍拡競争を間接的に煽ったのだ。

特定の車の話をするなら、ダッジ・デュランゴが、人生は汚く残酷で短いとするラパイユのホッブズ主義的人生観にふさわしそうだ。デュランゴの車体前部は獰猛なジャングルの猫族の顔に似せて作られている、とラパイユはいう。グリルの縦棒は歯を表し、車輪の上に張り出したフェンダーは、凶暴な顎についた引き締まった筋肉のように見える。

「強い動物には大きな顎がある。だから大きなフェンダーをつけたんだ」とラパイユはいう。

ミニバンは対照的に、子宮の中にいるような、そして他人を気づかうような気持ちを引き起こすと、彼はいう。ミニバンを後部を下にして立てると、床まで届く服を着た妊婦のシルエットになる。当然のことながら、ミニバンはSUVに市場から押しだされている。ラパイユはメルセデスMクラスのような、ややミニバンに似たSUVを嫌ってすらいる。

コンバーチブルが市場で振るわないのは、乗り込んできた暴漢に襲われるのではないかと女性が心配しているからだと、ラパイユは主張している。「屋根を下ろしたコンバーチブルを運転するのは、『レイプして』といっているのと同じだと、女性たちはいっていた」

爬虫類的生存本能は、犯罪への恐怖についてのものだけではないと、ラパイユはいう。事故のとき自分がケガをする確率を減らすために、他のドライバーをどの程度危険にさらすかという場面にも、それは現れる。言い換えれば、内なる爬虫類に触れている者たちは、衝突のとき特に他人の車を押しつぶしそうな車を選ぶ傾向が非常に強いということだ。

「私の理論では、爬虫類はいつも勝つ」と彼はいう。「爬虫類はこういうんだ。『事故のときは相手が死ねばいい』。もちろん、私には大きな声じゃいえないが」

しかしSUVは外見がマッチョで凶暴なだけではだめだと、ラパイユは信じている。内面は、できるだけ優しく女性的で豪華でなければならないのだ。このラパイユの主張は爬虫類的生殖本能に基づいている。

「男は外、女は中、まさに生き物だ。生殖のためには男は何かを外に出さなきゃならないし、女は中に入れなきゃならない」とラパイユはいう。「SUVの中はリッツ＝カールトン・ホテルみたいでなきゃならない、ミニバー付きのね。長いこと戦場にいるのだから、外側は凶暴なのがいいが、内側は暖かくて、食べ物とコーヒーと会話があるほうがいい」

SUVを定義しようと他の自動車マーケット・リサーチャーに聞いても、たいていラパイユのいったこととほとんど同じ言葉が返ってくる。「外側は攻撃的で、内側はリッツ＝カールトン、これが一つの決まりだ」とクライスラーの市場調査部長デイビッド・ボストウィックはいう。

ラパイユが爬虫類的本能を重視するのは、子供の頃、戦車に遭遇した体験だけでなく、その後の複雑な生い立ちも反映しているのだそうだ。ラパイユの父は、捕虜生活の精神的ダメージから立ち直れず、戦後両親は離婚したという。彼はそれからフランスのラバルにあるイエズス会の学校に送られ、そこで育った。「私はそこに丸一年いなければならなかった。家族の誰も私の面倒を見たくなかったからだ。でも私は生きていた。爬虫類は生き残るのだ」

ラパイユは子供の頃から自動車が大好きだった。しかしSUVを買うことはできるのに、一台も持っていない。代わりにロールスロイスとポルシェ911を持っている。SUVは車高が高すぎ、ひっくり返るのが怖いという。ラパイユはロールスロイスも好きだが、ポルシェを熱愛している。その敏捷さと素晴らしいブレーキと抜群の安定性によって、自分の運命を手中に収めていることができるからだ。SUVと比べて「ポルシェのほうが安全だ」と彼はいう。アメリカに移住はしても、この点では彼は今もヨーロッパ人だった。

ラパイユの働きのおかげで、自動車メーカーは誰がなぜSUVを買うのかを理解するようになった。しかしその研究は元型だけにとどまってはいなかった。多額の予算を惜しみなくつぎ込んで、自動車業界は年々、SUV購入者が何を求めるか、より詳細な知識を積み重ね、こうした欲求を数十億ドルかけた巧妙な広告キャンペーンに利用した。

誰がSUVを買っているのか

自動車メーカーがSUVをファミリーカーにしてからこちら、誰がそれを買っているのだろう？　どちらかといえば情緒不安定で虚栄心の強い人たちだ。結婚生活に気苦労が絶えず、親であることが気詰まりであることが多い。たいてい運転技術に自信がない。そしてなにより、自己中心的、自己陶酔型で、となり近所や地域社会への関心が薄い傾向がある。

いや、嫌みをいっているわけではない。自動車業界のマーケット・リサーチャーや重役がそういっているのだ。

いくつかのマーケット・リサーチ会社は、年一回自動車メーカーのために大規模な顧客調査を行ない、誰がなぜSUVを買うのか、きわめて詳細な考察を提出している。このような綿密な調査では、一度に三万五〇〇〇から一一万五〇〇〇人の数カ月以内に新車を買った人がアンケートに答えている。こうした調査は、フォーカス・グループの消費者に対する多数の面接に裏付けられており、政治家やジャーナリストが行なういかなる調査もその前にはかすんで見える。彼らにはそれほどの資力がなく、通常四〇〇人から一二〇〇人の調査をもとに世論を判断しているのだ。

政治意識調査は電話で行なわれることが多い。結果が速く出るというのがその理由の一つである。自動車産業は、それほど急ぐ必要はないため、車種ごとに無作為抽出した購入者に対して郵送で調査を行なっている。業界の調査員によれば、アンケートの回収率は三〇から四〇パーセントとのことである。無作為電話アンケートの回答率よりいくぶん高い。アメリカ人の多くは、知らない人と電話で政治的見解について話し合うよりも、自分が買った新車に関するアンケートに意見を述べるほうがいいようだ。

ストラテジック・ビジョン、J・D・パワー、オートパシフィックといった市場調査会社が、これほど多くの人々を調査する必要があるのは、メーカーは特定モデルの購入者についてひんぱんにいろいろ知りたがるからだ。例えばフォードがエクスプローラーの購入者について、あるいはトヨタが4ランナーの購入者について詳しく知りたければ、市場調査会社に行く。すると調査会社は大勢の人に聴き取り調査をしており、データベースにはすでにエクスプローラーなり4ランナーの購入者もたくさん入っている。この徹底ぶりの副産物として、ある市場区分全体、例えばSUVに関して入手可能なデータが、サンプルの大きさが一万人以上に達するきわめて詳しいものになっている。

さまざまなメーカーが理解したSUVが買われる理由は、きれいに一致しており、そしてあまりきれいなものではない。SUV購入者のなかには美しい外面を持つ人もいる——調査によればSUVはハリウッドを席捲しており、外見を気にする人に特に人気がある。しかしSUV購入者には、やや内面の魅力に欠ける人が多いようだ。

SUVの購入者はだいたい結婚して子供がいるが、そのどちらにも違和感を覚えていることが多い。「この社会で、自分が親であり、したがって外で別の相手を見つけることはもうできないと認めることには、基本的に抵抗感がある」と、クライスラーのボストウィックはいう。「SUVを持っていれば、窓をスモークにして子供を後ろに乗せて、まだ独身のふりをすることができる」

SUVの購入者は、ミニバン購入者とは違い、自分たちの子供以外の子供には関心を持たないことが多い。「SUVの人たちは『自分には子供が二人いる。二〇人もいらない』という」とボストウィックはいう。「ミニバンを持っている人と話すと、『子供は二人じゃありません、二〇人です——近所の子供みんなですよ』という」

ホンダの調査では、SUV購入者は実用性よりも、自分が人からどう見られるかを非常に気にすることがわかっている。「SUVを買う人たちは、多くの場合まず外見を買い、中身はその次だ」と、ホンダの北米自動車事業担当副社長トーマス・エリオットはいう。「まずSUVのイメージを買い、それから機能性を買うのだ」

自動車メーカーにとって、これは設計上の難題である。ファッション性で売れている車ではあるが、ファッションなど最後までデザイナーの頭になかったように見えなければならない。武骨でありながらトレンディ、頑丈だがおしゃれ、威圧的でいてモダンといった具合に、外観の微妙なバランスが要求されると自動車デザイナーはいう。「SUVはイメージの車であり、ライフスタイルを表すものなのだ」と、フォード・ブランド車の設計部長で、以前はエクスプローラーやエクスペディションなどSUVの設計部長であったエド・ゴールデンはいう。「それがSUVの鍵だ。ファッションのために作られたようには見えず、一時の流行とは思われないのだ」

フォードのエンジニアは、しゃれた服を着た女性がハイキング・ブーツや時にはワーク・ブーツを履いて高級ショッピング街を歩いている姿に印象づけられたと、ゴールデンはいう。そんなところを歩くのにそんな靴はいらない。それでも女性たちがそうした靴を選ぶのは、頑丈でシンプルな外観がいま流行だからだとゴールデンはいい、「SUVも実用的なブーツみたいなものだ」とつけ加えた。

GMの重役陣も同様に、SUVのマーケティングにはファッションがもっとも重要だという結論に達していた。「SUVの購入者にとって、それはむしろイメージの問題だ」と、GMで新車設計の初期計画段階を担当する主席エンジニア、フレッド・J・シャーフスマはいう。「SUVのオーナーは、他人からどう見られるかを気にしがちで、そのために使いやすさや機能性を犠牲にしてもかまわないと考える傾向が強い」

消費者から聴き取りをしていて、GMの担当者は、SUVとミニバンの購入者では運転中のコントロールを要求する表現方法が明らかに違うことに気づいた。「ミニバンの人たちは、安全や路上での駐車や方向転換のしやすさ、年配の人の乗り降りのしやすさなどの点からコントロールを要求する。SUVの人たちはむしろ『自分がまわりの人間をコントロールする』ことを求めているのに近い」とシャーフスマはいう。「言葉は同じだが意味はまったく違う。そこに車のデザインのヒントがあるのだ」

そのコントロールの感覚を与えるために、メーカーはSUVの座席をミニバンよりも高い位置に取りつけているのだと、シャーフスマはいう。最近までマーケット・リサーチャーは、車に乗ったとき、どのくらい高い位置に座りたいですかなどと顧客に質問することはなかった。現在、オートパシフィックなどの会社による調査によれば、運転席からの見通しが、操縦性能や内装の快適さとさえ並んで、購入者が求めるもっとも重要な条件の位置を占めている。いうまでもなく、車高が高いＳＵＶはこの理由でもっともよく売れる。例えば見上げるようなフォード・エクスカーションだ。全高二メートルのこの車に乗れば、背の高いドライバーならシボレー・サバーバンの屋根ごしにスクールバスの中をのぞき込むことができる。エクスカーションのドライバーは、車室の床にたどり着くだけのために、高い階段二段と低い階段一段を登らなければならない。

だが車高の高い車には、着座位置が高いことを含め、重大な欠点がある。それは乗り込むのが難しくなるというだけではない。ＳＵＶの座席の位置が高くなれば、多くの場合乗員は車の重心より上に座ることになり、横転にはうってつけの条件ができる（これについては後述する）。重心より高い位置に重量が加わるほど、車は少しずつ上が重くなるからだ。対照的に、乗用車内の人間と荷物は、地面からの高さが車の重心と同じであることが多く、重荷を積んだ乗用車でも、荷物を積まないときと同様に安定しやすい。

車高の高いＳＵＶのせいで、今でも乗用車に乗っているドライバーは前方が見にくくなる。交通安全の専門家は運転者に、ハイウェイを走る速度で運転するときは、最低四〇〇メートル先の危険を予測していなければならないと勧告している。しかし、さまざまな車高の車が混在するなかで、それは難しい。乗用車を運転している者の多くがこれでいらいらしている。大きな九七年型クライスラー・ニューヨーカーに乗り、ミシガン州サウスフィールドに住んでいる七六歳のメアリー・カンバーランドは、これまで大型乗用車を乗り継いできたが、次はどうしようか迷っているという。他の車に視界をさえぎられるのにうんざりしているからだ。「自分を守るためだけの理由でＳＵＶを考えている人はたくさんいるわ。わたしも夫にバンを考えさせようとしているの。車高が高いのをね」

現在、女性が自動車購入時に決定の主役になるケースは、半数よりやや多く、一世代前の妻の車を買うときでも夫が大きな役割を果たしていた頃とは変わってきている。これはＳＵＶのデザインにも影響している。七〇年代には早くもジープの調査により、女性の多くが男性に比べて、着座位置の高い車を好む傾向がはるかに強いことがわかっている。他の自動車メーカーによる最近の大規模な調査でも、この傾向は確認されている。

このジェンダーギャップの結果は、新型のジープ・リバティのような車に現れている。従来のジープよりもいっそう女性の購入者に狙いをつけたリバティは、第二次大戦型のジープによく似ていると考えられており、「アメリカン・ヒーロー」として売り込まれている。だがリバティは、オリジナルの戦中のジープよりも三〇センチ近く車高が高い。「女性にとっての鍵は高い着座位置だ」とジープの元マーケティング担当重役のウィリアム・チェイピンはいった。「新しいジープ・リバティは、竹馬に乗って運転しているみたいな感じだ。そこにはとても重要な販売上の理由があるのだ」

座席の高さの好みにジェンダーギャップがあるように、購入する自動車の好みにはジェネレーションギャップがある。若い人ほど、乗用車よりSUVを好む傾向が強くなるのだ。第二次世界大戦終結前に生まれたアメリカ人は、まったくといっていいほどSUVを買わない。同時に彼らは大型乗用車市場のまさしく中心であり、中型乗用車市場の大多数をも占める。一〇代から二〇代前半のアメリカ人はSUVに取り憑かれており、一〇年後にはSUV市場の中心になりそうだが、ようやく新車を買う金を持つようになったばかりである。SUV市場の中心はむしろベビーブーマーである――一九四六年から六四年に生まれた彼らは、いま自動車を買う年齢の絶頂にある。

共同体意識の衰弱と自分志向

ベビーブーマーを研究するにあたり、メーカーはいわゆる世代別市場調査を使うことが多くなっている。世代別調査は、人間は一〇代前半に発達させた価値観を基準に特定のブランドや車種の好みを形成し、その好みは生涯持続するという理論に基づいている。メーカーのマーケット・リサーチャー、例えば長年フォードで有力な自動車ストラテジストを務めたジム・ブリンは、ベビーブーマーが過剰品質の製品を偏愛していることに特に注目してきた。アトランタのような暖かい大都市で、エベレストに登るようなハイキング・ブーツを履いて歩き回り、北極で使うためにデザインされたパーカを買う富裕な男女は、ブリンが「備えたスタイル」と定義するものを支持しているのだ。だからSUVも、その不整地を走破できる能力によって人気を保つだろうとブリンは結論する。

「四輪駆動車はみな、あらゆるものに備えている。天候に邪魔されない。縁石に邪魔されない。車高の低い車に邪魔されない」と、ブリンはいう。彼は最近、世代別調査に特化したコンサルティング会社を設立したところだ。「それは何者も自分の邪魔はさせないということであり、極端な場合には、他人を威圧してどかせるということだ」

SUVを持つことで、ベビーブーマーは安心感も得ることができる。今は会社の仕事や家のローンがあるかもしれないが、本当は若い頃とそんなに変わってはいないという安心感だ。「SUVは『俺には冒険心がある』『俺はまだ男らしい』というのだ」とブリンはいった。

市場調査会社による大規模な調査は、SUVを買う人々が非常に「自分志向」の傾向を持つことを示している。これは自己中心的を婉曲に表現した自動車メーカーの用語である。SUV購入者は大部分のアメリカ人に比べて落ち着きがなく、道楽好きで、社会性に乏しいことが多い。洒落たレストランのほうがオフロード走行よりも好きで、教会にはめったに行かず、人助けのボランティア活動をすることにはあまり関心を持たない傾向にある。彼らは「与えることが少なく、他人を志向することが少ない」と、長くフォードのマーケティング担当者を務め、現在はサンディエゴにある大手自動車市場調査ストラテジック・ビジョン部長のダニエル・A・ゴレルはいう。

こうした共同体意識の衰弱は、アメリカのより大きな社会的風潮の一部である。人々の多くがテレビを見たり共稼ぎをしたりするのに時間を費やし、友人とのつきあいやボランティア活動、サークル活動のための時間がなくなってしまったのだ。この現象の社会学的研究でもっとも有名な事例が、アメリカにおけるボウリング・リーグの、イギリスにおけるパブの人気の凋落である。

アメリカ人の安全観とヨーロッパ人、アジア人の安全観

SUV購入者の自己中心的ライフスタイルは、交通安全への取り組み方、特に自分の安全を少々向上するために他のドライバーを危険にさらすのをいとわないという点に表れているという自動車会社重役もいる。SUVは衝突時の乗員保護性能がかなり高いと世間に認知されており、そのことが長年にわたり売上を確保している重要な要素だと、GMと日産の重役はいう。もっとも格好のよさも重要であるともいっていたが。他のメーカー、特にフォードは、安全性は購入者にとって、車の基本的な魅力ほど重要な問題ではないと考

えている。

日産は、一般にヨーロッパやアジアのドライバーと異なる車の安全性に対して、アメリカのドライバーは保護されることに気づいた。敏捷で高性能のブレーキを備え、すばやく曲がるか止まるかして事故を完全に回避できる車を、ヨーロッパ人やアジア人は安全だと考えることが多いと、最近退職した北米日産デザインの社長ジェリー・P・ハーシュバーグはいう。アメリカ人は運転技術にあまり自信がなく、事故は避けられないものと考えがちであるため、どちらかといえば他の車に突っ込んでも乗員を守ってくれる戦車のような車に引きつけられる。SUVの購入者はこの点で実にアメリカ人らしいと、ハーシュバーグはつけ加えた。

「ヨーロッパ人は安全のことを考えると、軽くて敏捷な車を思い浮かべる」と、ハーシュバーグはいう。「アメリカ人の安全のイメージは、戦車のようにまわりを囲み、できるだけ質量を身につけて、アイザック・ニュートンに魔法を使わせることだ」

安全性がSUVの売上に果たす役割について、クライスラーの重役陣は割れている。ジェームズ・ホールデンは、クライスラーの重役職を昇りつめて最近社長で引退した人物だが、SUVは事故の際に乗員を保護する能力が高いと認識されていることが、前々からの重要なセールスポイントだという。しかし同社の市場調査部長のボストウィックは、SUVを買う人は、保護を求めるよりも、障害物に出くわしたときに乗り越えていけるといった、周囲の人や状況を支配している感覚を得たいのだという。

「問題は安全じゃない、攻撃的であることだ。オフロードに出ていける能力だ」とボストウィックはいう。

アメリカ人が衝突の相手についてどの程度考えているか、信頼性のある調査を行なうことは難しい。次のような質問を消費者にはしにくい。あなたはご自分が事故で死亡する可能性を五〜一〇パーセント減らすために、他のドライバーが死亡する可能性を三〜四倍にしたいと思いますか？　はいと答えた方へ。もし数千万人のドライバーが同じような計算をしたら、あなたはどう思いますか？　こうした深い道徳的意味を持つ質問から、率直な答えを引きだすのは非常に難しいと、マーケティング担当者はいう（註2）。

たいていの社会的風潮同様、アメリカの共同体意識の衰退にも例外はある。父ブッシュ大統領が「千の光点」構想で強調しようとしたように、アメリカ人はボランティア活動をよくやる。また、今も世界でもっとも教会に行く国民にも数えられている。自動車メーカーの調査が示すのは、SUVに乗る人たちが、他の種類の自家用車に乗る人に比べて、このようなことをしない傾向にあるというだけの話だ。ミニバン所有者は対照的に、寛容な人であることが多く、教会へ行ったりボランティア活動に参加したりする傾向がもっとも強いカテゴリーである。

SUVオーナーの多くは、大勢の家族がいて従来のセダンにはどうしても収まらないから、大きなSUVが必要なのだという。だが、メーカーの調査によれば、四輪駆動を使うことなどまずほとんどないにもかかわらず、SUVを買う人たちは、まったくといっていいほどミニバンを検討しない。ミニバンのほうが燃費が良く、汚染物質の排出も少なく、めったに横転せず、他のドライバーへの危険性もはるかに低いのにだ。現在もっともファッショナブルで人気のミニバン、ホンダ・オデッセイでさえ、SUVに熱狂する人たちにはやはり魅力がない。「私の妻は、SUVに乗っているんだが、オデッセイを運転しようとしない――オデッセイやミニバンのレッテルを貼られたくないんだ」と、ホンダの副社長トーマス・エリオットはいう。このミニバンに対する嫌悪が如実に表すのは、SUVブームはファッションの反映であって、本当に大きな車が必要なわけではないということだ。

誰がミニバンに乗っているのか…失われてしまった気高いもの

SUVの売上増は、イメージとマーケティングが実用性に勝利したということである。ここ二、三年安全で実用的なミニバンの販売数が徐々に減少していることは、アメリカ人が何よりもイメージを気にすることの、もう一つの表れである。問題の多くは、クライスラーが一九八三年に最初の現代的なミニバンを発表したとき、それを愛情あふれる家族志向のイメージという、近ごろではまったく流行らないもので売り込んだことにある。「誰かが『サッカーママ』のイメージを定着させたんだ」と、クライスラー社ミニバン事業本部長のラルフ・A・サロットはいう。「イメージの問題がなければ、この市場でミニバンは二倍売れるはずなんだが」

メーカーはミニバンをサッカーママのイメージから解き放とうとしたが、あまりうまく行かなかった。ポンティアックはトランス・スポーツ・ミニバンのモンタナ・バージョンを九六年に発表し、ミニバンがカウボーイに囲まれて道なき道を走っているところを売りにした広告を打った。この車には二輪駆動しかなく、ミニバンはまずオフロードを走れないのだが、まあ、いいではないか――ポンティアックがすべてのミニバンをモンタナにし、トランス・スポーツの名前をすっかりやめてしまうほど、モンタナ・バージョンは人気を博したのだから。しかしモンタナでさえ大成功といえるほどには売れなかったのは、まだそれがミニバンらしく見えたからであろう。

一方ミニバンの家族的イメージを喜んで受け入れる人もいる。彼らは概して底抜けにいい人たちだ。その多くはサッカーママのイメージには当てはまらない――売上の四分の一は家に子供のいない年配者へのもので、購入者の半分は女性ではなく男性だ。クライスラーが実際にリサーチャーに路上でミニバンのハンドルを握っている人を数えさせたところ、固定観念にまったく反して、女性と同じくらい男性も運転していることがわかった。

ミニバン市場は野心的な自動車会社重役からは無視されている。それは重役たちにはこうした善良な人々の気持ちがわからないからだと、ストラテジック・ビジョンのゴレルはいう。ノースカロライナ州シャーロットに住むある女性に、ミニバンを選ぶ理由について長いインタビューを行なったときのことを、ゴレルは特に好んで話したがる。

「年配の人たちを連れ出して、いいことができるからだというんだ。私はこう思った。『自動車業界とは大違いだ。業界の連中は日曜に教会なんか行かないで、きっと月曜の朝の営業会議に出るために西海岸に向かって飛んでいるんだろうな』」と、ゴレルはいう。「何か失われてしまった気高いものだね。それなのに粗末に扱われるんだ」

ミニバンとSUVの広告やその他のマーケティングは、顧客の違いを反映している。ミニバンの広告は保護、一体感、人助けといったテーマを強調する傾向にある。フォード・ウィンドスター・ミニバンのテレビコマーシャルには、世界を救うスーパーヒーローになるのが夢だという、クレアという名の一〇歳の女の子が出てくる。別のCMではフォードのエンジニアをしている一四人の母親が、子供連れで集まって座り、どうすれば次のウィンドスターをもっとよくできるか話し合っている。

「この場合のポイントは人間味だ」と、ウィンドスターのマーケティング・マネージャー、ジム・タウンゼンドはいう。「こうした人たちは、家族の行事のために個人の趣味は後回しにする人たちなのだから」

SUVの広告はより個人主義的、道楽好きで、時として快楽主義的な人生観を賞賛する。九〇年にエクスプローラーが発表された直後のテレビCMはこのようなものだった。金持ちのカップルが高級レストランで金縁のカップからコーヒーを飲んでいる。次のシーンで、二人は山頂でマグカップからコーヒーを飲んでおり、「わたしたちは四つ星レストランにばかり行っていた。四〇億星のレストランに行くまでは」とナレーターが歌うようにいう。

SUVの凶暴さを強調したトヨタの広告

SUVの売り込みに、メーカーはドライバーが犯罪や暴力を恐れる心理をも利用しようとしている。その過程でSUV以外のものを運転することが危険であるように思わせて、ハイウェイ軍拡競争を巧妙に激化させた。これは一種の「ネットワーク外部性」であり、SUVがファミリーカーとしては適さないにもかかわらず、需要が高まるのに一役買っている。

レクサスは、巨大なLX470フルサイズSUVの一連の雑誌広告で、SUVの凶暴さを利用した。ある広告では、黒いLX470が暗く不気味な森を走り抜けていた。木立の暗い影はSUVと反対にのけぞり、脅えているかのようだ。木々は何となく、大きな車を見て恐怖にすくんでいる人間のようにも見える。「V8　LX470登場。今、さらなる脅威とともに」と、広告は白抜きの大きな文字で謳っている。

別の雑誌広告では、LX470がジャングルの中で、しぶきを立ててワニのそばを走りすぎていた。SUVに少しでも近づこうとするワニは一匹もいない。宣伝文句いわく、「V8　LX470登場。今度は自然があなたを心配する」（実際、他のドライバーや歩行者はLX470を恐れたほうがいい。コントロールと方向転換が乗用車より難しいだけでなく、サイドウィンドウの下端が高いので、右側車線の視界が悪いのだ。フルサイズSUVを運転する者はみな、助手席側のサイドミラーをひんぱんに見るべきだ）。

テレビCMの多くは同じ脅威のテーマを使って、SUVの車体の大きさを強調している。もちろん広告は、政府の燃費規制が乗用車のサイズを制限してきた一方、SUVにはこれほど肥大化することを許したことなどひと言も触れない。あるCMは、銀色のいすゞ・トルーパーSUV（ビッグホーン）が乾いた赤い峡谷の岸壁に沿って走るシーンを映している。ナレーターはセールス・トークをこんな警告で締めくくる。「世界は大きく、クルマは決して大きくはない」

シボレーはアバランチの販促のために、不穏な雑誌広告を出した。アバランチは、シボレー・サバーバンSUVとシボレー・シエラ・ピックアップの雑種である。広告では黒いアバランチが読者の眼前にそびえ、突進していた。背景は枯れ枝が縦横に交差する夜空である。ページの一番上には大きな白抜き文字でこのようなメッセージが書かれている。「他のトラックを、みじめでもの足りないように思わせるつもりはありませんでした。たまたまそうなってしまったのです」

無論、最高の広告といえども多くの顧客の目に触れなければ効果がない。SUVの広告の場合、メーカーは莫大な費用を使って、メッセージがほとんどすべてのアメリカ人に届くようにした。事実、過去一〇年でSUVの広告は、SUVの売上をしのぐ速さで急増し、一九九〇年の一億七二五〇万ドルから二〇〇〇年には一五億一〇〇〇万ドルと九倍近くになった。メーカーとディーラーは、一九九〇年から二〇〇一年九月三〇日（手に入る最新のデータである）までに九〇億ドルをSUVの広告に費やしている（註3）。

これだけの支出により、SUVは国内屈指の大量に宣伝される製品となった。アメリカの広告市場全体は、年間約九〇〇億ドル規模であるが、これは多種多様なカテゴリーに細分化されている。自動車業界は、それに次ぐ三大業界である金融サービス、テレコミュニケーション、全国レストランチェーンを合わせたものより多くを広告に費やしている。これら巨大で多様な三つの業界は、それぞれ年間に合計三〇億〜四〇億ドルを広告に出費している。しかしこの金額は、銀行から投資信託、携帯電話、ハンバーガー屋まで、多数の小カテゴリーで分け合っている。

世界中のビジネススクールで未来の経営者にたたき込まれているマーケティングの重要な教義の一つに、広告は本当に魅力のない製品を消費者に欲しがらせることはできないというものがある。しかしSUVは間違いなく多くのアメリカ人にとって魅力があるものだ。SUVが与えるアウトドアの冒険と自分の安全のイメージは、とりわけベビーブーマーが必要だと考えるものと見事に一致したのだ。

ＳＵＶはどこで乗られているのか

ファッションとイメージを強調するようになったＳＵＶのデザインだが、実際にエンジンが大きく重心の高いこの種の車が備える、馬力とオフロード性能が必要な人はいるのだろうか？　いる。自動車産業の調査によれば、ＳＵＶオーナーの六人に一人は、少なくとも年に一回は自分の車を牽引、とりわけボートの牽引に使っている。一部のオーナー――一〇人に一人いるかいないか、おそらく一〇〇人に一人にも満たないだろうが――は、ＳＵＶをオフロード走行にも使っている。

だが率直なところ、デトロイトの自動車メーカー重役は、この種の客、特にオフロード・マニアを、ＳＵＶ市場全体に占める割合が小さすぎてまったく問題にならないとして片づけている。「ＳＵＶはイメージの問題だ。顧客は誰か、顧客が何になりたいかが問題なのだ」と、フォードのＳＵＶおよびミニバン担当マーケティング部長Ｊ・Ｃ・コリンズはいう。「あの手のＳＵＶがオフロードに出るのは、客が午前三時にドライブウェイを飛び出してしまったときだけだ」

本格的なオフロード走行のために設計されたＳＵＶだが、その目的のために選ぶ購入者はほとんどいない。大部分のＳＵＶ購入者は大都会郊外のもっとも富裕な地域に住む。特に集中しているのがニューヨーク、ロサンゼルス、マイアミ近郊だ（註４）。自分の車を実際にオフロード走行に使うというオーナーの割合は、質問の仕方によって一パーセントから一三パーセントと差があると、大手自動車マーケティング会社の重役はいう。マーケット・リサーチャーが突っ込むと、こうした人たちのほとんどは、彼らの考えるオフロード走行が、泥道や砂利道を走ることだということを認めるのだ。たとえそれが平らにならされていようが。

トヨタのアメリカにおけるマーケティング担当トップ管理職、スティーブン・スタームは、ロサンゼルスで裕福なベビーブーマーを対象にフォーカスグループ調査を行なったときのことを好んで話す。グループのなかの上品な女性が、ビバリーヒルズの大きなパーティで縁石を乗り越えて芝生に車を停めるために、自分にはフルサイズのレクサスＬＸ４７０が必要だといったのだそうだ。

かつてメーカーは、ＳＵＶがどの程度オフロードで使われているかに注目していた。現在ではその調査にはほとんど労力を割かない。人々は現実よりも、オフロードを走ることができるという夢のほうに興味があるという結論が出たからだ。「どれくらいオフロードに行くかなどとは訊かない。それは問題ではないからだ――たとえ舗装路でもSUVで走れば、一日だけスーパーマンになれるのだ」とクライスラーのボストウィックはいった。

SUV購入者の大部分がオフロード走行をしない理由の一つは、場所がないからだ。国立公園のもっとも人気が高い地域の多くでは、オフロード走行は違法だし、原生自然保護区では一切許されない。西部諸州の手入れされていない未舗装路では、荒っぽい走行が楽しめ、土地所有者はけっこう好き勝手ができる。しかし都会に住むSUVオーナーの多くは、どうすればふさわしい場所を公有地に見つけられるかわからないし、人のいい地主の知りあいもいない。にもかかわらずメーカーの市場調査は、相変わらず消費者が四輪駆動か全輪駆動を欲しがっていることを示している。

だからSUVの広告はオフロード性能を強調する。フォードはSUVをすべて一緒に「ノー・バウンダリーズ（境界線のない）」のロゴで広告しようとしており、その一方でディーラーを「フォード・アウトフィッター（探検ガイド）」に仕立てようとしている。ショールームにはカヤック、テントをはじめとするアウトドア用品が展示されている。実のところ、フォードが小さなカタログを提供しており、そこにショールームの広さに応じて提案されている展示品から、ディーラーは欲しいスポーツ用品を選ぶのだ。

けれどもフォードの経営陣は、実際にアウトフィッターが必要なところに行くSUVの客はきわめて少ないことをよく承知している。「これは多分に比喩的なものだ。ほとんどの人はSUVに乗って本当にオフロードに行ったりしないのだから」と、フォード自動車の巨大なフォード部門社長、ジェームズ・G・オコナーは、ノー・バウンダリーズ広告キャンペーンを発表する記者会見の最後にいった。

ノー・バウンダリーズ・キャンペーンは、この事実を広告の取りあわせによって半ば認めている。ある広告は、客がSUVに乗って行きそうな辺境地の写真を使っていた。別の広告は、ゴルフ場へ行く人たちを使っていた。「ゴルフはSUVを買う人たちにとってとても大きな関心事だ」とフォード部門のマーケティング部長ジャン・クルーグは認めている。

メーカーは、顧客が四輪駆動を使う機会を作ってやり、需要を煽るためにはどのようなことでもする。ランドローバーのディーラーの多くには、岩を積み上げてできた人工の小山があって、客は車で登ることができる。ランドローバーとハマーはもっと大きな常設のオフロード・コースを本社の近くに持っている。客は自分の車を持ち込むことができ、五〇〇〇ドルもの料金を払って森の中でできることを習う。フォードとクライスラーには巡回興行があり、屋外展示場やその他大きな会場に人工の丘を設置し、地元ディーラーがSUVの見込み客を招いて試乗させている。

一九九九年のよく晴れた夏の終わりの午後、クライスラーはそんなイベントをミシガン州オーバン・ヒルズにある本社の近くで開催した。実は、二つのイベントがほとんど隣り合せで行なわれていた。クライスラーとダッジの乗用車とミニバンの販促イベントが、非常に大きな駐車場で開かれており、二車線道路を挟んだ空き地では、ジープのプロモーションがあった。

乗用車とミニバンのイベントはうまく演出されていた。長いトレーラーが何台かあり、中では面白い展示が行なわれていた。例えば運転シミュレーターだ。客はアンチロック・ブレーキと普通のブレーキの止まり方の違いを体験できるのだ。また風通しのいい白いテントが数張あって、中ではクライスラーのエンジニアが車のプレゼンテーションを行なっていた。テントの間には、低く優美でとてつもなく馬力がある深紅のスポーツカー、ダッジ・バイパーをはじめ、クライスラーの特に魅力的なモデルが数台停めてあった。子供たちを楽しませるために、フェンスで囲った区画では、ラジコン・カーが舗道の上をびゅんびゅん走り回っていた。

問題が一つだけあった。ラジコン・カーで遊ぶ子供が文字通り一人もいないのだ。カーキ色のズボンと白いポロシャツ姿の若いクライスラー社員が二人、コントローラーで二台の車を走らせていた。残りのラジコン・カーはフェンス脇に所在なく置かれていた。テントの中にいる者たちは、ほとんどが禿げ頭か白髪頭だった——未だに大型乗用車を買う「偉大なる世代」(第二次世界大戦を戦った世代)だ。なかにはSUVが多くて視界をさえぎられるとこぼしている人もいた。

だが、通りを隔てたジープのイベントには、親子連れが大勢いた。このイベントは広告で「ジープ101」と宣伝されていた。風通しのいい白いテントの代わりに、緑色の軍用風テントが張られ、Tシャツ、マグカップなどジープのロゴが入った販促用品を配っていた。

一番人気はオフロード走行コースであった。都市生活者が、数百メートルの未舗装路を登ったり降りたりして、ラングラーと格闘できるのだ。ミシガン州南東部は最後の氷河期に、氷河によってほとんど平らに削られているので、イベント用の丘を造るために、クライスラーは土木機械を使わなければならなかった。

子供たちは特にこの光景を楽しんでいるようだった。ミシガン州シェルビー郡区から来た一一歳のミロ・ペローは、SUVをじっと見つめ、運転できる年になるのが待ち遠しくてたまらないと話した。「ジープがすっごく欲しいんだ」とミロはいった。「バイパーみたいなスポーツカーは、低いでしょ。ジープは高いから好きなんだ」

まわりに差をつけよう

「道を譲れ」などという言葉を巨大な文字で冠したとんでもないSUVの広告は、序章で述べたキャデラック・エスカレードのものをはじめとして、枚挙にいとまがない。一連のリンカーン・ナビゲーターの雑誌広告は、明らかにSUV購入者の身勝手さに迎合している。ある広告では、山頂に置いたナビゲーターの上で、こんな宣伝文句が踊っている。「まわりに差をつけよう」。別の広告では、巨大な黒いナビゲーターが日没のゴールデンゲート・ブリッジ近くのカーブを疾走する上に、このような言葉が配されている。「タキシードなど構うものか。全速前進」

タキシードに触れたのは単なる偶然ではない。SUV人気はメーカーが人々の冒険心に迎合したことだけによるものではなく、メーカーがアメリカ自動車市場の二つの大きな変化に対応した結果でもある。それは国内でもっとも富裕な世帯への収入の集中と、中古車が手に入りやすくなり信頼性も増したことである。この二つの流れが合わさって、さらに大きく高価な車を設計し、燃費にはほとんど気を配らないことへの動機づけとなったのだ。

二〇世紀の大半を通じて、自動車メーカーは一般家庭向けの車を製造することに誇りを抱いていた。ヘンリー・フォードのT型は農家向けに作られた実用本位の車だった。長年この車には黒しか用意されていなかった。それは速乾性の自動車用塗料が黒しか開発されていなかったからだ。乾燥時間が早ければ、新車製造のコストと時間を大幅に減らすことができる。ヘンリー・フォードが一九一四年初めのある日、従業員の賃金を二倍の日給五ドルにすると、従業員は給料のわずか五カ月分を払えば自分たちが作っている車を買えるようになった。

　アルフレッド・スローンは、一九二〇年から六六年に死去するまでGMを支配した人物で、「あらゆる収入《パース》と目的《パーパス》にあった車を」をスローガンに、シンプルなシボレーからエレガントなキャデラックまでのモデルの「はしご」を提唱している。七〇年代には、新車を買うことは相変わらず、一家がアメリカ中流階級に何不足なく落ち着いたことの象徴であった。メーカーはエネルギーのほとんどを、拡大の一途をたどる都市郊外を埋めていく数百万世帯に向けた車の設計と生産に注いだ。自動車会社重役は、自分たちが典型的な中流向け商品を売っていると考えていた。キャデラック、リンカーン、ＢＭＷ、メルセデスベンツなどの高級ブランドは、シボレーやフォードのような巨人に比べれば小規模な商売をしていた。

所得格差の拡大とマーケティングの変化…新車購買層の縮小

　所得格差はそれ以後相当に拡大している。平均所得は富裕な世帯では好調に増大したが、それ以外の階層では伸び悩んだからだ。高級車の売上は一九八〇年以降、三倍以上になったが、自動車市場全体は約二五パーセントしか拡大していない。インフレを調整すると、国勢調査局の数字では、一九七三年から一九九八年（データ入手可能な最近の年）の間に、収入が五〇パーセンタイル順位の世帯の家計所得は三万六三〇二ドルから三万八八八五ドルへと微増しているにすぎない。対照的に、八〇パーセンタイル順位の家計所得は六万二一〇九ドルから七万五〇〇〇ドルちょうどに増加しており、九五パーセンタイル順位では九万八四五三ドルから一三万二一九九ドルへと飛躍的に増えている。

　少しでも所得集中の話をしようものなら、すぐにリベラルだとの非難を受ける。保守派の主張では、所得配分の上位二〇パーセントには、高額所得者が職を失い、所得の低い者の収入が上がるというような変動があるという。ある程度まで、これは事実である。しかし自動車メーカーから見れば、成功者の世帯が毎年同じだろうが、常に顔ぶれが変わっていようが問題ではない。重要なのは高所得の世帯がだんだんと新車を買う金を持った世帯になっていることだ。これが自動車の設計と販売のやり方にいっそう大きな影響を持つのだ。

一九九〇年にもなると、もっとも富裕な二〇パーセントの層が新車への支出の四五パーセントを占めている。ゼネラルモーターズによれば現在では支出の六〇パーセントを占め、その割合は増加している。「これは自動車産業に絶えず影響を与えているおそらく最大の流れだろう――我々は高所得、高学歴の顧客へと対象を変え続けている」と、GMの市場調査部長ポール・バリューはいう。

エクスプローラー購入者の驚くほど大多数が、事実きわめて富裕で、もっとも高価な高級車でも買える層なのだが、エクスプローラーの気取りのないイメージを選んでいる。「彼らはほとんど何でも買える」と、フォード・ブランドのエクスプローラー担当課長、エド・モルチャニーはいう。「彼らは現実的でけばけばしくない車を求めるのだ」

今でも自動車メーカーは年間ざっと五〇〇万台――全体の三分の二近く――の車を年収五万ドル未満の世帯に販売している。しかしメーカー重役やエコノミストがいうには、この数字はすべてを語ってはいない。このような購入者は中流家庭ではないことが多いのだ。こうした客の三分の二までもが、富裕な両親や祖父母が購入資金を援助してくれる若者か、高収入はないが相当な資産を持つ退職者なのだと、最近までダイムラークライスラーのクライスラー側企業エコノミストを務めていたW・バン・バスマンはいう。

中間所得層の世帯がもう以前ほど新車を買わないとすれば、彼らは代わりに何を買っているのか？ 中古乗用車と、数は少ないが中古SUVである。中古車の人気は上がってきている。一〇年前と比べても、信頼性が向上し、手に入りやすくなり、資金調達も楽になったからだ。

中古車の信頼性が増したのは、計画的旧式化がなくなったからである。以前デトロイトは、品質の低い車を作りひんぱんにモデルチェンジをするということをやっていた。古い車はガタがきてしまうので、客は数年ごとに新車を買わざるを得ない。外国のメーカーが、もっと信頼性の高い車を設計できることを七〇年代から八〇年代に証明し、アメリカ人はそちらを買った。第二次大戦から八〇年代までの好景気のたびに、使用されている車の平均車齢は落ちている。たくさんの古い車をスクラップにして新車を買ったからだ。ところが九〇年代には、かつてない長い好況の間に、乗用車と小型トラックの平均車齢は上がった。新車を買った人も、古い車を手放さなかったからだ（この傾向は、九〇年代のＳＵＶの売上急増を見えにくくするのに一役買った。長い間、路上のＳＵＶがそれほど増えたようには見えなかった。多くの乗用車が今までより長く使われ続けたため、使用されている車輌の総数が飛躍的に増加したのだ。だが一九九八年から二〇〇〇年にかけて、ついに古い車の廃車率が上昇した。たぶん株価が高騰し、人々がもっといい車が買えると考えたからだろう。米国内で登録されている車輛にＳＵＶが占める割合は、年に丸々一パーセント近く上昇し始めた）。

中古車市場の拡大

信頼できる中古車を見つけることもずっと楽になっている。リース市場の活況によって、中古車市場に車が――そして後にはＳＵＶが――あふれ出している。これらは二年か三年しか使われておらず、まだまだ絶好のコンディションにある。リース期間が終わり、顧客が返却したこのような車を転売するために、メーカーは中古車に対して広範囲にわたる保証をつけなければならなくなっている。州政府が欠陥車買主保護法を制定して、中古車の欠陥を開示することを売り手に求めたことも追い風になっている――もっともこの種の法律は、消費者保護団体が求める厳しいものには依然ほど遠いのだが。

最後に、多額の現金を用意せずに中古車を買うことがはるかに簡単になった。ついこの間、八〇年代にはなかなか見つからなかった中古車ローン、あるいは中古車リースさえも、今ではごく普通である。新車を買った人の八〇パーセント以上は、ローンやリースで購入資金を得ている。こうした新車購入者のなかには、低金利による販促キャンペーンの恩恵を得るためや税金対策上の理由からローンやリースを選んだ者もいるだろうが、その大半は単に現金がないからだと、自動車メーカーのクレジット担当部署の重役はいう。ローンやリースが中古車に利用できるようになれば、このような顧客にとっていっそう魅力のある選択肢となる。

所得格差の拡大と中古車市場の発展が相まって、メーカーの販売するものが変化してきている。例えば中流家庭が新しい乗用車や小型トラックを買わなくなってきたため、小型で燃費のよいセダンの市場は縮小している。フォード・エスコートは八〇年代に販売されたもっとも人気のある車だったが、あまり関心を引くことなく消えていった。フォードは一九九九年にもっと車高が高く派手なフォーカスを後継車種とした。「もっと車を売りたければ、エントリーカーを買う人は減っているのだから、より大きく、より高価な車をより多く売らなければならない」とバスマンはいう。

近年、ショールームには――韓国製の一部の小型車を除いて――高価な装備を満載した車がますます増えている。電動調整シート、CDチェンジャー、果てはカー・ナビゲーション・システム。AM／FMラジオだけが付いた車を欲しがる客はほとんどいない。ヒューストンでクライスラーとジープのディーラーを経営するアラン・ヘルフマンがいうには、メカニックが大量の工場純正のカーラジオをもっと高級なステレオに交換しなければならないので、しまいには取り外したラジオの置き場所がなくなってしまった。他のディーラーもラジオは欲しがらない。

「あのラジオは全部捨てなきゃならない」とヘルフマンはいった。

高所得の世帯はガソリンの価格をあまり気にしないので、車は大きくなってきている。乗用車よりも連邦政府の燃費規制が甘いSUVは特に大きくなって、最大のモデルはもう多くの車庫に収まらないほどだ。この種の大きな車は大量のガソリンを消費する。フォード・エクスカーションの場合、市街地ではガロン一〇マイル（リッター約四・二キロ）しか走らない。こういった怪物の売上は、二〇〇〇年と二〇〇一年の春に起きたガソリン価格の急騰にも、ほとんど影響を受けなかった。これはSUVが富裕層の間で人気があることの表れでもある。彼らの運転の習慣はガソリンの値段にはさほど左右されないからだ。

一九七三年から七四年にかけてガソリン不足が発生し、石油価格が四倍になった際に、大衆市場に対するデトロイトの信頼は完全に損なわれた。大型の大衆向けステーションワゴン、セダン、クーペの売上は落ち込み、完全に回復することはなかった。中流の顧客は、高値が続くガソリンの財布への影響を気にして、小さな車を選ぶようになり、その多くは日本のメーカーのものだった。

もっとも興味深いのは高級車市場であった。そこには最大のガスガズラーが含まれているが、そのときまったく違う動きをしたのだ。例えばキャデラックの売上は、ガソリンスタンドに長蛇の列ができ、政治家たちがガソリン不足を云々している一九七三年の短い期間、他のモデルと一緒に落ち込んだ。しかしガソリンがまた広く行き渡るようになると、すぐにキャデラックの売上は元に戻った――ガソリンの価格は前よりもはるかに高いままであり、キャデラックは特に大きなガスガズラーであるにもかかわらずだ。

言い換えれば、富裕世帯はガソリンが手に入るかどうかは気にしたが、ガソリンの値段や自分が乗る車の燃費はあまり気にしなかったということだ。自動車市場、とりわけSUV市場がいっそう裕福な世帯向けになるにつれ、この教訓はますます重要になった。

ガソリン価格のピークは一九八一年の一ガロン一・三五ドルであった(註5)。インフレだけを調整すると、二〇〇一年末にこれに見合った価格にするには、ガソリンはガロン二・六二ドルでなければならない。だが上位二〇パーセントの層の年収増を調整すると、富裕世帯のふところに八一年と同じ効果を及ぼすためには、ガロン三・七六ドルまで上げる必要がある。そして国内世帯の上位五パーセントの収入増で調整すると、八一年と同じ効果を持つためにはガロン四・五九ドルまで引き上げねばならない。このような世帯が現在、自家用車の新車の一一パーセントを購入しているのだ(註6)。ガソリンの価格はこのレベルよりはるかに低いので、燃費は金回りのいいSUV購入者にとって重大問題の中に入らないのだ。

著名政治家、ハリウッドの有名人が無料で宣伝

安価なガソリン、拡大する所得格差、裕福なベビーブーマーの多くが抱く不安感、これらすべてが、SUVの人気がここまで高まるのを助長した。しかし、最後にもう一つの要素がある。政治家やハリウッドの有名人がSUVを信奉し、ただで宣伝してやっていることだ。

著名な政治家にとって、SUVを運転する、あるいは運転手に運転させるのは何でもないことだ。まず第一に、市長、州知事、国会議員らの世帯収入は優に一〇万ドルを超えることが多い。間違いなく高級車の購買層である。SUVは高級車の客筋、それも特にアメリカ製の高級車に乗る必要性を感じている政治家の間で優位を占める。その一方でベンツ、BMW、レクサスは、高級乗用車市場においてリンカーン、キャデラックに圧勝している。タウンカーやドビルがベンツEクラスやBMW5シリーズと比べて名声を失っているように。非常に高価であるにもかかわらず、SUVは気取りのないイメージを打ち出してもくれる。それはアメリカの政治家が常に身につけようとしているもの

だ。

ルドルフ・ジュリアーニ・ニューヨーク市長は、よく市内を暗緑色のサバーバンで飛び回り、ただでGMのために宣伝をしてやっていたが、この車は重すぎて、ブルックリン橋の重量制限に違反していた。ジェシー・ベントゥーラ・ミネソタ州知事は、どこへでもリンカーン・ナビゲーターで行くことで、元プロレスラーにして万能のタフガイとしての自分の評判を高めている。ワシントンの連邦議会では、議員専用駐車場というもっとも格式ある屋内駐車場で、中型のSUVが着実に大型乗用車に取って代わっている。「車庫に行くと相当たくさんある。あれは見物だ」とカリフォルニア選出の民主党下院議員、ロバート・マツイはいう。マツイ議員もジープ・グランドチェロキーとフォード・エクスプローラーを所有していたが、最近BMWのセダンに切り替えた。

映画スター、映画監督、歌手、その他芸能界のアイドルの間でも、SUVは特に人気がある。オスカー賞贈呈式会場前の道路は毎年、さながらタキシード着用のオフロード・レース大会である。キャデラックは、五万ドルのフルサイズSUVエスカレードの購入者名簿に、そうそうたる有名人の名を増やしている。歌手のホイットニー・ヒューストン、ナタリー・コール、俳優のブルース・ウィリス、キャリスタ・フロックハート、バスケットボールのスター選手シャキール・オニール、ゲイリー・ペイトン、そして二六歳のスノーボーダー、タラ・ダキデスら特別な成功を収めたスポーツ選手……（註7）。

SUVが芸能人やスター選手に受け入れられるのを見ると、かつては実用一本やりだった車がここまで来たかという感が強い。アメリカン・モーターズのロイ・チェイピンがカイザー・ジープの友人スティーブン・ジラードとオンタリオの沼にカモ猟に通った日々から、オフロード車はアメリカのエリートの心を捉え、一方で拡大するアメリカ自動車市場の大黒柱となり、自動車産業と中西部北方の経済的繁栄の礎となった。ハリウッド・スターのきらめきと有名政治家の権勢は、本来アウトドア愛好家のために設計された車に乗り移った。しかしSUVの魅力と人気は、根本的な問題をいくつか隠蔽している。SUVは今もピックアップ・トラックを改装したものでしかない。横転問題やその他の安全性の問題は解決されていない。効率が悪く大量のガソリンを喰うエンジンから、空気を汚すスモッグを大量に放出する不適当な排ガス浄化装置にいたるまで、環境犯罪の経歴は恐るべきものである。ＳＵＶはファミリーカーに取って代わろうとしているが、実際には乗用車の代用にするには、機械としてきわめて出来の悪いものなのだ。

2

SUVの暗部

7章　四駆安全神話

その新聞全面広告（巻頭写真参照）は一見したところ、ジープ・グランドチェロキーはきわめて安全な車だといっているようだ。広告の上半分は、五枚の古びた保険証書が占めている。「地震保険証書」と、茶色の枠線と凝った書体の証書は謳っている。青い飾り罫で囲まれた別の証書には「雪崩保険証書」と書かれている。洪水、土砂崩れ、竜巻も他の証書で保証されている。

ページの中央には、大きな黒い文字で単純なメッセージが書かれている。「ジープ・グランドチェロキー。野外では今なお最高の保険証書」

宣伝文句の下ではジープが四つの岩の上でバランスを保っている。車の下にはやや小さな活字で、その安全性が簡潔にほめたたえられている。始まりはこんな具合だ。「それは昔ながらの自然と人間の戦いです。人間は4×4で出かける——自然は牙をむく。そこで私たちはジープ・グランドチェロキーを野外でもっとも安全な4×4の一台として設計しました。伝説的な四輪駆動は吹雪を前にしても恐れを見せません。そのブレーキシステムは、雨やみぞれや雪が邪魔するときでも停止を助けます」（註1）

デトロイトは以前からSUVは乗用車よりも安全だと巧妙にほのめかしている。しかし広告ライターは、あからさまに断言することを慎重に避けている。それも無理のないことだ。実際には、さまざまな現実の危機において、SUVを運転することはプラスではなくマイナスになるのだ。

衝突の危険が迫ったとき、SUVが乗用車より早く止まれるということはない。特に滑りやすい状況では長くかかるかもしれない。SUVは乗用車ほど容易に危険を避けられない。他の車や堅い物体にぶつかったとき、SUVは同じ重量の乗用車に比べて、搭乗者を傷害から保護しない。路面の凍結部分で滑って路肩送りになったり、他の車にはじかれて縁石やガードレールに突っ込んだ場合、SUVが転倒して搭乗者を死亡させ、あるいは麻痺させる可能性は乗用車よりも高い。

グランドチェロキーは実際、市場にあるSUVのなかでは危険性が少ない部類に属する。それは転倒の危険を減らすために特に注意深く設計されているからだ。それでもこの広告は、ありもしないSUVの安全上の利点をあいまいにほのめかす技術の傑作である。車体下部の機械部品の集合体である四輪駆動が、いったいどうすれば「吹雪を前にして恐れを」見せることができるのか。車のブレーキはどれも「雨やみぞれや雪が邪魔するときでも停止を」助けるものではないのか。この広告は、自動車メーカーが法廷で釈明しなければならなくなるのを恐れて実際には何一つ保証することなく、SUVの安全性を誇大広告しているという実例である。

減速は二輪駆動と同じ

四輪駆動とは何か?　広告代理店は四輪駆動を、魔法のように安全な雰囲気で包んでいるが、実はかなり地味な技術であり、普通のドライバーにはほとんど役に立たない——そしてその能力を過信するドライバーには間違いなく危険な——ものである。

四輪駆動システムには機構上異なる設計方法が数種類あるが、すべて同じ基本機能を果たす。エンジンの力で四つの車輪すべてを回転させるのだ。他方、前輪駆動車では前の車輪だけを、後輪駆動車では後ろの車輪だけをエンジンが回す。

マーケティング担当者は「全輪駆動」という言葉も好んで使う。すべての自家用車の車輪は四つなので、これは四輪駆動と同じことをいっているように思えるかもしれない。現実には「全輪駆動」は、オフロード走行で非常にきつい坂の上り下りに使うスーパーローギア（一速ギアのさらに下のギア）がないものを指すのに使われる。しかし、ここでの議論の上では、「全輪駆動」も「四輪駆動」も事実上同じ意味の言葉である。

四輪駆動は、ブレーキをかけたときには何の役にも立たない。その際にはエンジンは自動的に車輪へのパワー供給を止めるからだ。それどころか、SUVは実際には停止距離が乗用車よりも長い傾向にある。その理由は大きな重量、タイヤの設計、連邦の規制の抜け道など多岐にわたる。水、雪、氷などで路面が滑りやすいとき、SUVは特に止まりにくい傾向にある。しかし、それこそまさにSUVドライバーが乗用車よりも飛ばしたくなる運転コンディションなのだ。四輪駆動はスリップせずに加速するのを助けてくれるからだ。

また四輪駆動は、滑りやすい路面を走るときに、曲がるのを助けてはくれない。そのような状況での旋回に重要なのは、タイヤが路面に対してどれほど摩擦を維持できるかであり、それが反映するのはタイヤの設計であって、パワーを受ける車輪の数ではない。タイヤが横方向に滑り出せば、エンジンが四つの車輪を動かしていようが二つだけだろうが、ほとんど違いはない。四輪駆動システムがあるから道路から飛びだすことはないと信じて滑りやすい条件でスピードを出すのは、命にかかわりかねない間違いであり、そして自動車業界のエンジニアも認めるように、ありふれた間違いである。

「カーブを曲がるときやブレーキをかけるときは、四輪駆動車に乗っていようが二輪駆動車だろうが、タイヤは四つで同じだ」と、ミシュランのトラクション性能エンジニアのティモシー・J・ドアティーはいう。

四輪駆動は以下の四つの状況で有効だが、いずれもめったにないことである。

◉ 除雪されていない深い雪や、深い泥の中を走る。農村部に住んでいる人、特にアメリカでは数少ない舗装路から遠く離れたところに住む人は、時々これをしなければならない。フォード自動車のフォード・ブランド部門社長、ジム・オコナーがよくいうのが、フォードの四輪駆動システムを使えば、バス釣師はぬかるみと草地を突っ切って、一部干上がった湖の縁にたどり着き、ボートを引き上げることができるということだ。農家もぬかるんだ農場で機材を運び込み、あるいは運び出すために四輪駆動を必要とする。しかし除雪された都市や郊外にすむ世帯は、深い雪や泥を渡らねばならないことなど、あったとしてもごくまれであろう。そのまれなことが起きて動けなくなってしまったら、ローギアとバックギアを使って車を前後に揺すってみることだ。それでだめなら、タイヤの進行方向の雪や泥を少し掘るか、タイヤの前にボール紙、木の葉、砂などをしいてやる。

◉ ブレーキが完全に壊れた場合にエンジンブレーキ

を使って減速する。しかしブレーキが完全に壊れることはまずない。もう少しありそうなのが、ブレーキのパワーアシストが故障して、ブレーキペダルを踏み込むのに大変な力がいるようになることである。そうなったらまず、出せるかぎりの力を込めてペダルを踏みつけ、必要なかぎり踏み込み続けることだ。緊急時に低いギアに入れている時間はほとんどない。

◉ 舗装されていない急坂をエンジンブレーキを使って、ブレーキをかけずに非常にゆっくりと下る。四輪駆動は岩場を横断したり丘や山を登るような本格的オフロード走行に役立つ。ぬかるんだ斜面を下るときにブレーキをかけるのは危険な場合がある。車輪がロックして、そのまま車体が滑り落ち始めるかもしれないからだ。一番低いギアに入れて、ブレーキには決して触れず、時速三〜五キロでゆっくりと走るのが、このような路面を下るもっともよい方法である。だが、自動車メーカーが資金を出している特殊なオフロード走行教習所以外では、実際にこのようなことをする人間はごく少ない。いわゆる全輪駆動システムでは、旧来の四輪駆動のようなスーパーローギアを通常備えておらず、このような悪路を下るのにはほとんど使えない。

一速ではスピードが出すぎてしまうためだ。

◉ 氷、雪、雨で滑りやすい道路で、スリップせずに加速する。これが大部分のドライバーにとって主な四輪駆動の利点である。

トラッキング性能と安全性能は別

これら四つの状況はすべて、自動車エンジニアが「トラッキング」と呼ぶものに属する。トラッキングとは、滑りやすい状況であっても車が前進を続ける能力をいう。しかし、一部のエンジニアが率直に認めるように、これらは本当は安全性の問題ではない。「四輪駆動が安全のための機能だとも安全に役立つ技術だとも思わない——あくまでもトラッキングの問題なのだ」とボルボの上席安全エンジニア、クリステル・グスタフソンはいう。

スリップせずに加速する能力は、現実には安全性を高めるよりもむしろ損なうと、多くの安全の専門家がいう。私道からバックで車を出そうとして、一、二回車輪を空転させれば、乗用車のドライバーは道路が滑りやすいことに気づく。ＳＵＶのドライバーは何の苦もなく私道から大通りへと進み、ブレーキをかけようとするまで道路が滑りやすいことに気づかないかもしれない。そうなったらもう手遅れだ。ある大手自動車メーカーの設計担当トップ管理職が、将来法廷に証人として呼ばれることを恐れて絶対匿名を条件に率直に語る。「減速性能は高くなっていないことを知らないから、みんな溝に突っ込むんだ」

四輪駆動はブレーキを助けるという神話は広く行き渡っており、完全に間違っている。しかし、クライスラーのジープ・グランドチェロキーのような広告がそれを定着させているのだ。四輪駆動とは、単にエンジンの駆動力が四つの車輪すべてを回転させるのに使われるということだ。ブレーキに触れたとたん、エンジンは車輪にパワーを送らなくなり、四輪駆動の利益はなくなる。

あらゆる自動車は、乗用車であれ、SUVであれ、ミニバンであれ、ピックアップ・トラックであれ、四輪すべてにブレーキが付いている。別の主席エンジニア、GMグループの小型トラック担当部長トーマス・デイビスは、一九九九年にこの事実をはっきりと述べている。四輪駆動とは四輪で走るということだが、すべての車は四輪制動だと。

あいにく、すべての車がまったく同じ「四輪制動」ではない。どちらかといえばSUVは、乗用車に比べて停止距離が長くなりがちである。ただし、どれくらい長いかは議論のあるところだが。その理由は、自動車メーカー、ブレーキ会社、タイヤメーカーのエンジニアたちがよく知っている。彼らはこの問題に長年取り組んできたのだ。

まずSUVの過大な重さである。SUVは同じような座席配置の乗用車よりも一般に半トン重く、それだけで停まりにくい。またSUVの重量は、オフロード走行に必要な最低地上高を確保するために、路面から比較的高い位置にある。するとSUVの重量は急ブレーキ時により大きく前に「傾く」ことになり、前輪ブレーキが仕事のほとんどをしなければならなくなる。タイヤが回転を止め、路面を滑り始めると、ブレーキはその効果をほとんど失う。したがって主に前輪ブレーキに頼るということは、前輪タイヤと道路の間で発生する摩擦に頼るということなのだ。

SUVにしろ乗用車にしろ、一本のタイヤで一度に路面に接しているのは、通常三〇平方センチにすぎない。だからパニック・ブレーキをかけたとき、SUVのドライバーは、二本の前輪タイヤと路面とが接触するわずか六〇平方センチのゴムの摩擦力に大きく頼っているのだ。乗用車もパニック・ブレーキの際には前に傾くが、SUVほどではない。だから四本のタイヤの全接地面積一二〇平方センチを、いくらかより有効に利用している。

急激なブレーキの際に車が前傾する問題を、自動車エンジニアは単純な数学の公式を使って計算する。前方への重量の移動は、車の重心の高さをホイールベース（前輪と後輪の間隔）で割り、車重を掛け、さらに減速の速さを掛けたものに等しい。つまり前方への重量移動は、車高が高くかなり重いSUVで、全長があまり長くないものが急ブレーキをかけたときに最大になるということだ。ということは運の悪いことに、重量移動が特に問題になるのは、一〇代から二〇代前半の人たちを対象に続々と売り込まれているような小型で重いピックアップ・ベースのSUVが、急ブレーキをかけたときということになる（註2）。

マッチョなタイヤ——オフロードでのトラクションが犠牲にする停止距離

多くのSUVが履いている「マッチョ」なタイヤは、事態を悪くするだけだ。市販のSUVの多くが装着しているタイヤは、かなり幅広で溝が深く、オフロード走行時に高いトラクションを与えると宣伝されているものだ。タイヤがぬかるみや雪の上を転がるとき、この溝が泥や雪を後ろに跳ね飛ばし、タイヤは深く地面に食い込んで、トラクションを得るのである。しかし舗装路では、この溝が接地部分のゴムの表面積を減らし、逆にトラクションを損なうのだと、タイヤメーカーはいう。さらに困ったことに、超マッチョな交換タイヤがSUV用に売られているが、これらには自動車メーカーが標準装備として許容しているよりも溝の幅が広いものもある。

「それは妥協の産物なのだ——路面が濡れていても乾いていても短い距離で停まれるようにするか、オフロードでのトラクションの高さを取るかの」と、ミシュランのドアティーはいう。

自動車メーカーはSUVのタイヤ選択にあたって、他にも妥協していることがある。十分なブレーキ性能を与えようとする一方で、大手新聞、雑誌、テレビ局の影響力のある自動車評論家をうならせるようなオフロード性能も持たせたいからだ。評論家はだいたい、メーカーから借りた車でぬかるんだ斜面を登ったり降りたりしたいと思っているし、オフロード性能はマスコミがSUVを評価する際に大きな役割を果たす。ところがほとんどのSUV購入者、特に都市や郊外の住人は、自分たちにはまず必要がないオフロードでのトラクションのために停止距離が犠牲になっているとは知らないと思っていいだろう。

SUV用タイヤのゴム配合もあまりよくないことが多い。高性能スポーツカーには、幅が広く高価な特殊なゴム配合のタイヤが装着されており、路面を強力にグリップする。しかし自動車メーカーは、このようなタイヤをSUVの前輪には装着したがらない。急停止の際に別の問題――横転――を悪化させるのを恐れているのだ。

「重心が高くなればそれだけ前輪に荷重がかかるので、前タイヤにはよりグリップ力がなければならない。だが前タイヤのグリップがよくなれば、横転する傾向が強くなる」とフォードの自動車動力学主任、グレゴリー・P・スティーブンズは、一九九九年のインタビューでいった。

アンチロック・ブレーキと横転

多くのSUVにはアンチロック・ブレーキが装備されているが、このシステムはSUVでは乗用車に比べてどちらかといえば少々効果が落ちる。アンチロック・システムの働きはこのようなものだ。車輪にかける制動力をどんどん増していく。車輪が回転を止めて滑り始めると、ほとんど瞬間的に、車輪がまだ回っていた最後のレベルまでブレーキをゆるめる。するとブレーキの効果は維持され、ドライバーには多少の操縦性が残される。ブレーキのエンジニアによれば、車輪がスリップし始めたとき、SUVのアンチロック・システムは、乗用車よりも余計にブレーキをゆるめるようにプログラムされているという。SUVが滑り始めると横転しやすくなるので、エンジニアはこれを防ぐために、わざわざアンチロック・ブレーキを少し余計にゆるめるようにしているのだ。しかしアンチロック・ブレーキが強くかからないということは、停止距離が、特に凍結した道路や砂利道など路面が滑りやすいところで少し長くなるということだ。

九〇年代後半まで、SUVのブレーキにはもう一つの問題があった。手に入る限りで一番安く単純なブレーキであることが多かったのだ。ごく最近まで、メーカーはSUVの大部分に安価なドラムブレーキを装着していた。ドラムブレーキは長い下り坂でくり返し使ったときオーバーヒートしやすい。一方、ほとんどの乗用車には何年も前から、より高度なディスクブレーキが装備されている。メーカーは長年ピックアップ・トラックにドラムブレーキを装着していた。ピックアップの多くは社用車として販売され、会社の購買責任者はぎりぎりの最低価格を要求するからだ。ブレーキは車体下部の一部である。ほとんどのSUVはピックアップと車体下部を共有しているため、SUVも同じ安物のブレーキを引き継いでいた。SUV用ブレーキ・メーカーとしては世界最大であり、ブレーキ全体では世界第二位のルーカス・バリティーは、より高性能なSUV用ブレーキに自動車メーカーの関心を向けさせようと長年努力したが、うまく行かなかったと、同社ブレーキ・システム上級管理職のジョン・H・サップは九七年のインタビューでいった。

原始的なサスペンション

やる気になれば自動車メーカーはこのブレーキ問題に対処できる。遅ればせながら各社はすべてのSUVにディスクブレーキを装備する方向に動きだしている。また一部の比較的高価なモデルでは、リア・サスペンションに、コイルスプリングを使用している。それまではリーフスプリング・サスペンションとして知られる、車が突起を乗り越えるとき長い鋼鉄の薄板が上下に伸縮するシステムが使われていた。コイルスプリング・サスペンションは、常に後輪を地面に押し付けているという性質を持ち、急ブレーキ時に車の重量が大部分前輪にかかっても、より良好なトラクションが得られる。

フォードはより原始的なサスペンションを二〇〇一年型までエクスプローラーに使っていたが、二〇〇二年型からフォードア・エクスプローラーのリア・サスペンションにはコイルスプリングを採用している（エクスプローラー・スポーツとスポーツ・トラックには採用していない）。他の改良点も相まって、ブレーキの性能は目覚ましく向上した。フォードのSUV担当主席エンジニア、デール・クロードピエールは、フル積載した二〇〇二年型の時速六〇マイル（九六キロ）での停止距離はわずか一三五フィート（約四〇メートル）だという。ファミリーセダンに要求されるものとだいたい同じである。舗装路でのグリップが高いタイヤを履いた重心の低いスポーツカーなら、一二〇フィート（約三六メートル）で停まれるが。一方、二〇〇一年型以前のエクスプローラーの停止距離は、フォードによれば一六四フィート（約四九メートル）である。これは、特に車の減速のほとんどが停止距離の終わり近くで起きることを考えれば、恐ろしく長い距離である（註3）。言い換えれば、二〇〇二年型エクスプローラーが完全に停止した地点で、二〇〇一年型はまだ時速約二〇マイル（三二キロ）で走っているということだ。

時速二〇マイルでの衝突というと、大したことがないように聞こえるかもしれない。だがそうではない。橋台のような堅固な面や反対方向に走っている同じ重さの車にぶつかって、この速度で急停止すると、車を四メートルの高さから先端を下にして落としたのと同じ衝撃が加わる。これは乗員、特にシートベルトをしていない者に重傷を負わせる恐れのあるものだ。

クロードピエールによると、停止距離の向上は主にリア・サスペンションの変更によるという。しかし今日、ほぼすべての乗用車がリア・サスペンションにコイルスプリングを使用しているのに、ほとんどのSUVはそうではない。SUVのリア・サスペンションを改善するには金がかかり、一台あたりのコストが一五〇〇ドルも高くなる。ピックアップの設計をベースにしたSUVにコイルスプリング・サスペンションを装着するには、多くの作業と組立工場の余分なスペースが必要になり、いずれも費用がかかる。コイルスプリング・サスペンションは重い荷物を運ぶのには向かないため、ピックアップ・トラックにはめったに使われない。

フォードがようやくエクスプローラーのサスペンションを改善することにしたのは、メルセデスベンツが高価なリア・サスペンションをSUVのMクラスに選んでからのことだ。あまり金のない比較的若い客を相手にしたエクスプローラー・スポーツやエクスプローラー・スポーツ・トラックのようなツードアSUVには、今も旧式サスペンションがついている。

『カー・アンド・ドライバー』誌と『コンシューマー・リポーツ』誌が最近行なったテストでは、乗用車とSUVのブレーキ性能の差は、エクスプローラーの記録が示すよりも小さく、最新のSUVはほぼ乗用車に追いついていることがわかった。『コンシューマー・リポーツ』は二〇〇一年一二月に、時速六〇マイルでの平均停止距離は、乾燥した路面で乗用車より四フィート（約一・二メートル）、濡れた路面で五・五フィート（約一・六五メートル）長いだけと評価している。確かに小さな差だ（註4）。

『カー・アンド・ドライバー』は二〇〇〇年と二〇〇一年に乾いた路面で時速七〇マイル（約一一二キロ）でテストを行ない、いくぶん大きな相違を検出している。同誌のテストでは、大型SUVは低価格のファミリーセダンと比べて、停止に八フィート（約二・四メートル）余計にかかることがわかっている。高級中型SUVは、同等の価格の高級セダンと比べて、一一フィート（三・三メートル）長い距離が必要であった。

二〇〇二年まで続いた甘いブレーキ規制

SUVに乗用車よりも性能が低いブレーキを装着することは合法なのだろうか。まったく合法である。ブレーキに関して、他の多くの分野と同様、小型トラックには一九六〇年代以来、乗用車よりも甘い規制が適用されており、SUVは小型トラックに分類されている。小型トラックは停止距離が長くてもよく、部分的なブレーキの故障に対する安全措置も少なくてかまわなかった。ついにこれは二〇〇三型式年度から変わることになる。これ以後、小型トラックは乗用車と同じブレーキの規制を適用される。しかし自動車規制の常で、すでに道路を走っている二〇〇〇万台のSUVには何も要求されない。製造後の車の設計を改善するためにできることはほとんどないからだ。

古い規制も新しいものでさえも、かなり低い基準しか示していない——車が公道を走ることを許されるために必要な最低限の性能にすぎないのだ。例えば古い基準は、時速五五マイル（約八八キロ）で走っているときに、乗用車は一八一フィート（約五四メートル）、小型トラックは二〇四フィート（約六一メートル）以内で停まれなければならないとしている。筆者はSUVのブレーキの妥当性を問うトップ記事を九七年一二月に書いた。このときすでにルーカス・バリティのサップが、ミシガン州ディアボーンで行なわれた非公開のエンジニアリングに関する会議で、この問題について講演していたが、フォードは特に激しく、問題があることを否定した。フォードのエンジニアはさまざまな乗用車のブレーキ・テスト方法を用い、数カ月かけてSUVを再テストした。翌春フォード社は、同社のSUVは乗用車の基準に適合していたという旨の新聞発表を行なった。だが、そのときエンジニアは、一部のモデルは乗用車の基準のあるものについて、ぎりぎり満たしているだけであることも認めている。ただしモデルを特定することは拒否した。一方乗用車は、だいたいにおいてすべての基準を大幅の余裕をもって満たしている。

SUVのブレーキ問題はその後数カ月拡大し続けた。事故が多発し、SUVのブレーキが不適当であると主張していたUAW職員も巻き込まれたのを受けて、UAW首脳部はGMに、SUVのブレーキ性能の改善を促した。九八年秋、連邦政府の安全性規制当局の依頼により、陸軍がメリーランド州アバディーンの広大な車輌試験場で一〇車種のブレーキ・テストを行なうと、フォードはSUVのブレーキ改善の必要性を、より明確に認識するようになった。五台の乗用車、二台のミニバン、フルサイズ貨物バン、フルサイズ・ピックアップ・トラック、フルサイズSUV――フォード・エクスペディション――各一台をドライバーは時速六二マイル（時速一〇〇キロ。ヨーロッパのテストと整合させるためにこの速度を選んだ）まで加速してから急ブレーキをかけた。各車は四〇回の停止テストを受けた。一〇回はドライバーだけが乗って乾いた路面で、一〇回はフル積載で乾いた路面、一〇回はドライバーだけで濡れた路面、一〇回はフル積載で濡れた路面で行なわれた。

陸軍施設での一〇車種ブレーキ・テスト

陸軍の施設でテストさせた規制当局は賢明であった。ここには長い直線路があるからだ。ドライバーだけを乗せた状態で、乗用車は乾いた路面では一四八～一六〇フィート（約四四メートル～四八メートル）で停まった。エクスペディションは停止に平均一七〇・四フィート（約五一メートル）必要だった。フル積載で乾いた路面では、乗用車の成績は少し悪くなり、エクスペディションはわずかによくなった。これはおそらく、SUV後部にしっかりと固定された大量の荷物が、車体後部を押さえつける役割を果たし、後輪ブレーキの効果を高めたためであろう。

しかし濡れた路面では、特にフル積載のエクスペディションはコースをはるか先まで滑っていった。フル積載の乗用車はすべて一六四フィート（キャデラック・ドビル。室内が広く、さほど高くなく、エクスペディションに代わるものとして格好である）から一七四フィート（トヨタ・カムリ。今回のテストでは全体的に不振だった）の間（約五〇～五三メートル）で停まった。しかしフル積載のエクスペディションは平均二二〇フィート（約六七メートル）を要した（註5）。

三年間否定を続けたフォードは、二〇〇一年一月に姿勢を変え、デトロイト自動車ショーにおいて、SUVのブレーキを乗用車のブレーキと同等に利くようにすべて改善すると公表した。「小型トラックの停止距離は以前から乗用車よりも長かった。私たちはそれを同じにしようとしている」と、フォードの北米SUVおよびピックアップ・トラック担当部長ガーミンダー・ベディは、公表に先立つインタビューで述べた。「最低限の基準は満たしている。問題はそれよりよくできるかどうかだが、答えは『できる』だ」

だが他のメーカーは、これに相当する約束をしていない。それればかりか、すべての車が二〇〇三型式年度の新しいブレーキの基準――あまり意欲的な目標ではない――に適合することに自信を持っているという。調査は三年以上に及んだが、規制当局はまだ自動車ブレーキの評価システムに着手していない。自動車業界は、そのようなシステムを採用する前にさらに調査が行なわれることを希望している――気に入らないアイディアに業界がいつも見せる時間稼ぎの反応である。

SUVの数多い危険性の一つを知らせるという意味で、評価システムは消費者にとって有益かもしれない。連邦による評価は特に有益だろう。個人による訴訟は、メーカーが安全性を改善する強力な誘因となることが多いが、停止距離を争点としたことはないからだ。以前から、ブレーキの異常にかかわる訴訟は数多くあったが、停止距離の長い（ただし規制には適合している）車を売ったとしてメーカーを訴えることはまず不可能である。したがって、訴訟はブレーキの信頼性と品質を向上するためには有効であるが、普段のブレーキ性能を設定するにはほとんど役に立たない。

SUVの停止距離がきわめて長いせいで、何人が死傷しているのだろうか。意外なことに誰も何も知らないのだ。統計学者は、停止距離が短いほうが安全であると、決定的に証明することもできずにいる。スポーツカーの停止距離はもっとも短いが、その運転者は死亡率がもっとも高い部類に属する。これは短い停止距離は体に悪いということか？　いや、スポーツカーのドライバーには若者が多く、危険なことをしがちだということだ。実際、性能のよいブレーキの有効性を評価するうえでくり返し問題になるのが、ドライバーの行動である。ドライバーはすぐに停まれると思えば、車間距離をもっと短くして、別の危険を引き起こすかもしれない。アンチロック・ブレーキは、ほとんどの路面で停止距離を短くできるが、交通事故死の減少にはまったくといっていいほどつながっていない。この意外な傾向のよく知られた説明が、ドライバーはすぐに停まれると思えば、もっと乱暴に運転するようになるだけだというものだ。

しかし安全の専門家はそれでも、停止距離は長いより短いほうがいいという。そして確かなのは、何より最悪のケースは、すぐには停まれないのにドライバーはすぐに停まれると思っているときだということである。

自動車メーカーの安全性担当重役のなかには、四輪駆動はブレーキを助けると間違って考えている人が非常に多いことを心配し始めた者もいる。こうした重役らは、他にもっと重要な安全問題――シートベルトを着用する、道路の先を見て危険に早く気づくなど――はあるが、四輪駆動は制動距離を縮めてはくれないことをドライバーはもっと知るべきだという。

弁護士のヘレン・ペトラウスカスは、三〇年にわたりフォードの安全問題と環境問題に関して弁護人を務め、同社の安全性および環境問題担当部長となった。フォードを弁護して数えきれない訴訟を戦ったため、彼女は自分の発言にきわめて慎重になっている。しかし、二〇〇一年春に退職する直前にはペトラウスカスですら、四輪駆動がブレーキを助けないことをもっと消費者に伝える努力をすべきだと、慎重にぼかした言い方で認めている。「それは運転の仕方について伝えられるもっとも重要なことだろうか？　たぶんそうではないが、伝えるべきだろうかといわれれば、伝えるべきだ」

四輪駆動のSUVやピックアップの取扱説明書には、確かにブレーキについては責任を持てない旨が記述されている。しかし、訴訟で有利になるようにペトラウスカスのような弁護士が入れた警告でいっぱいの説明書を、顧客の多くは読まない。必要なのは広告の規制、加えてSUVドライバーへのよりよい訓練である。

広告の規制はまだ一切存在しない。本章の冒頭に引用したグランドチェロキーの広告は二〇〇一年八月に掲載されたものだ。グランドチェロキーは実際、比較的新しく利きのよいブレーキ(特にSUVの基準では)を備えている。しかしブレーキ性能と四輪駆動を同じ広告で売り込み、特に四駆SUVは雨やみぞれや雪の中でもいくらか安全であるようにほのめかすのは思慮を欠く。ジープの広告は、もっと正確にいえばこういうことになる。「グランドチェロキーを含めすべて車のブレーキシステムは、雨やみぞれや雪が邪魔するときでも停止を助けます」。これでは広告コピーとしては使えないが。

SUVと乗用車の違いをドライバーに訓練することは役に立つかもしれない。しかし保険業界の調査では、ドライバー教育教程で効果があるのは、運転を初めて習うときに受講したものだけだということがわかっている。運転を習い始めたばかりの者はSUVの運転席に近づくべきではない。といってドライバーがSUVを運転できるだけ年齢と経験を重ねる頃には、おそらく運転の癖は固定されてしまい、あまり変えられなくなっているだろう。

いずれにせよフォードは二〇〇〇年末、希望する顧客に無料でSUVの運転法を教える教習課程に着手した。フォードはこのプロジェクトを始める前に、営利自動車教習所を経営する国内最大の会社トップ・ドライバー社の株を購入した。教習課程の準備はなかなか進んでいない。フォード社の弁護士が一言一句に至るまでチェックしているからである。トップ・ドライバー社の安全および衛生担当部長で教習課程の準備を監督しているビル・ウォズリックによれば、教習は道路の先までよく見て危険の可能性を見つけることに重点を置くが、SUVを停めることの難しさも取り上げるとのことだ。

「大部分の人はSUVは早く停まると思っているが、そうではないのだ」とウォズリックはいった。

なぜ、一直線に突き進む広告が多いのか

乗用車の広告には、細く曲がりくねった山道を車が轟然と登っていくシーンが多いのに、SUVの広告にはほとんどそれがないことにお気づきだろうか？　SUVの広告では、道路にせよ悪路にせよ、車が一直線に突き進んでいるシーンが多い。これにはもっともな理由がある。メーカーはSUVでスピードを出して急カーブを曲がってもらいたくないのだ。SUVは乗用車と違って、このような走り方をするような設計にな

っておらず、ガードレールにでもぶつかれば、ひどい事故になる可能性がいっそう高いからである。

スポーツカーは車体が低く、路面のグリップがいいタイヤを履いている。重心が低くタイヤがいいほどカーブを高速で楽に曲がれるからである。SUVは、重心が高くオフロード用タイヤを装着しているので、カーブでは鈍重で操作がきわめて難しい。これは曲がりくねった道路では少なくとも不便であり、ハンドルを切って他の車や歩行者、その他の危険を避けなければならないときには命にかかわることすらある。

すばやく方向を変える能力は、重要な安全性能である。車線を変えるには停止するときほど距離を必要としないからだ。飲酒居眠り運転の車がセンターラインを越えて自分のほうに向かってきたり、不注意な歩行者が目の前で歩道から降りてきて、停まるだけの時間がない場合、一番確実なのは進路変更を試みることだ。しかしSUVではそれは難しい。

車の操縦特性に関する最高の専門家は、年間数百台の車をテストする自動車専門雑誌に何人かいる。『カー・アンド・ドライバー』は自動車雑誌のなかでもっとも権威があり、もっとも客観的で、しかも唯一、乗用車の代わりに多数のSUVを作るメーカーの見識を、やんわりとではあるが問う勇気がある。同誌が常に行なうテストの一つに、車が左へ車線変更してからすばやく右車線に戻るという動作を、一六〇フィート（約四八メートル）以内で安全にできる最高速度を測定するというものがある。ドライバーはこのような動作を、他の車を追い抜くときや歩行者や鹿などの危険を避けるために二車線道路で行なうことがある。スリップして記者が設置しておいたセーフティ・コーンをなぎ倒すことなくこの動作を完了できる最高速度は、ファミリーセダンでは平均して時速五七・七マイル（約九二・三キロ）であった。高級中型SUVでは平均最高時速五二・六マイル（八四・一キロ）でしか車線変更できなかった。大型SUVでは平均は時速五〇・九マイル（八一・四キロ）にすぎない。

自動車メーカーもSUVは動きが機敏でないことを認めている。「トラックはあまり敏捷ではない、軽くもない。運搬能力や三列のシートが必要でないなら、乗用車のほうが品質がいいし運転して楽しい」と、クライスラーの上席副社長ロナルド・ボルツはいう。

酒に酔ったドライバーがハンドルを握ったまま居眠りを始め、センターラインを越えてこちらに向かってきたとき、運動性は本当にありがたいものだろう。向かってくる酔っ払いをよけることは、混雑した道や、相手が信号を無視してきたり、カーブを曲がりきれずにセンターラインを飛び出してきたときでは無理かもしれない。だがあまり混んでいない直線道路で、相手が比較的ゆっくりとセンターラインを越えてきた場合は、試してみる価値はある。

「要するに、舗装路上の力学的能力に関するあらゆる測定において、乗用車はトラックより勝っているのだ」と、同誌編集長のチャバ・チェダは、一九九八年に自身が毎月書いているコラムで結論づけている。「交通事故は落雷のように無作為で人の手が及ばないと思うドライバーには、こうした長所はあまり意味がないだろう。そのようなドライバーが、衝突安全性を第一に考えてトラックを選ぶことは、合理的な判断である。しかし読者が、腕に覚えがある注意深いドライバーで、ハンドルを握る者の瞬時の判断で事故は相当程度防げると信じているなら、乗用車はいかなるトラックよりも優秀な相棒であることがわかるはずだ」(註6)

九八年の時点でチェダは、事故を避ける能力に自信のないドライバーが小型トラックを選ぶのは合理的だといっているが、最近のデータはこれすら間違っていることを示している。事故が避けられない状況になっても、さまざまな形の衝突において、乗用車はSUVよりも乗員を保護してくれるのだ。

大きくて頑丈なのに乗員を保護しないのはなぜか

一八五センチを超す車高と二・六トンの重量を誇るキャデラック・エスカレードは、この車が来たら「道を譲れ」などと他のドライバーに命じる脅迫的な広告で売り込まれていなかったとしても、おそらく圧倒的な名声を得ていたことだろう。五万ドル近いエスカレードは、巨大で操縦性の悪いはしけのように便利な装備をいっぱい積みこんだ、初期の高級アメリカ車を思い起こさせるものでもある。この車は一一スピーカーのボーズ・アクースティマス・オーディオ・システム、六連CDチェンジャー、ヒーター入り革シートを備え、外装には天気のいい日には目がくらむほどふんだんにメッキ部品が使われている。

しかし、これほどのサイズと豪華さにもかかわらず、二〇〇二年型エスカレードは実際の衝突でミニバンや大型乗用車ほどに乗員を保護しないのだろうか？　衝突の程度にもよるが、まず保護しないといっていいだろう。

まず連邦の衝突テストである。規制当局は何百という車を時速三五マイル（約五六キロ）でコンクリートの障壁にぶつけている。車の中にはダミーが座っており、このような衝突の際に人体に加わる力をあらゆる形で計測するためにワイヤーでつながれている。

もちろん、現実にコンクリートの壁と正面衝突する者は非常に数少ない。だがこのテストは基本的に、車輛がその場で静止するような事故の際に何が起こるかを見るためのものである。したがってこのテストは、同じ速度で反対方向に走っている同じ重さの車と正面衝突したのとほぼ同等である。

二〇〇二年型エスカレードの正面衝突に関する連邦の評価は、せいぜいよくも悪くもないというところ、ドライバーには三つ星（五つ星中）、助手席には四つ星である。しかし星を付けるというこの規制当局のシステムは、面白くないやり方だ。生の数字はもっと意味深い。連邦の衝突テストの結果をもとにすれば、エスカレードのドライバーが時速三五マイルで堅固な面にぶつかると、一六パーセントの確率で致命的な頭部損傷を受け、二〇パーセントの確率で致命的な胸部損傷を受ける。ドライバーの左脚は二パーセントの確率で大腿部粉砕骨折を起こす。右大腿部は三五パーセントという異常な高率で骨折する（註7）。

八人乗りのエスカレードを質素なフォード・ウィンドスター・ミニバンと比べてみよう。ウィンドスターの価格は半分以下（二万三〇〇〇ドル）で、ほとんど同じ人数（七人）が乗れる。同じ三五マイルの衝突で、ウィンドスターのドライバーが致命的な頭部損傷を受ける確率は二パーセント、致命的な胸部損傷の確率は四パーセント、どちらかの脚を折る確率は一パーセント未満である。

エスカレードよりも高得点のSUVもあるが、ウィンドスターをはじめ五指に余るミニバンや大型乗用車の成績に迫るものは一つもない。実際、正面衝突時の運転者保護で五つ星の評価を獲得したSUVは、二〇〇一型式年度まで一台もなかった。この年初めて、ピックアップ・ベースのフォード・エクスペディションとリンカーン・ナビゲーター、乗用車ベースのフォード・エスケープとマツダ・トリビュートがこの偉業を何とかぎりぎりで達成した。九〇年代を通じて、SUVは安全性の改善という面で、ミニバンや乗用車に比べ相当立ち遅れていた。そしてこの一〇年に製造された一〇〇〇万を超えるSUVが、この先数年で中古車市場に出回るのだ。

衝突のエネルギーを車室以外で吸収しきれない

衝突テストで好成績を出すようにＳＵＶを設計するのは難しい。良い点を得るには、車体前部ができるだけ衝突の勢いを吸収し、ダミーが衝撃であまり激しく前方に投げ出されないようにする必要がある。車体前部は衝突のエネルギーをつぶれることで吸収する。時速一五〇キロを超えるスピードで壁にぶつかったレーシングカーは、見事にばらばらになって宙を舞う。しかしドライバーがめったに死なないのは、基本的に車が身代わりになっているからだ（また、サーキットでの事故の大部分は、正面衝突ではなく、車が壁に対して斜めに衝突して起きていることも理由の一つだ）。

Ｆ－１５０ピックアップ・トラックを使った保険業界のテストでは、時速四〇マイル（約六四キロ）でコンクリートの障壁に衝突した場合、車室はほとんど完全につぶれることがわかっている。トラックの前部は、車の多大な重量が生んだ衝撃力を、すべて吸収することができなかったのだ。フォード・エクスペディションとリンカーン・ナビゲーターの車体前部は、このピックアップ・トラックに非常によく似ている。保険会社はこれら高価なモデルを時速四〇マイルで壁にぶつけるテストをしなかったが。乗用車の車室は、このスピードでのテストでコンクリートの障壁に突っ込んでも、つぶれることはめったにない。

通常ＳＵＶの重量は乗用車やミニバンを少なくとも四分の一トン、時にはまるまる一トン上回る。レーシングカーと比べれば二トンも重い。しかし、この余計な重量からくる力を吸収する鋼板の量は、ミニバンや乗用車とほとんど変わらない。フロントガラスからフロントバンパーまでの長さを測ると、ＳＵＶの車体前部は、乗用車やミニバンよりも大幅に長いということはない。ＳＵＶは一般に乗用車やミニバンよりもずっと大きなエンジンを持つが、エンジンは非常に堅固で少ししかつぶれないため、ほとんどエネルギーを吸収しない。

大部分のＳＵＶのシャシーにある鋼鉄のレールは、先祖であるピックアップから受け継いだものだが、やはり衝突の際に邪魔になる。このレールはもともとあまり曲がらない。一つにはでこぼこしたオフロードを走るときに重い荷を支えるため、頑丈である必要があるからだ。現在では自動車メーカーは、レールの車体前部近くに刻み目を入れ、衝突時にいくらかでもつぶれるようにしている。しかしそれでもレールは、乗用車やミニバンのボディを構成する鋼板よりも堅くて変形しづらい。

九〇年代後半になってもまだ、SUVの衝突テストの得点にはひどいものがあった。九七年型シボレー・ブレイザー、GMCジミー、オールズモビル・ブラバダは、すべて基本的には同じ車であるが、正面衝突時の助手席の乗員保護で、最低評価の一つ星を付けられている。テストでダミーが受けた頭部の損傷は、本物の人間なら五〇パーセントを超える確率で命にかかわるものであった。

このひどい得点はおそらく、これらのモデルが九八年式まで助手席にエアバッグを備えていなかったことを反映しているのだろう。乗用車は九五型式年度までに運転席と助手席にエアバッグを備えることを義務づけられていたが、小型トラックにはもう三年猶予が与えられていた。エアバッグが装備されたあとで政府が再びブレイザーをテストしたところ、致命的な頭部損傷の可能性は五パーセント未満に激減した。

両方の前部座席エアバッグを装備していたにもかかわらず、九九年型ダッジ・デュランゴはやはり成績が悪かった。九八年一二月に政府が正面衝突テストを行なったところ、運転席のダミーについた得点は、致命的な頭部損傷の確率一八パーセント、致命的な胸部損傷の確率二〇パーセントを示していた。この結果は特に規制当局を愕然とさせた。デュランゴのテストはこのとき二度目だったからである。ダイムラークライスラーは、一年前に同じような悪い点をつけられてから、この車に数カ所小さな安全上の改良を施していた。

「一見すてきなトラックなんだが、それがまったく、ものすごい力をダミーに伝えてしまうんだ」と、テストを行なった政府の新車評価プログラムの班長、リチャード・モーガンはいった。対処法としては、デュランゴの車体前部を長く、よりつぶれやすくすることだと、モーガンはいう。だが前部を長くすればデュランゴは操縦が難しくなり、オフロード走行での軽快さが損なわれて売上に響くかもしれない。

政府は車の市販を許可する前に、同様のテストを時速三〇マイル（約四八キロ）で行なっている。もしデュランゴがもっとスピードが遅く衝撃の少ないテストで、同じような頭部および胸部損傷の点数を記録していたら、不合格となって販売を禁止されただろう。しかしデュランゴは、発売前にこのテストを受けなかった。規制当局がダイムラークライスラー社の主張を認めたためである。デュランゴはダッジ・ダコタ・ピックアップとほぼ同一であり、ダコタはすでに高得点で合格しているというのがその主張だった。確かにデュランゴとダコタは、フロントガラスから前はバンパーまで同じ部品を使用していた。ダイムラークライスラーは、デュランゴはまったく安全であるといった。同社はデュランゴの設計をちょこちょこといじり続け、二〇〇一年型の衝突テストではようやく成績が向上した。

全体的にさえないSUVの衝突テストの成績に、メーカーが示す反応にはいくつかある。一つはテスト自体を疑問視するものである。規制当局は通常、一車種につき一度しかテストを行なわない。車を壁にぶつけるのは高くつき、車の値段の他に最大一万ドルのテスト器材の費用がかかる。衝突テストの成績が低いことには運の悪さが関係しているかもしれない——もしダミーの頭部がたまたま車室の堅い角に当たったら、そのテストの得点は相当ひどいものになりうる。しかし、メーカーの安全意識が高ければ、車室内の素材をより柔らかいものにするか、表面を曲線的にすることで対処することができる。

メーカーの主張の中心は、正面衝突テストはSUVには厳しすぎるというものである。SUVと衝突する車の大半は、SUVよりも軽いからだ。このテストは堅固な物体との衝突のみをシミュレートするものである。SUVが乗用車と正面衝突し、双方とも同じくらいのスピードで走っていれば、乗用車は押し戻される可能性が高い。これによりSUVの乗員にとっては衝突はやわらげられる——そして乗用車の乗員にとっては、いっそう激烈なものとなる。言い換えれば、SUVは自分と同じ大きさの車と衝突したときにはまずいことになるが、小さな車を選べば好成績をあげるということだ。

側面衝突テストでは、SUVの成績は乗用車よりいくぶんいい。このテストに、規制当局はフォード・トーラスの前部にやや形が似た三〇一五ポンド（約一三六九キログラム）の障壁を使う。この障壁が時速三八・五マイル（約六一・六キロ）で引かれ、停まっている車の側面に衝突する。SUVは通常このテストで最高評価の五つ星を受けている。それは車のほうが障壁よりも重いのと、障壁が車のかなり低い部分に当たるからである。側面衝突は致命的であるが、発生率は正面衝突に及ばない。全米高速道路交通安全局の概算では、全国で年間四六〇万件の正面衝突事故——そのほとんどは小さな物損事故だ――と二五〇万件の側面衝突事故が警察に届け出られている。

連邦政府と保険会社の事故のデータによれば、SUVの乗員の死亡率は、他の車との衝突事故では確かに平均以下であり、また特に側面からの衝突時には、SUVは乗員を保護する能力が高い。それでもSUVの乗員の死亡率は、乗用車の乗員と同じかそれより高い。その理由は重心の高い車の宿命、すなわち横転である。

8章 横転

一九九〇年代初めにＳＵＶ、とりわけエクスプローラーの売上が爆発的に伸びると、フォードの重役は、なぜ顧客はこの新しい車の安定性にもっと関心を持たないのかと首をひねり始めた。横転問題は一九八〇年以来テレビ・ドキュメンタリーの主役であり、『コンシューマー・リポーツ』は八八年にこの問題についてキャンペーンを開始し、ＳＵＶの横転の基準を設けることを連邦政府に要求していた。車高の高い車が横転しやすいのは物理の基礎である。それがシボレー・カマロのようなスポーツカーが地面にはりついたように低い理由の一つだ。自動車エンジニアは数十年来、車の安定性の問題を認識しており、車の重心が高いほど、事故の際にひっくり返る可能性が高くなることを知っていた。

もっと背の高いクルマが欲しい

ジム・シーゲルは一九九三年に先進製品研究課長となり、設計段階にある発売予定のモデルに対して顧客がどう反応するかについてのマーケット・リサーチを任された。シーゲルの部下はフォーカス・グループを抱えており、そのなかから消費者の一団を部屋に入れ、試作品を見せては意見を求めるということをくり返していた。

消費者の多くは、エクスプローラーよりも大きなものが欲しいといい、その声にフォードは、のちにエクスペディションとなるフルサイズ・モデルの設計に着手することで応えた。多くの購入者、特に女性は、遠くが見えるように着座位置を高くしてほしいともいった。なぜ最低地上高の高いモデルに引かれるのかと質問すると、顧客は高い頻度で、ある予期しない答えを返し、シーゲルを驚かせた。それは「車が高ければ、誰かが車の下や陰に隠れていてもすぐにわかるから」というものだった。

たびたび車高の高い車を求められながらも、シーゲルと部下たちは、客から横転のことも訊かれるだろうと身構えていた。だがそれはめったになかった。代わりに顧客は、SUVはがっしりした外見なので、あらゆる車のなかでも安全な感じがすると思うといった。「横転なんかを心配する声はほとんどなかった。顧客から話を持ち出さないときは、我々の司会者が誘導した」とシーゲルはいう。「客はいつもこういった。『ちゃんと運転していれば、ひっくり返らないでしょう』」

マーケティング・リサーチャーは、もっと背の高い車が欲しいという顧客の声を、安全面で最善がつくされることを願いつつ上級管理職に伝えた。「当時私たちは、こういう車を運転することについて顧客が理解しており、乗用車でなくトラックだと考えて、同じようにはカーブを曲がれないということをわかっていれば問題はないと思っていた」とシーゲルはいう。

SUVにかかわる問題のなかで、横転ほど広く知られ、また広く誤解されているものはない。横転は第二次大戦中のジープ以来、SUVにとって悩みの種であった。しかし自動車メーカーと連邦の規制当局による数多くの調査は共に、ほとんどの人がまだ真の危険性を過小評価していることを示している。

横転の結果はきわめて深刻である。横転は米国内で発生する事故の一パーセントにも満たないが、交通事故死の四分の一はこれを原因としている——年間死亡者数は一万人で、側面衝突と追突による死亡者数の合計より多い。SUVは特に横転の頻度が高い。連邦の事故統計によれば、事故一〇〇件につき五回である。対してピックアップでは一〇〇件に三・八回、ミニバンでは一〇〇件に二回、乗用車では一〇〇件に一・七回である。

車でひっくり返ると、首や脊椎に極度の損傷が加わる。このような損傷は車輪が地面に着いている事故ではめったに見られないものだ。首や脊椎の傷害の結果、運よく命は助かっても、簡単に身体麻痺が引き起こされる。事故による麻痺に関する国のデータは存在しないが、ユタ州衛生局が、州内で病院に報告された麻痺の症例をすべて調査したところ、横転事故はめったにないにもかかわらず、交通事故に関連する州内の麻痺患者すべての四分の三がそれに起因していることが判明した。一方で交通事故は、疾病、転落、銃撃などを含めたあらゆる原因による麻痺の症例全体の半分を占めることが九一年の調査でわかっている。アーカンソー州の研究者も、横転事故に起因する麻痺がほぼ同じ割合であることを割り出している（註1）。

クルマがつまずいて起こる横転

問題の一つは、ドライバーが常に自分の運転技術を過大評価し、他人の技術を過小評価することにある。オレゴン州で行なわれた大規模な調査では、平均的なドライバーは、自分は他の八〇パーセントのドライバーよりも運転がうまいと信じている――これは数学的にあり得ない――ことがわかった。このような慢心が集積して、ドライバーは常に単独事故の危険性を見くびることになるのだ。単独事故は交通事故死全体のほぼ半数を占めているにもかかわらず。

もう一つの問題は、横転がどのように起こるかについての大きな誤解があることだ。横転の大部分は、路上で左右にハンドルを切ったために起こるのではない。よくテレビで放映される『コンシューマー・リポーツ』のテストや、人身事故専門の弁護士とそのコンサルタントがテレビ番組向けに作った再現フィルムで、ドライバーがやってみせるようなものではないのだ。連邦の調査によれば、横転の九〇パーセント以上は、車が「つまずいた」ために起きている。つまずくというのは、車が縁石、ガードレール、車高の低い車など、低い障害物に当たってひっくり返ることだ。また、車の片側が砂利を敷いた路肩のように抵抗の大きな路面を走り出し、もう片側が舗装路のように抵抗の小さい路面にあるときにも、つまずきは起きることがある。お粗末なブレーキと鈍い操縦性のため、SUVは乗用車より道路を踏み外さないようにするのが難しい。また重心が高いために、道路をそれたときには余計にひっくり返りやすい。これは致命的な組合せである。

機械的な問題、例えばタイヤの欠陥によって車が横滑りを始めたときにも、つまずきは起きることがある。タイヤを原因とする事故におけるSUVの乗員の死亡率は、長年にわたり乗用車の二倍近い値を記録している。まともなタイヤが三本だけで車のコントロールを取り戻すのは、重心の高い車では特に困難である。

つまずき横転は運転中のミスで誰にでも――特にカーブを曲がる速度の判断を誤って道路からはみ出した

ときに――起こりうる事故である。舗装路面の抵抗の変化、例えば舗装がアスファルトからコンクリートに変わることすら、同時にドライバーが急ハンドルを切ろうとしていれば、危険な場合がある。二〇〇一年一〇月に、『オート・ウィーク』誌のドライバーが時速四〇マイル（約六四キロ）のスラローム・テストでジープ・リバティを横転させたとき、のちにダイムラークライスラーみずからが、事故原因の一部は発生地点の舗装の抵抗が一〇パーセント変化したことにあるとしている（註2）。

ガードレールが誘発する横転

つまずき横転にも多くの種類があるが、なかでも特に気がかりなのがガードレール――本来、命を奪うためでなく守るための路上構造物――が原因となるものだ。おそらく大部分の人にとって、道路脇のガードレールへの衝突は、運転中の心配事としては順位が低いだろう。横転よりも下かもしれない。それとてガードレールのことを少しでも考えることがあればの話だ。だが、予想外の氷を踏んで車がスリップし始めたら、あるいは他の車に斜めに当たって弾かれ、道路脇の急な法面に向けて飛び出したら、ガードレールはとたんにきわめて重要なものとなる。

もしそうなったら、運転しているのがSUVでなく乗用車であることを願うばかりだ。延べ数十万キロに及ぶ米国内のガードレールは、SUVをひっくり返さずに道路にとどめておくようには設計されていない。また数百万台のSUVは、ガードレールに跳ね返って無事に車線に戻るように設計されていない。

ここ二、三年、SUVとピックアップ・トラックがどのようにガードレールを突き破り、または乗り越え、あるいは跳ね返って横転するかについて、不安を増すような調査がいくつも行なわれている。問題はガードレールの造りとSUVの造りにある。

道路脇にあるガードレールのほとんどは、上端が路面から二七インチ（約六八・五センチ）の高さになるように設計されている。これは多くのSUVのバンパー上端よりわずかに高いだけであり、ボンネットの高さより相当低い。さらに恐ろしいのは、多くのガードレールが実際にはもっと低くなってしまっていることだ。道路建設作業員が支柱を地面に深く埋め込みすぎてしまうかもしれないし、再舗装や補修をくり返しているうちに路面が上がってきているかもしれない。雪や氷に覆われて、一時的に路面が高くなっている状態かもしれない。

連邦政府が資金を提供して行なわれたテストでは、上端の高さが二六インチ（約六六センチ）以下のガードレールに高速で斜めに衝突したとき、SUVのドライバーは惨事に見舞われることが判明している。ガードレールが車を「つまずかせ」て横転を引き起こすかもしれないし、そもそも道路から飛び出さないようにさえできないかもしれないのだ。州政府や地元自治体は、橋台や車が横転しそうな急な斜面など、特に重大な危険があるところにしかガードレール設置のために出費しない。

ハイウェイの分岐の真ん中にあるコンクリートの橋脚は、衝突すれば特に危険なものであり、だから一般にはガードレールで囲まれている。ネブラスカ州リンカンのネブラスカ州立大学に置かれている中西部道路安全設備研究所で行なわれたテストの結果、ピックアップ・トラックやSUVが高さ二七インチのガードレールに正面からぶつかった場合、まっすぐに乗り越えて橋脚に激突する恐れがあることがわかっている。

ガードレールの高さが十分にあり、車が乗り越えるのを防げたとしても、その設計はSUVに特別な危険を引き起こす。問題は、これもまたSUVがオフロード走行のために設計されており、車輪の取付け方が乗用車とは違うことである。

乗用車で平らな道を走っていて、そこから急な坂になったドライブウェイに乗り入れるとする。車はドライブウェイの路面をバンパーの下端か、バンパーより後ろの低い位置にある部品で引っかくだろう。SUVにはこのような問題はない。大きな岩を乗り越えたり、平らな地面から急斜面に取り付いたりできるように、SUVの車輪は車の前面近くにあり、車輪より前に構造物はほとんどないのだ。

テキサス州交通研究所によれば、問題は、ガードレールは車の金属部分と接触しあうときにもっとも効果を発揮するということだ。車のタイヤの一つがガードレールの下に潜り込み、レールを支えている柱を引っかけると、問題が発生する。支柱はまず折れることがないので、引っかかった車輪がもぎ取られるか、さもなければその車輪が支柱にがっちりはまりこんで、そこを中心に車体が振り回される。いずれの場合も横転する可能性が高い。

ガードレールにもぎ取られる車輪

四輪駆動車にはさらに深刻な危険がある。一九九九年と二〇〇〇年に研究者はついに四輪駆動車でガードレールへの衝突試験を行なった。すると、車輪がきわめて簡単にもぎ取られることがわかった。車体への取付けが頑丈でないからだ。車輪が取れると非常に鋭利なサスペンションまわりの部品がむき出しになり、それがガードレールに亀裂を作る。もっとも一般的なレールは、ぴんと張った帯状の鋼鉄なので、一部でも裂けると二つに千切れやすい。

「小さな切れ目でも入れれば、レールは千切れる」と中西部道路安全設備研究所のディーン・シッキングはいう。「そうなったらおしまいだ」

ガードレールが関係する事故は特に致命的なものとなる傾向が強い。主な理由は横転をともないやすいからだ。ガードレールとの相互作用がからまない大部分の事故では、一度の事故で複数の死者が出ることはめったにない。死亡するのは通常、衝突点にもっとも近い乗員である。他の乗員も重傷を負うかもしれないが。しかし法面を転げ落ちたり、コンクリートの柱に激突したり、ガードレールに当たった後で対向車に突っ込んだりすれば、一家全滅ということになりかねない。ガードレールへの衝突をきっかけとする致死的な事故では、一件につき平均二名が死亡している。路上には一人しか乗っていない車のほうが多いことを考えると、これは異常に高い平均値である。

連邦の事故データによれば、二〇〇〇年に事故死した三万六一六一名の車の乗員のうち、二一二〇名、つまり約六パーセントがガードレールへの衝突で始まる事故で死亡している。SUVはガードレールとの衝突死亡事故に、一般的な車よりも二〇パーセント高い割合でかかわっている。これは驚くほど高い数字である。なぜなら重い車は普通、ガードレールとの衝突の際に乗員を保護してくれるからであり、SUVは乗用車より半トン近く重いからだ。SUVの乗員は同じ重さの乗用車の乗員に比べて、ガードレールとの衝突で死亡する確率が五〇パーセントも高いと、ディーン・シッキングは試算する。

言い換えれば、このかなり大きな事故死のカテゴリーにおいては、SUVのほうが乗用車よりも乗員の死亡する可能性が高いということだ。一見しただけではわかりにくいが、交通事故死のカテゴリーには、SU

Vの成績が悪いものが数多くあり、これもその一つである。ＳＵＶは車高の低い乗用車との衝突において、特に乗員の保護に優れているかもしれないが、このような部分で相殺されているのだ。

話がかみ合わない道路安全設備業界と自動車メーカー

一九九三年に州と連邦の道路行政機関から中間管理職クラスの職員が集まり、小型トラックの増加に対応して、どのようにガードレールや橋の欄干を改良するかを検討した。主に二輪駆動ピックアップを使ったテスト――ＳＵＶはもちろん四輪駆動ピックアップさえ高価すぎると判断されたため――を何度か行なった結果、支柱への取付け方法を変えることでガードレールの改善は可能との結論が出た。もっとも一般的な種類のガードレール、つまり幅三〇センチほどの鋼板を「Ｗ」を横倒しにしたような形に曲げたものを、違う形で支柱に取り付ける必要があるというのだ。ガードレールは現在、一般的には厚さ一五センチの台座に取り付けられ、その台座が支柱に固定されている。しかし台座は強い衝撃が加わると実に簡単につぶれ、ＳＵＶやピックアップのタイヤが支柱に届かないようにするには厚みも足りない。最終的に連邦道路管理局は、一九九八年一〇月一日より、連邦政府の資金を受けて行なわれる道路建設事業では、いわゆるＷビーム・ガードレールに、木製でより厚みがある台座を取り付けることを義務づけた。

しかしこの規制にもまだ大きな穴がある。コンクリートの柱やその他ＳＵＶが正面衝突する恐れのある建造物の周囲に、より高いガードレールを義務づける連邦の基準が未だにないのだ。二〇〇一年までにネブラスカを皮切りに六州が、自前の基準を定めてはいるが。また九八年の連邦の基準は、サスペンションでガードレールを破る可能性が低い二輪駆動の車を使った調査に基づいている。さらに連邦の規則では、車の重量が四四〇〇ポンド（約二〇〇〇キロ）を超えないことを想定している。だが現在、フルサイズＳＵＶの多くは、空荷でも六〇〇〇ポンド（約二七〇〇キロ）に迫ろうとしているのだ。

またＳＵＶの設計は、この問題を解決するのではなく悪化させる方向に変化している。日常運転時の横転の危険を減らすためと、車の安定性を全般的に改善するために、メーカーは新型車では左右の車輪の間隔を拡げている。一部のベストセラーの新型車、例えば二〇〇二年型フォード・エクスプローラーやシボレー・トレイルブレイザーでは、車輪が車体側面からはみ出しそうであり、タイヤより前に金属部分はほとんどない。車輪の間隔を拡げる傾向に気づいた筆者は、二〇〇〇年から二〇〇一年にかけて多くのSUVエンジニアに、道路設備の危険性に関する最新の研究の話をした。が、タイヤがガードレールの下に入って支柱を引っかける問題について聞いたことがあるエンジニアは、一人としていなかった。メーカーの安全エンジニアでさえ、筆者が尋ねると、道路安全設備に関する研究のことは知らなかったといった。道路安全設備の業界と自動車安全性の業界は、ほとんど無関係に存在している。会議も別、業界誌も別、規制当局すら別——連邦道路管理局が道路を、全米高速道路交通安全局が自動車の安全性を監督する——である。

この二つの業界はほとんど話がかみ合っていない。一部の自動車安全エンジニアは、ガードレールをもっと高くすべきだと不満を漏らすが、彼らは詳細な調査をしたわけではない。連邦道路管理局の安全設計・運用部部長、ルドルフ・M・アンブズは問題を逆から見ており、メーカーは道路に合わせて車を設計すべきだ、車の設計は道路の設計よりもずっと早く変えられるのだからとこぼす。その一方で彼はドライバーにこう忠告する。「車と車の能力を知り、それに応じて運転すべきだ」

たとえ四輪駆動システムがコントロールできるという錯覚を与えようと、質の悪いブレーキや低劣な運動性と同様、ガードレールの問題でも、SUVのドライバーは滑りやすい道路、特に古い道路ではより慎重になるべきだろう。幸い連邦の事故統計は、SUVにとって橋の欄干はガードレールほど危険ではないことを示している。欄干は一般にコンクリート製で、別個の連邦基準によって、商用トラックが転落しないだけの高さになっている。しかし、欄干に衝突する事故は、ガードレールの事故に比べて非常にまれである。おそらくガードレールのほうが欄干より数が多いからであろう。

他のさまざまなSUV問題同様、最大の問題はこれから数年後に控えている。SUVの普及がガードレールの交換・改良よりも速い可能性が高いのだ。州および連邦の新基準がガードレールの改善を求めるのは、新たに道路を建設するときと、既存の道路が大規模な補修または改修を受けるときだけである。もっとも交通量が多いハイウェイでも、この規模で改修が行なわれるのは一〇年から二〇年に一度であり、それほどの交通量のない路線では三〇年以上改修されないこともある。数十億ドルの費用がかかるため、すべての既存のガードレールをSUV搭乗者の安全を改善するために交換しようと、本気で提案する者はいない。

「この手のものは何十万キロもあるが、州の運輸局の予算は上がらない」と、ウォーチェスター工芸大学の土木工学者、マルコム・レイはいう。「そんな障害物にぶつかったらお気の毒さまだが、それが現実ってものだ」

横転する車の乗員がたどる物理的過程

ひとたび横転が起きれば、恐ろしいことになる。横転する車の乗員がたどる物理的過程は、ディアボーンで一九九七年一二月に開かれた非公開の自動車エンジニアリング会議において、自動車業界の安全性コンサルタントがかなり詳しく描写している。コンピューター・シミュレーションによれば、車が横倒しになると（映画以外では車がごろごろ転がっていくことはまずない）、ドライバーは転倒方向のサイド・ウィンドウに叩きつけられる。フロントガラスとは違い、サイド・ウィンドウには飛散防止ガラスが使われていない。重すぎて窓が閉められなくなるからだ（ただし新型の軽い飛散防止ガラスが使われ始めている）。だから窓が閉まっていても、ドライバーの頭と肩は突き抜けてしまう。

シートベルトの着用は、横転から身を守るのにもっとも効果がある。シートベルトを締めていなければ、ドライバーは頭から舗道に放り出され、たいがい上から車が倒れてきて体を叩き潰される。連邦の統計によると、今日では四分の三のドライバーがシートベルトを着用しているが、横転事故による死亡者の五分の四は、ベルト非着用者である。

仮にシートベルトを着用していても、ドライバーの頭部と頸部はやはりサイド・ウィンドウを突き抜ける可能性があり、そうなれば転倒する車のドアと舗道の間で押しつぶされる。ベルトを着用している乗員が横転時に車から投げ出された事例も数例報告されている。シートベルトには、乗員が横方向に投げ出されないように拘束することは要求されておらず、したがってそのように設計されたものはほとんどない。二年前からやっとメーカー、特にフォードは「プリテンショナー」

を備えたシートベルトを設計するようになった。これは、車が横転を始めると自動的にベルトが締めつけられ、搭乗者が車から放り出される危険性を減らすものである。

前面エアバッグは横転時にはほとんど役に立たない。前席の脇から拡がって側面衝突から乗員の胸部を守るサイドエアバッグも同様である。車の天井から下向きに拡がるカーテンサイドエアバッグは、横転時に乗員の頭部と頸部を車内に保つうえで非常に有効であるが、装備している車はまだ少ない。また、このような装置も、屋根が大きく陥没して乗員の頭部と頸部のスペースを潰してしまえばあまり役に立たない。

非現実的な屋根の強度テスト

GMは数年来、屋根を強化しようという提案に特に反対してきた。屋根が堅くなると乗員にとってより危険になるというのだ。「かえって加速度が増してしまう。屋根がまったく変形しなければ、より大きなエネルギーを乗員に伝えることになりかねないからだ」と、二〇〇一年一月のデトロイト自動車ショーで、当時まだGMの副会長であったハリー・ピアスはいった。

それでもなお、屋根の強度に関する連邦の法規（乗用車については七三年、小型トラックに関しては九一年に施行された）が定める基準は弱すぎるという証拠が明らかになってきている。さらに、車輛総重量六〇〇〇ポンドを超える小型トラック——エクスプローラーよりも大きなものすべて——は、屋根の強度に関する連邦のあらゆる基準を免除されている。乗用車、ミニバン、小型および中型のSUVとピックアップ・トラックの屋根は、空車時の重量の最大一・五倍を支え、そのときの陥没が五インチ（約一三センチ）未満でなければならない。しかし、背が高く頭が天井近くまで届くドライバーには、五インチの陥没でも問題になりうる。また政府のテストは、車が合格しやすいような手法をとっている。非常に大きな鉄板を、注意深く徐々に屋根のフロントガラスより高い位置に押し付けるのだ。政府のテストのように静かに圧力を加えたときには、フロントガラスはそのまま残り、テスト中に加えられる荷重を三〇パーセントも引き受ける。しかし現実の横転では、衝撃力は少しずつ均等に加えられるわけではないので、フロントガラスは必ずといっていいほど枠から飛びだしてしまう。自動車が横転すると、ほとんど常に屋根の角が最初に地面に当たり、窓枠が曲がってフロントガラスが飛び出す。空中で一八〇度きれいに回転して真っ逆さまに着地するわけではないのだが、連邦政府のテストがシミュレートしているのはそういうことだ。フロントガラスがなくなると、一部の現行モデルの屋根は空車時の自重すら支えられない。大人が何人か乗っているときの重量については いうまでもないだろう（註3）。車の横転は徐々に起こるのではなく、ある程度の勢いをつけてひっくり返るので、屋根にかかる力は単なる静止状態の車重よりも相当大きくなることを考え合わせれば、連邦の基準はいかにも緩いものに思える。

屋根の強化はなぜ重要か

ＮＨＴＳＡは少しずつではあるがこの問題に取り組み始めている。長い間屋根の強度は重要なこととは思われていなかった。シートベルト着用者が少なかったので、乗員は屋根が陥没する前にサイドウィンドウから飛び出して道路に叩きつけられていたからである。しかしベルトの着用状況が改善されたため、一九九二年の同局の調査では、横転した車に乗っているベルト着用者の負傷の原因として、屋根の陥没がトップに浮上していることがわかっている（註4）。その後ＮＨＴＳＡは九八年の調査で、鉄板を屋根に押し付けるやり方は、横転時の屋根の強度を測る方法として非現実的であることを認めた（註5）。二〇〇一年一一月にはついに、この問題にどう取り組むべきか、局は公式に国民に広く意見を求め、新たな規制案の可能性に向けた準備に一歩踏みだした。意見を公募する文書には、一九八八年から九八年の間に、横転事故で死亡するか重傷を負った乗員の一四パーセントは、シートベルトを着用していたのに陥没してきた屋根に当たった者だという計算が付されていた（註6）。

ベルトの着用率は上がっているために、現在屋根の陥没が重大な問題になっていることは間違いない。さらに数年後、中古ＳＵＶを未熟なドライバーや飲酒運転常習者など横転事故につながるミスを犯しやすいドライバーが所有・運転するようになると、問題はさらに拡大するだろう。ＮＨＴＳＡが考え出す基準がどのようなものであれ（激しいものとなるであろう業界のロビイングに逆らって、何らかの行動を取れればの話だが）、それは少なくとも二〇〇六型式年度までは発効する見込みはない。すでに公道を走っている二〇〇〇万台、あるいは新規格が発効するまでに新規登録される一〇〇〇万台のSUVの屋根を補強するためにできることはほとんどない。したがってこれからの数年、SUVに乗る人はきちんとシートベルトを締めていても、横転したときには運を天にまかせるしかないだろう。

ジープ・チェロキーはなぜ横転しにくいのか

不思議なことに、ジープ・チェロキーとジープ・グランドチェロキーは横転する率が低い。またこれらは期せずしてかなり特殊なシャシーを持っている。両ジープは従来のSUV同様、非常に太いフレームレールを持つが、いずれもピックアップ・トラックのシャシーを使っていない。事実、どちらの車もボディ・オン・フレーム方式で組み立てられてはいない。両者とも屋根、側面、シャシーがすべて一つに溶接されたモノコックボディを持つ。クライスラー社ではこの方式を「ユニフレーム」と呼び、乗用車のようなモノコックボディの車でありながら頑丈なフレームを車体下部に持つことを示唆している。この設計の呼び名は何であれ、チェロキーとグランドチェロキーの死亡横転事故発生率は、SUVとしては非常に低い。

ジープ・チェロキーの死亡横転事故率は乗用車よりわずかに高いだけであり、グランドチェロキーもそれに近い。チェロキーの発売から二〇年近く経った現在でも、横転死亡事故率がそれほど低い小型あるいは中型SUVを設計できた自動車メーカーはない。サバーバンのような最大クラスのSUVはチェロキーに近い横転事故率を示すが、それは単に大きくて重いからというだけだ。チェロキーも横転することはあるが、例えば高速で横滑りして縁石に突っ込むというような悪い条件下では、どのような車も横転の可能性はある。しかしそう簡単に起こることではない。

だが何より奇妙なのは、今日に至るまで誰も――保険会社も、安全性の研究者も、自動車業界も――チェロキーの安定性が非常に高い理由をきっちりと把握してこなかったことである。チェロキーの重心は他のSUVよりわずかに低いだけであり、特に幅が広いわけではない。それでもほとんど乗用車と変わらず、四輪がしっかりと地面に着いているのだ。

特定モデルについての保険業界のデータが入手できる最近の年である一九九九年に、四輪駆動のチェロキーのドライバーが横転事故で死亡した比率は、連邦の事故のデータから保険業界が割り出した数字によれば、登録台数一〇〇万台あたりわずか一五人である。チェロキーの死亡率は、依然大型乗用車（登録台数一〇〇万台あたり死亡者九人）や比較的大きな中型車（一四人）ほどいい数値ではない。しかしSUVの基準では、チェロキーは卓越している。フォード・エクスプローラーのような、四輪駆動を備えた比較的大きな中型SUVでは、横転事故によるドライバーの死亡率の平均は、登録台数一〇〇万台あたり三九人である。

二輪駆動のSUVはそれほど一般的ではなく、主に四輪駆動車が買えない若いドライバーが購入するが、この層は横転につながる運転ミスをする傾向が強い。それでも二輪駆動のチェロキーの横転事故死亡率は一〇〇万台あたり二一人とまずまずである。他の比較的大きな中型SUVの二輪駆動モデルは、一〇〇万台あたり六九人という驚くべき死亡率を示している。例外はジープ・グランドチェロキーで、ドライバーの横転事故による死亡率は、一〇〇万台あたり二輪駆動モデルでわずか三六名、四輪駆動モデルでは二三名である（註7）。しかしグランドチェロキーはチェロキーよりも大きく高価で、購買層の年齢が高い。したがってその性能はチェロキーに比べれば目覚ましいものではない。

チェロキーを設計したのちに引退し、現在フロリダ在住のロイ・ランは、ユニフレームがチェロキーの安定性に貢献しているという。従来のSUVのように車室がトラックのシャシーにボルト留めされていると、車室とシャシーの間に微妙なガタが出ることがある。そのため、最大限の安定性を得るためにサスペンションや他の部品を高い精度で調整することが困難になるのだと、ランは主張する。ピックアップ・ベースのSUVをモノコックの車と同じくらい強固に造ろうとすると「シャシーが重くなりすぎて実用にならない。だから我慢するしかない」とランは付け加えた。

モノコック、ユニフレームの長所と弱点

しかしエンジニアの多くはこの主張を認めていない。シャシーに対する車室の動きは非常に小さいので、関連はありえないと彼らは主張する。フランソワ・カステンは、三種類の車の構造――ボディ・オン・フレーム、モノコック、ユニフレーム――はすべて同じように安定させることができ、システム全体をどう組み合わせるかが腕の見せ所だと力説する。

チェロキーとグランドチェロキーは、アメリカン・

モーターズとクライスラーがそれぞれ市場に出す前に、非常に厳格な安定性テストを経験している。アメリカン・モーターズは八〇年代初め、ジープ横転事故訴訟にかかる費用に悩まされており、カステンは、ルノーがヨーロッパで用いているきわめて厳しいテストをチェロキーに受けさせた。ヨーロッパのメーカーは伝統的に厳しいテストを課している。自分たちの車がドイツのアウトバーンで使われるかもしれないからである。アウトバーンには速度制限がなく、時速一六〇キロ以上で走っていることも多い。アメリカのメーカーも近年安定性テストの質を向上しているが、まだチェロキーの性能に匹敵するものはない。

ユニフレーム設計が優れているかどうかを試すには、当然メーカーがもっと造ってみればいい。しかし新たに発売されたのは一車種、ジープ・リバティだけである。これは二〇〇一年にチェロキーの後継車種として発表されたばかりだ。事故率に関して信頼できる統計がとれるほど、リバティはまだ道路を走っていない。しかし『オート・ウィーク』誌とドイツの『アウト・ビルト』誌の走行テストでは、いずれもリバティがひっくり返っている。チェロキーとグランドチェロキーの安定性は謎のままである。

ユニフレームには確かに、採用をためらわせる重大な欠点が二つある。一つは、車のあらゆる部品が他の部品と密接に関係するので、設計に金と時間がかかることだ。そのモデルが失敗したときに、そこそこの投資で新しいモデルをすぐに売りに出そうというのなら、この設計は得策ではない。

ユニフレームのもう一つの欠点は、車内がかなりうるさいことである。車室をピックアップ・トラックのシャシーに取り付けるとき、メーカーは太い鋼製ボルトをシャシーから上向きに厚いゴム製のドーナツを挟んで車室まで突き通す。車室は実質的にはゴムのドーナツの上に乗っていることになり、このドーナツがシャシー、あるいは車輪と地面が立てる騒音を遮断するのに非常に効果的なのだ。乗用車の軽量なシャシーには、レールの痕跡のようなものしかなく、やはり音を伝えにくい。しかしユニフレームは、太い鋼製レールを持ちながらゴム製ドーナツがないため、ロードノイズをかなり車室に伝えてしまう。SUVは主に家族向けに販売され、家族客は車内で互いの話が聞き取れることを重要視するので、メーカーはユニフレームのSUVに投資することにきわめて慎重なのだ。

SUV安全記録向上の裏にあるもの

NHTSAによれば、SUVの横転で一九九〇年代に一万二〇〇〇人のアメリカ人が死亡しており、加えて二〇〇〇年だけで二〇四九人が死亡している。最近の統計学的調査――道路交通安全保険協会によるものがもっともよく知られている――では、SUV登録台数一〇〇万台あたりの横転事故死率は、乗用車の少なくとも二倍であることが明らかになっている（註8）。SUVは乗用車よりも田舎道（都会の道路よりも危険が大きいことが多い）を走る率が少し高いというような変数を調整しても、これは事実である。いい方を変えれば、二〇〇〇年には死ぬはずのなかったアメリカ人が約一〇〇〇人、乗用車でなくSUVに乗っていたがために横転事故で死亡し、さらに九〇年代には死ぬはずのなかった六〇〇〇人が死んでいるということだ。麻痺の事例は国レベルで正確に推定するのは難しいが、アメリカ人がSUVを自家用車として扱うようにならなければ、数千人がそれを避けられたと思われる。

横転による死者をこれほど大量に出していながら、実はSUVの安全記録は九〇年代に向上し、乗用車とほぼ同じ水準にまでなっている。SUV一〇〇万台につき、二〇〇〇年に路上におけるあらゆる形の事故（横転を伴わないものも含む）で死亡した乗員の数は、道路交通安全保険協会によれば一三四人である（註9）。乗用車の乗員の死亡率は、わずかに低い一〇〇万台あたり一二六人である。

大型SUVでは死亡率はさらに低く、一〇〇万台あたり一〇四名である。これはなかなかのものである。もっともフォード・トーラスやポンティアック・グランプリのような中の上クラスの乗用車、あるいはダッジ・キャラバンのようなミニバンの平均乗員死亡率（登録台数一〇〇万台あたり九六人）よりはまだ高い（註10）。

何十年も死亡率が乗用車よりはるかに高かったSUVが、いかにしてこのような低い死亡率を実現したのか。残念ながらひと言でいえば、あまりに大きく重くなり、事故のときにほとんどどんな車でも押しまくれるようになったからである。SUVの乗員は今も横転事故で死亡する危険性が高い。しかし車同士の衝突事故では、たいていSUVオーナーでなく相手方が死ぬようにすることで、自動車メーカーはSUVの全体的な死亡率を他のモデルとほぼ同水準まで下げたのだ。

しかし交通安全を総合的に見た場合、起こりうる最悪の状況は、単独事故での安全性は低いが、対車輛事故で相手の車をぐしゃぐしゃにして埋め合わせをするような車への転換である。だがこれこそまさにＳＵＶへの転換で起きたことなのだ。

九〇年代を通じてＳＵＶの売上が増加すると、国内でも比較的富裕な家族のファッション・センスのために、大きな血の代償が支払われることになった。しかし多くの場合、彼らが自分でその代償を支払うことはなかった。彼ら自身の死亡率は、もし大型乗用車を買っていたとしたら、もう少し高かったかもしれない。代わりにそのツケは、アメリカ中の乗用車のドライバーに回されたのだ。

9章　殺傷率…コンパティビリティの低さ

肩までの黒髪を持つ小柄でほっそりとした三五歳の理学療法士、ダイアナ・ド・ビア（巻頭写真参照）は、一九九七年五月のよく晴れた日曜の朝、サーブ900Sのセダンに乗り込んだ。教会までの短いドライブのはずだった。最終的に彼女は教会ではなく病院にいた。平日には自分が患者を治療している病院だったが、今日は救急車で運ばれてきた。

ド・ビアは、緑ゆたかで裕福なロサンゼルス北東の郊外、パサデナのメープル・ストリートを南へ向かっていた。シートベルトは着用していた。午前八時二五分、ウォルナット・ストリートとの交差点を通過しようとしたとき、彼女のその後の人生は取り返しがつかないことになった。

そのとき、一九八八年型レンジローバーがウォルナット・ストリートを、ド・ビアがメープルを走るのと同じ時速五五キロで西へ向かっていた。

地元の不動産開発業者が運転する黒いレンジローバーは、重さ二〇二〇キロだった。ド・ビアのサーブは一〇三〇キロだった。レンジローバーはバンパーとヘッドライトの前にグリルガードを装備していた。バンパー自体の高さは地面から五八センチで、法に定められた乗用車のバンパーより八センチ高かった。レンジローバーの高い長方形のグリルがバンパーの上から三〇センチ立ち上がっている。バンパーの後ろ、車体前部のすぐ内側には、一本の太いレールの前端がある。レールは車の全長にわたって走っており、重い荷物を積んでぬかるんだ山道を登るための強度と剛性を与えている。

ド・ビアを襲った惨事

サーブの側面は、運転席側のドアの鋼鉄製ドアビームを含め、連邦の側面衝突テストに合格していた。このテストはフォード・トーラスの前面にやや似た三〇一五ポンド（約一三六九キログラム）の障壁を使って行なわれる。障壁にはかなり柔らかいアルミニウムのバンパーが取り付けられており、その下端は地面から一三インチ（約三三センチ）、上端は二一インチ（約五三センチ）にある。バンパーの後ろは厚さ一五インチ（約三八センチ）のアルミのハニカム構造で、鋼板で構成されたクランプル・ゾーンを十分に持つ柔らかい乗用車の前部を模した設計になっている。しかしアルミのハニカムの頂上は、地面からわずか三三インチ（約八四センチ）しかなく、レンジローバーのボンネットより一五センチ低い。しかもハニカム構造はレンジローバーの前部より大幅に柔らかい。

交差点には信号機があった。二人のドライバーのどちらかが信号無視をしたはずであるが、目撃者がいないのでどちらに過失があったかはわからない。だが起こったことには議論の余地はない。レンジローバーの高い車体前部がド・ビアのドアに激突したのだ。

その後の警察の報告書が、サーブに加えられた異常な損傷を記録している。「運転席側のドアと左側リア・クォーター・パネルの前部が三〇センチ以上陥没。運転席は押されてセンターコンソール側へ湾曲。運転席の窓と後部座席の窓は共に完全に粉砕。ハンドルとダッシュボードの左側部分は右へと押し込まれ、屋根はねじ曲がって運転席の上の部分で持ち上がっている」

衝撃でド・ビアは骨盤を骨折したが、両脚、両腕、骨盤以外の胴部は、この大惨事のなかでもほとんど無傷だった。低い部分への衝撃からはおおむねサーブが守ってくれたからだ。しかし粉砕された運転席の窓の向こう、ねじ曲がった屋根のすぐ下には、ド・ビアの頭部があった。その後の捜査では、レンジローバーがド・ビアの頭部に当たったのか、自分の車のドアかサイド・ピラーが当たったのかは決着がつかなかった。しかし何かが彼女の頭に強く当たり、頭蓋骨は骨折しなかったものの、脳に大きな損傷を与えたのだ。

四週間近く経って、ド・ビアはハンティントン記念病院で徐々に昏睡から覚醒した。意識が完全に戻るとすぐ、彼女はポモーナにある脳外傷治療センターに移され、その夏をそこで過ごした。

理学療法士に診てもらうのが特に苦痛だった。同じ療法士に二度会うことがめったにないことに気づき、その理由の見当がついたからだ。「理学療法士をやっていると、私みたいな患者に遭うこともあったけれど、そんなときよくこういっていたから。『これは手に負えないわ。他の患者を割り当ててもらわなくちゃ』って」

事故から四カ月後、ド・ビアは歩き回れるようになり、たどたどしいながらも話せるようになった。彼女は退院し、夫のグレン（成功した建築家で、自宅で事業を経営している）に介護が任されることになった。しかしダイアナ・ド・ビアは、一九九七年に起きた、あのただ一度の凄惨な瞬間から完全に回復してはいない。

ド・ビアは、その一六年前に理学療法士になるための勉強を始めたのと同じパサデナ市立大学で、英語の授業を受講した。しかし彼女の話し方はまだいくぶん遅く、一語一語をばらばらに区切って発音している。ちょっと前に聞いたことや、していたことを忘れることがしょっちゅうある。お湯を沸かそうと思ったら、腕か壁にメモを貼り付けて、沸いたらやかんを火から下ろすことを思い出させなければならない。彼女は心肺蘇生術を勉強しなおす講座を取ったが、一度は習得した教材をよく理解することができず、資格の再認可を受けられなかった。理学療法士の仕事には戻れず、地元の美術館で障害を持ったティーンエージャーを助けるボランティアをして日々を送っている。彼女も夫も、子供がいないことを今では運が良かったと思うようになっている。

「あの事故で人生が変わってしまった」とグレンはいう。「ダイアナはきっとよくなる。脳の一部が傷ついただけだから、傷を癒して生活していくだけのことだ。妻の面倒をみてやれるから、自宅で仕事をしていて本当によかったよ」

乗用車のバンパーを越え車室に激突するSUV

堅く車高の高いSUVが乗用車のバンパーや頑丈なドア枠をずり上がり、車室に激突することで、ダイアナ・ド・ビアのように不必要に死んだり障害を負ったりしてしまう人が日々発生している。これは犬死にともいうべきものである。七〇年代から八〇年代初めにかけて多くの研究者が、特別に頑丈で車体前部の高い車を設計するのは命にすらかかわると指摘していたからだ。しかし自動車メーカーはこの研究を九〇年代終わりまで無視し、数百万のアメリカ人が、車高が低く車体前部が比較的柔らかい乗用車から高く堅いSUVに乗り換えるのを助長した。

現在メーカーは、SUVが他のドライバーに及ぼす危険を減らすようにいくつか手段を講じているが、こうした手段はまったく不十分なものだ。メーカーの動きは社会の圧力に応えたものだが、それは規制当局が、ここ数年この問題に対処するためのルールを何ひとつ示していないからだ。

連邦の規制当局によるもっとも信頼できる試算によれば、一九九八年の一年間に、小型トラックの車体の堅さと高さ（重量ではなく）が原因となって、衝突された乗用車の二〇〇〇人が余計に死亡しており、この数は増加している。SUVはこの余分な死者のほぼ半分を引き起こしている。残りのほとんどはピックアップによるものだ。SUVのほうが問題としては重大である。SUVが公道上の車に占める割合はこれからの一〇年で倍増すると考えられ、一方ピックアップとミニバンの路上でのシェアは、増えたとしてもおそらくわずかだからだ。

さらに問題なのは、車体の高さと堅さは、それが乗用車の乗員に与える被害を帳消しにするだけの保護を、SUVの乗員に与えないということだ。車高が高くなればより横転しやすくなり、車体が堅くなれば衝突時につぶれることなく衝撃を乗員に伝える。オフロードを走ったり重い荷物を運んだりできる高く堅固な車が必要な購入者は少ない。しかしほとんどのSUVは、冒険に満ちた人生を送っていると他人から思われたい机仕事の購入者の気を引くために、高く堅固にできている。オフロードを走る必要がないのにSUVを買う人は、ファッションのために周囲の人間を文字通り死の危険にさらしているのだ。

乗用車に死を押し付ける

SUVの増加によって犠牲になった乗用車の乗員は、実際、年間一〇〇〇名をかなり上回る。それはSUVの重量が、デザイン同様致命的だからだ。SUVは公道上の自家用車としてはもっとも重い部類に属し、乗用車を通常〇・五トン、時には一トン以上、上回っている。SUVが乗用車よりもはるかに重くてもかまわないのは、課せられている燃費基準がはるかに低いからだ。事故の際、重い車は衝突の威力を、そして乗員の死傷を、軽い車に押し付ける傾向にある。

SUVの過剰な重さは、事故の際に死亡者の発生する場所を変える。SUVが乗用車に死を押し付けるのだ。SUVをより軽く作ることを義務づければ乗用車の乗員の命は救われるだろうが、SUVの乗員が犠牲になる。もしSUVが対車輌事故で重量の優位を利用して、横転事故での高い死亡率を相殺できなければ、SUV搭乗者の死亡率は乗用車よりも相当高いものになるだろうと、安全問題の専門家も認めている。

自動車メーカーの経営陣は、車種間のミスマッチは目新しいことではないとあくまで主張する。荷を満載した貨物トラックが高速で走ってきて自家用車に衝突したら、それがどんなサイズであれ、乗用車、SUV、ミニバン、ピックアップ、いかなる車種であれ、おそらく自家用車に乗っている人間が悲惨な結果になるだろう。事実、一九五〇年代から六〇年代に行なわれた交通安全に関する最初期の調査では、車重が二台の車が衝突した際に群を抜いて重要な要素であることが示されている。二トンの車が時速五〇キロで走ってきて、同じスピードで反対方向に向かう一トンのサブコンパクトカーにぶつかれば、大型車は文字通り小型車を押し戻す。大型車は衝突により時速一五キロに減速する。つまり時速三五キロ速度が落ちたということだ。しかし小型車は時速一五キロで後ろに進んでいる。すなわち速度は時速六五キロ変化したことになる。

速度の変化は重要である。それは車の損傷だけでなく乗員の運命にも影響するからだ。シートベルトの着用とエアバッグの装備が一般的になり始める九〇年代半ばまでは、事故による死傷の大部分は、いわゆる二次衝突の間に発生していた。衝突により車が動きを停めても、拘束されていない乗員は動き続け、ハンドル、ダッシュボード、その他車室の構成部品に叩きつけられるのだ。

だが車重の違いを重視するあまり、研究者は重大な盲点を作りだしてしまった——主に乗用車がかかわる衝突のみを扱い、小型トラックを無視したのだ。理由は単純である。政府の事故記録から小型トラックの車重を算定することが難しいからだ。フォードアで四輪駆動のフォード・エクスプローラーは、ツードアで二輪駆動のエクスプローラーより二五〇キロ近く、つまり一三パーセント重い。しかしいずれの車も政府の事故記録にはエクスプローラーとしてしか記載されていない。ある事故におけるエクスプローラーの重量を算定するには車輌識別番号と、その特定の車の製造に関する工場の記録を照合する必要がある。これが可能なコンピューター・プログラムが手に入るようになったのは、ここ数年のことだ——しかもこのプログラムは一つ五〇〇〇ドルするため、使うのは並外れて熱心で資金の豊富な研究者に限られる。それに対して、乗用車はもっと規格化されている。メーカーは基本的に同じ車のツードア・モデルとフォードア・モデルを、別の名前を使って売っているからだ。したがって事故のデータベースに現れた乗用車の車重を推定するのは簡単である。ただモデルの名前を使えばいいのだ。だから安全問題研究者は何十年もの間、乗用車の事故を中心に扱ってきたのである。

攻撃性——重量の問題と設計の問題

一九九〇年代末まで自動車メーカーは、事故時の車の攻撃性は車重のみに左右され、設計は本質的には関係ないと言い張っていた。一九九七年八月のインタビューで、当時フォードの会長兼最高経営責任者であったアレックス・トロットマンは、SUVと乗用車の事故の問題を、ギリシャ時代にさかのぼる物理法則の反映にすぎないといって片づけた。小さな岩を大きな岩にぶつければ、大きな岩が勝つ、とトロットマンはいい、フォード社にとって重要なのはSUVが一般大衆に受け入れられていることだと付け加えた。「それは顧客にとってよい法則であり、それを我が社は提供するのだ」

車重が車の安全性にかかわる唯一の要素だとすれば、メーカーは、軽量なモデルでは乗員の保護能力が低下すると主張して、モデルの変更に常に抵抗することができる。また、人数が多かったり運ぶ荷物が多かったりする家族のために大型の車が必要な場合もあり、大きな車は車重も重い。しかしSUVの設計に、車重と同じように問題があるとすれば、安全性の改善はより簡単にできる。長年、SUVの設計に関してはほとんど調査が行なわれていなかった。一九九七年に始まる多数の調査は、しかし、設計が車重以上に致命的であることを示している。

一九七〇年代——自動車安全性研究の全盛期——に安全性の専門家は、車の「攻撃性」、すなわち事故時の他の車との「コンパティビリティ」を評価する試験的な取り組みをいくつか行なった。取り組みの大部分は、五〇年代、六〇年代の大きく重い乗用車が、市場に出回り始めた小型で燃費のいいモデルにぶつかったときどうなるかを予測することに向けられた。しかし一部の研究者は、関係があるのは車重だけだろうかと考えていた。

一九七一年、フランス運輸省は、車の乗員を保護することに関心が払われすぎていると強く主張する研究報告を発表した。報告は、車の攻撃性にも同様の関心が払われるべきだと力説していた。報告は特に側面衝突を扱っており、自動車の車体前部は頑丈なドア枠に当たるように低く抑え、その上の弱いドアを突き抜けないようにするべきであると、予言するかのように述べている。「バンパーの下の車体前部下部を強化して、そこが衝突された車の基部を押すようにすることは有益であると考える」と報告書には書かれている（註1）。しかし、この先見的な忠告は、九〇年代末までメーカーから完全に無視されていた。SUVブームの始まる八〇年代半ばからこれに従っていれば、数千人の命が救われたはずであったのだが。

七二年にルノー社の安全エンジニア、フィリップ・ベントレが書いた明快な論文は、類似の方向の調査により、自動車の「攻撃性」の基本的原因を三つ明らかにしていた。車重、堅さ、設計である。車の相対的な重さと堅さも重要であるが、メーカーは車体前部内側の部品の配置にも気を配るべきだとベントレはいう。ベントレが主に懸念を抱いたのは、メーカーは非常に堅い構成部品を車の最前部に置くべきではないということだ。エンジンのように非常に堅固な構成部品をあまり前に置きすぎると、それが衝突の最初の千分の数秒で、鋼板が十分につぶれて衝撃を吸収する前に、他の車に急激に食い込むと警告している。しかし彼は堅固な部品の高さについては心配していなかった。当時はみんな乗用車を運転していた。特にフランスではアメリカとは違い、ピックアップ・トラックはまったく人気がなく、乗用車はどれも車高がほとんど似たり寄ったりだった（註2）。

攻撃性の三要素は、重量、堅さ、設計

車の設計を事故時にコンパティビリティが高いものにすることを七二年に求めたのは、ベントレだけではなかった。主に小型乗用車を作っているイタリアのメーカー、フィアットの安全センター長エンツォ・フランキーニは同年、この問題について国際会議で発表を始めた。彼は衝突コンパティビリティを特に広く解釈

するように求め、車がガードレールのような路上工作物ともコンパティビリティを持つように、自動車メーカーは注意すべきだと警告した。悲しいかな、この忠告は、ＳＵＶのデザイナーには忘れ去られている。

フランスとイタリアの研究に応えて、アメリカ政府の研究者、ジェローム・Ｍ・コッサーは、続いて一九七四年にロンドンで開かれた安全規制に関する国際会議において論文を発表した。「我々は自車の乗員の安全のみならず、それが衝突する車に乗っている人間の安全も考慮しなければならない」とコッサーはいい、衝突時に軽い車に引き起こす被害を食い止めるような高度な仕組みのバンパーの装着を、重い車に義務づけることを呼びかけた。そのバンパーには油圧ピストンが内蔵され、衝突時にはピストンが押し込まれて重い車が発生するエネルギーの大部分を吸収する（註３）。

しかしこの理想的アイディアは実現しなかった。それどころか今日のＳＵＶは、多くの点で重い乗用車よりも悪い。ＳＵＶの車体前部は、衝突時につぶれて車を減速させる能力において、実際には乗用車より劣っている。これがＳＵＶが衝突テストでぱっとしない理由である。

一九七九年に米国自動車協会（ＡＡＡ）は貨物トラックと乗用車の衝突事故に関心を持ち始め、ミシガン大学の研究者に調査を委託した。その結果もたらされた分析は、ピックアップ・トラックとバンも含めた、すべてのサイズのトラックを対象としていた。研究は、ピックアップとバンの人気が徐々に上がっており、規制が厳しくなった乗用車は小型化しているので、小型トラックと乗用車の衝突は頻度を増し、致命的になっていると的確な警告を発していた。しかしこの研究には二つの欠点があった。ミスマッチは主に車重差によって起こると、ほとんど分析なしに決めてかかったこと、ＳＵＶを無視していたことである。ＳＵＶは当時まだ珍しく、交通の統計にはあまり現れていなかったのだ（註４）。

デトロイトの自動車メーカーのロビイング機関である自動車工業会は、ＡＡＡに応えて連邦の事故データの統計学的検討を委託し、小型トラックが特に危険なのは乗用車より重いからなのか、それとも他に原因となる要素があるのか結論を出そうとした。検討は八四年に完了し、車の重さがやはり傷害率の主要な要素であることが明らかになった。自車よりも重い車との衝突で速度が急変するとき、拘束されていない乗員は非常に乱暴に投げ出されるからだ（註５）。

しかしこの調査にはもう一つの結論があった。あとで考えると、それはもっと注目されてもいいものだった。ピックアップ・トラックとバンは衝突の際に、重量差だけから予測される以上に深く乗用車の車体に突き刺さるのだ。「要約すれば、小型トラックの攻撃性には車輛の重量以外の何かが関与しているという仮説を、車輛損傷分析はおおむね裏付けている」と報告書は述べている。「『それ以外の何か』には、おそらく車体前部の堅さのような構造上の要素が含まれると思われる」

調査報告の最後の一文は、過剰な損傷を理解するためにはさらに努力が必要であるという先見の明のある勧告になっていた。「車室への侵入による傷害に構造上の要素が影響している可能性はあるが、いっそうの調査が必要である」

バンパーとボンネットの高さがつくりだす攻撃性

全米高速道路交通安全局《NHTSA》は一九八六年一月に別の報告書を発表した。これはメーカーへの警鐘となってしかるべきものであった。同局は三〇〇〇ポンド（一三六二キログラム）の障壁一二基を、フォルクスワーゲン・ラビット（ゴルフ）の側面にぶつけた。この障壁は、のちに政府が、（ダイアナ・ド・ビアのサーブのような）乗用車の発売を許可する前に行なう側面衝突テストに使用することになる標準的障壁の変種だった。障壁のうち四基は、通常の乗用車では地面から一七インチ（約四三センチ）にあるバンパーが、一二インチ（約三〇センチ）に下げられていた。別の四基は、車体前端で通常三〇インチ（約七六センチ）ほどの高さのボンネットが、二五インチ（約六四センチ）になっていた。残りの四基は普通より柔らかく、一般的な乗用車の前部よりもつぶれやすくなっていた。障壁の半分は通常市販されているラビットにぶつけられ、残り半分は側面の詰め物を増やしたラビットにぶつけられた。

ラビットの側面の詰め物と柔らかい車体前部の効果は少なかったが、バンパー位置を下げた障壁はラビット乗員が骨盤に損傷を受ける危険性を減少させた。しかし本当に効果があったのはボンネットの高さを下げることだった――通常の乗用車のボンネットでは九七パーセントあった重大な胸部の損傷の危険性を、わずか一一パーセントにまで減らしたのだ。驚くべき成果である。安全エンジニアは、これよりはるかに小さな改善を達成するために、大変な労力を自動車の設計に注いでいるのだ。

八六年の報告書は次のように結論している。「衝突車の前部の特性を変えることには、被衝突車の側面を修正することよりも多くの潜在的利益があると思われる」。もし誰かが注意を払っていれば、通常の乗用車よりもバンパーとボンネットが高い車を作ることの危険性への明快な警告に、この報告書はなっていたはずである（註6）。

だが誰も注意していなかった。バンパーとボンネットは低くはならず、高くなっていった。業界は、二三インチのバンパーと、地面から四〇インチ以上にもなるボンネットを備えたSUVの生産に飛びついた。車の攻撃性について考慮する代わりに、メーカーと規制当局は八〇年代から九〇年代を通じて、衝突後に車室内を跳ね回る乗員を傷害から保護することにもっぱら主眼を置いた。数十年に及ぶ抵抗の末、メーカーは八〇年代終わりに、ようやくエアバッグの使用を受け入れ、規制当局は九〇年代にエアバッグを義務化することで応じた。あらゆる車でもっとも重要な安全装備であるシートベルトの使用は、やはりこの時期にようやく改善され、八四年の一四パーセントから二〇〇一年の七三パーセントに増加して、年間数千人の命を救っている。またシートベルトとエアバッグは、主として衝突の際に乗員が車室内で飛び回るのを防ぐことで、毎年数十万人のケガを軽減している。しかし、ベルトをしている乗員に車の部品がものすごい勢いで文字通り突き刺さってきたら、シートベルトとエアバッグはほとんど役に立たない。

これがSUVに数多くある悲しい面のひとつである。ようやくほとんどの運転者がしっかりと拘束されるようになったのに、車室を突き抜けて拘束された乗員をも傷つける可能性がもっとも高い車へと、消費者の好みが移っているのだ。それでも衝突時のインコンパティビリティ（コンパティビリティが低いこと）の問題は、規制当局の関心をほとんど引いていない。この問題は、七〇年代に行なわれた初期の調査を決して忘れることがなかった一人の男、トム・ホロウェルの手で九〇年代半ばについに再浮上し始めた。

コンパティビリティのコンピューターモデル

明るい茶色の髪が薄くなりかけた背の高い痩せた男性、トム・ホロウェルは、かなり内気で世間から注目されるのを嫌う。一九七一年にバージニア大学で航空宇宙工学の学士号を取得したホロウェルは、アラバマ州ハンツビルにあるNASAの請負業者に四年間勤め、パンチカードを用いて宇宙船の安定性についての初期のコンピューターモデルを作成した。七五年六月、コンピューターモデルを扱うためにNHTSAに入り、以来ほぼずっと同局に勤務している。

局がホロウェルを雇ったのは、フォード社と取り交わしたばかりの契約を監督させるためであった。七四年の大型車と小型車のコンパティビリティに関するコッサー論文の発表を受け、NHTSAはフォードに金を出して、二台の車が衝突するとどうなるかの基本的なコンピューターモデルを開発させた。局でのホロウェルの最初の仕事は、フォードのコンピューター技術者や安全の専門家と共同でこれを行なうことと、別に事故のシミュレーションをする局独自のコンピューターモデルを作成することであった。

八一年にレーガン大統領が政権につき、多数の安全性の研究を中止したが、ホロウェルは、大勢の同僚たちとは違い、嫌気がさして辞めることも解雇されることもなかった。そればかりか、空いた時間を使ってバージニア大学で工学博士号を取得するチャンスを得た。彼の学位論文は、衝突テストの結果から正確なコンピューターモデルを作成する方法についてのものであった。ホロウェルは博士課程にいる間も、一年の休職期間を除きNHTSAでの勤務を続けた。バージニア大学は、フォードが作成したコンピューターモデルを改良する業務をNHTSAから請け負った。作業は一部ホロウェルの独自のモデルを組み込むことで行なわれ、ホロウェルが契約を監督した。バージニア大学はまた、最近の卒業生の一人、クレイ・ガブラーという名の若い原子力工学者をコンサルタントとして雇った。

ガブラーは少しホロウェルに似ており、やはりいくらか内気である。ガブラーの話はたどたどしく、時には苦労してやっと言葉をしぼり出すこともあり、そのため公開説明会がのちにひと苦労となる。だが彼は優秀なコンピューター・プログラマーでもあった。スリーマイル島の大事故で原子力産業の将来が色あせるのを見たガブラーは、代わりに交通事故の力学に急速に魅せられていった。

新たに統合されたコンピューターモデルの微調整に、ホロウェルとガブラーは膨大な時間を費やした。しかし彼らには、モデルが現実を反映しているかどうか検証するための衝突テストを、実際に行なう予算がなかった。結局ガブラーは、プリンストン大学で自動車事故を専門に研究して博士号を取得するため九二年に退職し、一方ホロウェルは昇進してNHTSAに九人いる研究部門長の一人となり、緩衝材やエアバッグといった自動車安全システムのさまざまな研究を監督した。

コンピューターモデルはうまくいかなかったが、二人ともそれを忘れることはなかった。NHTSAには自動車メーカーとの研究を調整する委員会が数十あり、ホロウェルは作業部会を組織して、九一年と九二年に衝突コンパティビリティのコンピューターモデリングについて討論する会議を開催していた。九三年に起きた二つの出来事で、ホロウェルは衝突コンパティビリティの研究を再開するための資金と官庁の協力を獲得する希望を新たにした。第一はクリントンが政権につき、既存の車よりも最大四〇パーセント軽い新世代の低燃費車の開発を要求したことである。こうした車は、最初は宇宙産業で開発された非常に強度の高い複合材料で作らざるを得ないのではないかと、ホロウェルは懸念した。この種の複合材料は一般にきわめて堅く、簡単にはつぶれない。事故のとき、それが他の車に深く突き刺さるのではないかとホロウェルは疑ったのだ。

第二点は、保険業界がいわゆるオフセット衝突テストを使っていることに異論が高まっていたことである。オフセット衝突テストでは、車の前部全面ではなく、左の隅をコンクリートの障壁にぶつける。保険会社はこのテストを、車体前部全面を使う政府のテストより現実的であると自賛していた。運転者は普通、衝突の前によけようとするからである。しかしメーカーは以前から、オフセット試験に合格するには車の角をもっと頑丈にしなければならないといっていた。これは他の運転者への脅威を拡大するかもしれないとホロウェルは考えた。

当初、NHTSAの上司の説得はうまく行かなかった。「はっきりいって、局は初めコンパティビリティが問題だとは思っていなかった。重量の問題だと思っていたからだ」とホロウェルはいう。重いSUVが、古い世代の重いフルサイズ・ステーションワゴン程度の危険しか他の運転者に及ぼさないとすれば、規制当局は関心を示さないだろう。

ホロウェルがもっとも必要としたのは、大学の統計学者への助成金と衝突テストのための資金を調達することであった。他の連邦省庁の多く、例えば国立衛生研究所などと同様、NHTSAは局内でも研究をすることはするが、大部分は外部の専門家に助成金を出して、統計分析と衝突テストを行なわせることに頼っている。

クリントン政権は年間二億ドル以上を、低燃費車の開発のためにデトロイトに与える心積もりだったので、ホロウェルはその金の一部を安全のために回してもらうためにロビー活動を始めた。堅固で軽い車が事故においてどう相互に作用するかを分析するために必要だからということで、古いフォードのコンピューターモデルの精度を高めるために彼が要求したのは、年間二五〇万ドルを六年間であった。

ホロウェルはNHTSA上層部を説得して、この金を九五年度と九六年度の予算案に組み込ませることができた。しかし上下両院の職員、特に共和党サイドが、クリントンの金のかかる計画をやめさせようとして、自動車業界にうかがいを立てた。自動車業界のロビイストは即答してきた。デトロイトには研究助成金をふんだんに与えよ、ただし規制当局による安全性分析は撤廃せよ。「我々は職員に、カットするところを探しているのなら、そこだといった」と、当時も今も業界トップのロビイストの一人であるマイケル・スタントンは回想する。「我々はそれに反対するつもりはなかった。だが問題は、カットしていいところかということだ」。スタントンによれば、自動車業界が懸念していたのは、二〇〇四年型式年度まで試作さえ存在しない車の安全性について、コンピューターモデルを開発するのは時期尚早ではないかということだった。コンピューターモデルがすでに道路を走っている車の衝突コンパティビリティを調べるために使われるかもしれないなどとは考えなかったと、スタントンは主張している。

車種別攻撃性ランキング

このような逆風にもかかわらず、ホロウェルは粘り続け、九五年末にはコンピューターモデルは棚上げにして、死亡事故に関する国のデータベースを洗い直してみることにした。博士課程を続けながらNHTSAにパートタイムで勤務していたガブラーが手を貸した。二人は他の運転者にもっとも危険を与えている車種のランキングをまとめることにした。ランキングは非常に刺激的で交通安全関係者の間で物議をかもすだろう、そうすればデトロイトや規制当局の上層部も注目せざるを得ないだろうという計算が二人にはあったと、ガブラーはのちに述懐する。

二人はさまざまな車種の殺傷率を分析した。特定車種の登録台数一〇〇万台あたり年間何人、他の車の搭乗者を死亡させているか。彼らの計算によれば、例えばホンダ・アコードは一〇〇万台あたり他の運転者を年間二一名死亡させており、トーラスは三八名である。

データ分析のごく初期の段階から、ホロウェルとガブラーは、もはや大型乗用車は最大の危険ではないことに気づいた。小型トラックのほうがはるかに大きな問題だった。大型乗用車の殺傷率は中型乗用車より八パーセント高かったが、ＳＵＶの殺傷率は八五パーセント高かった。ＳＵＶの殺傷率は、その大部分がベースとしている小型ピックアップ・トラックの殺傷率よりも相当高かった。

さらに不気味なのは、フルサイズ・ピックアップ・トラックの殺傷率はＳＵＶに輪をかけて高く、しかも当時メーカーはフルサイズＳＵＶを多数作り始めていたことだった。フルサイズのシボレー・ブレイザー（現在タホに改称されている）は一〇〇万台あたり年間一二二名を死亡させ、「殺人車ワースト二〇」リストのトップに立った。ホロウェルとガブラーの論文は、小型トラックの車重と堅固さは他のドライバーにとって危険であると警告し、小型トラックの車体前部の高さを調査すべきであると述べている（註7）。

小型トラックの危険性には二人とも驚いた。安全性研究者のご多分にもれず、二人も公道を走る車に占める小型トラックの割合がゆっくりと増えていることを把握していなかった。彼らのコンピューターモデルは、もう二〇年も前のもので、乗用車同士の衝突シミュレーションしかできなかった。

「自分たちのモデルに、小型トラックを加える計画だった。だが事故の分析を行なうまで、本当の問題がどこにあるのか私たちにはわかっていなかった」とホロウェルはいう。

論文にはホロウェルとガブラーが追究を望んでいた優先研究課題が発表されていた。しかしランキングに重大な欠陥があり、メーカーに当初彼らを無視する口実を与えてしまった。登録車一〇〇万台あたりの致死数を計算することで、結果が少し歪曲していたのだ。もっとも致死数の高い車種は、他の車を押しつぶしてしまう車とは限らない。若者が運転することが多いために、たまたま多くの事故に関わっている車種もある。計算では、例えば、シボレー・カマロの殺傷率は八六で、他のドライバーにとって公道上のどの乗用車よりもはるかに危険であり、また多くのＳＵＶ、ピックアップ、バンよりも危険である。カマロは車高が低く、特別重い車ではないので、その率の高さは設計ではなく運転の仕方を反映したものである。

この論文は、一九九六年五月にオーストラリアのメルボルンで開かれた第一五回自動車安全技術国際会議で、他の数百の論文に混ざって発表された。規制当局首脳はメルボルン会議で、五つの分野において研究の連携に努めることに合意した。その一つが車のコンパティビリティであった。しかし車のコンパティビリティへの関心は、大体においてヨーロッパの規制当局から寄せられたものだった。ガソリン価格が低下して、再び大型乗用車を運転する余裕ができ、路上に増えてきたことから、大型乗用車が小型車に及ぼす被害を懸念する声がヨーロッパで上がっていることの反映であった。

論文と国際的な研究目標が追い風となり、九六年秋、フォードのコンピューターモデル（この時点で二〇年前のものになっていた）の作業再開に必要な最初の二五〇万ドルの議会承認を、ホロウェルはようやく獲得した。さらにホロウェル自身の自動車安全システムの研究予算から年間八〇万ドルが、衝突テストと大学の専門家による統計分析を含むコンパティビリティ研究に割り当てられた。だがNHTSA内部ですら、この論文と研究はほとんど注意を引かなかった。自動車業界のロビイストは、六年間コンピューターモデリングを行なったところで、脅威になったとしても大したものではないと判断した。

メルボルン会議は、アメリカからもヨーロッパからも文字通り地球の果てで開かれていたため、メディアの報道は皆無といってもよかった。アメリカのジャーナリストと規制当局は、前部座席に座っていた子供や小柄な女性がエアバッグのせいで死亡した何十件もの悲惨な事件に捉えられていた。エアバッグは、シートベルトを締めていない体重八〇キロの男性を抑制できる勢いで膨らむように設計されていたからだ。SUVはアメリカ人の自動車好きを再燃させ、中西部北部を活性化させた。コンパティビリティへの心配はほとんどのドライバーとメーカーの意識の中にはなかった。

コンパティビリティ問題とSUV

一九九七年八月、フォードの取締役会は過去最大のSUVの発売計画を承認した。のちにエクスカーションと命名されるこの怪物は、重さ三トンを超え、マイケル・ジョーダンよりも背が高く、標準的なタイプは市街地ではガロン一〇マイル（リッター約四・二キロ）しか走らないV10エンジンを搭載して販売されることになる。あまり大きいので、背の高いドライバーはスクールバスの窓をのぞき込むことができる。車体前部はF250スーパーデューティー・ピックアップ・トラックと共通で、ボンネットは地上一二五センチのところにある。ほとんどフォード・トーラスの屋根の高さだ。しかしフォードの取締役会がエクスカーションの大量生産を承認したとき、この車が他のドライバーに及ぼす危険性のテストは行なわれなかった。

その頃ホロウェルとガブラーはコンピューターモデルに取り組んでいた。九七年九月二三日、NHTSAが三カ月に一度定例で行なう研究計画の公開説明で、ガブラーはメルボルン会議の論文とさらなる研究の推進について述べた。出席者は、ほとんどすべて自動車業界の役員で、そもそもコンパティビリティ問題などというものが存在することにきわめて懐疑的だった。「彼らは怒り狂っていた——ある男が、フォードのピックアップ部門の人間だと思うのだが、立ち上がってこういった。『これがそんなに問題なら、どうして新聞に載っていないんだ？』」と、ガーブラーはいった。

まったくの偶然だが、翌日の『ニューヨーク・タイムズ』に筆者が書いた衝突コンパティビリティに関する長文の記事が掲載された。一面には記事と共に大きな写真が掲げられていた。それは最近イギリスで行なわれた衝突テストの写真で、側面衝突したレンジローバーの車体前部がフォード・エスコートのドア枠を完全に乗り越え、車室に深く食い込んでいるところを見せていた。実験は時速わずか一八・六マイル（約三〇キロ）で行なわれたにもかかわらず、被害は深刻だった。

政府が過去数年間に数千回行なった衝突テストの報告書の分厚いコピーを見ると、SUVを乗用車にぶつける試験は一度も行なわれなかったことがわかる。衝突コンパティビリティに関する衝突テストと外部の統計の専門家に割り当てられた年額八〇万ドルを、NHTSAは代わりに当時大問題だったエアバッグの研究に使っていたのだ。

イギリスで新たに行なわれた研究は、側面衝突時には車体前部の高さが重量よりも重要であることを指摘していた。ところがアメリカの自動車メーカーには、自分たちが作る車の影響を分析する手段がなかったのだ。

「私たちは通常、当社が売っている車の乗員を一番に心配する」と、フォードの自動車システムエンジニアリング部長で、七〇年代に衝突コンパティビリティのコンピューター・プログラムにホロウェルと共同で取り組んだクリス・マギーは認める。「他の車がからむ局面に関しては、調べはするかもしれないが、実際に対処するための方法とか手段はないのだ」

安全問題に関する自動車業界の最高のロビイストで、少し前まで業界の安全を監督する機関のトップにいた人物も、SUVとピックアップの設計は乗用車の側面に衝突した場合、特に危険をもたらすと認めている。「身体の傷つきやすい部分にぶつかりやすい。胸とか、頭とか」と、アメリカ自動車工業会の安全部長、バリー・フェルライスはいう。

しかしほとんどの自動車メーカー役員は、衝突コンパティビリティの低さを避けがたい現実として片づけている。「戦車に乗っていたって、汽車にぶつかる可能性は必ずあるんだから」と、GMの先端技術部長ロバート・パーセルはいう。

デトロイトをさらに困惑させたのは、ドイツのメルセデスが衝突コンパティビリティの低さの研究を始め、何とかしようとしたことだ。同社がちょうど初のSUVを設計していた一九九三年、米国自動車協会に相当するドイツの団体が、ニッサンの大型SUVとフォルクスワーゲン・ゴルフを正面衝突させる実験を行なった。ニッサンはVWのボンネットに乗り上げ、フロントガラスの根元まで届きそうになった。ゴルフに乗っていたダミーは頭部に、一〇〇〇以上が生命にかかわると解釈される尺度で三一七七の測定値を示す傷を負った。ニッサンの下に潜り込んだゴルフの前部は、SUVのステアリング・コラムの基部に当たり、それを突き上げた。その勢いは、SUVの運転席にいたのがダミーでなく本物の人間なら、くし刺しになっておそらく死亡していたほどのものであった。

半ばこのテストに応えて、メルセデスは新型のMクラスSUVの車体前部を慎重に設計した。バンパーの後ろの低い位置に、メルセデスは中空のチューブを水平に配置し、乗用車の車体下部と同じ高さで第二のバンパーとして働くようにした。メルセデスはMクラスを、アメリカでは売っていないような小さな自社製の乗用車にぶつける衝突テストまで行なった。乗用車に乗っていたダミーは「生きて」いた。

バンパーの高さはかなり重要であると思われる。乗用車は連邦の法規で、地上一六インチから二〇インチ

（約四一センチから五一センチ）の間に衝撃に耐えるバンパーを備えることが要求されている。ＳＵＶやその他の小型トラックはこの規則を免除されており、メーカーはバンパーを相当高い位置に取りつけている。表向きはオフロード走行時に岩に引っかける危険性を減らすためとされているが、主にマッチョな外観を与えるためである。ホンダの主席エンジニア、チャールズ・Ｒ・ベーカーはいう。「正面衝突を起こせば、多目的スポーツ車のバンパーは乗用車のボンネットを乗り越えやすい――困ったことだ」

その後の調査で、ＳＵＶのフレームレール、エンジン、ボンネットの高さがバンパーの高さよりもさらに重要であることがわかっている。バンパーは時速二・五マイル（四キロ）までの衝突のダメージから車を守るように設計されているにすぎず、時速一〇マイル（一六キロ）を超える事故ではスズ箔とあまり変わらない。それでもなお小型トラックがバンパーの高さの規則を免除されていることは、安全に致命的な影響をもたらすのだ。これまで自動車デザイナーは乗用車の前部を、バンパーを取りつけるためにかなり低く抑えなければならず、バンパーの後ろにクランプル・ゾーンを確保していた。このような制約から解放されたＳＵＶやピックアップの設計者は、車体前部をいくらでも高く作れるようになった。

初のＳＵＶコンパティビリティ訴訟

訴訟を起こされることを恐れて自動車デザイナーが制約されることは時としてあるが、自動車メーカーは、自分たちが作った車が他のドライバーに危害を加えたからといって訴えられることはまずないと、正しく判断していた。初のＳＵＶコンパティビリティ訴訟は、九月二四日の『ニューヨーク・タイムズ』に筆者の記事が載った数週間後に提訴された。訴えたのはド・ビア夫妻、訴えられたのはレンジローバーを製造しているランドローバー社である。これは乗用車とＳＵＶのコンパティビリティの低さを賠償責任の根拠に挙げた最初の訴訟だった。ド・ビア夫妻は、レンジローバーが事故で多大な被害をもたらしたことに基づき、不注意により危険な製品を設計したとして会社を訴えた。レンジローバーのバンパー位置は高すぎ、またランドローバー社は顧客がグリルガードを購入してレンジローバーに取りつけるかもしれないと予測すべきであったというのが原告の主張である。ド・ビア夫妻の弁護士、アーノルド・シュウォーツは九七年一一月にカリフォルニア地方裁判所に提訴し、陪審裁判を要求した。

ランドローバー社は自社に責任はないと回答した。一つにはレンジローバーのバンパーはオフロード走行のために高くなければならないからであり、もう一つには、レンジローバーが衝突するかもしれない他の車すべての設計に対応することは望めないからだ。ランドローバー側の弁護士は、法廷に次のような主張を提出した。ド・ビア夫妻の論証に基づけば「バスはトレーラーハウスと同一でなければ欠陥車である。両者とも救急車と同一でなければ欠陥車である。三者ともピックアップ・トラックと同一でなければ欠陥車である。四者とも自家用車と同一でなければ欠陥車である」。

ロサンゼルスにあるカリフォルニア州高等裁判所のジャン・A・プラム判事は両者の主張を読み、法律学者と相談したうえで、ランドローバーが正しいと判決を下した。その製造物が衝突するかもしれない他の車種すべての設計に対応することをランドローバー社に求めることは無理であると判事は裁定し、二〇〇〇年一月二六日、陪審へと送ることも認めずに訴えを棄却した。その後、州控訴裁判所は本件の棄却を支持した。ド・ビア裁判に似た訴訟は一件だけ、コネチカット州で日産を相手取って起きている。ポンティアックのステーションワゴンのドライバーがニッサン・パスファインダーSUVとの衝突で死亡した事件に関するものである。日産がプラム判事の判決を引きあいにして、SUV製造者の責任が問われると法廷で主張することさえ軽率であると反訴の脅しをかけると、訴えは早々に取り下げられた。これにより法律家は、SUVが他のドライバーに及ぼす危険への関心を失った。いずれの訴訟も審理にまでたどり着くことなく、衝突コンパティビリティに関する自動車メーカーの内部文書が証拠開示されることもなかったからだ。

衝突コンパティビリティの問題が目立ってくると、メーカーは独自の研究をまとめるようになった。七〇年代にトム・ホロウェルと共にフォードの衝突コンパティビリティ・モデルに取り組み、現在フォードの主席安全性研究者を務めるプリヤ・プラサドは、一九九七年に連邦の事故データベースのコンピューター解析を行ない、乗用車とSUVの衝突は、九〇年代初めから半ばにかけて年間の全交通事故死の平均四パーセントを占めることをはじき出した。これを根拠にプラサドは、問題が誇張されていると力説する。彼の主張によれば、割合が小さい理由は、一部は全交通事故死の半数近くが単独事故によるものであるからであり、一部は調査した時期には公道上のすべての車に占めるSUVの割合が、まだ五パーセントをかなり下回っていたからだという。アメリカの交通事故死者数は、九〇年代には年間約四万二〇〇〇人で横ばい状態であり、走行距離一億マイルあたりの死亡率で比較すれば、徐々に減少さえしていると、プラサドは指摘する。

プラサドの主張の問題点は、乗用車とSUVの衝突が異常に致命的であるのかどうかを評価していないことである。もし四パーセントという数字が、ありうべき数字の二倍だとすれば、それでも死なずに済んだはずの人間が年間八〇〇人死亡していることになる——これは満席のボーイング747ジェット旅客機が六カ月に一度墜落するにも等しい。さらに重要なのは、シートベルトの着用が普及し、飲酒運転が減少し、エアバッグ装着車が一般的になっているのに、全交通事故死者数の減少はむしろ九〇年代に急に止まっていることだ。特に他のカテゴリーの事故死者が減っているのに乗用車と小型トラックの衝突による死者が増えていることを考えれば、SUVが容疑者の一つと考えられる。そしてSUVが新車販売台数の一七パーセントに達し、さらに増えているために、使用されている全車輌に占める割合が、したがって乗用車との事故に占める割合も、いっそう大きくなるのは時間の問題であると思われる。

SUVの殺傷力は乗用車の三倍近い

SUVに関心を持ち始めたもう一つの団体は自動車技術者協会（SAE）である。一九〇五年に設立されたSAEは、一九六六年に全米高速道路安全局（七〇年にNHTSAとなる）が創設されるまでの数十年、いくつかの安全基準を含めた共通技術基準を自動車メーカーのために定めてきた。有料会員とメーカーに支えられて、SAEは今も、ヘッドライトを取り付ける高さのような目立たない細かな部分で、業界のガイドラインと基準を定めている。エンジンオイルの缶の脇にあるオイルの粘度番号は、SAEの格付けシステムに由来する。

SAEは一九九七年一二月一〇日から一一日の二日間、ディアボーンのハイアット・ホテルでSUVの危険性に関する非公開会議を開いた。全国からトップクラスの安全性研究者と自動車エンジニアが、技術論文の発表のために招かれた。メディアは招待されなかったが、いずれにせよ筆者には連絡があった。筆者はSAEの図書館で古い技術論文のコピーを購入したことがあり、それ以来連絡先名簿に名前が載っているからだ。筆者は記者であることを明かして申し込み、参加費は『ニューヨーク・タイムズ』が支払った。そして、議事の録音は一切許されないが、発言はすべて公式なものであり、紙上で引用してかまわないといわれた。

会議は情報の宝庫であった。ルーカス・バリティーのブレーキ担当重役ジョン・サップは、SUVのブレーキは乗用車のものほど利かず、改善が必要であると警告した。NHTSAのチャールズ・カーンは、大型のSUVとピックアップ・トラックは異常な高率で歩行者の死亡を引き起こしており、ブレーキの利きが悪いことと運動性に欠けることが原因かもしれないと示唆した。

ホロウェルとガブラーはメルボルンの分析を改訂し、登録台数一〇〇万台あたりではなく、全国の警察に報告された事故一〇〇〇件あたりの殺傷率を調べた。こうすることで彼らは、特定の車種が死亡事故を引き起こしやすいかどうかを検討できるようになった。新しい手法でも、以前の殺人車リストでシボレー・カマロを上位にランクしたような無謀運転の要因を、完全に排除することはできない。不注意な若者が運転する車種は、中年世帯の乗る車種よりも事故時の平均速度が速いだろうからだ。だがこの分析はドライバーの人口統計の影響を確かに減らす（註8）。

新たな計算では、SUVは事故時に乗用車の三倍近く他のドライバーを死亡させる可能性が高いことが明らかになった。フルサイズのピックアップとフルサイズのバンはさらに殺傷力が高いが、大部分のSUVがベースにしている小型のピックアップはやや殺傷力が低い。またホロウェルとガブラーの推計では、乗用車同士の側面衝突の場合、ぶつけられた車のドライバーはぶつかった車のドライバーよりも死亡する確率が六・六倍高い。だがSUVが乗用車の側面に衝突した場合、死亡割合は三〇対一に高まる。

このような格差の原因を探していたホロウェルとガブラーは、高さの相違に注目した。二人は各車のドア下の外装パネルの高さを調べた。SUVでは高さの平均がもっとも高く、一五・四インチ（約三九・一センチ）で、サブコンパクトカーではもっとも低い六・九インチ（約一七・五センチ）だった。「SUVは中型乗用車より約二〇〇ミリ高い――この幾何学的不適合のために、SUVは乗用車のいかなる側面構造をも乗り越えて、乗用車の搭乗者に直接衝突するのである」と、ディアボーンの会議でホロウェルが発表したデータをその後要約した論文で、二人は結論している。

またホロウェルとガブラーはさまざまなモデルの相対的な堅さを調べ、SUVは乗用車よりも大幅に堅いという結論に達した。二人はこれを、通常の衝突テストでコンクリート障壁が受ける力から割り出したのだ。例えば、二人はフォード・トーラス・セダンとフォード・レンジャー・ピックアップ（そのシャシーはフォード・エクスプローラーと共通である）を比較した。トーラスとレンジャーは重さはほぼ同じなので、障壁に加わる力は二台の堅さを反映しているはずである。案の定、コンクリート障壁の圧力センサーは、レンジャーがトーラスの最大二倍を超える勢いで激突したことを検知していた。トーラスの前部はレンジャーよりも大きくつぶれてエネルギーを吸収したのだ。トーラスに乗っていたダミーは、レンジャーのダミーよりも損傷が小さかった。

これも九八年一月のデトロイト自動車ショーに姿を見せた主だった自動車メーカー重役には効き目がなかったようだ。彼らはさらに車高の高いSUVを作る計画を立てていたのだ。自動車購入者、特に女性は、車高の高い車はより安全だと考えると、フォードの乗用車およびトラック部門の統括マネージャー、ロス・H・ロバーツはいう。「その気になれば着座位置を低くすることもできる。でも高いほうが売り込みに有利なのだ」

彼らの愛犬を撃ち殺したみたいだった

クリントン大統領から指名を受けたNHTSA局長、リカルド・マルティネス博士は、一九九八年一月一二日に、初めてコンパティビリティ問題に公式にかかわるようになった。この日、デトロイトで行なった講演の終わり近くで、メーカーはこの問題に取り組むべきだと短く触れたのだ。彼の発言にデトロイトの自動車メーカー重役は激怒した。規制当局の高官がこの問題に触れるなど言語道断だったのだ。「業界の逆上ぶりときたら、我々が彼らの愛犬を撃ち殺したみたいだった」と、マルティネスはのちに回想する。

講演の翌日、マルティネスはある自動車メーカーの最高経営責任者《CEO》と会談した。マルティネスはCEOの名を明かすことは拒否したが、そのデトロイトの業界指導者は、半ば本気でこういって彼を迎えた。「ひどいじゃないか、人の商売の種を取らないでくれよ」

クライスラーは一月から二月にかけて、特に攻撃的な広報活動に走った。クライスラー会長ボブ・イートンは、一月三一日に開かれた自動車ディーラー大会で講演した。そのなかで彼は、SUVを規制から守るためにロビー活動に力を入れることを呼びかけ、アメリカ国民はいかなるSUV規制も支持しないだろうと予言した。「もしも政府が、環境に悪影響があるかもしれないとか小型車に危険をもたらすかもしれないからという理由で、お客様の多目的スポーツ車を取り上げるようなことになれば、私たちにはおそらくもっとも強い味方がすぐにもできるでしょう」と、イートンはいった。

またクライスラーの役員は、コンパティビリティの問題を公に語ることすら好ましいことではないと主張しだした。生き残りを気にした消費者が、もっとも殺傷力の高そうなモデルを選ぶようになるかもしれないというのがその理由だ。証拠として、彼らは前年のSUV売上の伸びを挙げた。SUVの売上は一〇年来伸びており、実のところ前年は市場占有率の増加が鈍っていたことには触れないように気を使っていた。

クライスラーをはじめとするメーカー関係者は、SUVが奪ったのと少なくとも同じくらいの命が、SUVによって救われているのではないかと、統計上の証拠なしにほのめかしている。SUVが事故時に死者の発生する車を変えるだけである以上、規制当局は介入すべきでないとメーカー管理職は主張する。

この主張で一つだけ問題なのは、事実でないことだ。道路交通安全保険協会（事故保険金の支払いを減らしたい保険会社が資金を提供している）は二月九日、コンパティビリティは唯一未解決の交通安全問題というわけではないが、確かに取り組むべきものであると述べた報告書を引っ提げて、いきなり論争に参戦した。協会の統計学の専門家は、SUVが実際に交通事故死亡率を全体として上げており、車種の間で死亡者のやり取りをしているだけではないという証拠を見つけだした。

そのために統計学者は、SUV、ピックアップ、乗用車、ミニバン、それぞれの車種に乗っていた死亡者数をすべて合計した。次に各カテゴリーの合計に、他の道路利用者（衝突された車の乗員だけでなく歩行者も含む）に引き起こした死亡者数を加えた。この調査でわかったのは、SUVが絡む事故では、車内車外あわせた死亡率が、登録台数一〇〇万台あたり乗用車より一七パーセント高く、ピックアップでは乗用車より四七パーセント高いということだった。対照的に大型乗用車では、乗員に数多くの保護装置を備えたために、衝突されたドライバーのリスクが若干増えただけで、実際には死亡率は全体的に減少している。

ピックアップがSUVよりも成績が悪いように見えるのは、ピックアップのほうが無謀な若者が運転することが多いからであり、また路上のピックアップの大半がフルサイズ・モデルなのに対しSUVの大半は中型モデルだからである。しかしフルサイズSUVの売上が増加しており、SUVがもっと若い人たちの手に渡り始めているため、SUVの統計値はピックアップ・トラックの数字に近づく可能性が高い。

協会は締めくくりに、SUVとピックアップ・トラックの衝突コンパティビリティの問題は、以前からあった大型乗用車と小型乗用車の格差とは根本的に異なっていて、こちらのほうがより重大であると述べた。「これらの分析が示すのは、軽い乗用車と重い乗用車との衝突コンパティビリティの低さに関するこれまでの主な懸念が、アメリカの車に関していえば誇張されたものであったということである」と協会の会長ブライアン・オニールは声明の中でいう。「自動車メーカーは、乗用車同士の事故におけるインコンパティビリティを心配せず、できるだけ乗員にとって安全な乗用車を設計すべきである。コンパティビリティの低さの改善は、ピックアップおよび多目的車と、乗用車の側面とに主眼を置く必要がある」

コンパティビリティ問題への業界あげての敵意

衝突コンパティビリティ問題は、一九九八年二月末にデトロイトで開催されたSAE年次総会において頂点に達した。この総会では初めて衝突コンパティビリティについての研究会が行なわれ、自動車メーカーの研究員と世界中の大学が論文を提出した。筆者がディアボーンで聞いた情報をホロウェルとガブラーが発表するのを聞こうと、テレビ局を含め報道関係者が大挙してつめかけていたが、SAEは研究会からテレビカメラを締め出し、名前や所属企業を明らかにして発言を引用することを記者に禁じた。SAEの厳しい規制に不満を覚えながら、記者はホロウェルとガブラーが発言を終えるのを待った。二人は出てきて、記者会見を差し控えるといった。彼らはコメントを必死で求める記者たちに、デトロイト・コンベンション・センターの廊下を文字通り追い回されるはめになった。

一方、衝突コンパティビリティ問題を取り上げる者すべてに対するあからさまな敵意が、デトロイトでは膨らみ続けていた。「長年財界を取材してきたが、SUVの安全性論争くらい敵対的な反応を業界から聞いたことは、たぶん燃費論争を除けば、おそらくないだろう」と、七九年以来さまざまな媒体に自動車メーカーの記事を書いている記者のポール・アイゼンシュタインはいう。

この時分、筆者が妻と共に、あるディナーパーティーへ行ったときのことだ。名前も知らない女性が筆者に向かっていった。「サバーバンは素晴らしい乗用車よ。あなたなんか死ねばいいわ」（あっけにとられた筆者は、サバーバンは乗用車などではなくてピックアップ・トラックに手を加えたものだと言い返せなかった）。他の全国のメディアがまだ大部分SUV問題を無視するなか、デトロイトの新聞と雑誌は、環境保護主義者と消費者運動家とジャーナリストによる闇の陰謀団がアメリカのSUVをなくしたがっているなどという、自動車メーカーの馬鹿げた疑念をトップ記事として載せていた。「きわめて人気があり、買った人には非常に役に立っている製品に反対する秘密のグループがあるようだ」と、ランドローバーの北米最高幹部は『オート・ウィーク』誌に語っている（註9）。

だが自動車業界ロビイストと規制当局を対象にワシントンで四月に開かれたSAEの会議では、自動車業界のスタンスは微妙に変わり始めていた。フォード社のプリヤ・プラサドは講演のなかで、小型トラックの重さではなく設計のために、衝突された他の車、主に乗用車で年間一〇〇〇名が不必要に死んでいるといった。これらの死の大部分はSUVとピックアップが起こしているとプラサドはいう。なぜならミニバンは乗用車の設計をベースにしているからだ。このなかには避けがたい死もあると彼はいう。SUVやピックアップには、牽引やオフロード走行のために頑丈なフレームや高い車体下部を必要とするものもあるからだ。国中の車が廃車にされて入れ替わるには一〇年以上かかるので、年間一〇〇〇名の死亡者を減らすには長い時間がかかるであろうとプラサドは述べた。その発言は、それでもなお、問題の存在を認めることを意味した。

半年に一度の国際交通安全会議は、六月上旬にデトロイトから川を挟んだカナダのオンタリオ州ウィンザーで開催された。小型トラックと乗用車のインコンパティビリティについて徹底的に討論するために、四日間の会議に丸一日が加えられた。ＮＨＴＳＡの職員が、ホンダ・アコードの側面にさまざまな車を時速三三マイル（約五三キロ）でぶつける衝突テストの初回分の結果を発表した。テストでわかったのは、中型ＳＵＶのフォード・エクスプローラーが乗用車のドライバーの胸部に深刻なもしくは重い傷害を引き起こす可能性は、中型乗用車、ミニバン、ピックアップの二倍であり、頭部と頸部を傷害する可能性もやや高いということであった。衝突により本当の人間なら死亡するような被害がダミーに発生していない事実に、自動車メーカー関係者は喜々として飛びついた。ＮＨＴＳＡ職員は、ダミーを「殺す」ほどのスピードを選択しなかったと反論した。

年間二〇〇〇人の死者

同じウィンザーの会議で、ＮＨＴＳＡのマルティネス博士は、小型トラックの設計が原因で年間二〇〇〇人が不必要に死んでいるとの推定値を発表した。プラサドの数字の二倍である。ＮＨＴＳＡは、六〇年代以来アメリカでトップクラスの交通安全アナリストであるミシガン大学のハンス・ジョククシュに依頼し、衝突コンパティビリティの一連の統計分析を始めた。ジョククシュを助けるため、ＮＨＴＳＡは記録のなかから特に詳細で広範囲にわたるＳＵＶのデータベースを選びだした。ジョククシュは小型トラックがかかわる事故と乗用車がかかわる事故の死亡率を調べ、さらに小型トラックの死亡率が乗用車と同じだったらどの程度死亡者が少なくなるかを計算して、二〇〇〇人という数字を出した。自動車メーカーは、ジョククシュが何らかの計算ミスをしたに違いないといったが、その方法論に対して細かな批判をすることはできなかった。

ウィンザー会議の後で、コンパティビリティ問題は大分落ち着いた。問題の大半は広く行き渡り、規制当局とメーカーはそれぞれの立場をはっきりさせたようであった。だがいくつかの研究が少しずつ現れてきた。

もっとも興味深い論文は、道路交通安全保険協会が一九九九年一〇月にサンディエゴの会議で発表したものである。協会は六台の車をマーキュリー・グランド・マーキス・セダンの運転席側のドアにぶつけた。大型のリンカーン・タウン・カー・セダン一台、二輪駆動のフォードＦ150ピックアップ・トラック四台、四輪駆動のＦ150一台である。目的は事故の際に車重、堅さ、車高が相対的に果たす役割を算定することであった。

結果のほとんどは驚くようなものではなかった。タウン・カーが引き起こす傷害はもっとも小さく、堅固なピックアップはすべて、セダンに乗っているダミーに大きなダメージを与えた。二輪駆動のピックアップの重量を増やすと、ダメージは少し大きくなった。また二輪駆動ピックアップのサスペンションを高くした場合、ダメージが相当増した。

協会は四輪駆動のピックアップがもっともひどい傷害をダミーに与えるだろうと予想していた。もっとも背が高く、堅く、重いモデルだからだ。だが実際には、四輪駆動モデルがグランド・マーキスに乗せたダミーに与えた被害は、ピックアップのなかで一番小さかった（それでもタウン・カーよりは大きかったが）。協会の研究員は当初この結果に戸惑い、ピックアップ・トラックと衝突の静止画像をこと細かに調べ、ついに何が起きたのかを理解した。四輪駆動のモデルには、牽引されるためのフックがバンパーの下についていたが、二輪駆動のモデルにはこれがなかった。事故時に牽引フックはグランド・マーキスのドア枠に当たり、グリルとボンネットが突っ込んでいく間にも、相手の車を横に押していたのだ。二輪駆動のピックアップはあっさりとドア枠を乗り越え、致命的な結果をもたらしたのである。これは、衝突コンパティビリティにおいて車重ではなく設計が重要であるということを、申し分なく明確に物語っている（註10）。

だが協会の結論は、SUVとピックアップの車体前部の設計を早急に見直すべきであるというものではなかった。かわりに協会は、より多くの車にサイドエアバッグを装備することをメーカーに求めた。サイドエアバッグにはさまざまなデザインがあり、シートの脇や車の側面から膨らんで、一般に車の側面が陥没したときに搭乗者の頭部、頸部、胸部を保護する。高級乗用車の多くはサイドエアバッグを備えているが、それほど高価でないモデルではあまり見られない。サイドエアバッグの装備を拡げるのはもっとも効果的な方法である。小型トラックとの衝突時だけでなく、車が横滑りして電柱や立木など硬い物体にぶつかったときにも乗員を守ってくれるからだ。

その年の秋、協会は粛々と車種別の乗員死亡率に関する統計の見直しも行なった。大型乗用車と特大乗用車の乗員死亡率は、パトカーが含まれることで異常に高くなっていることが明らかになったのだ。パトカーの乗員――主に警察官――の死亡率は悲惨なほどに高い。原因の一つは高速で追跡を行なうからである(註11)。パトカーを除外し、さらに二、三の技術的修正を加えると、乗用車(とミニバン——協会はひとまとめに扱っている)は全体として、登録台数一〇〇万台あたりの死亡率がSUVよりも低いことがわかった。大型乗用車とミニバンはもっとも死亡率が低く、まるまる一トン重さで勝る最大クラスのSUVよりも低かった。

自動車メーカーがどうしても問題を認めようとしないために、衝突コンパティビリティ問題は表面的には膠着状態に陥ったかに見えた。しかしこれは単なる思い違いだった。あらゆるメーカーの研究機関の内部では、コンパティビリティ問題に取り組むための研究が多数始まっていた。こうした取り組みの成果は一九九九年から二〇〇〇年になってようやく漏れてくるようになったが、もっと早くから始まっていたのだ。

メーカーの衝突コンパティビリティ問題への取り組み

フォードはSUVの衝突コンパティビリティ問題を最初に真剣に受け止めたようである。SUVに問題はないと結論する研究を公式発表していた安全研究員、プリヤ・プラサドも、九七年末にフォード中の上級管理職に会い、SUVが乗用車にもたらす危険を減らすために何かしなければならないと説得した。「そのときからわが社では、すべての安全基準をSUVも乗用車と同じにすることが話されるようになった」と、プラサドはいう。

プラサドのキャンペーンは実を結び、フォードの首脳部はただちに大規模な衝突テストとコンピューター解析を、詳細は数年後まで漏れないように極秘で行なうように命じた。二〇〇一年に初めて、プラサドと二人の助手は衝突テストの規模とその恐るべき結果を、アムステルダムで開かれた会議で、ほとんど注目されない技術論文として公表した(註12)。その技術論文が発表されてみると、ベルリンの壁が崩壊した後で血のついたKGBの文書が発見されたかのようであった。トム・ホロウェル自身もいうように、その内容はどれも、むしろホロウェルが書いたもののようで、九〇年代のSUVブームを創りだすうえで何よりも貢献したメーカーの研究成果とは思われなかった。

連邦の規制当局とは違って衝突させる車はふんだんにあるため、フォードの研究員は数多くの車種を、フォード・トーラスにさまざまな角度で衝突させ、一回の衝突で五万ドルから八万ドル相当の車を廃車にした。エクスプローラーは車重が同じか少々軽いミニバン、ピックアップ・トラック、あるいは乗用車よりもはるかに危険であることが証明された。

例えばある一連の衝突テストは、それぞれの車を時速三五マイル（約五六キロ）で走らせ、やはり三五マイルで走ってくるトーラスのドライバー側の角に正面からぶつけるというものであった。トーラスの運転席のダミーは、衝突する車輌がエクスプローラーのとき、ミニバン、ピックアップ、乗用車のときに比べて三四パーセントから一九二パーセント重い傷害を頭部に負った。エクスプローラーが引き起こす胸部の傷害は、他の車に比べて三～四倍深刻であった。そしてエクスプローラーはトーラス運転者のダミーの左脚を完全に粉砕し、他の三車種の七・五～八・二倍のダメージを与えた。乗用車（車名は明らかにされていない）がトーラスに与えるダメージはもっとも小さかった。

エクスプローラーはトーラスの車内を修羅場にする一方で、自車のドライバー・ダミーを保護する働きはせいぜいまあまあというところだった。エクスプローラー車内で発生する頭部と脚部の傷害はミニバンよりわずかに悪く、ピックアップと乗用車よりは多少よかった。エクスプローラーにおける胸部の傷害は、ミニバンよりも相当悪く、乗用車より少々悪いが、ピックアップよりはいい。つまりミニバンは乗員保護にもっとも優れ、エクスプローラーと乗用車が次点で、ピックアップ・トラックが最悪であることが判明したのだ。しかし乗員保護ということでは、エクスプローラーと他の車の間で傷害を引き起こすことにおいて大きな違いはないことを、この数字は示している。

SUVの重さだけでなく造りが他のドライバーを殺している

フォードの研究員の前には、さらに大型のSUVがより多くのダメージを引き起こすかどうかというわかり切った疑問があった。そこでリンカーン・ナビゲーターとフォード・エクスプローラーを二、三の違った角度でトーラスにぶつけた。驚いたことに、ナビゲーターは一二三六ポンド（約五六一キロ）重いにもかかわらず、もたらす被害はエクスプローラーとほとんど変わらなかった。

こうしたデータをすべて検討したうえで、プラサドとそのスタッフは、フレームレールの高さが正面衝突においては重要であると判断した。エクスプローラーのフレームレールは、トーラスのシャシーにあるレールの痕跡より八センチ高い位置にある。正面衝突テストにおいて、フレームレールはトーラスの車体前部をずり上がり、エクスプローラーはフロントガラスの根元にぶつかる。ナビゲーターのフレームレールは若干低く、トーラスの車室にあまり深く突き刺さらない。これがナビゲーターの大きな重量とほぼ相殺され、全体としては与える被害がエクスプローラーとあまり変わらないのだ。

フォードの研究の結論は、客観的に書かれているが辛辣だった。「予備段階の結果は、幾何学的コンパティビリティの低さは被験車輌の設計特性において支配的な要素であることを示している」。言い換えれば、SUVの重さだけでなく造りが、他のドライバーを殺しているということである。フォードは一九九七年の立場――この年フォードの会長は自動車事故を、ギリシア時代から知られている物理の法則に支配された単純な塊、小さな岩と大きな岩の衝突にたとえた――を全面的に転換した。

フォードの研究員がエクスプローラーの衝突テストで見いだした恐るべき結果は、全国の路上で日々確認されている。エクスプローラーは異常な数の他車のドライバーを死亡させているからだ。エクスプローラーは九一年以来毎年、アメリカでもっとも売れるSUVであり、今ではアメリカの道路を走るSUVの七台に一台がエクスプローラーであるほどだ。この何年かに数万台のエクスプローラーが事故に関わり、そのうち一〇〇〇台以上が死亡事故を起こしている。これは非常に大きな数字であるため、統計学者はエクスプローラーの現実の致命率を詳しく研究することができる。これは他の大部分のモデルでは不可能なことだ。

ミシガン大学のハンス・ジョクシュは、エクスプローラーが同じ重さの大型乗用車と比べて事故時にどのような挙動を示すかを調べてきた。比較対象となった乗用車には、フォード・クラウン・ビクトリア、マーキュリー・グランド・マーキス、リンカーン・タウン・カー、キャデラック・ドビル、メルセデスE320ワゴン、生産中止されてしまったがシボレー・カプリスなどがある。

大型乗用車はいい比較対象である。エクスプローラーの代わりとして優れているものの代表格だからだ。大型乗用車は乗員のためのスペースがより大きい。鞄やその他の荷物を積むトランクの容量が大きい。オフロード走行や牽引の能力には劣るが、SUV購入者でこうした機能を使っている者は少ない。そして、キャデラック、リンカーン、メルセデスはエクスプローラーよりも値段が高いかもしれないが、クラウン・ビクトリアやグランド・マーキスは安価である。

さて、安全性の数字は何を表しているだろう？　ジョクシュの研究結果はぞっとするものである。エクスプローラーのドライバーは大型乗用車のドライバー同様、二台の車がからむ事故で死亡する頻度はやや低いが、はるかに多くの他車のドライバーをあの世への道連れにしている。大型乗用車でなくエクスプローラーを選んだおかげで、他の車と衝突して命が助かったドライバーが一人いる陰で、エクスプローラーに衝突された車のドライバーが五人余計に死亡しているのだ(註13)。

エクスプローラーに乗っていて命が助かった一人は、ほっとしていることだろう。しかし車同士の衝突でエクスプローラーの乗員を一人余計に救うために五人を死亡させるのは、社会の利益にはなるまい。事実、このように一方的な人命の取引を行なうことは不道徳であると主張する倫理学者もいる。

さらに悪いことに、エクスプローラーの安全そうな印象は誤解である。かっこいいからという理由でエクスプローラーを買ったドライバーは、五人の乗用車ドライバーの生命をほとんど無意味に——あるいは見栄のために——犠牲にしているのだ。エクスプローラーは他の中型SUVに比べて横転の頻度は少ないとはいえ、全体的な安全性を大型乗用車と比較すれば、どのような安全上の利点も帳消しになる程度には横転が多い。

路上には三〇〇万台を超えるエクスプローラーがあることを考えると、死亡者数はすぐに計算できる。ジョクシュの推定では、エクスプローラー一車種で年間に一〇〇名を余計に死亡させている。この人々はエクスプローラーのオーナーが代わりに大型乗用車を買っていれば、死なずに済んだのだ。

秘密裏に行なわれた設計変更

驚愕の衝突テスト結果を目の当たりにして、フォードをはじめ自動車メーカーはSUVの設計を変更し始めた。変更は静かに、かなり秘密裏に行なわれた。一つにはどのメーカーも、ライバル社に次期モデルの設計を漏らしたくなかったからであり、また設計変更が問題を認めたことのように思われ、これ以上の論争を巻き起こすのを恐れたからでもある。

衝突テストのコンパティビリティが全国的問題になった一九九七年九月以降、設計変更のために見直された最初のモデルは、フォード・エクスカーションであったようだ。九七年八月にフォード取締役会で量産が承認されたばかりであり、市販される最大のSUVになるはずだったからである。フォードによる当初のテストは背すじが寒くなるようなものであった。エクスカーションの車体前部は非常に高いため、正面衝突時にトーラスの前部を飛び越えてフロントガラスの基部にぶつかることがわかったのだ。クランプルゾーンを越えて飛んでくる三トンの鋼鉄の塊が当たれば、乗用車の乗員には致命的である。

九七年一二月には、プラサドとその部下はもう部分的な解決策を考え出していた。さかのぼること一九七一年にその答えが出ていたら、フランス運輸省の研究員を満足させたであろう。重さ二二キロの中空の衝撃吸収用鋼鉄バーを、すべてのエクスカーションの前部バンパーの下に装着することにしたのだ。プラサドらはこれを「ブロッカー・ビーム（遮断梁）」と呼び、この設計に特許まで取得したが、光栄なことに彼らもマスコミも「ブラッドシャー・バー」というあだ名をそれに付けてくれた。またフォードのエンジニアは、乗用車がエクスカーションの後部に潜り込むのを防ぐため、車体後部のトレーラー連結装置を支える水平の鉄材を低くした。

エンジニアはエクスカーションのサスペンションにも微調整を加え、車体を二、三センチ低くしなければならなかった。これにはブロッカー・ビームによって前輪の前に加わった重さが、車のバランスと操縦性に影響するのを防ぐ意味と、前部をさらに低くする意味があったと、エクスカーションのエンジニアリング監督であったポール・メイヤーはいった。フォードの最高幹部は当初、まったく新しい大きな部品を設計に加えることに慎重であったが、プラサドが会議に次ぐ会議でプレゼンテーションを行なうと、しまいには態度を軟化させた。

フォードがついにエクスカーションを記者会見の席で発表した一九九九年二月二六日、エンジニアはコンピューター・シミュレーションによる二つの映像を見せることまでした。ブロッカー・ビームのないエクスカーションはトーラスのボンネットを勢いよく乗り越えた。ブロッカー・ビームつきのエクスカーションはトーラスの前部とかみ合い、前輪まで押しつぶしたが、車室を貫通することはなかった。

エクスカーションはF250スーパー・デューティー・ピックアップ・トラックと同じ車体前部とシャシーを備えており、後者はエクスカーションの一年前に発売されていてブロッカー・ビームがついていなかった。筆者は一度、『ニューヨーク・タイムズ』のカメラマンを連れて近所の学校の駐車場に行き、借り物のスーパー・デューティーをマーキュリー・セーブル中型セダンから数センチのところにグリルをつけて慎重に停めた。ボンネットは乗用車の運転席の窓の高さにあった。カメラマンは何枚も写真を撮り、そのうち二、三枚は新聞に使われた。撮影が終わりかけたころ、女性が一人、学校から走りだして来た。ひどく動転していた。我々がピックアップを彼女の車の側面にぶつけたと思ったのだ。ピックアップの前部が車すれすれにあり、カメラマンはカチャカチャ音を立てていたからだ。しかし何をしていたかを話すと、彼女は安心し、続けさせてくれた。フォードは二〇〇〇年末にようやく、スーパー・デューティー・ピックアップへのブロッカー・ビームの装着に取りかかった。この車が発売されてから二年が経っていた。九九年型と二〇〇〇年型のスーパー・デューティー・ピックアップにぶつけられた乗用車の乗員に天の助けがあるよう祈っておこう。フォードはブロッカー・ビームの追加のためにリコールをしていないのだ。この安全装置には同時にサスペンションの設計変更が必要だからである。

次世代のエクスプローラーはフォードには二〇〇一年四月の発売で、より長い作業時間があった。デール・クロードピエール率いるエンジニア・チームはエクスプローラーの車体前部を調べ、フレームレールが前バンパーの背後へ向かって上方へ湾曲して、そりの滑走部にやや似たような形をしていることに気づいた。この設計の意図せぬ副作用は、ちょうどそりの滑走部が野外でこぶを乗り越えるように、湾曲のせいでフレームレールが衝突した物体の前面を滑り上がり、乗り越えてしまいやすくなることである。

クロードピエールと彼のチームがレールを詳しく調べたところ、単純にレールの前の部分をひっくり返すことができることがわかった。そうすれば二本のレールの前部四六センチが徐々に上ではなく下向きに曲がる。するとレールの前端はほぼ完璧に、フォード・トーラスのシャシーでもっとも頑丈な鋼鉄の桁の前端と一致する。フレームレールの前部と残りの部分を、同じ工作機械で同じように溶接することもできる。ゆるやかに曲がったレール前部を、湾曲を上向きでなく下向きにして逆さまに機械に据えるだけでいいのだ。そのためフォードは設計変更を非常に低いコストで行なうことができたと、クロードピエールはいう。またフォードは、衝突時につぶれやすくなり、エクスプローラーのオーナーとぶつけられた側の双方の衝撃をやわらげるため、各フレームレールの前端近くに穴を開けた。

「これまで以上に、我々は自社の車が他の車に与える影響に関心を抱いている」とクロードピエールはいった。

設計変更はエクスプローラーの最低地上高には影響しなかった。フレームレールはSUV車体下部でもっとも低い位置にある部品ではないからだ。そればかりかニュー・エクスプローラーの車体下部にある主要部品の配置を変更することで、フォードは他のドライバーへの危険を減らしながら最低地上高を二、三センチ高くすることまでできた。

だがフォード関係者は、こうした変更で何人の命が救われるかについては、言及を控えた。エクスプローラーのボンネットはこれまで通り高く、二トンという重さは普通の中型乗用車よりまだ半トン重い。しかし少なくとも正しい方向に進んではいる。

他の自動車メーカーも対策をとり始めた。一九九七年にトヨタは、乗用車とSUVをぶつける独自のテストを内密に開始した。トヨタは一九九九年にフルサイズ・ピックアップ・トラック、タンドラを、そして二〇〇〇年には同じ設計をベースにしたフルサイズSUV、セコイアを発売する準備をしていたのだ。トヨタのエンジニアは独自にフォードのエンジニアと同じ結論に達し、バンパーの下に衝撃吸収用の中空鉄製バーを加えるという設計の修正を行なった。

GMのひそかな、そして大規模な取り組み

ゼネラルモーターズは中型SUV——シボレー・トレイルブレイザー、GMCエンボイ、オールズモビル・ブラバダ——のフレームレールを、二〇〇二年式向けのモデルチェンジの際に五センチ近く下げた。フォードとは違い、GMは衝突コンパティビリティの研究に関する技術論文を発表していない。筆者がGMの取り組みを知ることができたのは、ひとえにイーチャ

ン・デンに会ったことによる。デンはGMのコンピューター プログラマーで、二〇〇一年夏の新車発表にあたって調査研究を行なっていた。GMは彼のインタビューの予定をどうしても組んでくれなかったが、隣にいた広報担当の女性が話の重大さを理解していなかったおかげで、デンは率直に同社の大規模な取り組みを説明してくれた。これはそれまでGMが規制当局にすら話していなかったことだった。

九七年後半から九八年初めにかけて衝突コンパティビリティ論争が起きると、GMは大規模な衝突テストを行ない、それを利用して車の相互作用に関するきわめて有効なコンピューターモデルを開発した。ホロウエルのものを含め、以前のコンピューターモデリングの試みには、車体前部には数千個の部品があり、それが別々の方向に曲がりうるという問題が立ちはだかっていた。また自動車部品には、最初に圧力が加わったときにはまったく曲がらず、それからいっせいにつぶれるという傾向がある。アルミ缶が短い時間は人間の体重を支えることができるが、突然片側が陥没して一気にぺちゃんこになってしまうようなものだ。どれくらいの圧力で部品が突然耐えられなくなるか、予測するのは難しく、そのためコンピューターモデリングの試みは混乱してきた。

GMは、二〇〇〇年から二〇〇一年にかけて、ホロウェルのあらゆる試みが小さく見えるような途方もないコンピューターモデルを開発し、この問題をほとんど克服してしまった。それからGMは世界最速のスーパーコンピューター数台を使って、このモデルを走らせた。コンピューターもソフトウェアもこれほど強力ではなかった九九年以前では、一切不可能な取り組みだったとデンはいう。

GMのコンピューターモデルは、自動車の前部の三次元地図を創りだし、地図上の五〇万カ所を個別に追跡記録し続けるものである。プログラムには五〇万カ所のそれぞれに位置する素材――プラスチック、鉄など――だけでなく、それぞれの素材がどれほどの圧力でどのように曲がるかも入っている。

デンはモデルの結果について、やや言葉を濁していた。しかし筆者が、車の重さか堅さか形状が衝突時の主要な変数となっていたかどうかを尋ねると、「幾何学的インコンパティビリティ」が多くの衝突においてもっとも重要な検討事項であったという答えが返ってきた。もしGMがこの研究を規制当局と共有すれば――二〇〇二年初めの時点で、GMは規制当局にコンピューターモデルの存在すら知らせていない――衝突コンパティビリティ問題を評価するための有力な道具になるだろう。

鈍かったクライスラーの取り組み

クライスラー社は衝突コンパティビリティへの注目が特に遅かった。メルセデスの親会社、ダイムラーベンツはクライスラーを九八年一一月に買収した。ボブ・ラッツは契約が完了もしないうちに退職し（のちにGMに入社）、イートンは合併後ドイツ人重役陣への影響力を急速に失い、定年を待たずに退職することになった。メルセデスのエンジニアは、クライスラーのエンジニアにSUVの危険性を小さくする方法をアドバイスしようと乗りだしてきた。二〇〇二型式年度に向けて、彼らはダッジ・デュランゴの車体前部の形を変更した。事故時の乗用車に対する危険を減らすため、バンパーを下げ、車体前部内側の堅い部品を一部低い位置に動かしたのだ。

ダイムラークライスラーのピックアップ・トラック技術担当部長、フランク・クレゴンは、二〇〇一年一月二九日に本社で新型ダッジ・ラム・フルサイズ・ピックアップ・トラックをマスコミに初公開した際、二輪駆動版バージョンはもう十分車体が低いので、乗用車を乗り越えることはないといった。しかし四輪駆動のラム・ピックアップ（クライスラーの売れ筋の一つである）は依然乗用車より車体が高い。それは設計プロセスが、同社が衝突コンパティビリティに取り組む決定を下すまでに「かなり進行していた」からだという。「わが社はそのような、十分な開発作業を非常に重要視している」とクレゴンは述べ、四輪駆動のラムの生産に入ってから設計を修正することを社は計画していると付け加えた。

組立ラインが動きだしてから安全性問題を修正するのは、最初からそのような対策をとって設計するよりも費用がかかり、一般に効果が少ないやり方である。しかし何もしないよりはましだ。そしてイートンやラッツが統括していたときのかたくなな姿勢と比べれば、クライスラーは大きく変わっている。

しかしこうした措置をとってもなお、SUVは依然として乗用車より危険である。SUVのフレームレールが低くなっても、まだ乗用車より重く堅い。依然クランプル・ゾーンはわずかしかない。そしてボンネットはまだ高すぎる。ジョクシュの推定では、これまでのところメーカーが発表している措置をとっても、SUVが過剰に引き起こす死亡件数の三分の一しか根絶することはできない。実際、路上のSUVの数が急増して新車販売数に占める割合に追いつき、また中古SUVが今以上に悪質なドライバーの手に渡るにつれて、年間の不必要な死者の数は、減るよりもむしろまだ増加しそうである。

法規制とコンパティビリティ

規制の脅威は、一部のメーカー重役の安全性を改善しようという個人的な義務感と相まって、自動車業界を衝突コンパティビリティへの取り組みに駆り立てている。ホロウェルの研究はいつか現実的な規制案を生むかもしれない。政府のあらゆる規則はおそらく、車の形に似せた障壁を用いた衝突テストをすべての新型車に義務づけることを基本にして定められるだろう。もしテストで新型車が引き起こす被害が大きすぎたり、それ自体が受ける被害が大きすぎたりすれば、その車は発売を禁止される（註14）。

しかしホロウェルをはじめ多くの研究者は、障壁はどのような形であるべきか、どのくらいの速さで動かすべきかなどについてのコンセンサスがないことを認めている。障壁があまりに大きく重ければ、小型車は大きな被害を受けるので合格できなくなる。障壁が小さすぎ、軽すぎると、大型のSUVやピックアップ・トラックはそれを破壊してしまうので、合格できなくなる。

一部の自動車メーカー、主にヨーロッパと日本のメーカーは、それでもコンパティビリティの改善のために国際的な規制が必要だと主張する。ルノー会長兼CEOのルイ・シュバイツァーは二〇〇一年に、自由市場は衝突コンパティビリティ問題に対処しないだろう、なぜなら小型トラックの購入者は、他人の安全を改善するだけの機能にかかる余分なコストを払いたがらないからだといった。「乗用車に対する危険が少ないことを小型トラックの購入者に売り込むことはできない」とシュバイツァーは警告する。「客はそんなものにびた一文払いたがらない――規制によって対処しなければならないのだ」

ゼネラルモーターズ、フォード、ダイムラークライスラーは、何らかの設計の調整は必要だが、産業界の協力体制を形成することでそれは可能であるといっている。ただしGMとダイムラークライスラーは、そのうち政府の規制が役割を果たすことがあるかもしれないともいっている。メーカーが、車の設計や外見まで共通にしなくても、将来のモデルの高さ、堅さ、形状について情報を共有するようになれば、車の安全性改善にいっそうの進歩が見られるだろうと、GMの北米自動車安全性担当部長、テリー・コノリーはいう。業界団体か政府からの「ある種の長期的指導が必要だ」と彼はいい、GMはコンピューターモデルの情報と衝突テストのデータを他社と共有してきたと付け加えた。

市場要因、訴訟とコンパティビリティ

法規制がないとすると、メーカーをコンパティビリティに取り組ませるための圧力として、他に二つが考えられる。市場要因と訴訟である。メーカーによれば、マーケットリサーチの結果、購入する車種の決定にあたって他のドライバーの安全を特別に考慮する顧客はほとんどいなかったという。だが、筆者が社交上で実際に会ったなかに、SUVを買おうなんて夢にも思わない、他人の命を危険にさらすのは不道徳だといっている人はいるし、少数の新聞コラムもそのように指摘している。SUVの危険性が購入者にとって明白で優先度の高い問題になれば、売上は落ち、メーカーは早急に設計をやり直さねばならなくなるだろう。

すべての保険会社が自動車保険料の計算方法を新しいものにすれば、メーカーに衝突コンパティビリティを改善させる自由市場の圧力はいくらか増すだろう。次章で詳しく述べるが、すべてのドライバーが現実に他人を死傷させる可能性に基づいて保険料を支払わなければならないとすれば、より危険性の少ないモデルを選ぶドライバーもいるだろう。

訴訟も、もし世論が変われば、メーカーにとって危機となるかもしれない。製造物責任法には、いかなる分野の法律よりも、国民感情の変化にすばやく反応する傾向がある。その多くは、消費者だけでなく第三者に対する企業の責任を、裁判官と陪審がどう解釈するかにかかっているからだ。

衝突コンパティビリティに関してSUV製造者が法廷で争うのは、知っていたことは何かと、それを知ったのはいつかであると、人身事故専門の弁護士はいう。もしアメリカの世論が大きく変化すれば、こうした弁護士は、社会問題になる一九九七年以前に衝突コンパティビリティについて検討した社内メモを見つけようとして、証拠開示手続きを行なうだろう。メーカーに

不利なメモが見つかれば、それを陪審の前に提示して、メーカーは生命にかかわる問題を知りながら、数年にわたりそれに対処しないことにしていたと主張できる。この法的主張は、九七年以前に製造された数百万台のSUVがからむ訴訟を勝訴に導く助けになるだろう。

SUVが他の道路利用者にとって問題となるかもしれないと、メーカーは早くから知りながら、問題の規模を過小評価し、不愉快な結論が出かねない研究をしないことにしたのではないかと、筆者は疑っている。筆者がデトロイトのビッグスリーの一つを退社したばかりのエンジニアにインタビューしているとき、この疑惑はほとんど確信に近くなった。その人物は退職後も安全コンサルタントとしてそのメーカーに勤務しており、鑑定証人として高い報酬を得て法廷で自動車メーカーに不利な証言をしたことも一度もなく、したがって自分のしたことを筆者に話しても金銭的に得をすることは何もない。しかし匿名を強く希望したうえで、自分の会社の安全性担当者は早くから懸念を抱いていたが、マーケティング担当者はそれを無視したと話した。

「声は聞こえていた」と彼はいう。「ただ聴いていなかっただけだ」

10章　なぜSUVの自動車保険は安いのか

保険業界が怒らせたくない人々

　自動車保険の根本原理は実に単純である。理論上は、保険会社は請求に応じて払い戻した保険金をすべて合計し、その総額に経費をまかなうためにもう少し金を追加し、最後にさらに多額の金を利益として加える。それから保険会社は、この金額を保険契約者の数で大ざっぱに割り、各契約者の保険料の平均を算出する。もっともリスクの高い人間、例えば飲酒運転者には平均以上の保険料を支払うことが要求される。彼らは、リスクが小さく平均以下の保険料を支払えばいい者たちよりも、総額に対してより大きな負担を強いられる。

　以上が教科書に載っていたり、保険会社の重役や業界のロビイング団体が際限なく宣伝している保険の理論である。現実はもっとやっかいだ。ある種の契約者は他の者たちに比べて利益が大きい。保険会社はその利益の大部分を富裕層から得ている。彼らは多種多様な保険に加入し、毎年同じ保険会社と取引する。こうした顧客の保険料が上がるような形で保険料率を調整することに、保険会社は消極的である。たまたま、SUVの購入者は裕福な中年世帯で、多くの保険に入り一つの保険会社と契約を続ける傾向が強い――まさしく保険業界がもっとも怒らせたくない人々だった。

　保険は規制の多い業界でもある。アメリカでは特にそうだ。アメリカでは州ごとに独自の規則を定めており、州の保険局長は公選された公務員であることが多い。結果、保険会社はある種の要因にもとづいて保険料率を調整することを反対されたり禁止されたりする。多くの場合、これはいいことである。保険会社は個人の郵便番号をもとに保険料率を設定することに同意を得られないし、人種にもとづいた保険料設定は禁止されている。これの悪い面は、保険会社は時に、アメリカ社会で政治的に力のある集団の保険料を上げるような調整を止めさせられるということだ。ＳＵＶの購入者であるアッパーミドルクラスはもっとも選挙に行き、政治献金をする層である。どの州の保険局長も、相当な危険を冒さなければ、この有権者に逆らうことはできない。

ＳＵＶオーナーの富と政治的影響力の強力な組合せは、保険会社にＳＵＶの保険料を上げる気を起こさせないようにしている。代わりに保険業界は、乗用車オーナーに数億ドルもの大金をふっかけ、それによりＳＵＶオーナーの保険料を低く抑えるやり口をひそかにとっている。その過程で保険業界は、他のドライバーにより大きな危険をもたらすいっそう凶悪な車への転換を、七〇年代以来密かに助長してきたのだ。

高いポルシェの保険料

保険料の計算は一九六〇年代まではかなり雑であった。コンピューターの性能が上がり、請求に対しいくら払い戻しているかを、一つ一つの車種について保険会社が正確に計算できるようになると、それは変わった。

保険会社がすぐに気づいたのが、ポルシェのようなスポーツカーや、シボレー・カマロのような「マッスルカー」が高額事故を数多く引き起こし、またひんぱんに盗まれるという驚くにあたらない事実である。この種の車を欲しがったり運転したりするのが若者だからというのも理由の一つである。しかし保険会社は、年齢や運転歴などが同じドライバーでも、スポーツカーやマッスルカーのハンドルを握っているときのほうが、もっとおとなしい車種で走っているときよりも事故に巻き込まれやすいことにも気づいた。そこで一部の保険会社は七〇年代初めに、スポーツカーやマッスルカーの衝突保険の保険料を上げ始めた。さらに総合保険――盗難や火災に対して保障する――についても同じことをした。スポーツカーとマッスルカーのドライバーが、保険金請求額の「総額」と経費と利益に対してより多くを支払うようになったので、保険会社は、インフレにもかかわらず、請求の少ない他の車種には保険料の値上げを少なくした。

国内最大の保険会社ステートファームは、この傾向に逆らった。同社経営陣は、請求額と経費と利益の総額をまかなうだけの保険料を集め続けることができる限り、保険料率を上げてスポーツカーとマッスルカーのドライバーを怒らせる必要はないと判断した。だがステートファームはだんだん厄介なことになり始めた。他の保険会社が急に、しかもくり返しリスクの高い車の保険料を上げ、数年間で倍以上にしたため、そうした車の所有者が大挙してステートファームに切り替えだした。これらの車の事故や盗難に対して請求がどっと押し寄せ、ステートファームの保険金請求額は保険料よりも速く伸び始めた。南カリフォルニアのポルシェが一台残らず同社の保険に入っているという内部調査結果が出ると、ステートファームはついに降参し、七〇年代後半には衝突および総合保険の保険料率を車種別に調整するようになった。

保険料率の上昇はスポーツカー市場に打撃を与えたが、高い保険料を払える裕福な中年の人々は依然スポーツカーを買っていた。保険料の上昇がガソリンの値上がりと共に本当に影響したのはマッスルカー市場で、それは壊滅的打撃を受けた。

マッスルカー市場と保険料

マッスルカーはかつかつでやっている若者が運転することが多かった。保険会社の料金調整方法は、彼らに特に厳しいものだった。保険会社は、単に割増し料金を取るのでなく、平均保険料に調整係数を掛けることで調整を行なうからである。事故や違反の前歴がなく農村地域に住む中年男性は、衝突および総合保険で年額一〇〇ドルの平均保険料の対象になるだろう。この人が高性能なポンティアック・ファイアーバードを同価格帯の高級セダンの代わりに選ぶと、保険料は五〇パーセント増し、年間五〇ドル高くなる。

信号無視など交通違反歴が二、三度ある二二歳の男性は、衝突および総合保険で年額一〇〇〇ドルの平均保険料を突きつけられる。マッスルカーを選んで保険料が五〇パーセント上がれば、この若者は年に一五〇〇ドルを払わなければならない——若い人たちにもっと安全なモデルを買うように説得するには十分である。

GTOなどのマッスルカーの売上は、五〇年代、六〇年代には爆発的に伸びたが、保険料率の上昇とガソリンの高騰の重圧で、七〇年代から八〇年代初めには急落した。保険会社が車種ごとに保険料率を調整するようになったことを、自動車マニアは今も嘆いている。しかしこの方針変更は、もっとも危険なドライバーにより事故を起こしやすいマッスルカーを買うことをあきらめさせるという効果をもたらした。安全面ではプラスだったのだ。

衝突および総合保険は、しかし、自動車保険にかかる費用の一部にすぎず、これらの保険にまったく入っていないドライバーもいる。もっと重要なのは、事故の際に他人に与えた傷害や物損に支払われる損害賠償責任保険である。ネブラスカ州を除くすべての州が損害賠償責任保険を義務づけている。

七〇年代に自動車のモデルの違いと衝突・総合保険の請求の関係を計算したのと同じコンピューターが、各モデルの責任保険金請求額も保険会社に教えた。当然のことだが、一九五〇年代から六〇年代に作られた非常に大型の乗用車は、衝突時に大きな被害を引き起こしていた。七〇年代にガソリン価格の上昇と政府の規制に対応して、デトロイトと外国メーカーがこれまで以上に大量に売っていた小型車は、引き起こす被害が小さかった。キャデラックでさえ六〇年代のシボレーより小さくなっていたのだ。

七〇年代より前とその後には、アメリカ人は自分が買えるなかで一番大きな車に乗っていた。金持ちはもっとも大きな車に乗り、下層中産階級の世帯は小さなモデルを選ぶという具合である。だが七〇年代には、小型車に乗っているのはたいがい新車を買ったばかりの豊かな世帯であり、中古車市場に出回っている古くばかでかい車にはあまり裕福でない世帯が乗っていた。七〇年代に責任保険料率を調整していたら、あまり裕福でない者たちの保険料を上げ、裕福な者たちには下げることになっていただろう。

重いクルマでも責任保険料が安くなるしくみ

七〇年代はアメリカの草の根民主主義、特に消費者運動の絶頂期でもあった。州の保険局長と州議会は民主党に傾いており、あまり裕福でない者の利益に同情的だった。

だから、多くの保険会社が責任保険を車種ごとに調整するといいながら、まだ大きな古い車を手放せない貧しい人々の立場を不利にするように思われるのを恐れて、実際には大したことはしなかった。例えばオールスターは、重さ二一〇〇ポンド（約九五三キロ）未満のごく一部の本当に小さなサブコンパクトカーに対して、責任保険料率を一〇パーセント値引きするようになったが、もっとも重い車にも割増し料金を課すことは一切なかった。

保険業務局（数百にのぼる国内の中小保険会社が使っている調整係数を計算している）は、車重と馬力の比にもとづいた五つの幅広いカテゴリーを考案した。この方式では、軽くて非常に馬力のあるスポーツカーの責任保険料率はいくらか高くなった。しかしこの方式には明らかな欠点があった。きわめて重い車を作れば、たとえ非常に強力なエンジンを積んでいても、責任保険料率がもっとも低いカテゴリーに分類されるからだ。

八〇年代いっぱいと九〇年代に入ってからもしばらくは、ほとんどの保険会社はまったくといっていいほど、ドライバーの車種選択が責任保険金請求の割合にどのように影響するか注意していなかった。保険会社は請求額と経費と利益を合計し、ドライバーの頭数で割っているだけであった。大手保険会社がもっとも危険な車種の保険料率を上げないかぎり、他の会社にはそうしなければならない圧力はなかった。競合する会社が足並みを乱さないかぎり、七〇年代終わりのステートファームのように高リスクの車を抱える危険のある保険会社はなく、足並みを乱すものはなかった。

しかし古くさい保険業界が眠っている間に、大きな変化が起きていた。アメリカが訴訟大国になるにつれ、責任保険のコストが急増し、保険料の一番大きな部分を占めるようになったのだ。総合保険は、盗難保険金の請求が保険金支払い額全体に占める割合の減少につれ、重要性を失っていった。同時に、かつてない数のSUVが国中の道路に登場していた。

SUVは、保険会社が保険料を計算するときの癖をうまく利用できるように、ほぼ完璧に設計されていた。その頑丈で高い車体は衝突時に受けるダメージが少ない。したがって衝突保険のコストが非常に低い。実際、SUVの車体前部にはクランプル・ゾーンがほとんどないために、事故後に修理する部分があまりないのだ。

対照的に、その頑丈な車体は衝突した車に必要以上のダメージを与える。しかしそのために保険会社は、SUVオーナーに割増し料金を請求することはなかった。それどころかSUVは低額の保険料を課されることが多かった。SUVは乗用車に比べて極端に重いので、たとえ馬力のあるエンジンを積んでいても、保険会社は決まって、例えば保険業務局が算出した最低の責任保険料率を適用したのだ。

九〇年代半ばになると、責任保険の経済学は七〇年代とは完全に変わっていた。富裕世帯は衝突時に多大なダメージを引き起こす大きなSUVに乗りながら、まるまる一トン軽い一〇年落ちのファミリーカーに乗るあまり裕福でない世帯と同じ程度の責任保険料しか払っていなかった。乗用車は衝突時に乗員と他の車のドライバーを守るために、十分なクランプル・ゾーンを備える。そのため乗用車のオーナーは高い衝突保険料を払っていることを計算に入れると、トータルでは乗用車のオーナーはSUVのオーナーよりも多額の保険料を払っていることが多い（註1）。

七二パーセント高いSUVの物損コスト

バージニア州アーリントンにあり保険業界から資金を受けている研究機関、道路損害データ研究所は、一九九四年に行なった調査でSUVが引き起こす損害の増加を記録した。この調査により、大型SUVが関係する事故で保険会社にかかる物損保険コストは、運転歴や運転者の年齢など他の変数をすべて除外しても、平均的な乗用車よりも七二パーセント高いことがわかった。対照的に、大型高級乗用車が引き起こす物的損害は、平均より一九パーセント低かった。高級車の長い車体前部は大きなクランプル・ゾーンとなって、衝突のエネルギーを吸収するからである。損保コストの差は、SUVの重さだけではなく設計が問題となることを明白に物語っている。

しかしこの調査は、人身事故による責任保険金請求を扱っていない。このデータを共有しようという保険会社の動きは、同業者同士であっても鈍かった。データには、麻痺、重度のやけど、その他の傷害にかかわる訴訟を和解に持ち込むために、保険会社が実際に支払う金額に関する独自の計算が多数含まれているからだ。だが、人身事故の責任保険金請求について公式に入手できるデータはないものの、より大きな物理的ダメージを引き起こす事故が、より重大な傷害も引き起こすことはほぼ確実である。

物損事故についての調査はアメリカ保険業界の関心をほとんど引かなかったと、同研究所の副所長で調査を監督したキム・ヘーゼルベーカーはいう。SUVがこれほど流行していない海外の保険会社はもっと関心を持っている。例えばドイツの保険会社は、一九九五年に大規模な車種ごとの責任保険料率の調整を行ない、大型ＳＵＶの保険料率を特に上げている。

プログレッシブ社の試み

だが、関心を抱いていたアメリカの保険会社が一社あった。クリーブランド郊外のメイフィールド・ビレッジに本社を置くプログレッシブである。同社は、本当にひどい前歴を持ち大手保険会社が相手にしないドライバーを保障するという、ほとんど規制のない小さな市場で長い間活躍していた。州保険局長からあまり監督されることなく営業していたプログレッシブは、一九八七年に顧客が運転する車種にもとづいて、責任保険料率のちょっとした調整を行ない、ＳＵＶオーナーには少々高い率を、乗用車オーナーにはわずかに低い率を適用した。

九〇年代にプログレッシブは、はるかに大きく規制が厳しい一般ドライバー向けの保険市場で活発な成長を始めた。より大規模な市場に参入しても、同社は車種ごとの保険料率の調整を続けた。規制当局は三〇年前からこのような調整に水を差してきたが、二、三の例外があって実際には禁止していなかった。またプログレッシブの行動はほとんど注目されなかった。車種ごとの責任保険金請求を常に監視し、ヘーゼルベーカーの調査に注目していたプログレッシブは、危険な車種の保険料率を上方修正する割合を、九五年から九六年にかけてこっそり引き上げる一方、危険の少ない車種については保険料率を下げた。

プログレッシブが新たに行なった調整では、大型でもっとも危険なＳＵＶとピックアップに対して、最大二〇パーセント増しの責任保険料を要求している。保険料は小型ＳＵＶおよびピックアップではおよそ八パーセント割高で、一方危険がもっとも少ない車種のドライバーには、実質的に一〇パーセント平均保険料から値引きした。この調整は、保険金請求額の実際の差異よりは小さいかもしれないが、保険会社は保険料率の調整をかなり小さめにしておきたがるものだ。保険料の値上げは必ず客を怒らせるが、同じ額を値下げしても保険会社はさほど感謝されるわけではない。客はそもそも料金が不当に高いと思っていることが多いからだ。

車種別保険料を設定した大手保険会社

初めて車種別に責任保険料を調整しようとした大手

保険会社は、自動車保険取扱業者としては国内三位のファーマーズ保険だった。ファーマーズはロサンゼルスに本社を置き、主にカリフォルニア州など西部諸州で営業していたため、保険料を値上げしてSUVやピックアップの既存客を怒らせないように気を配っていた。しかしファーマーズは東部に進出を始めたばかりでもあった。一九九七年にファーマーズがペンシルベニア州で自動車保険の販売を始めたとき、すべての責任保険契約は車種ごとに一から計算しなおされたが、これについての告知はなく、マスコミ報道もすぐには行なわれなかった。

他の州での豊富な経験を活用して、ファーマーズの保険計理士はSUVとピックアップの責任保険料率を五パーセントから一六パーセント増しとし、同時に乗用車については五パーセントから一九パーセント割り引いた。「この種の車の大きさと重量、それに構造が損害記録に関係していることはかなり明白だ」と、ファーマーズの保険計理士の一人、ジョナサン・アドキンスはいう。「事故が発生したとき、重い車はより被害や傷害を起こしやすく、その結果保険金請求額も大きくなる。だからその種の車のドライバーに高い保険料を課すことは妥当だと思われる」

車種別の調整は、四半世紀前の無過失責任保険の出現以来、保険に起きた最大の変化であろう（無過失責任保険法は、二三州に存在し、責任保険の出費を減らすが、その必要性を完全になくすわけではない）。何人かの保険業界の関係者は、SUVは走る中性子爆弾だとまでいっている――事故の際に内部の人間は死んだり重傷を負ったりするが、車本体は生き残り、したがって衝突保険金額は低いということだ。

オールステート、ネーションワイド、GEICO、USAAの各社は一九九七年、ファーマーズの線に沿って保険料率を調整する方法についての統計学的研究に着手した。ただ一社、長きにわたり保険業界の恐竜であったステートファームだけは、責任保険を車種によって調整することを望まないという立場に固執した。同社の保険計理士デール・ネルソンは、ステートファームのデータは車種による損失の大きな差を示していないという。そして、SUVの大きさと高さは、衝突したのが乗用車なら助かっていたであろうドライバーを死亡させることで、実際には保険会社の出費を減らしているかもしれないといい、重傷の場合には死亡よりも訴訟費用の支払いが多額になるからだと説明した。乗用車のドライバーにとっては救いのない話のようだ。

九七年一〇月一七日、『ニューヨーク・タイムズ』は、ファーマーズとプログレッシブによる責任保険料率の調整方法と、他の保険会社が同じ行動を考えていることについて書いた筆者の記事を一面に掲載した。見出しは「保険会社大手、大型車の保険料値上げを計画」というものであった。記事の第一段落は、SUVとピックアップのドライバーは保険料率の引き上げに直面しており、それはそのような車が「異常に高額な被害を衝突時に乗用車やその乗員に引き起こすから」だと述べている。また第三段落では、乗用車の保険料率は引き下げられるだろうと筆者は述べた。

その朝、ラジオとテレビは筆者の記事を取り上げたが、どうやらSUVとピックアップの保険料率引き上げだけを強調したようだった。その結果、保険会社を非難する声がわき起こった。特にファーマーズとプログレッシブは、SUVとピックアップを持つ契約者からの苦情を受けた。ファーマーズとプログレッシブの顧客の中には、抗議のために自動車保険だけでなくすべての保険契約を解約した者もいた。その後数日間、テキサス州をはじめとするピックアップ・トラックが多いいくつかの州の保険局長は、車種ごとに責任保険料率を調整するという発想自体を非難した。

ノースカロライナの男性が筆者に電話をしてきた。彼は保険会社と州の保険局長に連絡して、SUVとピックアップの保険料を上げるなんてとんでもないといったという。そして、もっと多くの人がSUVに乗るべきだ、三年前、自分の妻が中型SUVのシボレー・ブレイザーを運転しているとき、乗用車のトヨタ・ターセルが横滑りしてきてぶつかったが、妻は肩にケガをしただけだったといった。そこで筆者が、ターセルのドライバーはどうなりましたかと訊くと、一瞬黙り込み、事故の傷のために「三日後に死んだ」と答えた。彼の妻は事故の後で、さらに大きなSUVシボレー・タホを買ったという。

乗用車に乗っているサイレントマジョリティー

この間、特に静かだったある集団があった。まだ乗用車に乗っているサイレントマジョリティーのドライバーたちだ。保険会社は彼らの話はほとんど聞いていなかった。プログレッシブとファーマーズは、突然乗用車の客が流れ込んできたことに気づかなかったし、また特にそれを求めていたわけでもなかった。保険会社は収益のすべてを、五年以上抱えた顧客から得ている。そのような客については、どのくらいの頻度で保険金を請求してくるか、細かくわかっているからである。たとえ経歴がきれいなように見えても、保険会社は新規の客に対しては常に用心深い。だから保険会社が一番神経を使うのは、自動車保険の顧客を維持することであって、新規の客を見つけることではない。

コンシューマーズ・ユニオンやアメリカ消費者連合などの消費者擁護団体は、車種ごとの責任保険の調整を支持することを差し控えた。保険会社がこうした調整を利用してSUVとピックアップ・トラックの保険料率を上げながら、乗用車の値下げはせず、責任保険請求額をより公平に分配する代わりに儲けを増やそうとするのではないかと懸念したのだ。

SUVとピックアップの保険料値上げを説明するうえで、ファーマーズとプログレッシブにはもう一つの問題があった。乗用車とミニバンの数は、まだSUVとピックアップの二倍以上ある。だからたとえSUVとピックアップのオーナーが支払う金額が相当増えても、乗用車とミニバンのオーナーの支払い割当額は少ししか下がらない。SUVとピックアップ・トラックの保険料が一〇～二〇パーセント上がっても、乗用車とミニバンの保険料カットは五～一〇パーセント以下でしかないのだ。

プログレッシブは筆者の記事が出てからは、保険料率調整について話すのを拒んだが、調整は続けた。ファーマーズは数カ月後にメリーランド州で自動車保険の販売を開始する際にこのシステムを使い、車種別の責任保険料率調整の必要性を擁護しようとした。「普通の乗用車のドライバーは、責任保険に関してSUVとピックアップのドライバーに補助金を与えている」と、ファーマーズの広報担当者、ダイアン・S・タサカはいう。

しかしファーマーズは保険料調整を他州に拡大しなかった。そして一年後にスイスのチューリヒ保険サービス・グループに買収されてからは、ペンシルベニアとメリーランドでも調整を事実上やめてしまった。他の保険会社も調整を検討したものの、手を引いてしまった。

一九九八年半ばまでに保険業界は、車種別調整はまったく割に合わないと判断していた。「これは政治問題だ。そして、選挙の年にはサッカーママがすべてであり、彼女たちはSUVに乗っているのだ」と、保険情報研究所の広報担当者、スティーブン・ゴールドスタインはいう。「そんなものを認める保険局長はいない——二期目に当選したければ」

メトロポリタン・プロパティ・アンド・カジュアルティ保険の上級顧問リチャード・W・バーンスタインのような保険会社重役は、州議会が実際に新しい法律を制定し、規制当局にそれを実行することを義務づけないかぎり何も変わらないのではないかと疑っている。SUVのオーナーは社会的に影響力のある層を形作っているので、州議会から命令されないかぎり、保険料率を上げて彼らを敵に回すようなことを保険会社はやりたくないと彼はいう。

「自分から進んでそんなことをする会社があるとは私には考えられなかった。規制の問題があるし、SUVオーナーの怒りを買うことになるからだ」と、バーンスタインはいう。「私たちは過剰な規制は好まない。だが州議会からああしろこうしろと言われたくはない。だがそのほうが都合がいいこともある。SUVオーナーのような要素があるときには」

公共の安全という観点から見れば、保険会社が責任保険の価格設定をするという絶好の機会が四半世紀以上失われてきたのはとんだ災難である。保険会社による保険料の設定方法の変更は、ここ数年いっそう重要性を増している。多数のSUVが古くなって中古車市場に流れ込み、だんだん若いドライバーの手が届くようになってきたからだ。一九七〇年代のマッスルカーと衝突保険料の例から、保険業界の慣行が、もっとも危険なドライバーが選ぶ車種に影響を及ぼすことができるのがわかる。責任保険料率を構造と車種によって調整すれば、すでに保険料率の高い危険なドライバーに、他のドライバーを傷つける可能性が特に高い車を選ばせない効果があるだろう。SUVを選んでも他のドライバーに及ぼす危険が少ない安全なドライバーには、保険料率調整はそれほど影響はない。

車種別保険料率調整に対する保険業界の抵抗は、最近になって弱まってきた。世論がSUVオーナーに反感を持ち始め、消費者グループは、問題を慎重に検討した結果、車種別の責任保険調整を支持するようになった。SUVが珍しくなくなったため、その保険への影響も無視しがたくなっている。規制当局は賢明にも(そして遅まきながら)この案を非難するのをやめた。保険会社数社はついに、非常に慎重に車種別調整を始めた。もっとも調整のパーセンテージ、保険金請求による損失を埋め合わせるには小さすぎる傾向にあるが。

オールステートは一九九九年末、オレゴン州でこっそりと車種別調整を始めた。同社は二〇〇〇年型以降のモデルについてのみ調整を行なっている。つまりオールステートは、すでに所有されている車の保険料を上げて、契約者の反感を買わずにすむということだ。客が次の車を買ったり借りたりしたときに新しい保険料率の見積もりを出せばいいのだ。同時に、オールステートは個人医療保険も車種別に修正した。

新型サバーバンのドライバーは、例えば、個人医療保険料の割引を六パーセントばかり受けられる。サバーバンは大きく重いので、事故時に多少乗員を保護するからだ。しかし同じサバーバンのドライバーは、責任保険では九パーセント割増しと算定される。最終的にはSUVの保険料率は上がることになる。責任保険が保険料に占める割合は、個人医療保険よりもはるかに大きいからだ。実際には、大部分のドライバーは雇用者健康保険に入っているので、個人医療保険に入ろうともしない。

ミニバンと大型あるいは中型乗用車のオーナーは、新しい保険料率のもとではもっとも有利である。この種の車は一般に乗員の保護に優れ、十分なクランプル・ゾーンによって他のドライバーに与える危害も最小限だからだ。オールステートはクライスラーのミニバン、タウン・アンド・カントリーのドライバーに、傷害保険と個人医療保険の一〇パーセント割引を与えている。また、アメリカで一番売れているフルサイズ乗用車のビュイック・ルセーバのドライバーにも同様の割引をしている。

オレゴン州での実験に抗議が起こらなかったので、オールステートはこのうまいやり方を一〇以上の州に拡大し、二〇〇〇年一二月に公式発表した。国内で六番目に大きな保険会社ネーションワイドは、二〇〇〇年八月にアーカンソー州で責任保険と個人医療保険の車種別調整を始め、二〇〇一年末にはペンシルベニア、バージニア、オハイオ、アラバマに拡大した。

しかしネーションワイドのやり方は公共の安全を改善するうえで十分ではない。調整の幅があまりにも小さいからだ。ネーションワイドは、特定のSUVや乗用車がどれほど危険あるいは安全でも、保険料率調整をプラスマイナス一〇パーセント以内に制限している。

ネーションワイドの自動車保険部長ラリー・サーズビーは、もし実際の保険金請求額を反映させれば、特に責任保険で調整幅はもっと大きくなると率直に認めている。「わが社は今のところかなり慎重にやっている」と、サーズビーは二〇〇二年初頭にいった。「徴収額は必要な総額よりも少ない」（オールステートはプラスマイナス一五パーセントの調整を認め、これは責任保険請求の実際の変動を反映したものだと主張している)。

大部分の保険会社は調整を行なうことを一切拒み続けている。ステートファームは、依然市場の五分の一を占め、大差で国内最大の自動車保険会社だが、競争圧力に駆られない限り調整は行なわないという昔からの流儀に固執している。ステートファームが、自動車責任保険で乗用車オーナーから暴利をむさぼってSUVオーナーを助成してもそれで通ってしまうのは、その市場の中心が農村地域と小都市で、住民は大都市や郊外のようにいくらでも保険料率の低い会社を探すというわけにいかないからだ。

ステートファームをはじめ責任保険の車種別保険料率を拒否している大手保険会社(例えばUSAA)は、本質的には、大きなSUVには乗りたいが他のドライバーに及ぼす危険のために割増しの保険料を払いたくないティーンエージャーやその他の危険なドライバーに、低料金の逃げ場を用意していることになる。公道上のSUVのほとんどが新車で、したがって高価なため、若いドライバーには手が届かなかった九〇年代においても、これはまずい発想だった。中古SUVが増加し、必然的に無責任なドライバーの手に落ちるようになる二一世紀にもこの方針を維持するなら、保険会社はSUVオーナーの力に対して、臆病で場当たり的な対応をしていることになる。

11章 街の迷惑者

ブルージーンズをはき、世界貿易センタービルへのテロ攻撃以前からアメリカ国旗を付けたニューヨーク・レンジャーズ（ナショナル・ホッケー・リーグのチーム）のジャンパーを着ているクリフ・アドラー・ジュニアは、マンハッタンの西四一番通りと九番街の交差点近くで、自分のフォード・エクスプローラーに乗れと筆者に手で合図した。しかしそれは普通のエクスプローラーではなかった。明るい黄色に塗られ、ダッシュボードの真ん中にはメーターがある。屋根にはタクシー灯が、ボンネットにはナンバー3A96のタクシー営業免許証がついている。

ニューヨークのSUVタクシー

アドラーは以前フォード・クラウン・ビクトリアのセダンを運転していた。今もニューヨーク市のタクシーの中心となる車種である。しかし非常に低い乗用車の座席を彼は嫌った。一九七五年以来、週に六日から七日、脚を前に投げ出した姿勢で運転してきたため、いつも背中が痛んだ。やがてアドラーは、ドライバーがブレーキやアクセル・ペダルよりも十分高い位置に座るエクスプローラーの椅子のような座席が、背中の痛みをやわらげてくれると確信するようになった。彼はフォード・エクスプローラーを買わせろと、市のタクシー・リムジン委員会にせっつきだした。

委員会は九六年にエクスプローラーの使用を認めた。エクスプローラーを購入したタクシー運転手は数十人いるが、アドラーはその第一号だった。「誓っていうが、エクスプローラーに乗ってから二四時間しないうちに、曲がっていた背中がまっすぐになったんだ」とアドラーはいった。「私は一日一二時間車に乗っているんだ――楽をしたって誰にも迷惑はかからんだろう」

多くのドライバーとは違い、アドラーは二輪駆動のエクスプローラーを選んだ。四輪駆動は三〇〇〇ドル値段が高く、燃費も悪い。アドラーは一度だけエクスプローラーでオフロードを走ったことがあるが、それは大失敗だった。趣味で写真を撮るアドラーは、ジョン・F・ケネディ空港の滑走路近くで道路を外れ、草地に乗り上げた。あとで戻ってくると、草が生えていたのは砂の上で、二トンの車のタイヤはその中に深く沈んでいた。引きだすためにはレッカー車の電動ウィンチを使わなければならなかった。彼は二度とオフロードを走るまいと誓った。

アドラーのエクスプローラーは四輪駆動ではないので、ガロン一四マイル（リッター約五・九キロ）走る。ニューヨークでタクシーとして使われているクラウン・ビクトリアよりガロン二マイル（リッター約〇・八キロ）悪いだけだが、タクシーとしても使われるミニバンのホンダ・オデッセイよりはガロン七～八マイル（リッター三キロ前後）悪い。ガソリン価格が大幅に上がってガロン二ドルを超えたままになれば、エクスプローラーは利益が出なくなるだろう。しかしガロン一ドル五〇セント以下であれば、ガソリン価格の違いはさほど問題ではないとアドラーはいう。

アドラーのエクスプローラーには、小さな事故で壊れるまで、重い鋼鉄製のグリルガードがついていた。ガードというのは特別に強化された鋼鉄の太い棒を数本、フロントグリルの前に横に渡したもので、もう少し細い鉄棒でできた格子がついており、それはヘッドライトを覆っている。グリルガードはオーストラリアで考案された。かの国では主に小型トラックの車体前部をカンガルーとの衝突から守るために設計されているが、深い藪の中を飛ばすときにも役に立つ。アドラーには藪をなぎ倒して走ったりカンガルーをはねたりするつもりはないのだが、傷をつけられたりヘッドライトを割られたりしないようにという単なる用心のためだという。フォードはグリルガードを売っていないので、アドラーは自動車用品店で買ってきて取り付けた。

「街中で暮らして路上に駐車しているだろう、しょっちゅう他の車がバックで向かってくるんだよ」と彼はいう。

筆者は、強化した鉄棒で歩行者をはねたことがあるかと訊いた。「ぜひそうしたいものだね——歩行者は多すぎるし、時間はあまりないから——いや、冗談だよ」とアドラーは答え、はねたことはないと答えた。しかし、あとでまた彼は、車が近づいてくるのにかまわず道路を渡る無謀な歩行者が嫌いだという話に戻った。「歩行者ときたら、人をバカにしてるんだ。あの態度はひどいもんだよ」。

アドラーは、自分のエクスプローラーやグリルガードなどが、事故のとき乗用車にどう影響するかにも無関心だ。「こいつはそんなに車高は高くないし、道路を走っている車全部に責任は持てない。それに私は優良ドライバーのはずだし」と、彼はいった。「私はこうして生活費を稼いで、自分のトラックの面倒を見ているんだ。バンパーカーで遊んでいるわけじゃない」

話をしている間、アドラーは道路脇に停車しておくと言い張った。運転しながらインタビューを受けているのを市の検査官に見つかり、運転に集中せず馬鹿なことをしていると思われないようにである。質問が残り少なくなると、アドラーはエンジンをかけ、私たちは客を求めて街を流した。何ブロックか走ってから、市のコンベンション・センター近くで、昼食を終えてオフィスへ戻る若い女性の二人連れを拾うために、アドラーは車を脇に寄せた。そのうちの一人、三三歳の営業課長が後部座席に滑り込もうとしているときに、エクスプローラーをタクシーに使うことをどう思うか質問した。彼女は熱心にいった。「乗用車よりずっといいですよ。滑らかに走るし、たいてい新しいからきれいだし」

ニューヨークでうまく行けば、どこへ行ってもうまく行く

ニューヨークでうまく行けば、どこへ行ってもうまく行くという意味の歌があるが、SUVは確かにニューヨークでうまく行っている。九〇年代末には、マンハッタンで全登録車数の四分の一をSUVが占めている。それに対して全国では一七パーセントを少し下回っていた。自動車メーカーは九五年から九九年の間に、ニューヨークでのSUV広告を倍以上に増やし、この市でもっとも売り込みの激しい商品の中に加えた。「運転ということでは、ニューヨークでは多目的スポーツ車は理にかなっている。頑丈で、見通しがいい。まわりにタクシーは多い」が、タクシーは比較的背が

低く先が見やすいとランドローバーの広報担当者、マーク・H・シャーマーはいう。同社はニューヨーク地域でアメリカ中のどこよりも多くのレンジローバーを売っている。

国内で近年急速に伸びているSUV市場は、どちらかといえば非常に裕福な都市である。現在特に大きなSUVの市場は、ヒューストン、ウェスト・パーム・ビーチのようなフロリダの富裕な地域、羽振りのいいロサンゼルス北部郊外、いずれも深い雪や泥よりも陽光で有名な街だ。対照的に、アラスカ州フェアバンクスでは、SUVが市場に占める割合ははるかに小さい。この市は北の果てにあり、深い雪のために住民は四輪駆動を本当に必要としそうなものだが(註1)。

しかしSUVは、都会での使用にはまったく向いていない。SUVは交通渋滞を悪化させる。まわりが見えにくい。老朽化した一部の道路や橋には大きすぎ重すぎる。歩行者の生命を脅かす。駐車場不足をいっそう深刻にする。そして窃盗犯やカージャッカーを引き寄せる。

都市だけでなく郊外でも悩みの種となっている渋滞を、SUVは増幅する。ニューヨーク州ウェストチェスター郡の道路設計部長、ヒュー・グリーチャンが、非常にわかりやすく述べている。赤信号で止まったとき、自分の前に乗用車が三台いれば、次の青信号で通過できる。SUVが二台なら、やはり通過できる。だが前にSUVが三台いるときは、次の青で通り抜けることはできない。

渋滞の原因

これには事例に留まらない証拠がある。テキサス大学の二人の土木工学者が、コンピューター制御のストップウォッチがついたビデオカメラを使い、数千台の車が信号機のある大きな交差点を通過する時間を二カ所で計測した。その結果、小型トラック——SUV、ピックアップ、ミニバン——の後ろについたドライバーは、乗用車のときよりも車間距離を大きく取りがちであることがわかった。小型トラックの先が見えにくいことを考えれば、賢明な判断である。また、信号が青になったとき、SUV、ピックアップ、あるいはミニバンが車列の先頭にいると、おそらくその重量のせいであろう、乗用車よりも加速が遅い傾向があった。ウェストチェスター郡でグリーチャンが気づいたように、小型トラック、特に大型SUVがいると、一度の青信号で交差点を渡ることができる車の数が少なくなり、交通麻痺の原因となる。二人の研究者の計算では、交差点を直進する場合、大型ＳＵＶは乗用車の一・四一倍のスペースを取る。ミニバンは乗用車の一・三四倍、ピックアップは一・一四倍、小型ＳＵＶは一・〇七倍である。交差点で直進せず右左折するＳＵＶやその他小型トラックでは、渋滞に与える影響はこれより少ない（註2）。

交通問題が起こるのは信号機のある交差点だけではない。連邦の規格では、一時停止の標識は、乗用車のドライバーが前にいる乗用車の屋根ごしに見られるように、地面から七フィート（約二・一メートル）に設置することになっている。高さ一八〇センチ以上のＳＵＶの後ろから一時停止標識を見つけるのは非常に難しい。交通が混雑しているときには、ＳＵＶは乗用車のドライバーからハイウェイの出口の標識を見えにくくすることもある。

ブルックリン・ブリッジを渡れない

ＳＵＶは古い道路や橋では特に問題になる。最大三トンにもなるＳＵＶは、路面や橋の消耗を早める。ただし貨物トラックほどではない。ＳＵＶは橋の重量制限を超えている場合さえあるが、通行を禁止されてはいない。交通工学者が、規則を実施するのは不可能だと判断しているからである。貨物込みで三トン以上のトラックは、ブルックリン橋（路面電車のために建設された）を渡ることを禁じられている。大人が二、三人乗るとほとんどの大型ＳＵＶはこの制限を超え、なかには無人でも超過しているものもある。それでもニューヨーク市警察は規則の執行のために何もしていない。市の橋梁技術主任であるヘンリー・Ｄ・ペライアは、フルサイズＳＵＶのシボレー・タホが橋の上で渋滞を起こさない限り橋は大丈夫だという。もしそれが起きても、構造上の損傷はあるだろうが、実際に倒壊することはないという。

また古い道路や橋には、高速走行のためのバンクがついていないかなり急なカーブが多い。このような道路や橋であっても、過去数十年間に制限速度を引き上げることができたのは、乗用車の安定性と操縦性が向上しているからだと交通工学者はいう。しかし車高が高く動きが鈍いＳＵＶが、カーブが多く車線の狭い道路に拡散することにより、現在問題が起きている。

退職した技術者でニューヨーク市地域にある公園道《パークウェ》

路[イ]の何本かの設計にかかわったドメニコ・アンネスは、こんなに車高の高い車が公園道路を利用するとは予想していなかったという（一九九九年までニューヨークはピックアップのパークウェイの通行を禁止していた）。現在、ソー・ミル・リバー公園道路で、ＳＵＶがスピードを出しすぎて車線からはみ出してしまうのを、彼は毎日のように見ている。「黄色いラインをまたいで少し尻を振ったかと思うとカーブの真ん中でブレーキをかけるんだ。あれはひどい」とアニーズはいった。「大きな車に乗ると間違った安心感をもってしまうんだ」

視界を遮る

ＳＵＶの先を見ることは、古い道路や橋では特に難しい。それらは車線の幅を最低一二フィート（約三・六メートル）とする連邦の規格を満たしていないことがよくあるからだ。幅六フィート（約一八三センチ）を超える乗用車は少ないが、ＳＵＶは多い。フォード・エクスカーションの幅はちょうど六フィート八インチ（約二〇三センチ）ある。これはトラック警告灯を車の屋根の前後に取りつけなくてもいい最大の大きさである。自動車産業の肩を持つ者は、多くの道路は一九五〇年代に造られているが、当時もっと幅が広い乗用車もあったと指摘する。五九年型キャデラック・エルドラドの幅は六フィート九・二インチ（約二〇六センチ）あった。まだ警告灯が義務づけられない時代だった。しかしエルドラドの屋根ごしに、あるいは窓越しに前を見ることは可能だが、大型のＳＵＶは、もっと高く威圧的な板金とスモークガラスの壁となって立ちはだかっている。

ＳＵＶの窓の高さは規制されておらず、統計を集めた者はいないが、年式が新しくなるにつれて高くなってきている。近所のディーラーへ巻き尺を持っていって測ったところ、多くのＳＵＶのリアウィンドウの下端は、ほとんどの乗用車のフロントガラスの上端とほぼ同じ高さ、約一二〇センチであることがわかった（註3）。これでは後についた乗用車のドライバーが、前方の交通をＳＵＶの窓越しに見ることは不可能だ。

カリフォルニア州キューパティーノにあるコンピュータ・ソフトウェア会社重役、ポール・マーサーは、混雑した州間道路八八〇号線をスポーティーなコンパクトカー、マツダ・ミアータ（ロードスター）で走っていて、この問題をじかに体験した。車の流れが急に遅くなった。が、マーサーは大型ＳＵＶの後ろを走っており、その窓越しにさらに前方を走る車のリアウィンドウで、ハイマウント・ブレーキランプが点灯するのを見ることができなかった。ＳＵＶはブレーキをかけ、ぎりぎりでハンドルを切って路上に落ちていたホイールを避けた。マーサーは時速八〇キロで走っており、他の車に割り込まれないようにＳＵＶとの車間距離を車二台分しか空けていなかったため、反応する時間がほとんどなかった。「私はホイールに乗り上げてタイヤをパンクさせてしまい、のろのろ運転で次の出口から下りなければならなかった」とマーサーはいった。「命があってよかったよ」

この種の災難に対する自動車産業の反応は、スピードが時速一〇マイル（約一六キロ）増すごとに車間距離を少なくとも車一台分余計に取ることを難しくしている過密な交通と乱暴なドライバーを非難するというものだ。「車のせいにはできない。とすれば、軽率なドライバーのせいだ」と、クライスラーの広報担当者、ソーニャ・Ｌ・バルトニックはいった。

マーサーの一件はもっとひどいことになったとしてもおかしくなかった。中央のハイマウント・ブレーキランプは、普通リアウィンドウ内に取り付けられているが、多重衝突を防ぐうえで効果が少なくなっている。ＮＨＴＳＡの報告書によれば、小型トラックの車高もその理由の一つかもしれない。

一九八七年には、ハイマウント・ブレーキランプをつけた車は、ついていない車よりも、三台以上の車がからむ多重衝突事故において追突される可能性が一四・六パーセント低かった。しかし九〇年代初めになると、ハイマウント・ブレーキランプつきの車がこのような事故で衝突される可能性は、二・四五パーセント低いだけだった（註４）。効果が薄れた原因は、おそらく小型トラックの普及とハイマウント・ランプが珍しくなくなったことの両方であろう。初めてハイマウント・ランプを見たときは、みんな驚いてすぐにスピードを落としたのかもしれない。

車高の高い車を通してブレーキランプが見えないという問題は、中央のランプの位置をもう何センチか高くして、リアウィンドウの上端ではなく車の上に取りつけることで部分的には解決できるように思われる。だが自動車エンジニアは、たとえ小さくても車の屋根の後端に突起を作ると、その上で空気の流れが大きく乱れ、燃費を悪化させるという。

ヘッドライトによる眩惑

ヘッドライトによる眩惑も、SUVとピックアップ・トラックの車高が高くなるにつれてますます重大になってきた問題である。対向してくるフルサイズのSUVまたはピックアップ・トラックのヘッドライトは非常にまぶしく、ロービームであっても乗用車のドライバーには、ハイビームと同じくらい明るく見える。このような大型の車が夜間に乗用車の後ろにつけば、乗用車のバックミラーとサイドミラーはまぶしい光を反射する。

この問題は一部のドライバーを激怒させている。「道路を走っていてひどく気が散る」と、マーキュリー・ミスティーク・セダンに乗るニュージャージー州マールボロの会計士、デイビッド・リクテンソールはいう。「路肩に車を寄せてSUVを先に行かせてやるはめになることもある」

自動車技術者協会の委員会が九六年に行なった研究で、ヘッドライト・バルブがドライバーの目の高さ、またはサイドミラーの高さに取り付けられていると、ドライバーが感じるまぶしさのレベルは一〇〇〇パーセントにも達することが明らかになった(註5)。しかし測定されていない。SUVのヘッドライトの高さは公的には測定されていない。しかし筆者が巻き尺で測ったところ、四輪駆動のフルサイズSUVでは、ヘッドライト・バルブは地面から九一ないし九九センチの高さにあることが多かった(註6)。これはダッジ・ネオンのようなコンパクトカーのサイドミラーの高さであるが、大型乗用車のサイドミラーよりは低い位置にある。新型のハマーH2のヘッドライト・バルブは一一〇センチの高さにあり、GMで一番大きな乗用車であるキャデラック・ドビルのサイドミラーの上端と同じ高さである。

しかし条文化されているただ一つの規制は、ヘッドライトは地面から五四インチ(約一三七センチ)を超える高さに取りつけてはならないというものだけで、自家用車よりも貨物トラックを対象にした規則である。ヘッドライトの明るさも、技術的改良により、従来のヘッドライトで一九七〇年代から三〇パーセント増している。青い光を放つ最新のヘッドライトはいっそう明るい。

自動車メーカーは、SUVやピックアップのヘッドライトは乗用車より高い位置に取りつける必要があると主張する。小型トラックのドライバーは、乗用車よりも高い位置に座る。ヘッドライトはできるだけドライバーの目の高さに近いほうが、より効果的に照らすことができる。道路標識は光をまっすぐに反射するように設計されており、ヘッドライトを低く取りつけた車高の高い車のドライバーには明るく見えない恐れがあるとメーカーはいう。

しかしほとんどのミニバンは、ドライバーの着座位置はかなり高いが、乗用車の設計がベースになっており、ヘッドライトは乗用車とほぼ同じくらいの低い位置にある。自動車業界のエンジニアで作る委員会が草稿を作成した九六年の研究の結論は次のようなものであった。「標識の読み取りやすさが低下すると安全に大幅なマイナスの影響があるという議論は、実証されていないように思われる」

本当の問題は、一部の自動車メーカー重役にいわせると、スタイルである。車のヘッドライトは目であり、高くマッチョなグリルの底辺近くにつけると間が抜けて見えると彼らはいう。だが、メーカーにヘッドライトの位置を低くすることを義務づければ、車体前部を非常に高くすることを諦めるので、全体としては安全性が向上するかもしれない。

だがそれはありそうにない。NHTSAはヘッドライト取りつけ高さの公式な見直しを始めており、大型トラックの取りつけ高さは五四インチより低くなるかもしれない。しかし小型トラックのメーカーは、ヘッドライトを傾けて、やや下向きの角度に光を放つようにすることを命じられる可能性が高そうだ。大型トラックではすでに行なわれていることである。小型トラックのヘッドライトを傾ければ、田舎道を十分に距離を開けて走っている乗用車のドライバーにはまぶしさを減らす役に立つだろう。だが信号待ちで小型トラックに真後ろにつけられたドライバーにとっては、それでもまだひどくまぶしいだろう。

自動車業界は、視界のことで特に苦情をいう乗用車のドライバーに、代わりに車高の高いSUVを買うように勧める。これは問題に対する社会の非難を鈍らせてはいるが、長期的には解決にならない。以前とあるインターネットのサイトで述べられていたが、背の高い車に乗るのはマンハッタンの電話帳を持って映画館に行き、それを椅子に敷いて座るようなものだ——自分はよく見えるようになるが、後ろの人はイライラする。そしてみんなが背の高い車を買えば、視界がよくなる者はほとんどいない。映画館で最前列の客以外のみんなが電話帳を敷くようになれば、よく見えるようになるのは二列目に座った客だけだ。

　ＳＵＶのドライバーさえ、他のＳＵＶの窓越しに前を見るのは難しい。ＳＵＶの窓ガラスがスモークになっているからだ。連邦の法規は、乗用車の窓に濃い色のガラスをはめることをメーカーに禁じている。しかしこの規則は昔から、小型トラックのリアウィンドウにスモークガラスを使うことは認めている。この慣行は、配管工、電気工などの職人の工具を通行人に見えにくく（そしておそらく盗みにくく）するための手段として、貨物バンから始まったものである。それからこれはミニバンとＳＵＶのオーナーが、荷物やその他の所持品を見えにくくする方法として広まった。この種の車には乗用車のようなトランクがないからだ。現在スモークガラスは乗用車にも普及している。ＳＵＶに乗った流行仕掛け人をまねて、乗用車のドライバーがカーディーラーや修理工場に金を払い、メーカーに義務づけられた透明のガラス一面にスモークフィルムを貼らせているのだ。ミシガン州アナーバーにあるボルボのディーラーは、顧客の希望によって、現在そこで販売される新車のステーションワゴンの三分の二にスモークを入れている。

　安全性調査（着色ガラス製造業界が資金を出して行なわれたものもある）では、スモークウィンドウに起因する事故のはっきりした傾向は実証されていない。しかしそれは、ＳＵＶやミニバンの窓が高く、乗用車のドライバーはいずれにしても窓越しに先を見ることが難しいからかもしれない。より多くのドライバーが車高の高い車を選び、視線がスモークウィンドウの高さに上がれば、暗いガラス越しに前が見えないことがもっと大きな問題になりうる。警察協会もスモークウィンドウを嫌っている。警官が通常の検問でドライバーと話しているときに、武器を持っている可能性のある乗員が後部座席にいても見えにくくなるからである。

　ところが自動車メーカーはスモークウィンドウが好評であることを知り、国内で販売する可能なかぎり多くの小型トラックに装着している。フォードが二〇〇二年型エクスプローラーを発売したとき、ヨーロッパでは無色のガラスを装着して売られた。欧州連合が賢明にもスモークウィンドウを装着しないように自動車メーカーに命じているためだ。しかし二〇〇二年式の初めから、米国内で販売されるエクスプローラーにはすべてスモークウィンドウが取り付けられている。アメリカのＳＵＶの客で無色の窓を欲しがる者はほとんどいないので、オプションとしてもわざわざ売り出す必要はないとフォードは判断したのだ。

死者の八人に一人は歩行者

大都市は交通量が多いだけでなく、歩行者も多い。アメリカにおいて自動車事故で死亡する人の八人に一人は車の乗員ではなく歩行者である。このような歩行者がSUVにはねられると、生命にかかわる傷を負うことが特に多い。

最近行なわれたあまり知られていない学術研究は、一九九五年から二〇〇〇年までに米国内で大型SUVがはねた歩行者の一〇・六パーセントが死亡していると計算している。また中型および小型SUVでは六・六パーセントが死亡している。ミニバンと乗用車はこれほど致命率は高くなく、いずれの場合もはねた歩行者の五パーセントが死亡している（註7）。

公平のためにいっておくと、SUVが歩行者をはねる率は、他の車より少し低い。なぜそうなるのか、はっきりした理由はわからないが、おそらく初期のSUVオーナーは非常に安全なドライバーで、人が路上にいるときには慎重に運転するからだろう。未熟なドライバーや飲酒運転者の手に渡るSUVが増えるにつれて、死亡する歩行者の数も増える可能性が高い。

SUVの車体前部に装着するグリルガード――ブルバー、ブラッシュガードなどとしても売られている――は、歩行者に危険を及ぼすものの一つである。オーストラリアのアデレード大学の実験では、堅いグリルガードをSUVの前に取りつけると、子供の頭部の模型に与える衝撃力が五倍に増えることが判明している。その理由は、衝撃が平らで柔らかいグリル表面に分散されず、堅く突き出たグリルガードの先端に集中するからである。

グリルガードを装着することで、事故の被害が最小限に抑えられることを期待して、ドライバーは乱暴な運転をしたくなることもある。オーストラリアのメルボルンで、都会のドライバーを対象に一九八四年に行なった調査では、グリルガードを装着する理由が三つ挙がっている。駐車中の衝突から車を守るため、車をかっこよく見せるため、そしてもっとも面白いのが、道路が混んでいるときに、もっと強引に運転するためということだ。

危険なグリルガード

あいにくだが、SUVの乗員は安全のためにもグリルガードを信頼しないほうがいい。グリルガードはSUVへの物損を抑えるかもしれないが、オーストラリア政府の交通安全局の統計分析によれば、事故時にSUVの乗員を保護するために、グリルガードが役に立つという証拠は見つかっていない(註8)。そればかりか交通安全の専門家のなかには、グリルガードがSUVの乗員をも危険にさらすかもしれないと警告している者もいる。グリルガードはまず標準装備として装着されるものではなく、後から店で購入して取り付けるものだ。SUVの車体前部は、衝突のエネルギーを吸収するためにあまりつぶれないが、それでも少しはつぶれる。車の前部に堅い棒をつければ、つぶれるのが妨げられるかもしれない。そしてつぶれることが妨げられれば、エアバッグに膨らむタイミングを知らせる車体前部のセンサーを混乱させることになりかねない。

アメリカの規制当局はグリルガードにほとんど注意していないが、外国政府のなかには、鍛造スチール製グリルガードから、最近開発された危険の少ない成型プラスチック製のものに転換することを勧めているものもある。英国の環境運輸地方省は、そのような対処法を九七年に欧州連合に勧告した。結局ヨーロッパの自動車メーカーはブリュッセルのEU当局に、いかなるグリルガードも工場では装着しないことを「自主的に」約束した。しかしディーラーが外部の自動車部品会社からグリルガードを買い、販売前の車に装着することは今でも自由であり、実際そのようにしている。

二〇〇二年デトロイト自動車ショーでランドローバー・コーナーは、グリルガードつきのフリーランダーを前面に押し出していた。筆者がそのことを、ランドローバーの自動車開発の長であるスティーブン・ロスに指摘すると、彼は愕然とした。「バカな」とロスはいった。「そんなものは発売しない。そんな話は聞いていない。もちろんここは自由な社会だが、我々はそんなものは設計しない」

グリルガードのないSUVも、構造が乗用車とは違うために、きわめて危険である。乗用車は一般に低い位置で歩行者に当たり、ボンネットにはね上げる。ボンネットは重大な傷害をできる限り抑えるように、柔軟に設計されている。ボンネットとエンジンの間には十分な間隔を取るようにメーカーは留意している。こうすることでボンネットが少しへこんで、トランポリンのように頭部への衝撃をやわらげるのだ。メーカーは人間の頭部の模型をボンネットにぶつけて、堅さのテストもしている。乗用車のバンパーは成人の歩行者の膝にひどい損傷を引き起こし、恒久的な障害を残すこともあるが、死亡させることはまれである。

乗用車とＳＵＶの重量の違いは歩行者との衝突には影響しないと、交通安全の専門家は認め、ＳＵＶの危険性の理由としてその形状と堅さを指摘している。専門家のなかには、多くのＳＵＶの車体前部が非常に四角張っているのが原因だという者もいる。ジープが元の洗濯機工場で作られていた頃のファッショナブルな名残だ。「ケガはするが死なない範囲のスピードで歩行者がはねられた場合、滑らかなデザインのほうが角張ったり尖ったりしているよりもいい」と、道路交通安全保険協会の会長、ブライアン・オニールはいう。

もう一つの可能性は、ＳＵＶの高く頑丈な前部が、子供や小柄な大人をバンパーですくい上げて柔らかいボンネットに乗せてしまわず、胸部や頭部を襲うかもしれないというものだ。時には、特に子供が低速で走ってくるＳＵＶにはねられた場合、車が歩行者を押し倒して乗り上げてしまうこともある。ほとんどの事故では、車の下に入ってしまうことは歩行者にとって最悪の状態である。

ごくまれに、車高の高いＳＵＶが小さな子供の上を、車体下部がまったく接触することなく通り抜けてしまうこともある。このような事例は二、三年前にワシントンＤＣ郊外で一度あった。だがそれよりも頭部、胴部あるいは四肢をタイヤで踏みつぶされるか、跳ね上がって車の底部に叩きつけられる結果になりやすい。シャシーは車の重さを支えなければならないため、通常もっとも硬い金属でできており、まったく曲がらない。車軸やサスペンションの構成部品にぶつかるのは、高速で振り回したバールに当たるようなものだ。

歩行者をバックで轢く

ＳＵＶは歩行者を正面ではねるだけではない。歩行者をバックで轢くこともある。ＳＵＶのドライバーは、私道をバックで進んでいるときに人を轢く可能性が非常に高いようだ。特に子供は背が低いために、高い位置にあるＳＵＶのリアウィンドウからは見えにくい。ドライブウェイでの死亡事故はめったにないように思われるが、そうではない。国内で歩行中に自動車に轢かれて死亡する子供の五人に一人は、ドライブウェイで命を失っているのだ。

最近まで、ドライブウェイにおけるSUVに特有の問題の証拠は、主に個々の事例――サバーバンが関係するわずかな死亡例――に頼ったものであった。この問題に関する最初の優れた調査は、最近オーストラリアで行なわれたもので、四輪駆動車と小型商用車をひとまとめに扱っている。この調査で判明したのは、この種の車はオーストラリア南東部の登録車両の三〇・四パーセントを構成するが、ドライブウェイで子供が死亡した事故の三分の二近くを引き起こしているということだった。死亡例のほとんどすべてでは、これらの車が子供を押し倒し、タイヤで頭を引き潰すことで発生している（註9）。

自動車メーカーはこの問題に対して、レーダーのような近接センサーを取りつけることで対応を始めている。バックで何かにぶつかりそうになると、車室内でブザーが鳴り、ドライバーに警告するというものだ。この装置はポールや子供を探知することはできる。ただしペットの小さかったり毛が多かったりするものは見落としやすい。フォードの関係者がかなり露骨に筆者に語ったところでは、ふわふわの猫はまだ轢かれるかもしれないが、子供は大丈夫だという。しかしこのようなシステムを備えていないSUVが数百万台、この先何年も中古車市場で流通を続けるのだ。オーストラリアの論文の著者は、小さな子供がいる両親は、車に近接センサーがなければ、ドライブウェイの両わきに臨時のフェンスを設置するように勧告している。

筆者自身のアドバイスとしては、SUVを買う人は、特に近所に小さな子供がいる場合、絶対に後方センサーつきのモデルにすべきである。また親は、自分が所有する車が何であれ、子供が幼いうちから、学校の駐車場やその他公共の場所で大型のSUVに近づくことはきわめて危険であると教えるべきだ。SUVの窓はあまりに高すぎ、ドライバーには近くにいる子供が見えないのだ。

駐車場でも迷惑者

SUVは道路で大きすぎるだけではない。駐車場でも大きすぎるため、ショッピングセンターは駐車区画を描き直さざるを得ず、立体駐車場では最大級のモデルを締め出すようになっている。多くの都市は七〇年代から八〇年代に、エネルギー保全の促進のため、ビルの駐車スペースの最大五〇パーセントをコンパクトカー専用とすることを義務づける条例を制定したが、現在このような条例の多くは撤廃されつつある。駐車場設計者は現在、標準サイズのスペースでも、平均して幅六フィート七インチ（約二〇一センチ）、長さ一七フィート一インチ（約五二一センチ）の車が入れるように整備することを勧告している。これは八七年に比べて四インチ（約一〇センチ）広く一インチ（約二・五センチ）長くなっている（註10）。

よく晴れた午前、カリフォルニア州の富裕な都市コスタメーサにあるショッピングセンターで見ていると、駐車スペースの幅が拡がってコンパクトカーのスペースが消えてゆく理由が容易に理解できた。テリーとアマラ・クランダル夫妻は栗色の巨大なGMCサバーバン・フルサイズSUVの車内で、白いジープ・グランドチェロキーがコンパクトカー専用スペースとはっきり表示されたところからバックで出てくるのを待っていた。アマラ・クランダルはショッピングセンターが小型車を優先しようとまでしていたことに憤慨していた。

「大きな車に対する差別だわ」彼女は怒り心頭だった。「たいていいつも、コンパクトカーのスペースに停める場所を探すの。あんなの無駄よ――ほとんどいつだって、二つのスペースにまたがって一台停めてあるんだから」

数区画先ではジャック・バリーが、淡褐色のキャデラック・セビル・フルサイズセダンを、二台の大型SUVに挟まれたスペースからどうやってバックで出したものか考え込んでいた。両側の車は完全に視界をふさいでしまい、駐車場を行き来する他の車が見えない。「反対側から来るやつが私を見ていてくれるように願うだけだね」と、彼はいった。「バクチみたいなものだよ」

クライスラー社は現在、乗用車のドライバーが二台の車高が高い小型トラックの間に駐車するときは、バックで入れるように勧めている。そうすればよく見えるようになり、車を出すときの軽い接触事故を防ぐことができるというのだ。これは理屈のうえでは名案だが、現実にはうまく行かない。バックで駐車スペースに入れるのは急いでいるときには面倒だし、多くの駐車場は時間がかかるという理由で許可していない。それに二台の乗用車の間に頭から入れるほうが簡単だ。あとで戻ってくると両側の乗用車が小山のような小型トラックに入れ替わっているのが落ちであるが。

窃盗犯・暴力犯罪のターゲット

クロテール・ラパイユのようなマーケティング担当者はSUVを、凶暴な戦艦と表現している。それは犯罪に対して根の深い恐怖を抱く顧客に安心を提供するというのだ。ところがSUVを買うことは、実は車を泥棒に持っていかれるはめになる近道かもしれないのだ。

新技術によって、いたずらで最新の車の点火装置を直結にし、エンジンをかけることはまず不可能になっている。最近ほとんどの車のキーには、厚手で黒いプラスチックの台座がついており、中にはごく小さな無線発信機が組み込まれている。キーが発信する暗号をステアリングコラムのセンサーが検知して、この情報をエンジンに中継しない限り、エンジンはかからない。この革新的技術のおかげもあって、アメリカにおける自動車窃盗の発生頻度は、九〇年代を通じて全体的に減少した。ただし二〇〇〇年には一・二パーセント微増し、一一六万台が盗まれている。

しかし、このシステムによっていたずら半分の泥棒は無人の車を盗むことを諦めるようになったが、プロの窃盗犯や暴力犯罪者はそうではないと、保険業界関係者はいう。最新の盗難防止技術を備えた車を盗むには、二つやり方がある。一つは、車を牽引するか平台トラックに載せて、闇修理工場まで持って行き、そこでばらばらに分解してしまうか、さもなければ新しいセンサーとキーを取りつけてしまうことだ。だがもっと単純な方法は、車の持ち主をぶちのめすか銃で脅かして、車のキーを手に入れることだ。

キーなしでは盗むのが非常に難しい車を自動車メーカーが作るようになるまで、カージャックはきわめてまれであった。まだカージャックは自動車盗のなかでごく少数を占めるにすぎないが、多くの都市で問題になっている。九〇年代初めには、平均して年間四万九〇〇〇件のカージャックがアメリカでは発生し、そのうち半数で、犯人は車の奪取に成功している(註11)。「キーなしで走らなければ、連中は近寄ってきて頭に銃を突きつけ、鍵をよこせという」と、連邦保険犯罪局局長、エドウィン・P・スパークマンはいう。

カージャッカーが好む車種に関する信頼できる統計はない。しかしカージャッカーの九七パーセントは都会の男であり、たいてい若者であるから、特にSUVに興味を持つ人間の統計データに当てはまる。カージャックだけでなくあらゆる形態の自動車盗難で、SUVは大型高級乗用車と並んで、保険会社のもっとも大きな保険金支払い対象となっている（註12）。

保険会社によれば、近年盗難に遭って回収できなかった車の半分までが海外に送られている。自動車盗難が多い上位一〇都市のうち七つまでが、フェニックスとマイアミを筆頭に、港町であるかメキシコまたはカナダとの国境に近いと、全国保険犯罪局ではいう。盗難車の主な最終目的地は、車の所有者を追跡する制度が貧弱であるか腐敗している国、とりわけ旧ソ連や南アメリカの諸国である。たまたまこうした国は道路もひどいことが多いので、四輪駆動車は特に人気がある。

実際、コロンビアやロシアのような国々のマフィアが欲しい車種を注文すると、アメリカで犯罪者が探して、盗み、海上輸送用コンテナに入れて送ってしまうのだと、道路交通安全保険協会の広報担当者、ジュリー・ロッシュマンはいう。アメリカは麻薬取引、テロ、不法移民を懸念して、輸入は厳しく規制しているが、輸出についてはほとんどチェックしていない。

「あるコロンビアの麻薬王が『メルセデスのMクラスが欲しい』というと、サンアントニオかサンディエゴでメルセデスがパッと消えて、コロンビアで木箱に入って現れる」とロッシュマンはいう（註13）。

ほとんどのSUVは裕福な都市とその郊外で売られている。ますます混雑が進む都市で、操縦しにくく、歩行者に危険で、視界をさえぎり、泥棒に人気のある大きな車をこれ以上増やすいわれはまったくない。だがSUVがもたらす問題は、安全性と都市問題だけではない。同じくらい深刻で、あるいは長期的にはいっそう害の大きな影響を、我々の呼吸する空気、地球の気候、そしてもしかすると世界平和にまで及ぼすのだ。

12章　温暖化、燃費、大気汚染とビッグスリーの闇カルテル疑惑

それは政治運動のイベントのように見え、そしていろいろな意味で実際そうだった。クライスラーがデラウェア州ニューアークの工場をSUV生産用に改装した一九九七年九月、同社は組立ライン脇で選挙運動集会のようなパーティーを開催した。数日前にほんの数メートル先で製造された鮮やかな赤のデュランゴが二台、紅白の幕で覆われたステージに登ってきて、州の一流政治家を数人、クライスラー社のボブ・イートン会長と共に吐き出した。

イートンと政治家たちが手に手をとり、腕を挙げて勝利のウェーブをすると、大勢の労働者が歓声を上げた。それからデラウェア州知事やニューアーク市長らが入れ替わり立ち替わり、クライスラーが以前生産していたダッジ・イントレピッド・フルサイズセダンの需要縮小にあわせて工場を閉鎖することなく改装したことに、延々と感謝の意を表した。労働者はそれに礼儀正しく耳を傾けていた。民主党のトム・カーパー知事は演説のなかで、クライスラーが工場設備の入れ替えに投資した六億二三〇〇万ドルは、子供も含めた州民一人あたり一〇〇〇ドルに相当すると指摘した。上院での採決のために遅れた二人のデラウェア州選出上院議員、民主党のジョゼフ・R・バイデン・ジュニアと共和党のウィリアム・V・ロス・ジュニアは、式の終わりにヘリコプターで到着した。

SUVの売上を妨げることは何もするな

政治家と重役はステージを降りて、喝采する聴衆のなかへと歩いていき、労働者たちと握手した。筆者がカーパー知事に、SUVにまつわる環境問題について

質問すると、知事はすぐさま自発的にクライスラーを助けた。「私たちはその他の論争に首を突っ込むようにはいわれていない」。彼は人込みのざわめきに負けないように叫んだ。「彼らが助けが必要なら、私たちは与える」。

しかし政治家たちは、大勢の聴衆にいやおうなくスピーチを聞かせるチャンスを与えられたものの、その代償として、あとでクライスラーと地元組合関係者の私的な陳情を聞かなければならなかった。政治家たちが述べたように、陳情は控えめだが明快だった。SUVの売上を妨げることは何もするな。

政治家とクライスラー関係者と数人の記者が、六〇〇〇人が勤務する工場の管理棟にある豪華な会議室に引っ込むとすぐ、スピーチと歓声は止んだ。立食式の昼食が振る舞われるなか、クライスラーの主席ロビイスト、ロブ・リベラトーレはバイデン上院議員の左肘を取り、そっと筆者に背中を向けさせた。「ご心配なく。EPAのロビー活動じゃありませんから」。イートンと一緒に食べようと、上院外交委員を務める民主党幹部を隅へと案内しながら、リベラトーレはいった。強大な権力を持つ上院財政委員会の委員長、ロス上院議員もすぐに加わり、ダークスーツを着た四人の男は透明のプラスチックの皿からサンドイッチを食べながら、活発に会話を続けた。

昼食を終えて出てきたところで何を話していたのかと訊くと、二人の上院議員は、会話は主にクライスラーが南アメリカと東ヨーロッパとの自由貿易に関心を持っていることについてのものだったといった。両議員とも用心深く、ワシントンからのヘリコプターの料金は自腹で、クライスラーが払ったわけではないと自分からいった。しかしもう一押しするとバイデン議員は、イートンが燃費基準引き上げの危険性についても話したことを認めた。「彼は『我々は国民が買うものを作っているのだ』といった」という。

悪化するSUVの燃費

イートンが燃費基準について心配するのも無理はなかった。アメリカ人はさらに大きなSUVを買うようになっており、その数があまりに多いために、クライスラー、GM、フォードは再び燃費基準の達成に苦労していたのだ。一九九七年には、三社とも小型トラックの基準であるガロン二〇・七マイルを満たすために必死であり、しかも基準を満たすうえでの困難は年々増す一方だった。九〇年から九七年の間に、SUVの年間売上台数は、他の自動車市場がほとんど伸びを見せていないにもかかわらず、七〇万八〇〇〇台から二四四万六〇〇〇台に増加した。二〇〇一年には、売上台数は三五〇万一〇〇〇台に達する。SUVは、今風のベビーブーマーがちょっと殻を破ったところを見せるためのものから、数百万の裕福な家庭の必需品として認められるようになった。

中型SUVの売上は九〇年から二〇〇一年の間に三倍近くになっている。しかし、もっとも大きな伸びは、乗用車と同じかそれ以上の快適な装備（後部座席独立エアコン、革張りシート、CDプレーヤーその他）を持った大型フォードアSUVの登場でもたらされた。このような車は図らずも、さまざまな政府の抜け穴の恩恵をもっとも受けている車でもあった。そのうえこれらは富裕階級やアッパーミドルの世帯に受けていた。九〇年代を通じてこうした世帯では収入が急増する一方、ガソリン価格は低下していた。大型SUVは九〇年には自動車市場の〇・六パーセントを占めるにすぎなかったが、二〇〇一年には七・一パーセントになっている（註1）。

この期間に自動車メーカーは、ますます燃費のいいエンジンを設計していた。ポートフュエルインジェクション、ロックアップ機構付きトルクコンバーター、四バルブ・シリンダーヘッドなどは、少なくとも乗用車ではすべて普通になった。改良はまず乗用車のエンジンに施される傾向があった。乗用車のエンジンは効率向上のために調整されたが、SUVのエンジンは馬力、特に牽引力を求めて調整されることが多かったからだ。しかし一部の改良点はSUVにも多少浸透した。特に日本製SUVではそれが顕著である。本国のガソリン税が高いため、日本の自動車メーカーは燃費をより重視しているのだ。

だが、このような改善が行なわれたにもかかわらず、SUVの平均燃費は徐々に低下していった。SUVの巨大化にエンジンの改良が追いつかなかったのだ。

SUVは二〇〇一年には平均重量四四七八ポンド（約二〇三三キロ）にまで肥大する。燃費が最高となった八七年と比べて六三八ポンド（約二九〇キロ）贅肉がついている。乗用車は、より厳しい燃費基準に縛られているため、同じ期間に増えた重量は半分だけで、三三八〇ポンド（約一五三五キロ）となっている（註2）。

太めになってもSUVの売れ行きは落ちなかった。

それどころか逆だった。メーカーはいっそう馬力のある、ガソリンをがぶ飲みするエンジンを搭載し、SUVの平均馬力は二〇九馬力にまでなった。対する乗用車は一六九馬力である（註3）。

八七年には、標準的なSUVは発進から時速六〇マイル（約九六キロ）に達するまでに一三・三秒を要した。二〇〇一年には、平均的SUVは一〇・六秒しかかからなくなっていた。これは平均的な乗用車の一〇・三秒にほぼ匹敵する。リンカーン・ナビゲーターのようなフルサイズSUVの平均加速時間はわずか一〇・四秒である。この種の車は巨大なエンジンを積んだ高級モデルであることが多いからだ（註4）。

メーカーはSUVを、かつて高性能スポーツカーを買ったスピード狂のドライバーに向けて売り込みだした。クライスラーは九七年から中型のジープ・グランドチェロキーに新型エンジンを載せ始め、この車はゼロから六〇マイルまでを七秒で加速するようになった──七八年型シボレー・コルベットと同じ速さである。現在出ている後続のモデル、たとえばメルセデスMクラスのML-55AMGバージョンなどは、もっと速く走る。

メルセデスの社長への質問

以前筆者は、メルセデスのトップであるユルゲン・フベルトに、車高の低いスポーツカーのような操縦性を欠くSUVに、このようなスピードとパワーを与えることは無責任ではないのかと質問した。彼は鼻で笑い、少し見下すような態度を見せた。高速運転の安全性について質問されたとき、自動車メーカー重役の多くがこのような態度をとる。速度制限のないアウトバーンの運転に慣れたドイツ人の重役は特にそうだ。「私は冬休みに自分のMクラスを運転した。時速二三〇キロで走ったが、まったく具合が良かった」と彼はいった。「かつて私たちは顧客を教育しようとしたが、あれは完全に間違った判断だった。顧客がその手の車を欲しがれば、私たちは作らねばならんのだ」

何百万というアメリカ人がSUV、特に大型のものに乗り換えるにつれて、燃費は全体として落ち込んだ。一九八七～八八型式年度のガロン二五・九マイル（リッター約一〇・九キロ）をピークに、米国内で販売される新車の乗用車およびトラックすべての平均燃費は着実に低下した。九七年式でにはガロン二四・五マイル（リッター約一〇・三キロ）となり、二〇〇一年にはガロン二三・九マイル（リッター約一〇・一キロ）に落ちている。

アメリカの道路を走っている車の本当の燃費はもっと低い。これは政府が以前から、自動車メーカーがすべての車——乗用車もSUVも——の燃費を、燃費基準を満たす目的で水増しすることを許しているからだ。

V8エンジンと四輪駆動を装備した二〇〇二年型フォード・エクスプローラーを考えてみよう。ウィンドウ・ステッカーには、この車は市街地でガロン一四マイル（リッター約五・九キロ）、ハイウェイでガロン一九マイル（リッター約八キロ）走ると書いてある。ところがフォード社が、自社の全小型トラックの平均燃費が現行の小型トラックの基準であるガロン二〇・七マイルを満たしているかどうかを計算するときには、エクスプローラーはガロン一九・五マイル走ると見なすのだ。

非現実的な政府の燃費テスト

なぜこんなことができるのか？　七〇年代に考案されて以来、政府の燃費テストは試験場のローラー上で行なわれているが、その試験は非現実的なほど低いハイウェイの走行速度と少ない市街地の交通量を想定している。当初、七〇年代には試験場の数値がウィンドウ・ステッカーに使われていた。ところがドライバーから、ステッカーの燃費ではとても走れないと苦情が出た。政府の燃費テストのハイウェイ部分での平均速度はわずか時速四八マイル（約七七キロ）である。七〇マイル（約一一二キロ）で走れば、主に空気抵抗の増加によって、燃費は三〇パーセント低下する。そこで政府は七〇年代後半、ウィンドウ・ステッカー用に試験場の数値を下方修正するようになり、ハイウェイの燃費を二二パーセント、市街地の燃費を一〇パーセント減らしている。

しかし規制目的の燃費平均計算には、政府は試験場の数値を使い続けた。最近のEPAの計算では、試験場の数値の代わりにステッカーの数値を使うと、二〇〇一年のアメリカにおける新車の平均燃費は、実際にはガロン二三・九マイルではなく、二〇・四マイル（リッター約八・六キロ）にすぎない。

これとてドライバーがウィンドウ・ステッカーにある現在の数値を出せると仮定しての話である——多くのドライバーはそんなことはできないとこぼす。ウィンドウ・ステッカーの数値は、それでもなおドライバーが律義に制限速度を守ることを想定したものだが、ほとんどのドライバーはそうはしない。

もう一つの奇妙な点は、個々の平均を計算するために、市街地とハイウェイの走行をどう組み合わせるかというものである。燃費基準は五五パーセントの市街地走行と四五パーセントのハイウェイ走行を想定している。これは六〇年代末のパターンである。ところが最近の計算では、六二パーセントが市街地走行で、ハイウェイ走行は三八パーセントであることがわかっている。ほとんどの車が市街地ではハイウェイよりも悪い燃費を示すので、この市街地走行への移行により、さらにガロン〇・四マイルが平均燃費から削減される。したがって、EPAによるもっとも信頼できる推定では、二〇〇一年に販売された新車の本当の平均燃費は、一ガロンあたりちょうど二〇・〇マイル（リッター約八・四キロ）である（註5）。

これは国際基準に照らせば愕然とする数字である。日本では二〇〇〇年の新車の平均燃費は、アメリカの本当の燃費に匹敵する厳しいテスト法を用いて、ガロン三〇・三マイル（リッター約一二・八キロ）だった。日本の規制当局は、すでに国内メーカーに対して、二〇一〇年には平均ガロン三五・五マイル（リッター約一四・九キロ）に改善する命令をしている。フォードとGMを含め、ヨーロッパで操業しているメーカーは、EUからの圧力を受けて、二〇〇〇年のガロン三三マイル（リッター約一三・九キロ）から、二〇〇八年にはガロン四一マイル（リッター約一七・三キロ）に燃費を引き上げることに不本意ながら同意している（註6）。無論、ヨーロッパと日本の車がこれほど高い燃費を達成できる最大の理由は、それらが多くのアメリカ人が選ぶ車よりもずっと小さいからである。しかし同時にヨーロッパと日本では、SUVよりも乗用車への信頼が、アメリカに比べまだはるかに高いのだ。

SUVの燃費が悪い理由

SUVの燃費がこれほど悪い理由を理解するために、二〇〇一年型シボレー・マリブ中型セダンと二〇〇一年型シボレー・ブレイザー中型SUVの四輪駆動付きを比較してみる。いずれも五人乗りだが、ブレイザーにはいくつかの利点がある。ブレイザー後部の背の高い貨物スペースは、マリブの二倍の容量がある。もっとも買い物袋を積み込む貨物スペースの床部分の面積はだいたい同じだが。ブレイザーは五〇〇〇ポンド（約二・三トン）を牽引できるが、マリブは一〇〇〇ポンド（約四五〇キロ）しかできない。ブレイザーは深い雪やぬかるみの中を進むことができるが、マリブは完全に道路を走るために設計されている。

しかしブレイザーの燃費は、背の高い荷物を積んでいなくても、重いトレーラーを引いていなくても、沼地を渡っていなくても、マリブよりも常に相当悪い。GMによれば、ウィンドウ・ステッカー記載のブレイザーの平均燃費はガロン一七・九マイル（リッター約七・五キロ）で、対するマリブはガロン二四・〇マイル（リッター約一〇・一キロ）である。つまりマリブはガロンあたり六・一マイル、すなわち三四パーセント余計に走れるのだ。

ブレイザーの燃費が悪いのには五つの理由があると、GMはいう。まず初めに、ブレイザーのほうが一一二五ポンド（約五一一キロ）重く、これがガロンあたり二マイルの差になっている。ブレイザーは、主に牽引のために、重い鋼鉄のフレームを持っているが、マリブにはそれがない。またブレイザーは重たい四輪駆動システムも備えている。

ブレイザーには、なかば牽引のため、なかば巨体を動かすために、大きなエンジンが積まれており、これで〇・五マイルの損失となる。空荷に近い状態でハイウェイを走るとき非常に効率が良いように、エンジンとトランスミッションを設計することはできる。あるいは重いボートを急な船着き場にゆっくり引き上げるとき大きなパワーが出るように設計することもできる。しかしどちらの仕事もうまくこなせるエンジンの設計はきわめて難しい。そのため、乗用車のエンジンはどちらかといえば日常の運転で効率良く機能し、SUVのエンジンは低速で牽引するときには大きな力を出すが、トレーラーなしの日常使用ではあまり効率が良くないようになった。

「牽引していようがしていまいが、それは燃料効率が悪い」とフォードの自動車環境エンジニアリング部長、ケリー・ブラウンはいう。

ブレイザーの四輪駆動は、エンジンから車輪へのエネルギー伝達効率を少し損なっており、これが一・六マイルの不利益になる。またブレイザーは、余分な重量を支えるためもあって大きなタイヤを履いており、さらに〇・二マイルの損失が出る。

最後に、ブレイザーの空力の悪さが、マリブに比べて一・八マイルのロスを生んでいる。ブレイザーの高さ、幅、四角張った形が相まって、その空力は大きなレンガ並みである。オフロード走行のために最低地上高を高くしたことで、車体の下に空気の渦ができるようになり、これが乗用車の場合よりも相当大きな抵抗になっている。

ブレイザーのサイドミラーも空力上の問題の一つである。もっとも、さらに大きなサイドミラーを取り付けたSUVも多い。トレーラーの多くはリアウィンドウからの視界をさえぎるため、自動車メーカーは牽引を想定して設計した車すべてにかなり大型のサイドミラーを使っているのだ。しかしサイドミラーは車の後方へ向かう風の滑らかな流れを絶ち切ってしまい、車の空力には大きな問題となる。

「ミラーの抵抗は実に大きい。しかもトラックには大きなミラーが付いていることが多い」とブラウンはいう。

フルサイズSUVの空力はさらに悪い。一つにはその屋根が極端に高いからである。背が高く、特に座高が高い筆者も、フルサイズSUVのヘッドルームの大きさには驚いたものだ。一体誰がこんなに上下のスペースを必要とするのか不思議だった。フォードのトラック技術部長トム・ボーマンに会ったとき、この謎は解明された。大型SUVはフルサイズのピックアップ・トラックと屋根を共用している。そしてフルサイズ・ピックアップの屋根が高いのは、テキサス州の市場の特性に合わせて設計されたからだという。テキサスは国内最大のピックアップ市場である。「テキサスでは、カウボーイ・ハットがかぶれなければならない」。ボーマンはまったくの真顔でいった。「この寸法は前からあまり変わっていないのだ」

地球温暖化と燃費問題

アメリカで車の燃費が低下していることには誰も異議を唱えない。しかしここで二つの大きな疑問が生まれる。それは問題なのか？　問題だとして、連邦政府が燃費の平均値を義務づけることが、その問題に取り組むうえで最善の方法なのか？

燃費が重要である理由として、四つの主張が一般になされている。未来の世代のために資源を保全する。中東の不安定な原油生産への依存を減らす。消費者の金を節約する。地球温暖化の進行を遅らせる。資源保全、輸入の削減、節約はすべて一九七五年の当初の燃費法のために使われた主張である。地球温暖化は八〇年代末に自動車と漠然と結びついた問題となり、九〇年のブライアン法（一〇年間で平均燃費を四〇パーセント改善することをメーカーに強制するもの）の否決で色あせ、九七年にＳＵＶと結びついたいっそう大きな問題となって戻ってきた。

地球温暖化と自動車の関係を理解するために、内燃機関の作動方法について、ごく短く簡単に、化学のおさらいをしておこう。ガソリンやディーゼル燃料は主に炭素原子からできている。数億年前に生えていた植物の残留物である。エンジンが燃料を燃やすとき、つきつめれば燃料中の炭素原子一つひとつが、グリルや車の下から取り入れた空気中の酸素原子二個と化合して、二酸化炭素が形成されているのだ。

排気管から出てくるもののほとんどすべてが二酸化炭素である。自動車のエンジンが一ガロン（約三・八リットル）のガソリンを燃やすと、一般にガソリン中の炭素五・三ポンド（約二・四キロ）と空気中の酸素一四・二ポンド（約六・四キロ）が化合する（註7）。これで一九・五ポンド（約八・八キロ）の二酸化炭素が生成される。これに比べればわずかな燃え残りの燃料やスモッグの原因となる窒素酸化物など微々たるものだ。ディーゼル燃料はガソリンより一二パーセント濃く、より多く炭素を含んでいるので、ディーゼル燃料を一ガロン燃やすと約二二ポンド（約一〇キロ）の二酸化炭素が生成されるが、燃費はガソリンよりもいい。

薪ストーブの時代から、できる限り効率のよい燃焼を起こそうとエンジニアは奮闘してきた。そのために与えられた燃料をすべて二酸化炭素に変え、わずかな燃え残りも出すまいとした。だから今さら二酸化炭素が地球温暖化にとって問題だといわれることに、自動車エンジニアは深いいらだちを覚えている。「一〇〇〇年前から、エンジニアの究極の目標は燃焼を手中に収めること、そして効率を高めて水と二酸化炭素しか生成させないことだった」と、フォードのペトラウスカスはいう。「CO_2を捕らえて、CO_2以外のそれ自体は無害なものに変える技術など私は知らない」

環境、ことに気候問題を専門にする科学者の大部分は、地球温暖化は我々の生存期間で最大の環境の危機だと述べている。大量の化石燃料を燃やすことで、空気中の二酸化炭素その他の物質が増大し、地球の大気は温室となって、今後数十年間で着実に温度が上昇する。このようにして人類が自然のバランスを乱していると科学者は考えている。温暖化の結果はすさまじいものとなるかもしれない。北極と南極の氷が溶けて、海面が上昇する。洪水が発生し海岸線の浸食が加速する。気象のパターンが変動し、地域によっては慢性的な旱魃が起きる。アメリカのような温帯の国々で、以前は熱帯の疾病であったマラリア、コレラ、西ナイルウィルスなどが蔓延する。

しかし不確実さも残る。例えば温暖化の早さ、温暖化の進行に自然の要素が果たす役割――太陽熱の増加の可能性、火山の噴火にともなう膨大な二酸化炭素の放出、さらには家畜が消化過程で生成するメタンガス――といったものである。九〇年代の大半、自動車産業は、人類が地球温暖化の重大な原因となっているとする学説を、もっともあからさまに批判した勢力の一つであった。自動車業界と石油業界は、地球気候連合（二酸化炭素などの温室効果ガス放出の国際的規制に抵抗している）のような団体へ資金援助をしてきた。

クライスラーの社長、のちに副会長を務めていたとき、ボブ・ラッツは地球温暖化説、特に彼の業界がその一因であるという考えをもっとも痛烈に批判した一人であった。「なるほど、乗用車もトラックも人工のCO_2を高い割合で発生させている」と、ラッツは九八年に行なった講演のために用意した原稿で述べている。

「しかし、現在のところ科学者が、海洋、火山、太陽黒点といったもの――私が個人的に気に入っている、上品に言えば牛の鼓腸はいうまでもない――が大気に及ぼす効果についてごくわずかしか理解していないことを考えれば、自動車をこの論争の偶像に祭り上げるのは、海につばを吐いた子供に、将来洪水が起きたら全部お前のせいだというようなものだと、私には思えるのだ！」（註8）

SUVも含めた全世界の自家用車は、それ自体では温暖化を引き起こさないが、人間の活動にともなって発生する全温室効果ガスの一二パーセントを占める一要因である。アメリカは、かなり大きな車を多数保有し、一台が平均して年間一万九〇〇〇キロを走るために、問題の大部分を作りだしている。アメリカの人口は世界の五パーセントにすぎないが、自動車から発生する全温室効果ガスの三分の一を生成している。

いい方を換えれば、アメリカの自動車は、全世界の人工温室効果ガスの四パーセントを放出しているのだ。もしアメリカの自動車が独立した国だとしたら、その放出量はアメリカ、中国、ロシア、日本を除くどの国をもしのぐ（註9）。SUVはアメリカで使用されている車のまだ一〇分の一でしかないので、それが世界の人間活動に伴う温室効果ガス発生量に占める割合は小さい（註10）。

しかし、地球温暖化への国際的取り組みは、人工温室効果ガスのゆっくりだが着実な増加を逆転させることが焦点になっている。SUVへの転換は現実に放出量を押し上げている。乗用車と小型トラックは、九〇年代末までにアメリカでもっとも急速に拡大した、大規模なガス放出のカテゴリーの一つであり、ガソリンをがぶ飲みするSUVは、今後数年で登録台数に占める割合が二倍になる勢いである。九七年にクライスラーの重役とデラウェア州の政治家がほめたたえていたダッジ・デュランゴは、以前その工場で作られていたダッジ・イントレピッド・フルサイズセダンと比べて、一マイルあたり五七パーセント多くのガソリンを燃やし、したがって五七パーセント余計に二酸化炭素を放出する。

対照的に、大企業の多くは工場からの温室効果ガス放出を実際に減らしている。こうした企業は、エネルギー効率を改善したり、やはり温暖化の原因となるあまり知られてはいないが強力な化学物質の使用を取りやめたりした。電力会社も、やはり温暖化をめぐる論争の焦点であるが、有効な資源保護策を講じている。

ガソリン価格とガソリン税

アメリカでは燃費がこれまで常に悪く、たぶんこれから先も悪いであろう理由を、自動車メーカー重役はいくつも挙げている。アメリカ人は、一つには長距離を運転するという理由から、大きな車を好む。例えば東海岸では、ワシントンＤＣとマイアミは、ヨーロッパのロンドンとローマより離れている。またアメリカ人はどちらかといえば身体的に大きい――肥満が国家的問題になっていることの上品ないい方だ。

もっとも重要なのは、アメリカではガソリン価格が、他の先進工業国よりもはるかに低いことである。ヨーロッパと東アジアでは、ガソリン税がガロンあたり三ドルにもなる。それでもアメリカで連邦政府がガロン一八・四セントの、あるいは州がガロン八セントから三〇・三セントのガソリン税を課すことに対するような論争はほとんど起きていない。ヨーロッパと東アジアの国々の大部分は、第二次世界大戦前にガソリンに重税を課すようになった。これは一つにはガソリンが贅沢品と考えられていた――車を持っているのは金持ちだけだった――からである。また、安全保障上の理由もあった。アメリカにはテキサス州とカリフォルニア州南部に巨大な油田があったが、西ヨーロッパには、少なくとも七〇年代に北海で大規模な産出が始まるまで、石油はほとんどなかった。それに対してアメリカや他の産油国には、このような課税を阻止する力を持つ石油産業が国内にあった。

九〇年代末にガソリン価格がガロンあたり一ドルまで下がると、小型車販売という実りのない仕事を割り当てられたデトロイトの重役は望みを失った。「消費者はある意味で理性的に行動し、大きな車へと移っている」と、GMの小型車担当部長で幅広い国際経験を持つマーク・ホーガンはいう。「ベネズエラとサウジアラビア以外の世界のどこを見ても、これは常軌を逸している」

経済学者お気に入りの解決策は、燃費基準を引き上げる代わりにガソリン税を値上げすることのようだ。燃費基準が影響するのは将来の車だけで、アメリカ国民が運転する距離には効果を及ぼさない。今の乗用車も小型トラックも一五年から二〇年もつので、燃費基準を厳しくしても、ガソリン消費量や温暖化に大きな効果を及ぼすまでには何年もかかる。

一方ガソリン価格が高くなれば、即座にすべてのアメリカ人が運転を控えようとする気になるだろう。またガソリンが上がれば、ドライバーは自分の車のなかで一番燃費のいいものに乗り、SUVは本当に必要なとき以外は家に置いておこうとするだろう。

問題は、アメリカ人が昔からガソリン価格に異常なまでの関心を持ち、インフレや果ては政治指導者の能力の（まずい）指標として使っていることだ。筆者の好きなデトロイトのニュース専門AMラジオ局は、特に安いガソリンスタンドの場所を携帯電話で毎日知らせてくれるように聴取者に呼びかけている。ロス・ペロー、ポール・ソンガス、ジョン・B・アンダーソンといった大統領候補者はみな、ここ二〇年の間にガソリン税引き上げを提案し、増税をしたがっていると非難されて終わった。注目すべきは、一人として大統領になった者はいないことだ。

頭のいい経済学者は、増税への国民の反対を回避する案を考えついている。ハーバード大学の経済学教授、N・グレゴリー・マンキューは、ガソリン税の増税と所得税減税を組み合わせるという考えを提唱している。ブルッキングズ研究所のエコノミスト、ピエトロ・S・ニボラは、ガソリン税の上昇分を支払給与税を下げることで相殺することを提案している。

最寄りのレストランまで一〇〇キロ

だが、このような計画は別の障害にぶつかる。ガソリン税は長距離を運転する人たちにとって不利になる。つまりは大平原地帯やロッキー山脈諸州の住民だ。筆者の義父母はワイオミング州農村部にある人口三〇〇人の町のはずれに住んでいるが、外で食事をするのに往復二二〇キロのドライブをすることを何とも思っていない。このような州の中古車ディーラーが東海岸の自動車オークションに出没し、距離を走りすぎているという理由ではねられた車を買っていく。それからディーラーは車を西に送り、儲けを上乗せして西部の住人に転売する。西部の人間は年に平均二万五〇〇〇キロから三万キロも走った車を喜んで買う（もちろん客は、この距離が広く空いたハイウェイを飛ばして出たものではなく、東部の都市ののろのろ運転で痛めつけられた結果だということは知らないだろうが）。

平原諸州やロッキー山脈諸州には、人口比例で配分される下院議員は少ないが、上院議員は人口の多い東部や西海岸と同じく各州に二人いる。九三年にクリントン大統領が、財政赤字削減の足しにするためにガソリン税の大幅増税をしようとしたとき、誰あろう大統領と同じ民主党員であるモンタナ州選出のマックス・ボーカス上院議員が、増税幅をガロンあたりわずか四・三セントまで下げさせたのだ。それでも、クリントンの税制一括法案はかろうじて可決された状況で、以来共和党はガソリン値上がりのたびに四・三セントの税の撤廃を求めている。

ガソリン税の増税は、人々に運転を控えさせる効果はあるだろうが、今のところ燃費のいい車を買うように説得する効果はあまりないかもしれない。ガソリン価格が自動車の売上に及ぼす効果はだんだん小さくなっていると、自動車メーカーのエコノミストはいう。比較的高収入の世帯が新車市場を左右する度合いはますます大きくなっている。こうした世帯ではガソリン代が収入に占める割合はごくわずかなので、ガソリンの価格をほとんど気にしない。フォード・モーターの計算では、フルサイズSUVの典型的な購入者は、コンパクトカーの典型的な購入者に比べて、ガソリン代が収入に占める割合が小さい。二つのカテゴリーの収入には、パーセンテージでいえば、燃費の差以上の開きがあるのだ。

また現在、車全体の五分の一が、即金で購入されるのでなく、リースされている。借り手は、リースを受けている二年から四年間のガソリン代だけを考えればいいので、車を購入して長く乗ろうとする者ほどにはガソリン代を重視しなくても済む（註11）。

エネルギーの保全と地球温暖化を遅らせることを本気で目指すなら、燃費基準は大幅なガソリン税引き上げの代用としては不完全である。しかし、ガソリン税引き上げにはっきりと賛意を示す政治家はほとんどいないので、燃費基準が依然として環境派には人気の選択肢である。ところが乗用車の基準が厳しく、小型トラックの基準が緩いことで、自動車メーカーに大型乗用車を捨ててSUVを選ばせるという有害な影響が表れている。

自動車メーカーの燃費基準に対する敵意は、地球温暖化へのあらゆる取り組みに対する敵意へと変化している。そしてメーカーが少なからぬ影響力をワシントンで行使することにより、それはアメリカがこの問題に取り組むのを遅らせるのに一役買っているのだ。

温暖化防止京都会議と自動車産業

一九九七年一〇月二日、クリントン大統領とその顧問は、午後遅くに予定されている自動車産業首脳との大きな会合を前に忙しく働いていた。その前日ホワイトハウスは、韓国が不公正な貿易障壁――例えば輸入車を買った者すべての所得税申告書を検査するというような――を取り除かなければ貿易制裁を加えると脅しをかけていた。クリントン政権は年に二億ドル以上をデトロイトの低燃費車製造を援助する研究プログラムにつぎ込んでいた。

だが、その日の午後にホワイトハウスにやってきたビッグスリーの最高経営責任者とUAW委員長スティーブン・ヨーキチは、韓国や補助金の話にはほとんど関心を示さなかった。彼らは地球温暖化について、そして二カ月後に京都で始まる国連会議について話したがった。

クリントンの会議のご多分にもれず、それは予定時間を超過した。経営者たちとヨーキチがテレビカメラの列とまばゆい照明が配置されたホワイトハウスのドライブウェイに姿を現したときには、すでに暗く、季節外れに寒かった。フォード・モーターの会長兼CEOで環境法規をあからさまに非難しているアレックス・トロットマンは、厳しい表情で、マイクがずらりと並んだ演台に歩み寄った。

温室効果ガスの放出を制限する世界的合意を求めようという政権の意図を、自動車業界は深く憂慮している、と彼は警告した。特に業界を怒らせているのは、クリントン政権が条約の対象を、ガスの一人あたり放出量が非常に高い先進工業国だけにしようとしていることであった。中国、インドといった開発途上国は、さらには韓国までもが、ヨーロッパの要求通り条約から除外されようとしていた。こうした国々は一人あたり放出量が低い（もっとも増加してはいるが）からである。

「それは、我が国の雇用と経済的活力という観点から、自動車産業にとって有害であろう」とトロットマンは顔をしかめ、制限から除外される開発途上国に自動車工場を移すと、かなりあからさまな警告を付け加えた。「工場を移転する動機になるだろう」

ヨーキチは同じように不満げな顔でマイクに歩み寄った。「私たちは慎重に検討している。我々の雇用がかかっているのだから」と彼はいった。

会合の三週間後、クリントン大統領は京都会議に対する自分の姿勢を発表した。アメリカ合衆国は先進工業国の温室効果ガス放出を抑制するための合意を求める。しかしクリントンは、燃費基準やガソリン税の引き上げへの言及を明らかに避けていた。クリントンが政権についてから燃費基準引き上げの代わりに創設した連邦のプログラム、次世代自動車パートナーシップは、現実の進歩を道路を走る新型車の燃費に要求することなく、膨大な補助金を自動車産業に与え続けることになった。

大気汚染の悪化

京都会議の数週間前、別の問題が浮上し始めた。ミシガン州アナーバーにある環境保護庁《EPA》自動車排出ガス部のジョン・ジャーマンは、先見の明のある研究者であり、エネルギー省、連邦道路管理局、EPAがガソリン需要と大気汚染を予想するために使っていたコンピューターモデルの研究をしていた。そのモデルは、乗用車に代わって小型トラックの割合が増加していることを考慮に入れていないことが判明した。その結果モデルは、この先数年で燃やされるガソリンの量、放出される二酸化炭素の量、スモッグの原因となる窒素酸化物の生成量を過小評価していたのだ。

石油産業と合同で作成したエネルギー省のモデルは、特に不備であった。このモデルは何年もかけてきわめて巨大で複雑なものになってしまったので、プログラマーでさえすべての結びつきを解くには苦労した。ジャーマンの推定によれば、モデルには小型トラックの年間売上が盛り込まれているのに、公道上の車に小型トラックが占める割合をモデルが試算するうえで、この売上はほとんど影響を与えていなかった。実際このモデルは、二〇一五年まで小型トラックは公道上の全自家用車の三三パーセント以下にとどまると予測している。

ジャーマンは車輌登録データから、小型トラックはすでに使用中の車の三四パーセントになっており、主にSUV売上の急増のため、年に一パーセント上昇していると算出した。彼の予想では、小型トラックの売上は二〇〇二型式年度には市場の五〇パーセントに達し(この予測はのちに的中していることが証明された)、使用中の車に小型トラックが占める割合は、今後二〇年間、一年に約一パーセントの上昇を続けるとされている(註12)。二〇一〇年までのガソリン消費量と二酸化炭素放出量の予測は、八パーセント高くするべきだとジャーマンは書いている。また二〇二〇年の自家用車による窒素酸化物汚染の予測は、六パーセントから二三パーセント高めなければならない(註13)。

ジャーマンはその素晴らしくも飾り気のない統計分析を、九七年一〇月末にノースカロライナ州で開かれた無名の専門会議で発表した。その直後に筆者がエネルギー省の職員と話した際、彼らはその批判を嘲笑した。石油業界もそっけなく一蹴した。石油産業の利潤は、石油を探し、精油所に運び、それからガソリンのような精製品をガソリンスタンドに運んで一般の人に売ることで得られる。しかし精製には事実上ほとんど利益がない。環境規則がだんだん厳しくなってきたため、石油会社はよりきれいに燃える燃料を製造するために、多額の金を高度な精油所設備に投資することを強いられたが、余分のコストを消費者に転嫁するのは困難だった。シェルオイルとテキサコが九七年三月に精製事業の一部を合併したとき、ウォール街はこの契約を、同じような業務を廃止することで両社が生産能力をさらに削減するいい機会だとして歓迎した。「精製は儲かる分野ではない」と、一流の証券アナリストが、当時の石油業界の一般通念をそのままいう。「今後一〇年は儲かる分野ではないだろう」(註14)

一九七〇年代以降、既存のものを多少拡張してはいるものの、アメリカには新しい精油所は建設されていない。九七年まで、既存の精油所はほぼフル操業していた。しかし、もっとガソリンが必要になるというジャーマンの予想は誰も聞きたくなかった。それは精油所の生産力にもっと投資する必要があるということだからだ。

ガソリンの需要が現在の生産力を一パーセントでも上回れば、ガソリン価格の大幅な上昇が起きる。価格が相当上がらない限り運転を控えようとする者は少ないからである。ジャーマンは体よく、自分が正しかった場合どうなるかを予測するのは差し控えた。しかし彼の計算は、アメリカで毎年夏のドライブシーズンに、精油所が需要に追いつけなくなり備蓄が底をついて、ガソリン価格が急騰することをはっきりと示している。また、冬ごとに灯油価格の急騰も起きるだろう。精油所は毎年秋が深まるまでガソリンの生産に追われ、寒気が到来するまでに灯油を備蓄しておく時間がほとんどないからである。数年後、まさしくこのようにして価格高騰が起きることになった。

ジャーマンが論文を発表した六週間後、アメリカと他の先進工業国五四カ国は、京都議定書に合意した。この議定書は、二〇一二年までに温室効果ガスの放出を、一九九〇年のレベルから平均五パーセント削減することを各国に要求するものだった。アメリカの放出量は着実に増加していたため、事実上議定書はアメリカに、石炭と石油の消費量を予測レベルから三〇パーセントも削減することを要求していた（註15）（アメリカは九七年以降、京都議定書の履行のためにほとんど何もしておらず、ジョージ・W・ブッシュ大統領は二〇〇一年に政権についた直後、合意に引導をわたした）。たまたま自動車業界は九七年、燃費問題を強くもう一押ししようとしていた――ただし間違った方向に。デュランゴや、さらに大きなSUVの売上が伸び続けているために、比較的燃費のよい小型のピックアップとミニバンが十分に売れず、小型トラックが試験場での平均燃費ガロン二〇・七マイルすら達成できないことにクライスラー、フォード、GMは気づいたのだ。そこでメーカーは巧妙な策を弄した。それは実際には燃費を低下させたが、条文上は法律を守りながら、さらに大きなSUVを売り続けることを可能にした。

エタノール車を利用した抜け穴

それは環境に優しいイメージを高めるために、自動車メーカーが好んで開きたがる類いのイベントだった。フォードは数十名の記者を、ディアボーンにある警戒厳重なテストコースに招いた。試作車をライバル会社のエンジニアの目とカメラから守るために高いブロック塀に囲まれたテストコースは、まとまりなく拡がっていた。多数の大きく設備のよいガレージと倉庫には、新型車を整備しテストするための膨大な機材が収まっている。新型車を時速一六〇キロ以上の速度でテストするために、カーブに傾斜《バンク》のついた一周三キロの楕円コースがある。楕円コースの内側は広い草地で、道路が縦横に走っている。道路には急なものやゆるやかなものなどさまざまなカーブがある。低いが非常に急な人工の丘が近くにあって、一本の道がその一方の側を急角度で登り、反対側を下っている。

記者会見自体は、楕円コースの中央近くにある、二間の質素な建物で行なわれた。十数名のフォードの管理職とエンジニアが広い部屋の正面に立ち、社の新たな計画について代わるがわる詳細を明らかにした。それは二〇〇一年までに二五万台の代替燃料車、主にフォード・レンジャー小型ピックアップ・トラックを製造するというものだった。この車はガソリンと、「E85」という八五パーセントのエタノールと一五パーセントのガソリンの混合物の両方を燃料として使うことができる。エタノールはアルコールの一種で、アメリカの豊富な穀物から、あるいは草からも作ることができる。いずれも完全に再生可能な資源だ。これらの車のエンジンには、特殊な燃料パイプ・センサーが装着されている。当初は二〇〇ドルのコストがかかるが、フォード社はセンサー分の追加料金を顧客に負担させることは一切しない。燃料パイプ・センサーは燃料タンクからエンジンに行くエタノールの割合を検知し、それに応じてコンピューター化されたさまざまなエンジン制御機器を調整する。このレンジャーはE85を使ったとき、スモッグの原因となるガスの放出量が減少し、さらに加速が五パーセント向上する。

だがフォード関係者は、一つの問題点を手短に認めた。国内に二〇万近くあるガソリンスタンドのなかで、E85を売っているところは六〇に満たないのだ。「この点において当社はリーダーシップを取る立場にある。我々はこの車をインフラストラクチャがついてくることを期待して販売するのだ」と、フォードの販売本部長、フィル・ノベルはいう。このあと記者全員に、E85を燃料にする車でコースを走る機会が与えられた。

何から何まで結構な話に聞こえる。この数日後クライスラーも、ガソリンとE85両方を燃料とするミニバンの販売を始めると発表した。結局のところ、この話は眉唾であり、連邦の燃費規制の抜け穴を利用するために仕組まれた計画の一環だった。

第一に、インフラストラクチャが存在しないのには理由があった。ガソリンは主にパイプラインで輸送されるが、古いパイプラインの多くは、パイプの継ぎ目の溶接部から水分が中に入ってしまう。ガソリンの場合は問題はない。油と水は混ざらないので、ガソリンがパイプラインの終点に届いたときに、水を簡単に抜けるからだ。しかしエタノールは、一瞬接触しただけですぐに水と混ざってしまい、あとで分離するのはきわめて難しい。だからエタノールは新式のパイプラインで送るか、専用のタンクローリーあるいは鉄道のタンク車で余計な費用をかけて輸送しなければならない。それから一番最後にガソリン集配基地で混合され、タンクローリーで地域のガソリンスタンドに送られる。

大手石油会社は数十億ドルを石油の採掘と流通に投資しており、他に流用できない。したがってE85の販売にはまったくといっていいほど関心を持っていない。六つの大石油会社が現在アメリカ国内のガソリンスタンドの五五パーセントを所有またはフランチャイズしているが、そのうちE85を販売しているところは一軒もない。二〇〇二年初めの時点で、E85を一般向けに販売しているガソリンスタンドは、全国にまだ一三六軒しかなかった。加えて一二〇カ所の内輪向けのE85スタンドが、商用車や官公庁の車に燃料を供給していると、全米エタノール車連合（農家とエタノール製造業者が資金を出している）はいう。こうしたスタンドはすべて、独立の企業家が経営しており、その多くはE85用ポンプの設置費用をすべて負担するというエタノール車連合の申し出を受け入れたものだった。

もう一つの問題はE85の価格である。エタノール産業界でさえ、原油価格が二五ドル以下なら——この二〇年だいたいそうであった——ガソリンのガロンあたりの小売価格はE85より安いことを認めている。

E85のガロンあたりのコストがガソリンと同じだったとしても、それを燃料として使うとするとドライバーにもう少し負担がかかる。E85一ガロンが発生するエネルギーは、同量のガソリンよりも少ないからである。したがって小型トラックをE85で満タンにして走れる距離は、ガソリンの場合よりも五〜一二パーセント少ない。

最後に税の問題がある。連邦と州の燃料税は道路の建設と補修に使われる。しかし連邦政府はガソリン一ガロンから一八・四セントの税を徴収できるのに対し、

E85一ガロンからは一三・〇五セントしか徴収できない。州政府がE85から集められる税も大幅に少ない（註16）。同じ距離を走るのにガソリンよりも多くのE85を燃やす必要があることから、この差は一部埋められるが、全体としては、ガソリンからE85に切り替わることで道路予算の財源が損なわれることになる。州政府がE85で徴収できる税額はもっと低い。エタノールが低い課税額の恩恵を受けているのは、農業ロビーの巧妙な政治工作のおかげである。もし仮にエタノールがガソリンと同じ燃料税の対象にされたら、ガソリンの価格が相当跳ね上がらない限り、あまりに高すぎて使えなくなってしまうだろう。

ではなぜフォードとクライスラーはわざわざ複式燃料車など製造するのだろうか？　フォード関係者が最初の記者会見ではっきりと述べたのは、複式燃料車を売るとメーカーの平均燃費に奇跡が起きるということだった。トウモロコシ・ロビーと自動車業界が作り上げたあまり知られていない規則によって、メーカーはガソリンでもE85でも走る車を、燃費がきわめて高いと見なすことができるのだ。試験場でガロン二七マイル（リッター約一一・四キロ）走るフォード・レンジャーなら、フォードの平均燃費算出の際にはいきなりガロン四四マイル（リッター約一八・五キロ）走ると見なされるのである――たとえ実際には一滴のE85も燃やさなくても。複式燃料車を製造すれば、フォードとクライスラーはフルサイズSUVの販売を増やしながらも、政府が要求するガロン二〇・七マイルの平均燃費を、かろうじてだが満たすことができるのだ。

GMは当初、フォードやクライスラーと同じ土俵に上がるのを拒んでいた。「エタノールを使う人がいるとは思えないのに、エタノールが使えるエンジンを生産しても何の役にも立たない」と、GM副会長ハリー・ピアスは九八年のデトロイト自動車ショーで筆者にいった。「インフラがないのに、インパクトがあるからなんて冗談じゃない」

数カ月後、GMは考え直して、フォード、クライスラーの愚かなゲームに参加した。当初フォードが二五万台の複式燃料車の生産を目指していた二〇〇一年までに、ビッグスリーは実際には一九〇万台を生産し、生産のペースはまだ急速に伸びていた。全米エタノール車連合は、二〇〇二年だけで一〇〇万台の複式燃料車が製造されると推定している。これによってビッグスリーは、一社につきガロン一マイル前後の虚構の数字を小型トラックCAFE値に加えることができ、なお法律の精神はともかく条文は遵守しているのだ。

二〇〇一年六月、運輸省の報告書の最終草案が筆者にリークされた。それは複式燃料車にE85を使っている者はほとんどいないことを指摘していた。補給所が少ないというだけでなく、複式燃料車の所有者の多くは自分の車がE85を使えることを知りもしなかったと、報告書には書かれていた。自動車メーカーはその能力について、ユーザーマニュアルで簡単に触れているだけだが、マニュアルを隅から隅まで読む者はほとんどいない。より多くのガスガスラーの販売が可能になったことで、複式燃料車は実際にはアメリカのガソリン消費を、二〇〇〇年には四億七三〇〇万ガロン（約一七億九七四〇万リットル）増加させたと報告書は計算している。二〇〇五年から二〇〇九年の間の増加分は九〇億ガロン（約三四二億リットル）になるであろうと報告書は予想する。

最終草案は運輸省のすべての階層の完全な承認を受け、また大統領の行政予算管理局による二度の検査でも認められていた。それは運輸省長官ノーマン・ミネタの署名を受けるために、すでにその執務室に送られており、一週間以内に議会に回されることになっていた。議会は一〇年前に、報告書を二〇〇〇年九月末までに提出することを命じていたが、クリントン政権は選挙年に政治的に微妙な問題と取り組むことには消極的で、ほとんど何もしなかった。最終草案がミネタの机に届いた時点で、報告書はすでに九カ月近く遅れていた。

しかしミネタは署名しなかった。議会では民主党と共和党が農家の機嫌を損ねまいと互いに張り合っており、また自動車業界が最終草案に驚愕したので、ミネタの部下はリーク元の調査を開始する（失敗したが）と同時に文書を官僚に送り返して書き直させた。官僚はまる一年近くかけて報告書を書き直し、エタノールの誘因に対する批判を文書からほとんど消し去った。今一度、世界は大きなSUVにとって安全になった。

その他の抜け穴

エタノールの抜け穴は、燃費法令違反の罰金を払うことなくできるだけ多く大型SUVを売るために自動車メーカーが行なっている、さまざまな取り組みの一環にすぎない。年々、この種の取り組みは独創的なものになっている。

一つには輸入中古車を使う作戦がある。輸入中古車は燃費基準の適用外である。デトロイトの自動車メーカーは、多数のフルサイズSUVをカナダに出荷している。しかしカナダではガソリン税がガロンあたり二〇セント高く、所得は低く、所得格差はアメリカより小さい。その結果、大型のモデルはカナダでは売れ行きが悪く、多くのディーラーはアメリカでは考えられない大幅な値引きをして販売している。カナダドル安によってアメリカとの価格差はさらに拡大している。メーカーはカナダドルの下落と同じペースで値上げしていないからだ。フォード・エクスペディションのようなフルサイズSUVは、現在カナダでは五〇〇〇ドルも安く売られている。

そこでベンチャー企業は数万台の新車のSUV、ピックアップ、大型ミニバン、また一部の乗用車を買い、アメリカに送り返して転売していた。こうした車は、そもそもはカナダからの移民が車を持ち込むのを助ける目的で作られたプログラムのもとで、合法的にアメリカに入っている。カナダから輸入される名目上の中古車の数は、九七年九月一日にカナダがアメリカと同じ自動車排ガス規制を導入してから、二年で一二倍にはね上がった。カナダが同じ規則を導入するまで、輸入業者は国境を越えて車を持ち込むために、大金をかけて排気系を交換しなければならなかった。規則が変わってから、業者はキロメートル表示の速度計と積算距離計をマイル表示のものに交換するだけでよくなった。二〇〇一年には輸入量は二〇万台近く、アメリカ自動車市場の一・二パーセントに上り、今も増え続けている。

罰金を払って売る

売上を食われたアメリカのディーラーは九八年以来、メーカーにこのような行為の取り締まりを求めている。デトロイトのメーカーは、輸入に反対だといっている。しかしホンダが九九年に、交換用の速度計と距離計の入手を厳しく制限するというはっきりした対策をとったのに対し、デトロイトのメーカーは何もしていない。カナダからの車の流入は、別の論争に油を注いだ。カナダの規制当局は昼間点灯のためにアメリカの規則よりも明るいヘッドライトを義務づけている。だがアメリカでは昼間のヘッドライト点灯は大きな議論を呼んでおり、またカナダの車を持ち込む業者がヘッドライトを交換することはほとんどない。

自動車メーカーが燃費規制に対して講じるもう一つ

の方法は、何もしないで基準を破り、法律が定めた少額の罰金を払うというものだ。ランドローバーは、二〇〇〇年にフォードが同社を買収し、平均燃費に含めなければならなくなるまで、数年にわたってこれをやっていた。ポルシェやBMWのようなヨーロッパの高級車メーカーは、アメリカで商売をする単なるコストとして、長年罰金を払い続けている。これはヨーロッパの高級車メーカーにとって、リンカーンやキャデラックのようなアメリカのライバルと競争するうえで強みとなっている。ヨーロッパのメーカーは後輪駆動方式のより馬力のある車を売ることができるからだ。後輪駆動は前輪駆動よりも燃費が悪いが、自動車通には人気が高い。

罰金は、メーカーが基準を一〇分の一マイル下回るごとに五・五〇ドルを、販売台数にかけたものである。ある自動車メーカーが年間一〇〇万台を製造し、平均燃費がガロン一マイル悪かったとすると、年に五五〇〇万ドルを支払わなければならない。一台あたりの利益が一万ドルを超える大型SUVの販売で得られる潜在的利益の前に、罰金などちっぽけなものだ。

ではなぜ、GM、フォード、現在のダイムラークライスラーは、単に法律を破って罰金を払わなかったのか？　デトロイトのメーカーが常に心配してきたのは、罰金を払えば、社と取締役会と経営者が株主から、連邦法に故意に違反したとして訴えられるかもしれないということである。どの環境保護団体も株式市場で何株か購入し、そのような訴訟を起こすことができる。「アメリカは訴訟大国だから、それが常に心配なのだ」と、あるGMの重役はいった。「隙を見せるわけにはいかないのだ」

自動車業界の弁護士によれば、こうした訴訟を起こされる恐れがあるのは、アメリカを本拠にする企業だけだという。だがダイムラークライスラーは今ではドイツの法人である。同社は、アメリカの法律をすべて遵守する方針だと主張しているが、もし議会が著しく高い平均燃費を義務づけてきたら、法律を無視するという選択肢も確かにある。ダイムラークライスラーにとってこの戦略の真の危険性は、そのあとで企業イメージが台なしになることと、議会が法を無視するメーカーに対する罰金の大幅引き上げで応酬する可能性にある。今のところ罰金を払っているのはヨーロッパのメーカーだけだが、デトロイトのメーカーはいつか自分たちが支払うはめになるのを恐れ、長年政治的影響力を駆使して罰金の引き上げを阻止してきたのだ。

すべての燃費計算からはずれる巨大化

自動車業界にとって裏目に出てしまった策が一つある。SUVを八五〇〇ポンド（約三八六〇キロ）を超える巨大なものにし、あらゆる燃費計算から除外するというものだ。

一九九六年には、新車販売のまるまる四パーセントが、期せずして八五〇〇ポンドをわずかに超える小型トラックで成り立っており、これらはメーカーが燃費平均へ算入することを免除されていた（註17）。こうした車のほとんどすべてが、商用サイズのピックアップ・トラックであった。また、軍用スタイルのSUVハマーが数百台、鉄道やガス・水道・電気の補修作業員が使用するために特別に頑丈なサスペンションを備えたシボレー・サバーバンが数千台あった。これらの怪物は、他のフルサイズSUVよりもさらに緩い大気汚染防止規則を適用され、スモッグの原因となる窒素酸化物を一マイルあたり約一・五グラム、すなわち乗用車の七・五倍排出することを許されている。

リンカーン・ナビゲーターのようなでかぶつの生産にも飽き足らず、フォードは九七年、けた外れに巨大なスーパー・デューティー・ピックアップ・トラックの量販向けSUVバージョンを製造することを決定した。家庭用としてこれ以上向かない車もまずなさそうなものをフォードは選んだ。スーパー・デューティー・ピックアップは完全に商用として設計されていた。恐ろしく強力なエンジンと頑丈なサスペンションを備えているので、少なくとも半トンの荷をバラストとして荷台に積んでいないと簡単に跳ね回った。フォードはこの超弩級ピックアップのテレビ・コマーシャルで、一〇階建てもの高さのある貨物船を港の端から端までこの車で引っ張ってみせた。

二年後に発売されたスーパー・デューティーのSUV版は、エクスカーションと名付けられることになる。その重量は、顧客が四輪駆動を選ぶかどうか、V8かV10気筒のガソリンエンジンと巨大なディーゼルエンジンのいずれを積んでいるかによって違うが、三〇〇〇〜三五〇〇キロある。装備を充実させたエクスカーションは、ジープ・グランドチェロキー二台、あるいはフォード・フォーカス・コンパクトセダン三台よりも重い。フォードにとって何より都合がいいのは、エクスカーションの部品の九〇パーセント近くはほとんどコストをかけずにスーパー・デューティー・ピックアップから流用すればよく、二台はケンタッキー州ルイビルの同じ組立ラインで組み立てられることだ。

だが蓋を開ければ、エクスカーションは大きすぎた。九九年の発売から二、三カ月はよく売れたが、このような怪物を欲しがっていた五万世帯が買ってしまうと急激に売上が落ちた。エクスカーションがサバーバンからSUV市場での優位を奪うことはなかった。自動車業界全体にとって最悪だったのは、エクスカーションに刺激されて、ついに環境保護運動がSUV問題に注目し始めたことだ。

シエラ・クラブのダン・ベッカーと他の二、三の環境保護団体の幹部職員は、フルサイズSUVが道路にだんだん増えだしたのに気づき、SUVへの取り組み方をあれこれ考え始めていた。はっきりいえば彼らは、もっと早く問題に気づかなかったことで自分を責め、SUVについての世論形成で自動車業界にはるかに先を越されてしまったことを知ったのだ。「私たちは愚かだった。自動車業界がどこに行こうとしていたかを知らず、教えてくれるつても業界になかった」とベッカーはいう。

大自然を背景に広く売買されている人気の消費財という難しい標的を攻撃するため、環境保護団体は注目を集めそうなスローガンを捜し始めた。他の環境活動家や、環境団体への資金提供者を、SUVを批判するように説得するだけでも一苦労だった。オフロード車はこのようなグループにうまく売り込まれていたからである。巨大なエクスカーションは環境活動家に格好の標的となった。究極のガスガズラーというだけでなく、量産は二年先だったからだ。環境団体に寄付している金持ちも、まだ持っているはずがなかった。

フォードが怪物SUV――ある業界筋は「一番デカくて最高にヤバい市販車」と呼んでいた――の製造を計画しているという筆者の記事が九七年に一面に掲載されると、ダン・ベッカーは即座にインターネット上でこの車の名前のコンテストを開始した。当初からの最有力候補は「フォード・バルディーズ」だった。八九年に原油流出事故を起こし、アラスカのプリンス・ウィリアム湾を汚染した石油タンカーのエクソン・バルディーズ号を引き合いに出したものだ。国中のあらゆるテレビネットワークと大手時事雑誌が、この車をフォード・バルディーズと表現しながら、デトロイトがより大きなSUVへと殺到していることを伝えるニュースを流した。

「そのとき初めて、それまでこの問題について考えたこともなかった大多数の人々に、私たちは本当に理解を得たのだ」とベッカーはいった。九八年初めには、シエラ・クラブ、環境防衛、地球の友、天然資源防衛委員会、憂慮する科学者同盟、公共利益調査グループが、すべてSUVに関する情報収集を始めていた。だが、環境保護運動がSUVの規制強化を求めて最初の大きな取り組みを始めるのは、さらに一年後のことだった。

大気汚染削減計画

環境保護団体がゆっくりと目覚めていた頃、自動車メーカーは相変わらず策を弄していた。一九九〇年の汚染防止法が議会で承認された直後、バージニアからメインまでの東部一二州は、まだ規制が不十分だとして抗議を始めた。九〇年の立法は、EPAが連邦の基準を強化することを、業界が自主的に強化に同意した場合を除き、二〇〇四型式年度まで認めていなかった。しかし州政府には規則を定めるためのより大きな裁量権があった。一二の州は代わりにカリフォルニアの基準を採用すればよかった。それは連邦の基準よりも相当厳しいものであった。

ゼネラルモーターズは九〇年代半ば、一二州がカリフォルニアの先例に従うかもしれないことを心配しだした。触媒コンバーターは着実に改良され、排ガスを減らすことはさほど難しくはなかったが、それには余分な出費が伴う。メーカーとしてはなるべく削りたいところだ。そこでGMのロビイストは狡猾な計画を思いつき、その計画の下に他のメーカーと結束した。

自動車メーカーはEPAに対して自主的に公式な申し入れを行ない、全国的な排出量を二〇〇一型式年度までに、連邦の基準よりかなり低いレベルまで引き下げると述べた。ただし、それはカリフォルニアの基準よりはまだ少し高かった。乗用車に許される窒素酸化物の排出は、当時の連邦の基準では走行距離一マイルあたり〇・四グラムなのに対して、わずか〇・二グラムとされた。それと引き換えに、州はカリフォルニアのレベルまで基準を強化しないことに合意しなければならなかった。

九七年一二月一七日、EPAと自動車産業関係者は、計画を高らかに発表した。それは一九九九年、二〇〇〇年、二〇〇一年と段階的に実行されることになっていた。大気汚染への対策ができたことを全員が互いに喜びあった。自動車業界は計画を大げさに宣伝する記者会見を連発した。

計画をまとめるにあたって、自動車産業が新たな抜け道を忍び込ませていたことが明らかになりだしたのは、翌日のことだった。計画はすべての乗用車を対象にしているが、小型トラックは車輌総重量六〇〇〇ポンド以下のものだけが対象で、窒素酸化物の排出量を、以前の連邦基準マイル〇・七グラムからマイル〇・四グラムまで減らすことを要求していた。合意ではフルサイズSUVとピックアップの規制を、すでに行なわれているレベルで固定していた。つまり、アメリカ市場でもっとも急速に増加している大型の車は、一マイルあたり一・一グラムもの窒素酸化物——乗用車に許される量の五・五倍——を排出し続けることができるということだ。

EPAの大気汚染対策部長ロバート・D・ブレナーと、ゼネラルモーターズで大気汚染の最高権威であるサミュエル・A・レナードは、一二州の環境規制当局者は重量級の小型トラックについて何もいわなかったから中に含めなかったのだという。しかし、マサチューセッツ州の大気汚染問題対策および計画部長であるソニア・W・ハメルは強く否定する。彼女によると、自動車メーカーは九六年夏に、州の規制当局との会合のなかで突然、重量級小型トラックの規制は凍結したいと宣言し、そのため州当局者から非難を浴びたという。それでもEPAは自動車業界の姿勢を容認した。州の規制当局は大いに不満を漏らしたものの、自分たちが活動できるのは汚染に敏感な自分の州だけだが、この規則は比較的小型の車の排ガスを全国規模で減少させられるということで、結局は受け入れた。

この大気汚染削減計画は、ことSUVに関してクリントン政権の間にEPAが、さまざまな形でくり返してきた妥協の一つにすぎない。同庁はまた、自動車の燃費の傾向に関する詳細な年次報告書の発行を、九六年に唐突に取りやめている。EPAによる表向きの理由は、運輸省が新車の乗用車と小型トラックの平均燃費について年三回、生データを発表しているので、報告書は必要ないというものだった。だがEPAの報告ははるかに有用なものだった。そこには燃費が低下している理由——メーカーが乗用車の代わりに小型トラックを売るため、馬力と車重が増え、空力が悪化しているという——の詳細な統計が含まれていたからだ。政府関係者が筆者に語った経緯によれば、報告書が打ち切られた本当の理由は、デトロイトの人気商品であるSUVがアメリカの燃料効率に大きな害を与えていることに、ＥＰＡは世間の注目を集めたくないからだという（ＥＰＡは年次報告書の発行を二〇〇〇年に再開した。この頃にはＳＵＶは議論の的になっていた。本書の燃費に関する数字の多くも、この報告書から引用している）。

同庁の首脳部は、九七年にはＳＵＶに関心を持っていたが、まだ表立って問題を指摘する準備はできていなかった。九七年秋から初冬にかけて、ＳＵＶのスモッグと地球温暖化への寄与に関する長い記事を書くため、筆者はくり返しＥＰＡ職員へのインタビューを試みたが、すげなく断られた。『ニューヨーク・タイムズ』の編集主幹は筆者に、何としても庁の首脳の談話を取るようにいった。結局、ＥＰＡ広報室の取り計らいにより、政治的リスクの大きなこの問題について、名前を伏せるという条件付きで、あるＥＰＡ高官にインタビューすることができた。

高官は、ＥＰＡはこの問題に注目していると断言した。が、その後でひと言つけ加えた。それは三〇年以上にわたりワシントンがＳＵＶに対して取り続けてきた姿勢をきれいにまとめていた。「我々は国内産業にとっての金の卵を生むガチョウを殺したくはないのだ」

フォードの取り組みとデトロイトの怒り

だがワシントンがうろたえる一方で、フォードはＳＵＶへの批判が売上を損なうのではないかと心配しだしていた。二人の副社長、ピーター・ペスティロとジャック・ナッサーが共同で議長を務める同社の公共政策委員会は、エクスカーションが物議をかもし始めたことを受け、この問題を最優先事項にした。委員会は、フォードの自動車環境エンジニアリング部長ケリー・ブラウンに助力を求め、何か興味深いアイディアはないかと訊いた。

フォードの車は他のメーカーのものより少し安全である——衝突安全性の格付けで、他のメーカーの車を合わせたよりも多くの五つ星を得ていた——だけでなく、低公害であることがわかった。一九八〇年代、フォードは時にＥＰＡの基準を満たすことができず、多額の罰金を課せられたことがあった。フォード車の排気系は使い始めの二、三年で急速に劣化するというのが主な原因だった。失敗に懲りたフォードのエンジニアは、九〇年代には触媒コンバーターを過剰設計することで対応した。そのためフォード・エクスペディションが排出する汚染物質は、ＥＰＡのテストでシボレー・サバーバンのわずか三分の一にまでなった。

ＧＭの触媒コンバーター技術者は、フォードは車を必要以上にクリーンに作ることに金を無駄づかいしているといって、その設計を筆者の前で一度ならず嘲笑った。効率のよい設計の目安は、目標をなるべく小さな余裕で達成することだと彼らはいった。だがフォード公共政策委員会の最高幹部は、自社のエンジニアが数年来やっていたことを知ると、それを競争上の優位に転じることを決意した。

一九九八年一月五日、デトロイト自動車ショーにおいてフォードの会長兼最高経営責任者アレックス・トロットマンは、自動車ライターでいっぱいの競技場に向かって、同社は一九九九年式から、自主的にすべてのＳＵＶを、乗用車とほぼ同程度の汚染物質しか排出しないようにすることを発表した。フォード・エクスペディションとリンカーン・ナビゲーターもこの計画に含まれていた。いずれも車輛総重量が六〇〇〇ポンドを優に超え、ＧＭがＥＰＡのために巧妙に作った、二〇〇一型式年度に排出量を減らすための合意から除外されているにもかかわらずだ。「排ガスに関しては、いずれにせよ、多目的スポーツ車を運転することで負い目を感じることはない」とトロットマンは宣言した。

ブラウンとその側近は、ＳＵＶの汚染物質をほぼ乗用車レベルまで下げるのに、一台あたり一〇〇ドルしかかからないと見積もった。コストの増加は主にパラジウムの増加のためである。パラジウムは金より高価な貴金属で、触媒コンバーターを機能させるものだ。ＧＭやクライスラーが同等の低排出を実現するには、少なくともＳＵＶ一台につき二〇〇ドルがかかるだろう。両社のモデルのほうが排ガスが汚いからだ。トヨタやホンダのような外国メーカーは、伝統的に大気汚染問題では先進的であるが、それでもそのＳＵＶはフォードより汚いだろう。いずれにしても他社が触媒コンバーターの設計をやり直すには数年かかる。そしてフォードのイニシアティブに刺激されて、規制当局がすべてのメーカーに汚染物質の削減を強制するかもしれない。そうなれば他社はフォードよりも多額の出費を余儀なくされる。

ライバル社の重役は憤激した。クライスラーのボブ・イートンはかんかんになってフォードの重役に電話し、汚染問題でのイニシアティブは業界全体にとってやぶ蛇になると警告した。特に彼らを怒らせたのは、フォードはその声明によって、広報活動とロビイングでの大収穫を得たことだった。一部の報道機関は初めトロットマンの声明を無視した――『ウォールストリート・ジャーナル』は、一〇人以上の記者が自動車ショーに行っていながら、翌日には触れもしなかった。しかし『ニューヨーク・タイムズ』の編集者はこの記事を一面に掲載し、その次の日には熱の入った社説も載せた。環境保護団体は、フォードをよき企業市民としてほめたたえるという思いがけない立場に立たされた。

「紳士協定」

しばらくしてから、筆者はあるデトロイトの自動車メーカーの経営トップと、とりとめのない会話を長々とするはめになり、ペントハウスにある執務室で夜まで雑談していた。落日が、眼下に広がるミシガン州南東部の景色を、紫と深紅の美しい夕闇に染めるなか、SUV汚染問題のイニシアティブが業界でこんなにも論争を呼ぶ理由に話題が移った。その経営者は、本当に怒りを招いたのは、フォードが他のデトロイトのメーカーを裏切ったことだと打ち明けた。小型トラックの汚染削減では競争しないとする、彼のいう「紳士協定」をフォードが破ったというのだ。その経営者は詳しい話はせず、自分の名前を出さないようにといったが、「まずいところを削る」という条件でこの情報を使うことを許可してくれた。

差し障りのある部分を削るのは難しかった。実際、その部屋に顧問弁護士がいたら、きっとカーペットの上に卒倒しただろう。一九六〇年代半ば、当時まだ自動車問題で名を知られていなかった若き弁護士、ラルフ・ネーダーに促されて、司法省は非常によく似た問題で実際にデトロイトのメーカーを捜査している。最終的に司法省は、触媒コンバーターやその他の排ガス浄化技術をいかなる車にも取り付けないという紳士協定を結んだという罪状で、一九六八年にメーカーを独占禁止法違反で提訴している。業界はニクソン大統領の就任後、すぐに訴訟を解決した。不正行為は認めなかったが、触媒コンバーターの取付けと、環境問題での競争を避けるような紳士協定を今後結ばないことに合意したのだ。レーガン政権はのちにこの合意を失効させた。だから九八年初めにそれは効力がない。だがいかなる業界に属する企業も、形はどうあれ競争を避ける紳士協定を今も結んではならないはずである。

筆者は、紳士協定の詳細について実名入りで進んで話してくれる管理職を探してみたが、徒労に終わった。ビッグスリーの重役たちは、協定に合意したことすら否定した。しかし、排ガスの放出をこれ以上削減することは不可能だという意見広告が時たま出ていたのは、自分たちの姿勢をお互い非公式に示すという効果があったのかもしれない。結局筆者は公に発言しようという重役を探すことを諦め、紳士協定の存在については記事の終わりで簡単に、出所をぼかして触れるにとどめた。ラルフ・ネーダーはたまたまこの記事を読み、クリントン政権の司法省の反トラスト局の反トラスト担当職員に捜査を要請した。だが反トラスト局はマイクロソフト社分割計画に没頭しており、何一つ起こらなかった。

13章 マスコミを味方に引き入れる

フォード・モーター社が一九九六年秋に、モデルチェンジした乗用車マークⅧをマスコミ発表しようとしたとき、同社は昔ながらの台本にそって行なった。筆者を含め二〇名余の記者は、ミシガン州ディアボーンにあるフォード本社の玄関の一つで、一二名の広報担当者に会い、季節感あふれるアップルサイダー（りんごジュースにシナモンを加えて温めた飲み物）を一杯飲んだ。それから記者二人と広報員一人ずつが、近くに停めてあった一二台のリンカーンの一台に乗り込んだ。車の中には長いドライブの詳しい経路図があった。高速道路から絵のような田舎道をたどり、一〇〇キロほど離れたセント・クレア川の群青色の流れを見下ろす断崖に建つ、美しい宿屋を車は目指した。我々は宿のベランダで飲み物を摂り、それから中に入ると長い食事が始まった。その間エンジニアが次から次へと立ち上がって、マークⅧはマークⅦをいかに改良したものであるかを説明した。夕方遅くなって一行は、車の新型ヘッドライトの、明るくかすかに青みを帯びた光に特に注目するようにいわれてから、フォード本社へ戻った。

刺激的なSUVの新車発表

何から何まで、ためになる企画だった。が、地味でさほど楽しいものではなかった。他の自動車発表会は、サンフランシスコのようなもっと華やかな都市で行なわれている。ヨーロッパの自動車メーカーは、南フランスや南スペインで発表会を行ない、出席する自動車ライターをアメリカから飛行機で連れていくことを好む。しかし乗用車の発表会は、舗装路を走ってばかりの一般におとなしく刺激の少ないイベントである。S

UVの発表会は違う。

エクスプローラーがモデルチェンジされたとき、フォードの旅行代理店は国中の自動車ライターに無料の往復航空券を送り、さわやかな一一月のアリゾナ州フェニックスへの旅に誘った。ポロシャツ姿のこざっぱりしたフォード社員がフェニックスに着陸する機を出迎え、到着した三〇名あまりの記者をシャトルバスに乗せて地元の博物館の駐車場へと連れていった。そこにはさらに大勢のフォード社員がいて、私たちをイベント出席者として登録し、エクスプローラーのロゴが入ったシャツを手渡すと、中に緑の大理石造りのトイレがある長いトレーラー（すぐに役員用携帯便器と呼ばれるようになる）に案内してくれた。それから私たちは前年度型フォード・エクスプローラーの輝く車列に注目を促された。

記者は二人一組でSUVに飛び乗り、丘を目指してハイウェイを走った。人が手を上げたような姿のサボテンのそばを通りすぎながら、ついには左折して未舗装路に入った。道路の終点、昔の砦跡の近くに、フォードは大きな暗緑色のテントを張っていた。テントの中には、新型エクスプローラーはどこが旧型よりもいいかを示す展示が並べられ、それぞれの展示の脇にはフォードのエンジニアの集団で立っており、さらに突っ込んだ説明をしていた。あとでエンジニアと自動車ライターは、テントの中の大きなテーブルを囲んで仕出しの昼食をとり、それから少人数のグループに分かれて新型エクスプローラーの試乗に出発した。エクスプローラーの大部分は、革製シートなど、つけられるオプションがほとんどついていた。

次のドライブで筆者は、フォードのトップSUVエンジニアにしてエクスペディションの父であるデール・クロードピエールと、小型トラック問題が専門の広報部員ジョン・ハーモンが同乗するエクスプローラーに割り当てられた。私たちは交替で運転しながら、曲がりくねった二車線道路を山へと登っていった。

ハーモンが運転する番になると、すぐにクロードピエールは、制限速度を数マイルしか超えていない――自動車エンジニアとしては明らかに男らしさに欠ける――といってハーモンをからかい始めた。「制限が五〇だったら、七〇で走らなきゃ」と助手席に座ったクロードピエールはいった。そのとき筆者は後部座席に座る番で、車の車内騒音レベルを聴きながらメモを取っていた。

ハーモンはスピードを上げた。対向車がびゅんびゅんと通り過ぎていった。クロードピエールはまだ満足せず、エクスプローラーの車室の剛性は、交通工学者が制限速度の標識で推奨しているスピードよりもずっと速くカーブを曲がってこそ、真価を完全に理解できるといった。彼はハーモンに、車をもっと激しく走らせるようにこういってたしなめた。「飛ばさないと車がデブになっちゃうぞ！」

ハーモンは飛ばした。次の上り坂の頂上では、私たちは空を飛びそうだった。だが続く下り坂では、警官がスピードガンを持ってちょうどパトカーから降りてくるところだった。まさにハーモンのような過ちを犯したスピード違反者を捕まえる準備をしているのだ。ハーモンはいきなりブレーキを踏み込んだ。全員シートベルトを着用していなかったら――マスコミ接待の必要条件だ――フロントガラスの内側に張り付いていただろう。警官はスピードガンを向けるのが間に合わなかった。ハーモンはかろうじて違反切符を免れ、それからはもっと慎重に運転するようになった。クロードピエールも黙っていた。

もう少し森の奥に入ると、道路際の心地の良い別荘に着いた。フォードが一部貸し出しているもので、私たちはそこで熱いサイダーを飲んだ。これからはオフロード走行コースに挑戦する時間だ。コースはフォード社員があらかじめ近くの森の中に区画してあった。外にはメルセデスMクラス、ダッジ・デュランゴ、レクサスRX300など高価な四輪駆動と全輪駆動の車が、エクスプローラーとの比較のために取りそろえられ、私たちを待っていた。他の記者と一緒に、筆者も長いコースを異なった車で何度か試してみた。ひっくり返りそうになりながら泥沼を抜け、滑りやすい坂をゆっくりと登り、切り株にサスペンションを引き裂かれないように走る。しかし自分たちのSUVでもなければ、どんなに壊したところで責任を負わされるわけでもないので、記者たちは、とても料金の高い乗り物が突然一日無料になった遊園地のティーンエージャーのように、心から楽しんでコースに挑んでいた。

リゾートホテルのスイートルーム

その夜、フォードは記者を星空の下のテントには連れていかなかった――悪路《ラフロード》での一日のあとに原始生活《ラフィング・イット》はなしだ。その代わり、夕闇迫るなか、私たちはもう一度エクスプローラーに乗り込んで、優雅なエンチャントメント・リゾートへと短いドライブをした。そのスイートルームは、シーズンオフでも一泊三二五ドルだ。各スイートの広いリビングルームでは、ボタンを押すだけで天然ガスの暖炉に火が入り、ベッドルームと四つの個室を持つ大理石のバスルームも付いている。フォードは気を利かせて、各部屋に記念品の箱を置いていた。中には夜のお楽しみのために暖かいウィンドブレーカーも入っていた。

こざっぱりとした服を着て、私たちは短い小道を、赤い岩の崖裾に大きく開けた場所へと歩いた。そこでは雇われたカウボーイが大きなたき火のそばに座って、西部の歌を口ずさんでいた。雇われた天文学者が、大きく倍率の高い望遠鏡を据えて、木星の衛星を見せながら夜空の話をしていた。その間をウェイトレスが歩き回りながら、カモのパテなどのオードブルを勧めていた。空気が冷えてきたので、私たちは大きな暖房入りのテントに入った。中ではシェフが、鹿肉など地元の珍味を使った手の込んだ料理を、選り抜きの素晴らしいワインといっしょに出していた。満腹になった私たちはふらふらとホテルのスイートに帰ったが、そこでSUVについて批判めいたことは考えにくかった。

だが夜勤組のフォード社員にとっては、仕事は始まったばかりだった。翌日、野外劇場で豪勢な朝食をとった後、筆者を含めた記者一行は、新型のマーキュリー・マウンテナー（エクスプローラーとほとんど同一のフォード製中型SUV）の試乗をしながらフェニックスに戻ることになっていた。つまり山の中まで乗ってきたエクスプローラーは用済みということだ。私たちが焚火のまわりでエンジニアたちと盛り上がっている頃、さらに多くのフォード社員が泥はねのついたエクスプローラーを、闇の中フェニックスに回送し、朝早く到着する。それから一台一台、中も外もせっせと掃除し、機械系統をチェックして、午前の中頃には再び新車の状態にする。筆者のグループは、その週フォードがアリゾナで接待した三つの記者団の一つにすぎなかった。自動車ライターの数は総勢一〇〇名を超えた。

記者への気前のよい接待

エクスプローラーの試乗旅行は、過去二〇年間にSUVブームに油を注いできた二つのマスコミの傾向を反映している。発表されるニューモデルの試乗記事には必ずといっていいほど、ほとんど誰も必要としないオフロード走行特性の詳しい評価が載っている。同時に、自動車メーカーはマスコミを暖かく気前よく抱き込み、そのために時には記者が客観性を維持することが難しくなる。実際、映画制作会社が映画評論家を高級ホテルに連れていって公開予定の大作を見せたり、銀行や証券会社が高級レストランで記者を接待することもあるニューヨークでも、自動車メーカーが記者に対して行なう接待には、他の業界は遠く及ばない。

一部の自動車会社役員やエンジニアですら、マスコミによるオフロード走行性能の比較記事がプレッシャーとなり、いっそう高価だがほとんど誰も要らない四輪駆動システムを備えた、より車高の高い車を設計せざるを得なくなったとこぼす。一九九九年の『オートモーティブ』誌のインタビューで、フォード社のSUV動力伝達装置エンジニアリンググループ監督であるトム・シュラムスキーは、自動車評論家や、その他四輪駆動システムをフルに活用する少数の人々の影響を公然と認めている。「彼らの極端な条件下における車の評価が、オフロードを走るつもりなどない人の意見に影響を与える」と彼はいう。「我々はこれからも極端なユーザーを満足させる過ちを犯し続けるだろう」(註1)

しかし文句をいいながらも、自動車メーカーは新型SUV発表のために、いっそう魅惑的な場所でのオフロード走行がついた、さらに派手な試乗旅行を競って行なっている。エクスプローラーの発表は、アメリカ国内ですべて行なわれたという点で普通ではなかった。カナダのハドソン湾、メキシコのバハカリフォルニア、ベリーズのジャングルは、いずれも最近、試乗旅行で人気の場所だ。この種の冒険に満ちた発表会において最高の栄誉は、ランドローバーに与えられるだろう。同社はディスカバリー・シリーズⅡの発表のために、記者をわざわざモンゴルまで送り、新型車がゴビ砂漠を走っている写真をメディアに載せようとした。

ゴビ砂漠まで、費用はメーカーもちで取材

こうした試乗旅行では、大半の記者の出費を自動車メーカーがすべて持つ。実のところ、この種の旅行は非常に贅沢であり、ほぼすべての報道機関は、その費用を払うことができない。ほとんどの記者をこうした取材旅行に出している自動車専門雑誌では特にそうだ。一部の国内報道機関はめったに記者を送らない。接待旅行を禁じる方針を持っているからである。しかし社の基準、特に給料をもらわずに記事を売っているフリ

ー特派員に対するものはさまざまである。

いずれにしても、自腹でやっていくのは難しいことが多い。『ニューヨーク・タイムズ』は航空運賃を払って筆者をエクスプローラーの試乗旅行に送り、筆者は土産物を受け取らなかった。しかしフォードはリゾートホテルの部屋代、食費、その他の設備の料金すら教えようとしなかった。そこで筆者は見積もりを作って小切手を書いた。フォードはこのように精算されることにはまったく慣れていなかったため、筆者の小切手の扱いようがなく、銀行に入金しなかった。結局筆者が六カ月後に別の小切手を受け取るよう強く求め、フォードはようやく銀行に入金した(註2)。

自動車メーカーの気前のよさは、試乗旅行以外でも発揮される。デトロイトで自動車を担当するようになって二週間足らずの九六年一月、筆者はフォードの最高財務責任者ジョン・ディバインにインタビューした。車は何に乗っているかと尋ねられた筆者は、『ニューヨーク・タイムズ』の支局長として、社から二年落ちのフォード・トーラスを貸与されていると答えた。車について意見を求められると、その前の週末にスターターの異常のせいで、駐車場に何時間も立往生していたことを話さずにはいられなかった。ディバイン(その後GMの副会長になり、現在に至る)は間髪入れず、新車のトーラスを代わりに提供しようといった。『ニューヨーク・タイムズ』の倫理規定を挙げて、筆者は丁重にお断りした。

ドリンク業界との違い

世界中の人々が広告、とりわけ絶え間ない自動車広告の洪水に日々慣らされていくこの時代、メーカーにとって試乗旅行やその他の優待は、形を変えたマーケティングである。自動車産業についてのマスコミ報道は、人々が買う車種に大きく影響し、その影響は他の消費財よりもはるかに大きいと、ペプシコーラからスカウトされてきたGMのマーケティングおよび宣伝担当取締役、クリストファー・J・フレイリーはいう。

「他のほとんどのカテゴリー——例えば以前私がいたソフトドリンク——では、消費者に届くメッセージの九〇ないし九五パーセントは有料メディアです」と、フレイリーは二〇〇二年一月の講演でいった。「しかし新車に関しては、消費者が受け取る情報に有料メディアが占める割合は二〇パーセント以下です。残りは『コンシューマー・リポーツ』、自動車雑誌、地方紙の記事、テレビ・ラジオ番組、多数のインターネット・サイト、それからいうまでもなく熱狂的自動車ファンの親戚や友人から受けます。ペプシやマウンテンデューを広告するときには、消費者がマニア向けの本や『コンシューマー・リポーツ』や地方紙で何を読むかなど考慮する必要はありませんでした」

自動車広告にはこのような限界があるにもかかわらず、自動車産業は二位以下に大きく差をつけて国内最大の広告主でもあり、全広告費の七分の一を占めている。九九年のドットコム景気のピークには、ありとあらゆるインターネット・サービスを売り込むために、企業は三一億八〇〇〇万ドルを費やした。この多額の出費に刺激されて、多くの新聞・雑誌記事が書かれ、多数の出版物がハイテクのテーマに力を入れるようになった。だがそれさえも、同年の自動車メーカーとディーラーの広告費、一三三億ドルの前には小さく見える(註3)。自動車産業が製品の広告に費やす金は、二位と三位の広告主である金融業（銀行から証券会社まで）と電気通信事業（地域および長距離電話事業から携帯電話、高速通信回線まで）を合わせたものの二倍を超える。

最大の広告主としてのパワーを行使するメーカー

自動車業界が大量の広告、特にＳＵＶの広告を出稿していることで、記者が業界についての記事を書きにくくなることがある。メーカーの経営トップはひんぱんに非公開の会合を、国内の一流新聞社の経営者や編集者と持ち、大半の政治家にとって夢のまた夢のようなレベルで彼らと接触を保っている。メーカーは、広告費を使って報道を左右したりはしていないと主張している。大手報道機関（特に『ニューヨーク・タイムズ』）は記者を営業上の圧力から保護しようとしている。筆者は、ＳＵＶに批判的な記事を書いている間も、『ニューヨーク・タイムズ』の営業サイドから何らかの形で連絡や圧力を受けたことはまったくない。それは編集者も同じだ。またＳＵＶの批判記事を書き始める前でも、筆者は広告をとるための業務に関わったことはない。しかし小規模な出版物はたまに、製品の販促に好ましくない環境を作りだしたとメーカーが考える記事を掲載したために、広告難に陥っている。シエラ・クラブの系列である『シエラ』誌が、九六年一一月にＳＵＶの燃費について比較的穏やかに批判した記事を掲載したとたん、すべてのSUVの広告が誌面から消えうせた。これは総収益の七パーセントに相当する。デトロイトにいる同誌の広告担当者は記事の発表を掲載前に差し止めようとしたが失敗し、結局出てしまうと嫌になって辞めてしまった。同誌は一回の発行部数を減らさなければならなくなったが、今でも自動車産業を批判するつもりはあると編集長のジョーン・N・ハミルトンはいう。

縦割りの報道体制

SUVブームは、大部分の大手報道機関で行なわれている縦割りの自動車報道にも助けられてきた。デトロイトの記者は通常、報道機関の経済部直属で、新車について論評し、また収益報告、売上の推移、生産の傾向、経営陣の勢力争いといった企業関連ニュースを報道する。デトロイトを拠点とする記者は、自動車ショー、技術会議などのイベントで重役やエンジニアに幅広く会うことができ、メーカーの広報部はたいてい、こうした記者に喜んでインタビューの予定を入れてくれる。

自動車がらみの環境問題は、ワシントンを拠点にする環境担当記者が扱うことが多い。このような記者は主に国内報道部に属し、EPAや環境保護団体と密接な接触を保っている。さまざまな安全問題を取材するのも、ワシントンを拠点として運輸省に注目している国内報道部の記者である。特定の車種に安全上の欠陥があるという疑いは、経済記事というより国内記事として、ワシントンかニューヨークの事件記者あるいは製造物責任担当記者が報道する傾向にある。

自動車メーカーは環境、安全、事件、製造物責任の担当記者をエンジニアや管理職にあまり会わせようとせず、代わりに広報担当者、顧問弁護士、ロビイスト、時には顧問として雇っている元規制当局高官と話をさせる。環境担当記者は、取材対象の環境保護運動と同じように、九〇年代終わりまでおしなべてSUVを無視していた。安全担当記者、とりわけ人身事故訴訟を専門にする者たちは、一九八〇年にジープの横転を取り上げた「シックスティ・ミニッツ」のドキュメンタリーに始まって、過去二〇年間横転と横転訴訟を徹底して報道してきた。しかし安全担当記者は最近まで、それ以外の訴訟が起きていない多くのSUVの安全問題、例えばSUVが乗用車に衝突したときの被害などにはほとんど注意を払わなかった。

記事に花を添えるのは、生存者の感動的な物語であり、数百万ドルの和解金であり、一〇億ドルの懲罰的損害賠償を命じる判決であり、企業対人身事故専門弁護士の激しい法廷闘争である。弁護士は記者に事故を余すところなく再現してみせ、絶望した被害者やその家族と会わせてやり、証拠開示によって得たメーカーの膨大な文書を提供する。マスコミ報道、特にテレビの全国放送は弁護士が、同じような災難に見舞われた依頼人（したがって前の訴訟ですでに入手しているメーカーの同じ文書を利用して、費用と手間をかけずに弁護できる）を探すために役に立つ。

ジャーナリストがメーカーの広報スタッフに

SUV問題のマスコミ報道を妨げるもう一つの障害は、デトロイトの自動車ライターと自動車業界自体の間で人の出入りが激しいことだ。自動車メーカーは絶えず自動車ライターを雇用している。普通は広報員としてだが、たまにはマーケティング担当者として雇うこともある。これが時に、記者会見で記者の隣に立っていた人物が、次の週には部屋の向こう側で自動車メーカーを代表していたという混乱した結果を引き起こす。二〇〇〇年の数カ月間にフォードは、『ウォールストリート・ジャーナル』、『フォーチュン』、ロイター通信で同社に関する記事を書いていた記者を雇用している。

自動車メーカーはその事務系労働者に、大半の報道機関よりも高い給料と、大幅に好条件の健康保険や退職金を与えている。これは主にUAWが、労働者に最高の手当をもたらす協定を結んでいるからであり、またそのためメーカーが、管理職にも同等の手当を与えざるを得ないと考えたからである。その結果、広報担当の仕事は、自動車ライターの誰もが欲しがるものになった。GMが九六年二月二〇日に、ポンティアックとGMCの両部門の統合を発表したとき、記者会見での一番に出た質問は、その結果両部門あわせた広報職の空きの数はどうなるかというものだった。また自動車メーカーは、例えば牽引のような最近関心の高い分野を専門とする記者に、非常勤顧問契約を与えることもしている。

自動車メーカーの広報部は巨大であり、ワシントンの連邦機関の広報部など比較にならない。GMは全世界に一五〇名のマスコミ担当者を置き、加えて報道機関に答える権限を持たされていないメディア担当助手の大軍を擁する。ある問題についてどの広報員が窓口になっているかを知るだけのために、何度も電話をしなければならないこともある。一方、ジョージ・W・ブッシュは四人の広報員と一二名の助手で選挙運動を行ない、大統領に当選している。

メーカーの巨大な広報部に次々と雇われてしまうことが、報道機関が自動車担当記者をなかなか見つけられない理由の一つである。さらに大きな問題は、デトロイト市街が住みたくないような場所として有名であり、自動車担当は報道室の仕事としての魅力がない島流しのようなものという悪評が立っていることだ。デトロイトの冬は寂しく、陰鬱で、寒く長い。市の文化生活は、よくなってきたとはいえ、まだニューヨーク、ワシントン、シカゴ、ロサンゼルスにはほど遠い。さらに自動車業界は成熟した、活気に乏しい業界だと、広く記者に受け取られている。九〇年代のカリフォルニアでは、エキサイティングな新型コンピューターやインターネット技術を取材するために、記者が大挙して集まったが、一方デトロイトでは、SUVが再び繁栄をもたらしていても、それほどの人は集まらなかった。

その結果自動車報道は、アメリカにおける他の大規模産業の報道とは違って、小規模な取材陣が主力となっている。このような記者は数十年にわたって自動車産業を担当しており、自動車批判に対して業界と一緒になって敵意を覚えていることが少なからずある。一方自動車会社重役の多くは、安全性や環境に関する懸念をあまり認識していない。それは主に自分たちの業界について、考え方を同じくする記者が書いた記事で読んでいるからである。

しかし九〇年代末に、博識で、より国際的視点を持った重役が、偏狭な自動車業界の頂点に立った。彼は生まれついてのリーダーで、業界の大部分の経営者とは違い、特に環境問題に関して広い視野を持っていた。デトロイトでもっとも有力な一族を完全に後ろ盾として、その人物はこれまで誰も試したことがない――いや、ほとんどの自動車会社役員は想像だにしなかった――実験に取り組むことができた。そして自動車産業のあらゆる分野のなかで、SUVほどその形成に彼が影響したものはない。

14章　緑の王子……フォードの環境戦略

アトランタ動物園で行なわれたフォードの株主総会

自動車メーカーは伝統的に年次株主総会を、格式ばった大ホテルで開催している。ホテルの舞踏場に椅子が何列にも並べられ、会長は小さく簡素なステージに置かれた演台で、社がより大きな利潤へと向かっていることを投資者に納得させようとする。

二〇〇〇年五月一一日に行なわれたフォード・モーターの年次株主総会は、そのようなものではなかった。それはアトランタ動物園で開催された。フォード社が多額の金を払ったために、この動物園は国内ワーストー〇のなかにランキングされていたのが、ベストー〇に入るまでになった。フォード・モーターと動物園は巨大な空調設備つきテントを園の裏手に張り、内装をヤシの木と、電気自動車、燃料電池、リサイクルなど環境に責任を持つ技術の展示で飾った。フォードの経営陣は竹で縁を飾ったステージから話した。

テントの入り口には、年次財務報告書の他に、初めての年次「企業市民報告書」が積み上げられていた。企業市民報告書は、巨大自動車メーカー、特に世界最大のSUVメーカーには誰も期待していなかったものだ。同社会長であるウィリアム・クレイ・フォード・ジュニア本人が報告書の冒頭で、地球温暖化は「現実の問題」であると述べ、スモッグと交通渋滞が人々に自動車への嫌悪感を引き起こしていると警告している。SUVに触れた報告書後半の二ページでは、燃費の悪さ、スモッグの原因となるガスの排出、事故時に他のドライバーへもたらす致命的影響などに対する社会の懸念を率直に認め、フォードはこうした問題の技術的解決を追求するといっている。補足記事として、シエラ・クラブがフォードの最大のSUVを酷評した文章が長々と引用されていた。「九人乗りのエクスカーションは郊外を走る超大型タンカーです。全長は一九フィートに及び、一二マイル走るごとに一ガロンのガソリンをがぶ飲みします。この『郊外攻撃車輌』は、平均的乗用車二台分の地球温暖化物質を空気中に吐き出します」

ウィリアム（ビル）・フォードはフォード・モーター会長になってから一六カ月で、報告書の作成をみずから監督した。報告書の冒頭には問答形式のコーナーまであり、そのなかで環境保護派が彼にこのように尋ねている。SUVの製造と販売促進の結果、大手タバコ会社と同種の責任が自動車産業に発生するのではないかという懸念を抱いているか。ビル・フォードは回答をこのひと言で始めている。「その通りです」。続けて彼は、ガソリンがミネラルウォーターより安い現状では、燃費を改善するのは難しいという。総会の前にテントで彼にばったり会った筆者は、大手タバコ会社との比較について訊いた。彼はその主張をくり返した。「世論の審判は、こちらが準備できていないうちに下ることがある。私は準備をし、さらに先を行っておきたいのだ」。SUVの儲けに頼っている会社の会長にしては威勢のいい立場だ。

罪悪感に取りつかれた金持ちの坊や

フォード社の企業市民報告書は騒動を引き起こした。テレビの全国ネットと国中の地方局は、ほとんどが総会を見過ごしたが、翌日になってこのニュースを大々的に報道した。環境保護団体は驚き、用心深く歓迎した。しかしフォードのディーラーは、一番売れている車の欠点を口にした会社にかんかんだった。GMとクライスラーの重役陣は憤激した。GMの販売およびマーケティング担当グループ部長、ビル・ラブジョイの反応が典型的だった。「あの発言はどうしても理解できない――あんな暴露をして内心苦しかったに違いない。我々の生産する多目的スポーツ車は政府の規制に適合した、消費者の欲しがるものなのだ」

自動車メディアとミシガン州の議員も怒り狂い、ビル・フォードの姿勢は規制当局を勢いづかせると警告した。『カー・アンド・ドライバー』誌の外部編集者で、安全性と環境問題に対する自動車産業の従来の立場を公然と擁護しているブロック・イェーツは、『ウォールストリート・ジャーナル』の署名入りコラムで問うた。「現在のフォード氏は、先達のような尊大なボスではなく、よくある罪悪感に取りつかれた金持ちの坊やではないのか」

緑の王子、ビル・フォード

血統だけを見れば、ウィリアム・クレイ・フォード・ジュニアは、国中の道路をのし歩く竜に立ち向かう騎士とは無縁のように思える。その父はヘンリー・フォードの四人の孫では一番下であり、世界最大級の産業を相続した一人だった。母はマーサ・ファイアストン、タイヤ王ハーベイ・ファイアストンの孫娘である。一九四七年六月一七日、オハイオ州アクロンで執り行なわれた二人の豪華な結婚式は、二つの世界的な大産業一族を結びつけ、当時興奮した記者に世紀の結婚と描写された。

ビル・フォードにとっては、問題など何も気にせずにSUVを作り続け、フォード・モーターとフォード一族の金庫に流れ込む何十億ドルという金を勘定していたほうが楽だったであろう。ウォール街もそうしていてほしかったはずであり、ビル・フォードは金融界の考えに配慮しなければならなかった。特殊な株式によってフォード一族は、社の重大な採決に四〇パーセントの票を持っているとはいえ、所有する株は六パーセントにすぎず、年金基金、他の大規模機関投資家、フォード従業員の退職口座が残りの大部分を保有している（註1）。

しかしデトロイトでは王家も同様の一族に生まれ、自動車業界の中心で育ち、そしてフォード社に一生を捧げながら、ビル・フォードは会社を社会問題、特に環境問題に対してより進歩的にすることを決意していた。その決意は彼の生い立ちに由来する。

一九五七年五月三日にデトロイトで生まれたビル・フォードは、グロス・ポイントで育った。そこは保守的で富裕な郊外で、初期の自動車貴族から財産を引き継いだ子孫たちが数多く住んでいた。フォード一族は三世代にわたり、チェイピンさえもしのいでグロス・ポイントの社会階層の頂点に位置しており、カントリークラブでは名士扱いで、ゴシップ記者につきまとわれていた。しかしビリー（成人してしばらくするまでずっとこう呼ばれていた）は、驚くほど普通の生活を送っていた。両親は多くの裕福な家庭ほどには乳母に頼らず、彼とその三人の姉妹を自分の手で育て、グロス・ポイントの外から来るブルーカラー労働者の子供たちとホッケーをすることを勧めた。彼の父はその兄、ヘンリー・フォード二世の陰に隠れて成長し、ビリーもやはりそのいとこ、すなわちヘンリーの息子エドセル・フォード二世ほどマスコミの注目を集めなかった。いつの日か成長したあかつきにフォードを経営することを期待されたのは、ビリーではなくエドセルだった。

ビリーの一家は彼を北ミシガンにフライフィッシングに連れていった。一家は、アーネスト・ヘミングウェイが少年時代に釣りをし、のちに「二つの心臓の大きな川」などの作品に描いたのと同じ流れを渉った。ビリーは夢中になり、この経験がその後変わることのない世界観を形成した。「子供の頃、キャンプや釣りをしたりして自然の中にいるのが大好きだった。そしていつもショックを受けたのが、同じ場所にもう一度行くと壊されていることだった」と、彼は述懐する。「それこそが（環境に）関心を持つようになる触媒だったのだ」

ビリー少年はリベラル政治にも早くから触れていた。ヘンリー・フォード二世はきわめて保守的であったが、ウィリアム・クレイ・フォード・シニアは違った。彼はベトナム戦争に反対だった。一九六八年、ビリーが一一歳のとき、父と一番上の姉は、リベラルなミネソタ州選出上院議員ユージン・マッカーシーの不成功に終わった大統領選挙運動に、ボランティアとして懸命に取り組んでいた（註2）。

フォード一族もアメリカン・モーターズのチェイピン家もお気に入りのニューイングランドの全寮制高校ホチキス在学中、ビリーは川の浄化活動の一環としてゴミを拾っていた。プリンストン大学で歴史を専攻していたときには、ビリーは夜遅くまで他の学生たちと、環境をいかに守るかを議論していた。そこで彼は、自分と同じテニスの好きな女子学生、リサ・バンダージーと出会い、のちに結婚する。彼女も環境への関心を共有していたが、ビリーは一族の事業に加わることでもっとも大きな影響力を持つことができると考えていた。

七九年にプリンストンを卒業した少し後、ビリーは自動車企画アナリストとしてフォード・モーターに入社する。最初から彼は困難にぶつかった。「大学を出たばかりの、それもリベラル傾向のある人間が、その手の質問をしただけで過激派を見るような目で見られる保守的な自動車メーカーに入ったんだ。本当に途方に暮れたよ」と彼はいう。ビリーは悩んだ。製造過程で大量の有害な廃棄物を産み出し、少なからぬ排ガスを発生する製品を組み立てる会社で働くのは、魂を売っていることにならないか。「昇進するにつれ、私は毎晩のように苦しんだ」と彼はいう。「会社を辞めて環境保護団体を始めると妻にいったことも、一度や二度じゃない」

フォードを辞めて環境保護団体を作りたい

そのたびに、彼は会社に残るように説き伏せられた。「友人も妻も、会社に残ったほうがはるかに大きな影響力を持てるといって説得したんだ。結局それは正しかった。でもみんなのほうが私より辛抱強かったね」

特にリサは毎回、会社を決して辞めないように説得した。彼は一年間ビジネススクールに行くことを決心し、ハーバード大学ビジネススクールに気持ちが傾いていた。彼はどちらかといえば数理能力より言語能力に優れていたので、その事例研究の手法に心を引かれたのだ。だがリサは、マサチューセッツ工科大学のきわめて計量的なカリキュラムを取るように、テニスのたとえを使って言い聞かせた。フォアハンドが得意なら、バックハンドの練習をすべきだと。クラスにエンジニアとして教育を受けていない人間は、ビリーを含めて二人しかいなかった。

同時にビリーは、与えられた仕事は何でも引き受け、着実に昇進していった。しかし彼は、フォード家の一員の存在を脅威に感じていた最高幹部からの相当な敵意に直面した。ヘンリー・フォード二世は専制的で気分屋の傾向が強く、リー・アイアコッカのような社長まで解雇した。アイアコッカは七八年の解任の際にこのような有名な言葉を残している。「まあ、とにかく誰かが気に食わないということも時にはあるよ」（註3）。ヘンリー・フォード二世が会長職を退任したとき、エドセル・フォード二世はまだ三二歳、ビリー・フォードは二三歳で、拡大する帝国を支配させるには若すぎた。そこでヘンリーは、七七年の歴史で初めて、社の経営を一族の者以外に任せた。

ヘンリーは公式に、同社には「皇太子」はいないと宣言した。つまり、エドセルかビリーが必ず経営者になると考えてはならないということである。しかしヘンリーは、フォード取締役会の財務委員会委員長の地位を維持していた。社の大規模な投資はすべて財務委員会の承認を必要とするため、ヘンリーは依然としてかなりの権力を持っていた。

自動車企画担当者として勤めたのち、ビリーはニューヨークとニュージャージーの地域担当販売部長になった。八二年には全米自動車労働組合とのフォード側交渉団に加わった。この交渉では労使協調の画期的なモデルが形成された。ビリーはヨーロッパでの商用車のマーケティングを監督し、その後八七年にはフォード・モーター・スイス事業の会長となった。

企業と環境保護団体が敵対ではなく協調

スイスの視察でビル・フォードは目を見張る経験をし、同時に彼の名は知られ始めた。そこでは環境保護団体と企業の経営者が、多くの問題に緊密に協調して取り組んでおり、アメリカ、特にミシガン州にあったような互いの敵意はみじんも見られなかった。

ヘンリー・フォード二世は一九八七年九月二九日に死去した。六週間後ビル・フォードの父が、強い影響力を持つ取締役会の財務委員会委員長を引き継いだ。八八年、スイスにいながらビル・フォードはフォード・モーターの取締役となった。フォード最高経営陣は、取締役に名を連ねる条件として、穏健な環境団体であるネイチャー・コンサーバンシーの会員を辞めることを求めた。「取締役会に近い誰かが、私が狂人と付きあうのをやめればいいと思ったんだ。私は、そのつもりはないし、自分が参加している団体――ネイチャー・コンサーバンシー――はまったく無害で、わが社の顧客を一部代表しているのだということを納得させた」とフォードはいう。

翌年、スイスからフォード本社に戻ってくると、少しの間彼は、大型トラックのエンジニアリングと製造を監督した。それから事業戦略担当の取締役、のちに専務取締役となり、環境保護の理念を実現する最初の機会が訪れる。

ビル・フォードは社の環境方針について話し合う会議を予定したメモを回した。会議は重役室の中心、フォード本社一一階の真ん中にある会議室で行なわれることになっていた。すぐさま法務部が反応し、メモも会議も法廷でフォードに不利な証拠として使われる可能性があると警告してきた。ビル・フォードはそれでも断固として会議を開き、事務用紙のリサイクルに始まって、より大掛かりなものへと進行する環境イニシアティブを推進し始めた。電線の切れ端が彼の執務室で見つかり、社内の敵が盗聴したのではないかと疑いを持ったが、証明することはできなかった。

菜食主義、環境教育

ビル・フォードは九〇年代初め、環境保護団体のリーダーや著名な環境思想家と定期的に話をするようになった。ダウケミカルのような会社がどのように実績を改善したかを調べた。どうすれば企業は環境的に持続可能な成長を推進できるかについて書かれた本をむさぼり読んだ。自分の経営手腕を磨くとともに環境に責任を持つ企業活動への関心を追求するため、世界最高級のフライフィッシング用の竿を作っているコロラドの会社を買収した。また菜食主義者になり、いくつかの仏教の様式を含め、幅広く宗教儀式を探求し始めた。

彼とリサには四人の子供、二人の女の子とその下に二人の男の子がいた。彼は子供たちを、自分が少年時代に遊んだのと同じ北ミシガンの川に釣りに連れていった。自分が受けたことのない多様な環境教育に子供たちが小学校で触れるのを、興味をもって見守った。ビル・フォードがたどり着いた結論は、世界中の若い世代の人々は、ますます環境に関心を持つようになっており、同じ価値観を持つ企業で働いたり、その商品を買ったりしたがるようになるというものだった。「これはすべてわが社のためにも役に立ち、そして結局は市場のためにもなると、私は信じている」とビル・フォードはいう。

また、フォード・モーターの若い社員の多くは、同じ考えであることもわかった。「このようにしたいという根本的な願望は大いにある。だが経営の中枢にそれを聞きたがらない人間が何人かいるんだ」

子供が成長するにつれ、ビル・フォードは社内での自分の役割を、子供や孫のために事業を守る財産管理人か何かのように考えるようになっていった。親類のなかに、派手な暮らしを支えるためや多額の離婚費用のために金が必要になり、特殊な株を一般に売却するものが現れると、ビル・フォードは心配になった。ヘンリー・フォードの曾孫では一番若手に属していたが、一族のなかに株を売りたい者がいれば買い取るための基金を、彼は先頭に立って設立した。株が一族から流出するのを防ぎ、フォード・モーターへの一族の支配を維持するためである（註4）。長年にわたり、ビル・フォードは環境について語ったかと思うと、次にはフォード・モーターを維持したいという話をしていた。

二つの最優先事項の間にある矛盾には微塵も気づいていなかった。

鋭敏な知性と投資銀行家の物腰

一九九四年末、フォード・モーターにおいて最初の大きなチャンスが訪れた。父が財務委員長を辞任し、ビル・フォードがその後を継いだのだ。この有力な職に就くにあたり、彼はフォードの現役経営陣から退くことを要求された。彼は商用トラック担当副社長になったばかりだった。だが委員長に就任したことで、ビル・フォードは社外重役と緊密に働くことができるようになった。この社外重役が、アレックス・トロットマン（その一年前に会長兼最高経営責任者になっていた）の後継者を誰にするかに最終決定権を持つのである。

ビル・フォードのいとこ、エドセル・フォード二世も管理職に出世していた。二人は八八年に同時に取締役会に加わった。しかしエドセルは委員長職には就かなかったので、他の役員との接触は少なかった。エドセルは九三年にフォード・クレジットの社長になっていたが、社内での評判はビルほどではなかった。エドセルは温和で座をにぎわすのが得意であり、ディーラーには気に入られた。しかしビルには鋭敏な知性があった。投資銀行家の物腰に、激しさとまっすぐで真摯なまなざしを兼ね備えていた。社外重役と他のフォード一族はビルに好印象を持っていた。

九〇年代半ばには、ビルは熱烈なSUV支持者であった。彼とリサは、子供をニューイングランドの全寮制高校に送りだすという一族の伝統には従わず、デトロイト地域の私立高校に通わせていた。そこでビルが気づいたのは、自分以外にも多くの親がSUVに乗っていることであった。多くの環境保護派同様、彼もこの種の車のアウトドア的イメージに魅かれており、乗用車から大勢が乗り換えていることが環境に及ぼす影響に特に注目することもなかった。取締役会では、彼はフォード・エクスペディションとリンカーン・ナビゲーターのフルサイズSUVと、さらには巨大なフォード・エクスカーションを生産する決定を支持した。ビルは電動のフォード・レンジャー・コンパクト・ピックアップ・トラックで通勤するのを誇りにしていたが、リサはナビゲーターが九七年に発売されるとそれに乗っていた。

ビル・フォードには最高経営責任者になれるほど長

い、あるいは幅広い経歴はなく、本人も心から望んでいたわけではなかった。巨大なグローバル企業を日々運営するには、全身全霊を職責に傾けなければならない。自身の両親がそうであったように、彼は子供たちを一番に思っており、何度も仕事を抜け出して子供たちのサッカーの試合などの行事に参加した。また彼はプロフットボールチーム、デトロイト・ライオンズの運営で手いっぱいだった。チームのオーナーは父だったが、その健康状態は衰えていた。

しかしビル・フォードは取締役会長になり、あまり日々の職務を増やすことなく会社を監督したいとは思っていた。アレックス・トロットマンは、ヘンリー・フォード二世がリー・アイアコッカのような才能ある幹部を即決で雇ったり解雇したりしていた頃にいらだちを覚えていた多くの専門経営者と同様、いかなる形であれ一族による社の直接支配が復活することに反対だった。フォード・オートモーティブ・オペレーションズの社長であり、ラッツが去った後で同社の小型トラック事業を強大に作り上げてきたエド・ハーゲンロッカーが、専門経営者のなかから会長兼最高経営責任者として自分の後を継ぐのが当然の選択だと、トロットマンは主張した。ハーゲンロッカーは優れたエンジニアであり、卓越した経営者で、部下からも崇拝されていた。しかし人前で話すのは苦手で、時々舌がもつれることがあった。彼は一度スピーチのなかでうっかり、しかしくり返しマーキュリー・ミスティーク・セダンのことをマーキュリー・「ミステーク（間違い）」と呼んでしまい、社を困惑させた。

ナイフのジャック

だがハーゲンロッカーには野心的な副官がいた。ジャック・ナッサー、フォード・グループの自動車開発担当副社長である。ナッサーはレバノン山間部の村に生まれ、四歳のときに一家はオーストラリアに移り住んだ。彼はクラスで唯一の非イギリス系の子供で、そのためたびたび人種差別に遭った。「私が兄弟と学校に行くと、毎日のようにケンカを売られた」とナッサーは『フォーチュン』誌に語っている。「そして売られないときは、こっちからケンカを買いに行くようにまでなった」（註5）。この経験から「人をすぐに見抜くことを覚えた。相手が本気か本気でないか。仲間か仲間でないか。相手をやっつけるかこっちがやられるか」とナッサーは付け加えた（註6）。この態度は、一九六八年にオーストラリアで財務アナリストとしてフォード・モーターに入ってから、ナッサーに有利に働いた。ナッサーはすぐに昇進し、ヨーロッパ、南アメリカ、米国で勤務した。そのコスト削減と労働者の首切りの手腕から、「ナイフのジャック」というあだ名がついた。また彼は、改良にさほどコストはかからないが、そのために顧客は喜んで相当余計に金を払いそうな車の細部を見きわめることができた。

一九九六年から九八年にかけて、ビル・フォードはかなり異例の会社組織について、着実に取締役会の社外重役からの支持を集めていた。それは自分が会長になり、ナッサーがCEOになるというものだった。二人は協力体制のおおまかな計画を考え出した。会長になったら、ビル・フォードは公共政策問題を取り扱い、社と取締役会および社とフォード一族の連絡窓口を務める。ナッサーは実際に会社を経営し、主要な戦略上の決定に関してビル・フォードとひんぱんに相談し、ビル・フォードが取締役会と一族からのどのような質問にも答えられるように十分な情報を提供する。しかし取締役会からの再三の要請にもかかわらず、二人は責任分担を文書化することはなく、ビル・フォードが社の経営に一体どのように関わるかは、驚くほど漠然としたままだった。

九七年にSUVの欠点が物議をかもし始めると、ビル・フォードはほとんどの自動車業界指導者に先駆けて注意を払った。他の自動車メーカー重役が主に読むのは『ウォールストリート・ジャーナル』や『USAトゥデイ』で、これらはおおむねSUV問題を無視していた。一方ビル・フォードをはじめフォード一族の者たちは熱心な『ニューヨーク・タイムズ』の読者だった。いとこの一部はニューヨーク市に住み、一三人のいとこ全員（ヘンリー・フォードの曾孫たち）でロングアイランドの別荘を共用していた。

多くの取締役会とは異なり、当時フォード取締役会には公共政策委員会がなく、その仕事は経営幹部会議に任されており、ジャック・ナッサーとピーター・ペスティーロが共同で議長を務めていた。副社長のペスティーロは以前からビル・フォードの親密な味方であり、グロス・ポイントの彼の家から数軒のところに住んでいた。九七年後半、すべてのSUVの大気汚染物質を乗用車とほぼ同じレベルまで自発的に削減するという計画を、幹部会議は承認した。アレックス・トロットマンはこの計画に不満を漏らしたが、ともかく九八年一月のデトロイト自動車ショーで発表された。ライバルメーカーの重役は憤慨し、ビル・フォードは喜んだ。

緑の温室と砂漠

この時期、フォード取締役会はナッサーとビル・フォードのどちらが社を運営するうえで経験を積んでいるか、まだ慎重な態度をとっており、そのためにトロットマンのCEOとしての契約を九九年一二月三一日まで延長した。トロットマンが六五歳に達してから一年以上先の日付であり、普通ならとうに引退しているはずであった。しかしビル・フォードとナッサーは待てなかった。九八年九月、ついにビル・フォードは取締役会の採決でアレックス・トロットマンに圧勝し、トロットマンは取締役会から計画よりも一年早く、その年末に引退するようにいわれた。『フォーチュン』誌によれば、取締役会議でトロットマンは苦々しげにビルにこういったという。「さあ、これで君は王国を取り戻したわけだな、ウィリアム王子」（註7）

四一歳にして、ビル・フォードは会長であった。五〇歳のナッサーはCEOとなった。最高の職を引き継いでから数カ月後のインタビューで、ビル・フォードは環境政策を実行することを約束した。「もし私が一〇年前に会長になっていたとしたら、世界に私の考えを受け入れる下地があったかどうかわからない」と彼はいった。しかしビル・フォードは、自分の政策はより多くの顧客を自社の車に引きつけ、フォード・モーターにより優秀な経営者を引き寄せることで、株主の利益も最大にすると主張した。

ナッサーとビル・フォードの間に初めから相違があったことは、その執務室からも明らかだった。二人は当初、同じ広さの隣りあった部屋に入った。どちらもデトロイト市街が三〇キロにわたって見渡せた。ビル・フォードは執務室をまるっきり温室にしてしまい、眺望はほとんど観葉植物の鉢植えに隠れてしまった。さらに植物は机、コーヒーテーブル、会議用テーブルにも飾られ、机の後ろの長い棚はスパティフィルムで覆われて特殊な栽培用ライトで照らされていた。「ナタが要るなあ」とビル・フォードは室内を歩きながら冗談を飛ばした。

すぐ隣のナッサーの執務室は砂漠だった。ただ一つの、小さな鉢に植えられた小さな植物が、大きな窓の前に不似合いに置いてあった。らせん形の釘のような葉を持つ鉢植えは、楽しそうには見えなかった。CE

Oになった直後、どうして環境に関心を持つようになったのかと質問されたナッサーは、キャンプや川や偉大な書物の話はしなかった。代わりに彼は興味を持っているインターネットに話題を変え、ブランドの重要性とブランドイメージが大衆の意識にどのように形成されるかについての一一分に及ぶ独演会を始めた。経済がますますグローバル化するなかで、消費者は世界中で知られた少数のブランド、例えばボルボ（ナッサーがCEOになって四週間後にフォード・モーターは同社を買収した）に走るようになる、とナッサーはいう。同時に、インターネットやその他のコミュニケーション形式の出現で、どこで行なわれた企業活動の情報も、すぐに世界中に広がるようになった。したがって、消費者が欲しがる人気の世界的ブランドを持つために、企業はどこでもよき企業市民でなければならないのだ、とナッサーは結んだ。ナッサーの熱意は、いつもインターネットの話をするときに高まり、環境の話に戻ってくるとしぼむようだった。

よりクリーンに、より安全に、より速やかに

しかし、ビルとジャック（の名前で二人は知られた

がった）の下で、フォード・モーターは着実に「よりクリーンに、より安全に、より速やかに」のテーマを追求した。目標は安全で、環境に責任を持った車を競争相手より先に実現することであり、SUVはこの取り組みの要だった。数週間のうちに、安全上と環境上の前進が発表され始めた。回を重ねるごとに驚きは増し、少しずつ業界を敵に回していった。一九九九年から二〇〇〇年前半にかけてフォードは、もっともクリーンでもっとも安全なSUV生産をめざす熾烈な競争に、自動車業界を引き込むかに思われた。

一九九九年二月二六日、フォード・モーター関係者は初期型エクスカーションを発表し、中空の衝撃吸収スチールバーをバンパーの直後の低い位置に備えていることを誇らしげに示した。また、この車の部品の九〇パーセント以上が簡単にリサイクルできるように設計されているという事実を大々的に宣伝した。資源の再利用はビル・フォードお気に入りの理想であり、フォード・モーターは国中の廃品置き場を買い取り始め、またヨーロッパ最大の自動車修理工場チェーン、クイックフィットを買収した。目標は中古自動車部品を埋立地に埋める代わりに回収・再販売して儲けをあげ、社会に貢献することである。

九九年五月一七日、フォード本社でナッサーみずからがテレビカメラの放列の前に立ち、フォードは自主的にすべてのピックアップ・トラックのスモッグ原因物質排出量を、SUV同様、乗用車並みに減らすと発表した。広報スタッフが放った何百というヘリウム入りの風船が空へと上がっていった。ナッサーは不機嫌そうに風船を一瞥し——環境保護団体は海亀などの海洋動物が落ちた風船で窒息することがあると警告していた——あれは食べられる風船なんだと冗談をいった。多数の低公害SUVとピックアップを製造するために、フォードは高性能触媒コンバーターに使う高価なパラジウムを大量に備蓄し始めた。

その夏いっぱい、フォードは低排出SUVとピックアップ・トラックを宣伝し、この新しい取り組みにより消費者の間でいくらかの優位を得ようとした。他の自動車メーカーの重役はこれを、マーケティング戦略としてはきわめて疑問視していた。「誰も本気で気にしはしない——みんな我々が基準を満たしており、基準は厳格だと思っている」と、ダイムラークライスラーの北米エンジニアリング担当上席副社長、バーナード・ロバートソンはいう。

しかしSUVによる大気汚染を何とかせよという社会の圧力は、九九年の夏に確かに高まっていた。環境保護団体は初の本格的なSUV批判に取りかかり、EPAに二〇〇四型式年度までにより厳しい基準を定めるように迫っていた。公共利益調査グループは、特に大学キャンパスで強い勢力を持っており、若い人たちに戸別訪問をさせたり駐車場でドライバーを引き留めさせて、規制を求める葉書が一〇万枚以上EPAに送られるようにすることができた。またこのグループは、高さ四メートル半の風船式の赤いSUVを特注して、エクスターミネーター（絶滅させるもの）と名付け、二十数カ所の都市で規制強化を求める小規模なデモを行なう際の目玉にした。一部のデモでは自動車ロビイストと広報担当者が、抗議行動参加者の何人がSUVに乗って現れるかを数えて喜んでいた。EPA当局者はこの頃すでに小型トラックの大気汚染に厳しい措置をとるべく動いていたが、抗議行動によって議会の自動車産業の族議員は、EPAに反対しづらくなった。

フォード、業界団体を脱退

九九年一二月六日、フォード・モーターは、地球温暖化対策の阻止を目的とする業界団体、地球気候連合を脱退した。すでにヨーロッパの新参メンバー二社、ブリティッシュペトロリアムとシェルが、ヨーロッパの環境団体の圧力を受けて脱退していたが、連合の理事会メンバーが退会したのは、またアメリカ企業が脱けたのはフォードが初めてだった。ビル・フォードは地球温暖化を心配するようになり、のちに講演で述べている。「気候は変動しているようであり、その変動は自然の変化の範囲を超えているように思われる。そしてその結果深刻な事態が起こりうる。事業計画の観点からは、この問題は決着済みである。これに同意しない者はみな、私にいわせれば、まだ現実に背を向けているのだ」(註8)

しかしフォード・モーターは、京都議定書は開発途上国を含めるように拡張されるべきだとする姿勢を崩さなかった。地球気候連合議長コニー・ホームズは、フォードの立場は連合の立場とそれほど変わらないように思えると冷ややかにいう。実はフォードのエンジニアは、ひそかに温暖化対策に取り組んでいたが、まだ計画を公表する状態になかった。

フォード・モーターが地球気候連合を脱けてから二週間後、クリントン大統領はワシントンDCの最貧地域にある小学校を訪れ、すべての自家用車によりいっそう厳格な大気汚染防止規則を課すと発表した。新たな規則は、乗用車、小型トラック共に汚染物質の許容排出量を、二〇〇四年式以降大幅に削減することを要求するものであった。小型トラックには二〇〇七年式と二〇〇九年式で、より大幅な削減を行ない、乗用車と同じレベルまで下げることが義務づけられる。このモーリー小学校を発表の場に選んだのは偶然ではなかった。養護教諭のグロリア・ヒックマンは、三一五人の生徒のうち二五人が喘息だという。「子供たちは脅えて、息も絶え絶えに入ってくる」と彼女はいう。「それを見ると胸が痛む」

GMは法律事務所に依頼して、環境保護庁に提出するため、新しい規則が厳しすぎる理由を述べた厚さ一〇センチの文書を作成し、訴訟の下準備とした。しかしフォードは、新規則に異議はない、当社はすでに多くのSUVとピックアップで二〇〇四年基準を満たしており、二〇〇七年および二〇〇九年基準に合格する方法を探っていると述べ、GMの主張の根拠を崩してしまった。GMは新規則阻止のために連邦政府を訴えるのはやめ、規則に従うと不本意ながらいった。

それでもなお新規則には欠陥があった。すでに道路を走っている小型トラックや、二〇〇四型式年度までに製造が予定されている車からの高濃度の排出には、何ら対策をとっていないことだ。思いがけず、大ワシントン地区の地域交通計画委員会は、クリントンの声明の後、これから数年間この地域が連邦の大気環境基準を満たすことはありそうにないことに気づいた。主犯は何か？　委員会はほとんどの人が依然乗用車に乗っていると想定しており、汚染を予測する際、排ガスの汚いSUVへの移行を考慮に入れていなかった。同委員会はそれ以来、大気環境規則に適合するように排ガスを減らす手だてを見つけようと苦心している。もし適合できなければ、この地域は連邦の交通補助金を失うことになるかもしれないのだ。

五カ月後にアトランタで開かれたフォードの年次総会では、新たに画期的な出来事があった。大統領選挙戦の真っ最中とあって、ビル・フォードは総会後の記者会見で、民主党候補アル・ゴアが著書『地球の掟』で述べた内燃機関の廃止という有名なくだりをどう思うかと質問された。ビル・フォードは、自分はアル・ゴアの立場に全面的に賛成するわけではないが、フォード・モーターは副大統領と「非常によい関係」を保っており、「内燃機関が数多くの環境上の難問に関係してきた」と考えると大胆に答えた。

「フォード、自社のトラックが地球を壊すことを認める」

ミシガンやオハイオのような工業州では、ゴアは自動車産業の雇用を脅かすという非難に弱いと、共和党の大物たちは言い続けていた。民主党はゴアが環境過激派でないことを示すために、ビル・フォードの発言に飛びついた。そして結果的には、ゴアの自動車に対する姿勢は、選挙戦の重要な争点にならなかった。共和党は穏やかではなかった。それは他の自動車メーカー重役も同じだった。彼らは政治献金の大部分をジョージ・W・ブッシュにつぎ込んでいたのだ。

アトランタの総会後、自動車ジャーナリズムとミシガンの議員は憤慨した。「フォード、自社のトラックが地球を壊すことを認める」という大きな見出しが『デトロイト・フリープレス』紙に踊った。『デトロイト・ニュース』のコラムニストは、同社が環境保護派を煽っていると警告した。ワシントンの業界お気に入りの議員たちは、フォードが彼らの努力を無にしていることに危機感を覚えた。「我々が無理のない基準を提案することが、明らかに難しくなった」と、ミシガン州選出の共和党下院議員で歳出委員のジョー・ノーレンバーグの主席補佐官、ポール・F・ウェルデイはいう。「あの会社は自分探しをしているところだ。どこにあるのか我々にはよくわからないが」

フォードの企業市民報告書も、他のメーカーから嫌みなコメントを引き出した。報告書がSUVの欠点を認める一方で、フォードはその欠点に取り組むために何ら新しいことを発表していないことに他社は気づいていた。フォード重役の中にもうんざりしている者がいた。ある重役は、報告書は「我々は自分を憎む、しかしできるだけ多く作る」といっているようだと皮肉をいった。

ビル・フォード自身は年次総会でエクスカーションを弁護しており、問題点を指摘しながら同時に作り続けることを明言している。「我々がこの車を供給しなければ、他の誰かが作るだろうが、我々ほど責任を持って作らないだろう」と彼はいった。

それも一理あった。フォードがエクスカーションの生産を中止すれば、他のメーカーは喜ぶだろう。「もしフォードが市場から撤退しても、わが社はサバーバンの販売を続ける」とGMのラブジョイはいう。

アトランタ総会から二カ月後、フォード・モーターは最大の爆弾宣言を行なった。ワシントンのナショナルプレスクラブで、ナッサーは、フォードは五年以内にSUVの平均燃費を二五パーセント、ほぼガロン五マイル（リッター約二・一キロ）引き上げると発表した。またナッサーとその側近は、この偉業を何のからくりもなしに達成することを約束した。つまり複式燃料車の生産を増やしたり、八五〇〇ポンドを超えるSUVの生産を増やすなどの、ここ何年かで自動車メーカーが覚えたトリックを使わないということだ。エクスカーションも計画のなかに含まれる予定だった。燃費改善の三分の一は、フォードが販売するSUVの構成の変更、特に乗用車ベースのフォード・エスケープの発売と、ことによるとエクスカーションをそのうち生産中止することにより達成される。だがあとの増加は既存車種の燃費を向上することで得られる。

長年フォードも他のメーカーも、燃費改善の技術は存在せず、またいずれにしてもアメリカの消費者は燃費には構わないと言い続けてきた。突然フォードの最高幹部が反対のことをいいだしたのだ。「我々がやろうとしていることは、すでにテストされ、証明済みのことであり、なかにはすでに（フォード社内の）他の場所で生産されているものもある」と、フォードの自動車環境エンジニアリング担当取締役のケリー・ブラウンはいう。フォード・モーターは、技術的詳細ができ次第、ミニバンとピックアップ・トラックの燃費改善も同様に公約する予定であるとブラウンは付け加えた。

燃費改善宣言

フォードのワシントン担当部長ジャネット・マリンズ・グリッソムは、燃費はやはり人々にとって重要なことであり、反対の結果を示していたこれまでの市場調査は不正確だったと口を挟んだ。市場調査は「世論調査のようなもので、質問の仕方によって答えが違ってくる」と彼女はいう。ナッサー自身はくり返し、フォード・モーターがSUVの燃費で業界のリーダーになれば、企業イメージが向上し、売上の増加という形で努力は酬われると述べた。

ライバル社の重役は愕然とした。四半世紀のあいだ、メーカーは乗用車よりも相当に燃費の劣る小型トラックを黙ってどんどん作り続け、大きな利益をあげてきた。突然フォードは、市場でもっとも利益が大きな車の燃費が悪いことに注目を引きつけたのだ。フォードは燃費改善の方法についてはいっていない。だが実証済みの方法——スチールの代わりに高強度の軽量合金を使う、電気自動車を増やす、より高度なエンジンを搭載する——はすべて費用がかかる。

ダイムラークライスラーは、ナッサーの発表があった日には一切公式コメントを拒否した。GMにはそのような公約をする計画はないとだけいった。しかしフォード・モーターの公約が大いに注目を集めたため、GM副会長のハリー・ピアスは、自社を環境リーダーとして位置づけるフォードの戦略が実際に成功しているのではないかと気をもみだした。一九七〇年代から八〇年代にかけて、デトロイトは品質をあまり気にしたことがなかった。日本のメーカーと競争になって初めて、アメリカの業界はこの問題に関心を向けざるを得なくなったのだ。今フォードは、誰が一番環境に優しい車を作れるかという勝ち目の大きな自由競争を始めているようだ。

ナッサーの発表から一週間後、ピアスは大急ぎで記者会見を準備するように指示した。会場は、エンパイアステート・ビルの二倍の広大な床面積に事務所が密集した、デトロイト郊外のGMトラック・エンジニアリング・センターであった。広報担当者は、実験的な燃費向上技術を備えた数台のGM製ピックアップとSUVを、白い壁とコンクリートの床の作業室内に停め、記者用にパイプ椅子を並べた。白髪を短く刈り込み、かつて空軍の法務官の職に就いていた名残で背筋をぴんと伸ばしたピアスが演台の前に立った。

SUVと小型トラック全体に関して、GMは実際にはフォードよりわずかに平均燃費がよいことを指摘することからピアスは始めた。それから、企業が商売敵を出し抜く技術の異常な実例のように、今後五年間にフォードがどれほどSUVの燃費を向上しようと、GMは自社のSUVの平均燃費がそれをさらに上回るようにすると宣言した。彼はさらに挑戦を拡げ、フォードが小型トラック全体の平均燃費をどれほど上げようと、それについてもGMはさらに上を実現すると述べた。

「GMは五年後にも、さらにいえば一五年後にもリーダーである」と、顎を突きだしてピアスはいった。

ピアスは、フォードとの競争に駆り立てられて口を開く気になったのだと明言した。「不愉快なのは、フォードがどういうわけか環境リーダーだという、例の記者会見が元になったらしい認識だ」と彼はいった。GMこそが、ハイブリッド車と燃料電池に関する意欲的な研究プログラムを持った真の環境リーダーであるとピアスは主張した。

これは厚かましい主張であり、細かい検討に耐えるものではない。フォードは小型トラックすべての汚染物質を自主的かつ大幅に削減した。GMはフォードに追いつこうともしていない。フォードは業界の横並びを抜け出して、SUVの燃費を改善する姿勢を見せた。GMは競争をミニバンとピックアップに拡大しはしたが、ただ「ウチも」といっただけだ。

二、三カ月後、GMは環境政策計画室で記者会見を開いた。たまたま壁一面に内部向けの表が貼ってあり、なかでも特筆すべきは、さまざまな車種の将来の燃費予測が示されていた。発表の後で筆者はぶらぶら歩きながらそれを読んだ。一部の表には、フォードが二五パーセントの目標達成のために向上すべき燃費の予想が書き込まれており、GMの将来のモデルは、予測されるフォードの改善値にまだ追いついていないというコメントがついていた。

ダイムラークライスラーのアメリカ支部であるクライスラーは、ジープやその他の小型トラックを、ナッサーやピアスが公約する燃費改善にあわせることはしないと公言した。「彼らにはやり合わせておくさ」と、クライスラーの広報担当者はいった。同社はフォードやGM以上に財政を小型トラックに頼っており、その重役は業界内でもっとも政府の安全・環境規制に敵意を抱く傾向にあった。またクライスラーはダッジ・ラムをベースにしたサバーバン級の巨大SUVの発売を検討しており、それが同社のSUVと小型トラック全体の平均燃費を引き下げるはずであった。

しかし八カ月後、ダイムラークライスラー社のドイツ人会長であるユルゲン・シュレンプがニューヨークを訪れ、『ニューヨーク・タイムズ』の編集主幹とオフレコで会見した。筆者はその場にいなかったが、編集者に頼んで、フォードとGMが自主的に燃費改善を公約しているのにクライスラーがそれをしない理由を代理で質問してもらった。その質問にシュレンプは驚き、クライスラーはフォードとGMが行なういかなる改善にも遅れることはないと答えた。

この回答を聞いた筆者は、シュレンプ個人の広報係に電話をした。この人物はドイツ人で、上司に随行して会見にも出席し、その後ドイツに戻っていた。彼は快くシュレンプの発言の公開を許可してくれ、ダイムラークライスラーはヨーロッパでは自主的な取り組みに長い経験がある、こちらでは一般にアメリカよりも自動車メーカーと規制当局がいい関係を持っているからだと付け加えた。ダイムラークライスラーは出席者全員の許可を得て編集者との会合を録音しており、シュレンプ発言の公式なものを提供してくれた。「我々は自社が作るすべての車の燃費改善に努力している」とシュレンプはいっていた。「わが社の全車種は他のフルライン・メーカーのものと同等か、それを上回るだろう」

シュレンプは期間を特定せず、また何をもって車を評価しているのかもいわなかった。クライスラーの広報担当者は、会長は乗用車と小型トラックについて触れているが、SUVに個別に触れたわけではないという。ピアスと同様、シュレンプも競争に遅れないという見地から発言していた。つまりは、フォードが約束を守れなければ、全員が脱落するということだ。GMとクライスラーの関係者は匿名で、フォードがやり遂げられるとは思えないと記者にいっている。フォード関係者は、SUVの燃費を二〇〇五年までに二五パーセント向上することは何とか可能だし、またそうすると主張している。

それでもクライスラー関係者は、シュレンプが自分から買って出たと聞いて腹を立てた。「燃費や将来の製品の分野で懸命に働いている多くの社員にとって寝耳に水だ」と匿名希望のクライスラーのアメリカ人重役はいう。「私は企業が車を売るためにそんなことをしなければならないとはまったく思わない」

しかしふたを開ければ、クライスラーもGMも、フォード・モーターが安全と環境への率先した取り組みによって市場での優位を得ることを心配する必要はなかった。ピアスがフォードの燃費改善計画に激しく反応したちょうど一週間後、フォードは危機に見舞われ、自社のSUVは公共心に富んでいるというイメージを与えるために行なってきたことが、すべて輝きを失うのだった。

15章　フォード＝ファイアストン・タイヤ騒動の真相

二〇〇〇年九月六日に開かれた二度の議会聴聞会に出席したフォードの重役は、どの自動車メーカーの首脳もかつて経験したことがないほどひどく打ちのめされた。

一九八〇年代から九〇年代を通じて、議会が自動車産業の調査に大きな関心を示すことはほとんどなかった。六〇年代と七〇年代には、自動車メーカー役員はひんぱんに議会の委員会で詰問されたが、ワシントンの政治がお上品になった時代には、証人は事前に質問を知らされるのが一般的となり、聴聞会は通常礼儀正しく行なわれた。しかし九月六日のフォード社重役には質問は知らされず、糾弾は午前一〇時に始まり深夜まで続いた。

深夜まで続いた上院でのブリヂストンとフォードへの糾弾

尋問はあまりぱっとしない上院聴聞会室の一室で始まった。白い壁のきわめて地味なその部屋は、連邦議会議事堂からコンスティテューション通りを渡ったダークセン・ビルの一階にあった。ロビイストと記者が大挙して現れ、その大半は隣室から有線テレビで成り行きを見守ることを余儀なくされた。数十名のロビイストは、早朝から並んでいた——人を雇って自分の代わりに並ばせていた者もいた——ので、部屋の後ろの座席に着くことができた。強烈なテレビカメラの照明が四方から向けられ、聴聞会が始まる前から部屋はうだるような暑さだった。室内にいる者の多くは上着を脱いでいたが、カメラが回っていたのでフォード・モーター社とブリヂストン／ファイアストン社の重役は上着を着ていなければならなかった。聴聞室の最前列の席で上院議員と向かい合った重役陣は、灰色と紺の密集隊形を組んでいた。唯一の例外はフォードの安全および環境担当部長のヘレン・ペトラウスカスで、挑戦するかのようにカナリア色のスーツを着ていた。

歳出委員会の運輸小委員会委員長を務めるアラバマ州の共和党上院議員リチャード・C・シェルビーが、開会の辞で聴聞会の雰囲気を決定した。フォード、ファイアストン、NHTSAが無視し、隠蔽すらしていた、フォード・エクスプローラーに装着されたファイアストンのタイヤが破損してひどい横転事故を引き起こしているという初期の証拠を、同議員はしつこく読み上げた。九八年七月、ステートファームの保険アナリストがNHTSA欠陥調査部に、エクスプローラーのタイヤ破損が増えていることを通知していた。同年、サウジアラビアのフォード・ディーラーが同社に対し、エクスプローラーに取り付けたファイアストンのタイヤが破損していることをくり返し警告していた。九九年三月のフォードの社内メモには、ファイアストンの法務スタッフは、NHTSAに通知しなければならなくなるのを恐れてサウジアラビアのタイヤを交換したがっていないと書かれており、フォードの顧問弁護士が「ファイアストンと同様の」懸念を抱いていると付け加えられている。

シェルビーは目の前に座っているフォードとファイアストンの関係者を嘲るように責め立てた。「我々がここに集まったのは、フォードとファイアストンには、アメリカ市民や他国の国民に販売する製品が安全であることを確認する、少なくとも道義的責任があるからである」と議員はいった。「にもかかわらず、両社はこの問題を消費者と連邦政府に知らせることを怠り、数十名の命を犠牲にしたと考えられる」

さらに六名の上院議員が代わるがわる、フォードとファイアストンの行為について同様の論評を積み重ねた。その後にパブリック・シチズン会長で元NHTSA局長のジョーン・クレイブルック、コンシューマーズ・ユニオンの技術部長デビッド・ピトルが続き、やはりフォード、ファイアストン、NHTSAを非難した。

ここで初めてペトラウスカスと、日本のブリヂストン社のアメリカにおける子会社であるブリヂストン／ファイアストン会長兼最高経営責任者、小野正敏が、

NHTSA局長代行のスー・ベイリー博士と共に発言を許された。シェルビー上院議員から責任のなすり合いをしないようにとの注意を受けていたが、フォードとファイアストンの関係者がしたことはまさにそれだった。

ペトラウスカスは、グッドイヤーのタイヤを履いたエクスプローラーには問題が起きていないことを指摘した。小野は、問題は横転したエクスプローラーにあると応じた。「アメリカ国民の皆さま、特に悲惨な横転事故で愛するご家族を亡くされたご遺族の方々にお詫びするために、私は参りました」と、小野はたどたどしい英語でいった。

午後になってフォードとファイアストンの重役が議事堂に移動し、ジャック・ナッサーを加えてさらに八時間の証人喚問が下院委員会で始まってからも、非難の応酬は続いた。この責任のなすり合いは、フォードとファイアストンだけでなく自動車業界全体を巻き込んだ不祥事を代表する出来事であった。さらにこの不祥事で特徴的なのは、議会で政治家から糾弾されたことと、マスコミが大々的に報道したことである。しかしこの失敗全体の核心にあるのは、驚くべきミスの連続と、不祥事に関係する者全員が機会を逃していたことである。

ミスの大部分は、もし別個に発生していたとすれば、問題を起こすことはなかったであろう。しかし連続して起きたことで、年々重大な安全上の問題へと拡大し、全世界で三〇〇人もの死者と一〇〇〇人近い負傷者を出してしまった。犠牲者は何も知らないフォード・エクスプローラーのドライバーと乗員であった。

事件のはじまり

一九九七年三月、一九歳のダニエル・P・バン・エッテンは友人のエクスプローラーに飛び乗った。大学一年の春休みを南フロリダの家族と過ごした彼は、これから長い道のりをウェスト・バージニア大学へと戻るのだ。体重一三〇キロと大柄な彼は、フットボール部のオフェンシブ・ラインかディフェンシブ・ラインにと積極的なスカウトを受けて、ウェスト・バージニア大学に入学していた。彼は背が高く、ハンサムな人気者で、将来が約束されていた。

途中何度か止まりながら州間道路《インターステート》九五号線を北へ向かううちに、エクスプローラーは満員に近づいていった。一行がジョージア州境のすぐ手前で給油のために止まったときには、ツードアのエクスプローラーには五人が詰め込まれていた。バン・エッテンを含めて四人はウェスト・バージニア大学のフットボール部員で、部員の一人のガールフレンドが後部座席の二人の選手の間に押し込められていた。車の後部の荷室は荷物で満杯だった。

真夜中、給油の後で、バン・エッテンがハンドルを握り、州間高速道路《インターステート・ハイウェイ》を走り続けた。仲間たちがまどろんでいた午前一時二五分、ジョージア州南部で、左後輪タイヤ――ファイアストンATX――の接地面がオレンジの皮のようにはがれてばらばらになった。

車は急角度で蛇行し始め、横転した。助手席のフットボール部員はシートベルトをしており、軽傷で済んだ。後部座席の二人の部員と若い女性はシートベルトをしていなかったが、きつく押し込まれていたおかげで誰も車外に投げ出されず、重傷はまぬがれた。しかしバン・エッテンはシートベルトを締めておらず、車から投げ出されて死亡した。

「まだ若いのに、春休みから帰ってくる間にこんなことになるなんて」と、バン・エッテンをウェスト・バージニア大学にスカウトしたフットボールのコーチ、ドク・ホリデイはいう。「生きていれば彼はどこまで伸びたことか」

事故後長い間、ダニー・バン・エッテンの母、キム・バン・エッテンは彼の部屋をそのままにしておいた。いつも部屋に入って腰を下ろし、目を閉じ、息を吸って、まだ息子の匂いがすることを確認していた。そしていつも息子の野球のグローブを抱いた。それもまだ彼の匂いがした。しかし四年が過ぎ、とうとう服を外に出して部屋を塗り替えた。

「息子を裏切っているような気がして」と彼女はいった。「あの子は『GQ』から抜け出したみたいな、きれいな子だったわ」

ダニー・バン・エッテンの早すぎる死は、エクスプローラーに装着されたファイアストンのタイヤが分解して発生した事故の始まりの一つであり、そして多くの事故が後に続いた。しかしエクスプローラーが発売されてから最初の七年間――バン・エッテンの死までずっと――エクスプローラーの搭乗者がタイヤに起因する事故で死亡する確率は、実際には他のSUVよりも低かったのだ。

九〇年代前半、連邦政府の死亡率データの分析によれば、他のSUVの搭乗者がタイヤに起因する事故で死亡する率は、公道上のSUV一〇〇万台あたり五・

五人だった（註1）。他のSUVの死亡率は、この一〇年でゆっくりと下降している。タイヤの品質が改善されたのと、年配の慎重なドライバーが乗ることが多い横転しにくい比較的大型のSUVが増えたためだ。九九年までに、他のSUVの死亡率は一〇〇万台あたり三・五人になっている。

乗用車の乗員の死亡率は九〇年代前半で一〇〇万台あたり約三人であり、やはりゆっくりと低下して九九年には二・二人になっている。エクスプローラーの乗員のタイヤを原因とする死亡率は、九〇年代前半にはゼロに近かった。タイヤが新しかったことが理由の一つである。だがタイヤに起因する死亡率は、九五年にはエクスプローラー一〇〇万台あたり三・六人に上昇し、九六年には三・四人と微減するが、ダニー・バン・エッテンが死亡した九七年には五・三人に増加している。死亡率は九八年にはさらに上昇し、九九年には一〇〇万台あたり一八・七人にはね上がった。その年発生したエクスプローラー横転による死亡事故全体の六分の一である。

神秘の技の専門家

この問題に着目し、熱心に後を追い始めた一人がショーン・ケーン、人身事故専門の弁護士の依頼で働く、非常に頭の切れる若い交通安全コンサルタントである。大部分の交通安全コンサルタントは、横転や火災のような儲けが大きい問題を専門にするが、ケーンはタイヤに興味を持っていた。マサチューセッツ州イーストンにあるストーンヒル大学の学生だった頃、ケーンはタイヤ販売店でアルバイトをして金を稼いでいた。八九年に卒業してからは、ボストンのタイヤ卸業者に一年勤め、そこでタイヤの問題についてはまったく不十分なデータしか集まっていないことを知ったという。彼はワシントンへ行き、六〇パーセントの収入減に甘んじて、自動車安全センターに勤務した。低予算の非営利組織だが、数々の規則の改善のために戦ってきた団体である。ここに一年半勤めたのち、やはり自動車安全では伝説的人物、ラルフ・ホーアのもとへ転職する。ホーアはコンサルタント会社を自営して、法廷弁護士が自動車メーカーや他の製造業者を相手に訴訟を起こす手助けをしていた。ケーンは政府のデータベースから安全上の欠陥の証拠を掘り起こす神秘の技の専門家になった。

NHTSAは事故に関するデータベースをいくつか保有しており、担当職員が州や市町村の警察当局から提供される事故報告書のデータを入力している。こうしたデータベースの最良のものが死亡事故分析報告システム（FARS）で、国内のすべての死亡事故を網羅し、年間四万二〇〇〇近い国内の交通事故死の一つひとつについて、衝突の角度、車の速度、運転者が飲酒していたかどうかなど一一四通りの項目が集められている。もう少し大まかなデータベースには、それほど重大でない事故の小さなサンプルが網羅されている。このような事故データベースは、全般的な安全性の傾向を調べる研究者にとってなくてはならないものだ。

事故データベースは、各車の乗員数、負傷者数、横転車の有無といった、どの事故報告書にも見られるかなり基本的な情報しか扱っていない。したがってこの種のデータは、特定の車種にまれにしか発生しない欠陥を認識するためにはあまり役に立たない。例外的にFARSには、タイヤに起因する死亡事故という項目があるにはある。しかしFARSにしても、毎年の事故のデータが利用できるようになるのは翌年の秋であるため、問題をすばやく見つけるにはほとんど役立たない。

もう一つのデータベースは、NHTSAも弁護士も頼りにしているもので、特定車種に対する苦情を記録している。このような苦情の多くは、同局のフリーダイヤル一—八八八—三二七—四二三六に消費者が電話してきたものである。だが、こうした電話による情報は断片的なことが多い。消費者は自分の車の型式をよく知らないことがあり、特にタイヤの型のような細かい点についてはあいまいである。より詳細な苦情は、全国の人身事故専門弁護士からもたらされる。このような弁護士は自主的に、自分たちが起こした訴訟に関するきわめて細かな情報を書式に書き込んでいる。NHTSAのエンジニアは苦情を記録し、問題にパターンが見られた場合、また時にはたった一つでも車に重大な影響を及ぼしうる部分に関する苦情を受けた場合は調査を開始する。

規制当局と人身事故専門弁護士

だが九〇年代前半、弁護士はNHTSAに次第に愛想をつかすようになっていった。局が九〇年にブロンコⅡ横転事故の調査を打ち切ったことと、一部の職員が局を去りブロンコⅡ訴訟でフォード側の鑑定証人となったことを、多くの弁護士は非常に不満に思っていた。ＮＨＴＳＡは九三年に一部のゼネラル製タイヤ、特にブロンコⅡに装着されているものの調査を開始し、二年後にはさまざまな小型トラックが履いている一部のミシュラン製タイヤの調査に着手したが、いずれも問題を見つけられずに終了し、タイヤメーカーが勝訴するのを助けただけだった。弁護士の幻滅はさらに大きくなった。

一九九四年、ＧＭのピックアップの燃料タンクは穴が開きやすく、事故時に引火する恐れがあるとする問題を、ＮＨＴＳＡは事実上放棄した。運輸省はこのタンクには命にかかわる危険性があるとしていた。ＧＭは否定し、安全プログラムに五一〇〇ドルを出費することでこの事件に決着をつけることになったが、ピックアップ自体の補修は何も行なわなかった。九五年、ＮＨＴＳＡはクライスラー製ミニバンのリアゲートの掛け金《ラッチ》に関する大規模な調査を終了した。政府がそれを正式なリコールとは呼ばず、またラッチに欠陥があったと宣言しないという条件で、クライスラーがミニバンの所有者に、車を修理に持ってくるように呼びかけることに同意したためであった。ＮＨＴＳＡはこの取引を正当化して、クライスラーがリコールに対しては法廷で争う姿勢だったので、多数のミニバンの修理が早急に行なわれるためには最善の方法であったと述べた。しかしこの結果は、クライスラーを訴えていた人身事故専門弁護士やその依頼人には何の役にも立たなかった。

ピックアップとリアゲートの調査結果が特に人身事故専門弁護士を激怒させたのは、ＧＭもクライスラーも議会とのコネを使ってＮＨＴＳＡに相当な政治的圧力をかけ、あまり厳しい制裁を課さないようにさせているためである。局の職員も時に、公共の安全よりも自分たちの弁護料が大事なくせにといって、弁護士をあからさまに馬鹿にすることがあった。弁護士はＮＨＴＳＡをあまりにメーカー寄りで定見がないと考え、腹を立てて自分たちの訴訟について苦情申立書に記入する気をなくしてしまった。

事故データベースから浮かび上がった一つのパターン

一九九六年春、フォード・エクスプローラーに装着されたファイアストンATXタイヤの問題をテキサスの弁護士から聞くようになった頃には、ショーン・ケーンはすでに苦情データベースを調べて情報を取りだすことに慣れていた。その一一月、ヒューストンのローカルテレビ局KPRCがタイヤに関する二話連続の告発番組を作成するのを、ケーンは手伝った。局はその後、タイヤ問題でかかってきた電話をケーンに回した。しかし、ワシントンやニューヨークのような大メディアの中心地から離れたローカル局の報道にはよくあることで、このドキュメンタリーは幅広い関心を集めなかった。

九六年末、ケーンはホーアの他の部下二人と共に会社を辞めた。彼らはコンサルティング会社ストラテジック・セフティを設立して、かつての上司と競争で法廷弁護士からの仕事を受けた。ケーンはタイヤに関する苦情を探して、金を払う弁護士がいないときでも、NHTSAの苦情データベースを毎週調べるようになったという。実際に関係しているタイヤの型と車種とを見つけだすため、ケーンは多くは断片的な消費者の苦情を労を惜しまずより分けていった。

ケーンの依頼人は主にテキサスの弁護士だった。テキサスのドライバーは非常に暑い気候のなか、長距離を高速で走る。これはタイヤにとって考えうる最悪の条件である。過熱によってタイヤをまとめている接着剤が弱くなるからである。

テキサスの弁護士の一人、ロブ・アモンズは、一つのパターンが九七年までにできあがっていたと述懐する。「エクスプローラーが路上にひっくり返っていて、タイヤの接地面がその脇に落ちている写真を見るようになった。それで問題があることに私は気づいた」と彼はいう。

九八年にケーンはテレビのニュース番組に打診して、欠陥タイヤについて報道することに興味はないかと持ちかけた。これに先立って彼は、数十の苦情をデータベースから集め、それらをつなぎ合わせてファイアストンATXがかかわっていることを把握していた。フォード・エクスプローラーによく装着されているものだ。だが一つ問題もあった。ファイアストンは特に、訴訟を起こされるとほぼ同時に示談で収めており、そのため人身事故専門弁護士は証拠開示手続きがほとんどできなかった。結果として弁護士もケーンも、フォードあるいはファイアストンがより幅広く問題を認識していたことを示す証拠書類を、ほとんど入手できていなかった。手に入った数少ない文書、特にバン・エッテン事件のものは、ファイアストンが主張する示談合意の一環として、裁判所により封印されていた。

ケーンの申し出を受け入れてこのニュースを報道するテレビ番組はなかった。NBCの「デートライン」が九三年一一月に、側面衝突されたGMのピックアップが炎上する映像を放映して以来、自動車の安全性に関する報道はテレビ局ではまだ不評であった。実験を行なったコンサルタントが、燃料に点火するためにピックアップに模型用ロケットエンジンを仕掛けていたことを、番組は明らかにしなかったのだ。のちにNBCは謝罪したが、この事件は自動車の安全性に関するテレビ報道に暗い影を落とした。

ファイアストンが記録を封印しているということは、弁護士は問題の存在を示すために記者やNHTSAに文書をあまり見せられないということだ。しかし裁判所の「発表禁止命令」は、弁護士がNHTSAの苦情申立書に記入することまでは妨げておらず、罪証となる文書があると聞けば、NHTSAにはあらゆる自動車機器メーカーにいかなる文書をも要求する法的権限があった。

「大企業と銀行家がアメリカ政府を動かしている以上、規制が効果を発揮することはない」

ケーンはNHTSAの安全調査官に、他の問題については毎週のように話していたが、タイヤ問題の話はしなかったという。ケーンもテキサスの弁護士も局のデータベースに苦情を提出しなかった。「みんな局が関与することを非常に警戒していた。調査が始まっても欠陥が見つからずに終わってしまうことに、多くの原告側弁護士が腹を立てていたからだ――この機関は昔から政治的な風向きで揺らいできたのだ」と、ケーンはいう。「みんな『局が関与するとしたら、それこそ問題かもしれない』というようなことをいっていた」

一九九四年から九九年まで局長だったリカルド・マルチネスは、問題を知らされれば局は動いたはずだとのちに語る。しかしケーンはこれを疑っている。広範にわたり問題を証明する文書が手元にないのに局に注意を促せば、結局アリバイ工作的な調査が行なわれて、事故で傷ついた人たちの利益を損なうだけだとケーンは主張する。「NHTSAが訴訟のことをある程度知っていたとしても、大きな違いがあったとは思えない」

ケーンがテキサスの弁護士や南ジョージアのバン・エッテン家の弁護士と協力して動いていた頃、他にもファイアストンを訴えようとしていた弁護士が何人かいた。大きなシボレー・サバーバンに乗り、他の自動車問題、特に横転問題で勝訴して得た報酬でセスナの自家用ジェット機を買ったアーカンソー州の花形弁護士、タブ・ターナーは、自分のスタッフが九〇年代半ばにファイアストン関連の苦情を二件、NHTSAに郵送したが、データベースには入れられなかったという。ブルース・カスターは、フロリダ州オカラで開業し、タイヤ訴訟を専門にする原告側弁護士の全国委員会の委員長を務めているが、問題を政府にも知らせなかったし、苦情中立書にも記入しなかった、NHTSAが動くとは思わなかったからだという。「政府に知らせなかったのは不信感を抱いているからだ」とカスターはいう。「大企業と銀行家がアメリカ政府を動かしている以上、規制が効果を発揮することはない」

法廷弁護士とコンサルタントがファイアストンと戦う準備をしていた一九九六年から九八年にかけて、同社もそのタイヤが何かおかしいという警告を受け始めていた。アリゾナ州の焼けつくような夏の炎暑は、あらゆるタイヤにとって過酷である。その州の当局者が九六年夏、二本のファイアストンATXの接地面が剥がれ、事故が起きたと社に通知してきた。ファイアストンはこの問題を、タイヤの整備不良として片づけた。たまたまファイアストンは、ATXを生産中止にして、代わりにウィルダネスATタイヤ（同じサイズで、デザインは似ているが同一ではない）を製造する過程にすでに入っていた。

ステートファームは、ファイアストンのタイヤが破損する頻度は高すぎるという独自の結論に達し、九八年に同社に対して、エクスプローラーのタイヤ破損にともなう保険金請求額を賠償するよう求めた。ファイアストンは支払いに応じた。のちに同社は、請求額はきわめて小額で、ステートファームと争うよりも支払うほうが安く上がったといった。

ファイアストンに対するもう一つの警告は、増え続けるタイヤがらみの訴訟にあった。ファイアストンは大部分の訴訟を示談にしてきたが、実際に評決が出た唯一の訴訟で勝っていた。この訴訟は、エクスプローラーのタイヤが分解して事故死したテキサスの若い女性に関するものであった。この女性は、タイヤが破損しかかっているという行きつけのフォード・ディーラーの強い忠告を無視して、ニューメキシコへ車で出かけた。タイヤがあまりにひどい状態だったので、ディーラーはタイヤのローテーションを断り、わざわざ女性の家まで電話をかけてタイヤを交換するように勧めた。女性はそのディーラーではタイヤを買おうとしなかった。

ファイアストンは一九九八年五月、ウィルダネスATに重大な設計変更を行なった。タイヤの側面が接地面と接合するあたりで、タイヤの角の内側に入るゴム製のくさびの厚さを二倍にしたのだ。このようなくさびは、多くのタイヤに見られるもので、ひび割れがタイヤの幅一杯に拡がって接地面が剥がれるのを防ぐようにに設計されている。ファイアストンは今日に至るまで、くさびを厚くするのはありふれた改良であり、九〇年代後半を通じて他のタイヤでも行なっていると主張している。しかし原告側弁護士と、のちにフォードはこの変更を、同社が少なくとも九八年初めには問題に気づいており、修正しようとした証拠として捉えている。

フォードへの警告はいくぶん少なかった。初期の訴訟では、常に被告として告発されたわけではなかった――自分も一緒に働いた弁護士もフォードにはほとんど注意を払わなかったとケーンはいう。またフォードは、タイヤの保証と修理をすべてファイアストンに任せていた。そのため新車のエクスプローラーを買った者は実際、二つの保証書を受け取ってグラブコンパートメントに入れるほどだった。一枚はファイアストンからタイヤの保証書、もう一枚はフォードから車の残り全部のものである。

しかし一九九七年後半には、フォードもペルシャ湾岸のディーラーから、非常に暑い気候のなかで長時間走行するとエクスプローラーのタイヤが破損し、その結果横転した車もあると警告する手紙を受け取るようになった。フォードのエンジニアはファイアストンに、問題はないかと訊いた。ファイアストンはないと答え、タイヤの交換を拒否した。しかし問題は根強く残り、九九年の夏の終わりにはベネズエラでも発生したが、ファイアストンは依然何もしようとしなかったので、フォードはサウジアラビアのタイヤを自腹で交換し始めた。だがフォードはタイヤの問題も交換作業についてもNHTSAに報告しなかった。実はNHTSAは、米国内でも販売されている製品を海外でリコールした場合の報告を、自動車メーカーに義務づけていなかった。七〇年代にはメーカーが自主的にこうしたリコールを報告していたが、局の影響力と関心が薄れるにつれて徐々にしなくなってしまった。

ファイアストン製タイヤの問題が大きくなっても、NHTSAは動かなかった。局はレーガン政権初期の予算削減から立ち直っておらず、その年間予算は、インフレを調整すると七〇年代末よりまだ二五パーセント近く低かった。天然資源防衛委員会の試算では、交通事故で年間四万一〇〇〇名の死者と三〇〇万名の負傷者が発生すると、経済的損失は一五〇〇億ドルになる。原因は主に賃金の喪失である。これはガンと心臓病を合わせた大きさに相当する。しかしNHTSAは九〇年代半ばには三億ドルしか予算を持っていなかった。それに対してガン研究への連邦政府の支出は二六億ドル、心臓病と脳卒中研究には九億七二〇〇万ドルである（註2）。

年間何十件もの広い範囲にわたる工学的調査を行ない、二億台を超える国内の自動車に新たな問題はないか目を光らせているのは、二〇名に満たない同局の安全欠陥調査官である。九八年七月、ステートファームのアナリストは、局の欠陥調査部にEメールを送った。内容は、同社がエクスプローラーのタイヤに起因する保険金請求を、それまでの六年半に二一件受けていることを証明したものであった。局からの返事はなく、情報が苦情データベースにコピーされることもなかった。

問題解決のチャンスを逃しつづけるフォード

それでも九八年から九九年にかけて、訴訟と死者は増え続けた。FARSによれば、エクスプローラーのタイヤが原因で九七年には一一名、九八年には一八名、九九年には五一名が死亡している。もっと後になって、警察の報告書ではタイヤが原因の事故に数えられなかったものの、この三年間にさらに多くの死者が発生しているという訴えを、NHTSAは受け取ることになる。ファイアストンを相手取った訴訟も相次いだ。ホアーズ・セフティフォーラム・ドットコムが後でまとめたものによると、ファイアストンは、また一部の訴訟ではフォードも、九八年末までに二二名の死亡者と六九名の重傷者が関連する事故で訴えられている。

九九年初秋には、フォード首脳部はエクスプローラーに装着されたファイアストン製タイヤに不安を持つようになっていた。ファイアストンはフォードに、タイヤには問題ないと断言していたが、保証のデータを共有することは拒否し続けた。議会の調査員が入手したフォードの内部文書は、同社の海外勤務エンジニアが、国内で問題がないかどうかＮＨＴＳＡの苦情データベースを調べていたことを明らかにしている。しかし、エクスプローラーとタイヤにはっきりと触れている苦情をコンピューター検索するという単純なやり方だったため、ほとんど何も見つからなかった。

フォードのエンジニアがＦＡＲＳを調べていたという証拠はない。これは情報が一般的すぎて、通常は安全性調査に使われるものではない。しかしフォードは公道上の三〇〇万のエクスプローラーすべての車両識別番号を把握しており、それをデータベースで処理することもできたはずだ。フォードはのちに車両識別番号を報道機関に公開し、独自に安全性調査ができるようにした。フォードが九九年末にＦＡＲＳデータベースを調べていたとすれば、九八年のデータから、タイヤに起因する死亡事故のかなり不穏な増大に気づいただろう。また、タイヤに問題があったという明らかな証拠のない横転事故も、ツードア・モデルの売上の伸びとともに跳ね上がっていることにも気づいたであろう。しかし九九年におけるタイヤが原因の死亡事故と横転事故全体の急激な増加は、二〇〇〇年秋までＦＡＲＳデータベースで見ることができず、その頃にはすでにファイアストン製タイヤはリコールされていた。

フォードが見過ごしてきた数多くのチャンスの一つを、九九年九月一五日付の込みいった二段落の社内メモに見ることができる。フォード・グループ購買担当部長、カルロス・マゾーリンが書いたこのメモは、ジャック・ナッサー社長兼最高経営責任者、ウェイン・ブッカー国際事業担当副会長、その他販売、製造、品質管理、自動車エンジニアリング、アジア事業、広報担当の六名の部長に宛てたものであった。

メモには、サウジアラビア、オマーン、カタール、ベネズエラにおいてエクスプローラーが長時間高速で走行した場合、タイヤの接地面が剥離することがあると書いてあった。接地面の剥離により、一九件の横転事故と数名の死亡者が中東では発生しており、フォードはタイヤをリコールしたばかりである。またベネズエラでも数は未確定だが死亡事故が発生している。しかしマゾーリンは、メモを恐ろしく不正確な言葉で締めくくっている。「他の市場ではこのような事例の発生は実証されていない」

メモの配布先には不思議なことに二人の管理職が抜け落ちている。この二人がメモを受け取り、記録を調べていたら、おそらくマゾーリンに間違いを指摘していたことだろう。一人はフォードの法務顧問ジョン・M・リンタマキである。同社はすでにファイアストンを相手取った訴訟のいくつかに名を連ねていた。しかしフォードはあまり気にしていなかった。重大な事故があれば、自動車メーカーは訴えられるのがほぼ決まりだからである。もう一人はヘレン・ペトラウスカスだった。彼女の部下の安全エンジニアは、SUVの安定性のためにはよいタイヤが不可欠であると警告しただろう。

ファイアストンはくり返しタイヤには問題はないと断言していたが、九九年の秋が深まるとともにフォード経営陣の疑念は増していた。特にファイアストンが、フォードが要求している保証記録の提出を拒んでいることがその原因だった。秋の終わり頃には、フォードのエンジニアは数百本の新品タイヤを南西部諸州のエクスプローラー・オーナーに、古いタイヤと引き換えに無料で配った。そして中古タイヤを目視検査して、問題点を探した。しかし厳密な検査のために実際に解体されたタイヤは数本にすぎなかった。

このやる気のない取り組みで問題点は発見されなかった。この計画の欠陥は、検査したタイヤの数が不十分だったことだと、のちにフォードは結論している。

拡大しつつあるこの問題の異常な点は、少数のタイヤの破損——タイヤ五〇〇〇本につき一本に満たない——で、非常に多くのドライバーが死亡していることである。これ以前にアメリカであった大規模なタイヤのリコールは、七八年のファイアストン500がらみのもので、四〇名の死を引き起こしているが、このとき回収したタイヤの数は、ファイアストン社が二〇〇〇年八月に回収することになるのとほぼ同数であった。さらにファイアストン500は、エクスプローラーで死亡事故を引き起こしたATXやウィルダネスよりもひどいタイヤであった。

ファイアストン社はリコールの前年にファイアストン500の一七パーセントを、摩耗が激しすぎるという理由で交換している。しかし議会の調査員が二〇〇〇年に入手したファイアストンの保証および製造記録によれば、リコールされたATXとウィルダネス・タイヤで九八年から九九年にかけて保証によって交換されたのは、〇・四パーセントに満たない。ATXとウィルダネスの破損は特に死亡事故につながりやすいことが判明している。タイヤはほとんどが高速走行時に破損しており、その結果エクスプローラーは横転しているからだ。しかしフォード社もファイアストン社も、九九年にはこれがわからなかったようである。

テレビの連続報道番組で火がつく

しかしタイヤ問題は大きな注目を集めようとしていた。ヒューストンにある別のテレビ局、ＫＨＯＵの記者が九九年末、ある地元の弁護士に電話をかけてニュースの種はないかと訊いた。その弁護士は普段タイヤ訴訟は扱わないのだが、たまたまファイアストン訴訟を一件引き受けたばかりで、記者のアンナ・ワーナーにその話を残らず話した。「とにかく巻き込まれたという感じだった」とワーナーは回想する。

ワーナーとプロデューサーのデビッド・ラジクは他の弁護士にも電話をかけ、南部じゅうのファイアストンを相手取った訴訟関連の書類のコピーを集め始めた。二人はＮＨＴＳＡに電話をかけ、カメラが回っている前で職員に書類を渡すことを要請した。ＮＨＴＳＡ広報室はこのような演出に警戒心を抱き、拒否してきた。ＫＨＯＵは二月にタイヤについての連続報道番組の放送を開始し、番組のなかでＮＨＴＳＡの苦情受付フリーダイヤルを知らせて、エクスプローラーのタイヤで問題を経験したことがあれば、局に電話するように視聴者に促した。

テレビ報道の反応はすぐさま二つあった。ファイアストンは、タイヤには何ら問題はないとして憤然と否定し、ＫＨＯＵの親会社にはっきりと法的措置を警告する手紙を送った。そして二週間に二〇人の消費者がＮＨＴＳＡのホットラインに苦情を申し立てた。

ＮＨＴＳＡはタイヤ問題の調査を始め、同じ苦情がすでに局のファイルにあることを発見した。それはショーン・ケーンが数年前にすでに見つけていたものだった。しかし局には依然問題があった。苦情の大部分は、タイヤの破損でごく小さな事故を起こした消費者、あるいは事故には至らなかった消費者がよこしたものだった。より重大な事故、エクスプローラーのオーナーが弁護士に依頼するようなものは、データベースにはなかった。

ＮＨＴＳＡはＫＨＯＵと弁護士に協力を求めた。双方ともある程度の助力をしたが、局を満足させるには至らなかった。ＫＨＯＵは、以前に提供しようとした書類や、ファイアストン関連の死亡事故をまとめたコンピューター・データベースの提出を拒否した。ほとんどの報道機関には、取材の過程で集めた記録や情報を他人に漏らさないという規定がある。もし漏らせば、あとで訴えられた場合に記録を証拠文書提出命令から守る権利を失うからだ。ラジクによればKHOUはファイアストンに訴えられるのを恐れており、役員は「我々は政府の第五列として動いているのではないだろうか？」と自問していたという。

その代わりKHOUは、NHTSAに南部一帯のさまざまな裁判所に散らばった訴訟の件名番号を提供した。このような訴訟を検索するサービスもあるが、多額の費用がかかり、NHTSAは利用していなかった。

その頃ストラテジック・セフティもNHTSAにタイヤ問題を知らせ始めた。しかしケーンによれば、彼も全国のタイヤ訴訟を扱う弁護士もまだ用心して、局にすべては明かさなかったという。「何かしらを局に提出すれば、公開されてしまうのが落ちだ」とケーンはいう。「被告側に手の内をさらしたくはないからね」

『シカゴ・サンタイムズ』の記者、マーク・スカーテイックが二〇〇〇年四月三〇日と五月一日に、タイヤ破損の危険性を説明した良い連続記事を書いている。しかし、この記事はファイアストン製タイヤとエクスプローラーにはほとんど注目していなかった。これらは北部の州では問題になっていなかったのだ。それでも記事は、五月二日にNHTSAが非公式な調査を公式調査に切り替えるのを促す役割を果たした。

タイヤ関連の事故が起こるかもしれない危険な夏が再び近づいてきた。KHOUはなかなか進まない調査に不安を抱き始め、死亡事故のデータベースをNHTSAに提供しないという決定を取り消した。しかしアンナ・ワーナーは個人的なメモを同じデータベースに多数入れており、当然公開を渋った。彼女はメモをデータベースから削除し始めたが、それが終わる前にファイアストン・タイヤ問題は全国的な問題になり、KHOUがデータをNHTSAに与える必要はなくなった。

その夏いっぱい、NHTSAには南部一帯の法律事務所から、苦情の申し立てがさらに殺到した。フォードがベネズエラでエクスプローラーのファイアストン製タイヤを交換していることを、ケーンは七月二七日に知り、七月三一日の記者会見で発表した。『USAトゥデー』がこのニュースを取り上げ、ファイアストン製タイヤへの社会の批判は高まっていった。いくつかの大手卸売店は、すぐにこのタイヤの販売を拒否した。

フォードは不安を募らせながら、独自にNHTSAへの苦情の増加を見守っていた。保証や傷害保険請求のデータをフォードに提供することをくり返し拒んでいたファイアストンは、七月末ついに提供に合意した。フォードの統計学者はデータをディアボーンにあるより高度なコンピューターで処理した。数日のうちに重大な問題が明らかになった。P二三五／R七五サイズの一五インチのファイアストンATXとATXⅡについて、傷害保険請求が異常に多く、しかも増加しているのだ。このサイズはエクスプローラーでは中心的なタイヤで、一部レンジャー・ピックアップとマーキュリー・マウンテナーSUVにも使われていた。また、同サイズのウィルダネスATで、イリノイ州ディケーターにあるファイアストンのもっとも古い工場で製造されたものについても、問題が深刻化していることにフォードの統計学者は気づいた。ファイアストンの役員ととげとげしい会議をくり返すなかで、フォードの重役はファイアストンにこれらのタイヤのリコールを求めだした。しかしフォードの統計学者は、ディケーター以外の工場で製造した一五インチのウィルダネス・タイヤには問題を見つけられず、また一六インチや一七インチのウィルダネスにも問題は見られなかったので、フォードはこれらのタイヤのリコールは要求しなかった。

ビル・フォードは危機の高まりを遅れて知った。アトランタ動物園の年次総会の前に行なわれたフォード取締役会の定例会議で、ある重役が、エクスプローラーのタイヤは社内とNHTSAの両方で調査が行なわれていると、何かのついでに触れたのだ。だがビル・フォードが動物園でSUVの欠点をあからさまに述べたことにより、社内とりわけ広報部に、また全国のフォード・ディーラーに、彼に対するかなりの警戒、さらには批判すら起こった。ビル・フォードはタイヤ問題について七月中旬に初めて小耳に挟み、七月下旬になってやっと重大な事故のことを知ったという。それは彼が法務顧問のジョン・M・リンタマキに、八月中旬のファイアストン一〇〇周年記念式典に、他のハーベイ・ファイアストンの子孫と一緒に出席する予定だと話したときのことだった。

「ジョンはこういった。『いやあ、考え直したほうがいいんじゃないか。私が思うにこの件は爆発寸前だからな』」と、ビル・フォードはのちに雑誌記者に語っている（註3）。ビル・フォードは家族とともにロングアイランドにある一族の地所で夏休みを過ごしたが、八月上旬には家族を残してフォード本社に戻り、リコールが避けられないことがはっきりした場合、どのような質問にも答えられるようにした。

一三〇〇万本のタイヤ・リコール

二〇〇〇年八月九日、ファイアストンはついにリコールを発表した。それは過去最大級のリコールで、一三〇〇万本のタイヤ——さまざまな工場で製造されたATXタイヤとディケーター工場で作られた一五インチのウィルダネス・タイヤ——が対象となっていた。ファイアストンとフォードは記者会見で、タイヤの半分、すなわち六五〇万本がまだ使用されているとの推定を述べた。タイヤの製造番号は車の内側を向いているので、ウィルダネス・タイヤがディケーター工場製かどうかを判断するために、消費者はエクスプローラーの下に潜り込むか、さもなければディーラーかタイヤ店に車を持ち込むことを求められた。どちらにしてもかなり面倒だ。

しかし両社とも、ディケーター以外の工場で製造された一五インチ・ウィルダネスATには安全上の問題はなく、回収したタイヤの交換用としても多くが使用されると主張した。また、一六インチや一七インチのウィルダネスATはまったく安全だとくり返し述べた。人身事故専門弁護士と消費者運動家は、一五インチと一六インチのウィルダネスATにはすべて危険性があるのでリコールすべきだと主張したが、そっけなく拒絶された。一七インチ・タイヤ（生産数は少なかった）だけは異論が出なかった。

リコールの発表をきっかけに、マスコミと政界は騒然となった。それは自動車業界もタイヤ業界も今までに類を見たことのないものだった。数年来、フォードも他のメーカーもSUV批判を赤子の手をひねるように退けてきた。しかもタイヤに起因する事故よりも、はるかに多くの命が失われている問題においてである。ところがファイアストンの不祥事では、手ごわい法廷弁護士がフォードの前に現れた。その法廷弁護士たちはPR会社を雇い、事故で身体が麻痺した被害者の病床インタビューを記者に勧めて回った。裁判の証拠開示で手に入れた数百ページにわたるフォードとファイアストンの内部文書をファックスで外部に出した。問題のタイヤの全開発過程と失敗の原因を、フォードもファイアストンも今までに作ったことがないような詳しい年表にし、それから抜け目なくパブリック・シチズンにその文書を公開させ、信憑性を高めた。さらに詳しい情報を求める記者のために、倉庫に納めた数百に及ぶフォードとファイアストンの文書の目録を作っておき、文書はコピーを取ってフェデラルエクスプレスで一晩で送った。フォードとファイアストンは事故の責任をめぐって激しく非難しあい、どちらの側も相手に非があることを示す文書や統計を提供し、結局は弁護士の思うつぼにはまった。その結果、エクスプローラー・タイヤ物語は、それまでの自動車安全問題よりもはるかに長く、一年近くの間マスコミをにぎわせたのである。

九〇年代を通じてアメリカのヤッピーに（そして特に多くの記者と政治家に）一番人気の車というエクスプローラーの地位は、一転フォードの重荷となった。下院の調査を紛糾させたルイジアナ選出の共和党下院議員ビリー・トウジンは、リコールされたタイヤのついた自分のダークグリーンのエクスプローラーをガレージにしまっておくと公言し、優先的にタイヤを交換するというフォードからの控えめな申し出を拒否した。議会公聴会では、次々と登場する議員はみな自分あるいは知人のエクスプローラーの話をした。

GMのピックアップの燃料タンクや、クライスラー製ミニバンのリアゲート・ラッチの問題とは、またいうまでもなくSUVが乗用車の乗員に及ぼす脅威とは違い、これは国のエリートに衝撃を与える危険であった。アメリカ法廷弁護士会のフレッド・バロン会長が露骨に、おそらく冷淡に述べたように「SUVがこれだけ普及しているというのに、私たちはスラムの貧しい人々が死んでいることはいわないで、郊外の白人の話をしている」のだ。

マスコミ報道の洪水は、即座に悲しむべき結果をもたらした。フォードとファイアストンは当初、サンベルト地帯（東はバージニア州から西はカリフォルニア州南部に至る地帯）諸州のタイヤをまず全部交換すると発表した。死亡事故はほとんどすべてこの地域で、通常暑い時期に起きているのだ。両社はそれから涼しい州に交換タイヤを提供し、ひと冬かけて処理する予定だった。スケジュールが遅いのは、一つにはファイアストンが当初できるだけ多くのタイヤを自社製品と交換することにこだわったからであり、また他のタイヤメーカーが、大量のサイズの合うタイヤをすぐに供給するための設備を持っていなかったからでもある。しかし連日の新聞記事と連夜のテレビのニュースに煽られて、カナダとの国境に至るまで、エクスプローラーのオーナーはディーラーやタイヤ店に殺到した。ミシガン州では、タイヤに起因する事故はほとんど起きていなかったが、地域のエクスプローラー・オーナーが次の犠牲者になることを恐れているというニュースを、地元メディアが大きくひんぱんに取り上げ、交換タイヤの供給が急速に減っていると書いた。全国のディーラーとタイヤ店がリコールされたタイヤの代替品を求めてきたので、フォードとファイアストンは交換タイヤを気候の暑い州に振り向けられなくなった。その秋のうちに南部の州で、タイヤを原因とする新たなエクスプローラーの横転死亡事故が続けざまに起こった。事故を起こした車は、まだリコール対象のタイヤを履いていた。

何が悪かったのか？ なぜこれほど多くの死者が出たのか？ その秋から冬にかけて問題は少しずつ明らかになりだした。簡単にいえば、車高が高くタイヤが破損すれば横転しやすい車に、フォードは安全上の余裕が少ないタイヤを選んでおり、そこへファイアストンが欠陥のあるタイヤを作ったのである。

問題の本質

エクスプローラーはベースとなったレンジャーと一部同じタイヤを使用している。しかしエクスプローラーは、主に車室が長く豪華で座席が一列多いために、レンジャーより六〇〇ポンド（約二七〇キロ）重い。

タイヤが荷重を支える能力は、ある程度は大きさにも関係するが、主に中に入っている空気の量によって決まる。レンジャーには、フォードは前輪で三〇ポンド平方インチ（約二・一キログラム平方センチ）、後輪で三五ポンド平方インチ（約二・四キログラム平方センチ）の空気圧を推奨していた。レンジャーの顧客は、高圧のタイヤによるごつごつした弾む感じの乗り心地を、SUVの顧客よりも許容することを想定したものだ。GMはシボレー・ブレイザーSUVに三五ポンド平方インチのタイヤ空気圧を推奨している。ブレイザーはエクスプローラーおよびレンジャーと同じサイズのタイヤを使用しており、これによりブレイザーのタイヤは八一一二ポンド（約三六八三キロ）に耐える。しかしフォードは、空気圧が高いと横転の危険性が増すという理由もあって、一九八九年にエクスプローラーのタイヤ空気圧をわずか二六ポンド平方インチ（約一・八キログラム平方センチ）としたため、同じ四本のタイヤが耐えられる重量はわずか七〇一二ポンド（約三一八三キロ）になった。

エクスプローラーは空車時で四〇〇〇から四四〇〇ポンド（約一八〇〇から二〇〇〇キロ）ある。最大積載重量は、モデルがツードアかフォードアか、重いオプションパーツ（四輪駆動やエアコンなど）がどれくらいついているかによって、九五〇ポンドから一三五〇ポンド（約四三〇から六一〇キロ）を超えないことをフォードは推奨している。したがって、標準空気圧であっても、タイヤが耐えうる重量の余裕は一三〇〇ポンド（約五九〇キロ）に満たない。タイヤ一本あたりの余裕は三〇〇ポンド（約一三五キロ）をわずかに超える程度になる。車に荷物を積みすぎたり、偏った積み方をしたりすれば、重量の余裕はゼロになる。

さらに悪いことに、空気圧が二〇ポンド平方インチ（約一・四キログラム平方センチ）を大きく下回ると、タイヤには一切余裕がなくなる。タイヤの空気圧は、多くの微細な空気漏れで、一カ月に一ポンドから時には二ポンド平方インチ低下することもある。しかしエクスプローラーのタイヤは空気圧が低下していることがわかりにくい。近年の多くのタイヤと同様、ラジアルタイヤだからである。ラジアルタイヤは適正な空気圧のときでも、側面がいくぶん膨らんでいる。空気圧をチェックしてくれていたフルサービスのガソリンスタンドがほぼ姿を消してしまったので、タイヤに標準空気圧まで空気が入っている可能性は低くなっている。

またフォードのエンジニアは、エクスプローラーのオーナーが荷物を積みすぎないことを過信していた。筆者は一度、エクスプローラーの自動車力学エンジニアリング・コンサルタントで元フォード社エンジニアのリー・カーに、過積載の可能性について質問したことがある。彼は言下に否定した。「ラベルに車輛総重量の等級は記載されている——それから後軸上で（車の後ろ半分の重量を含めて）三〇〇〇ポンドを超えるような積載もしてはならない」とカーはいった。

しかし、エクスプローラーは見るからに頑丈そうで、そのサスペンションが安全に支えられる重さはフォード・トーラス・セダンと同程度だと考える者は少ない。フォードは、エクスプローラーの内装には多くの収納部が設けられ、人も荷物もたくさん運ぶことができるとしきりに宣伝しているが、積載重量に限りがあることには触れていない。事態をさらに悪化させているのは、カーのいうラベル、つまりドア枠の内側についているステッカーには、エクスプローラーに実際どれくらいの重さのものが積めるのか、書かれていないことである。実は、エクスプローラーの車体や取扱説明書のどこを見ても、人と荷物を合わせた実際の最大積載重量はわからないのだ。

ドア枠内側のステッカーには、エクスプローラーの車輌総重量が記載されている。これは最大積載時に車が支えることができる重さである。車が空のときの重さはどれくらいか、ラベルに表示はない。エクスプローラーの重量は装備しているオプションによって数百ポンドの違いがあるが、フォードは工場出荷時に実際の重さを計ってはいない。

役に立たない説明書

その代わりにエクスプローラーの購入者は――少なくとも取扱説明書を隅から隅まで読む奇特な人は――車本体の重さを計る方法を説明書から知ることができる。その数字をドア枠のステッカーに載っている車輌総重量から引けば、最大積載重量が計算できる。では二トンからあるSUVの重さをどうやって計るのか？　エクスプローラーの取扱説明書には、次のような役に立たないアドバイスが載っている。フォードは長年トラックの客にこのようにいっていたのだ。「正確な重量を求めるには、車を海運会社かトラック検査所にお持ちください」

コンシューマーズ・ユニオンの自動車テスト部長デビッド・チャンピオンは、タイヤ・リコールが全国的ニュースになってから、この馬鹿げたアドバイスを筆者に指摘してくれた。そこで実際に試してみることにし、エクスプローラーをフォードのマスコミ用試乗車から借り出して、重さを計れるところを探した。地元の海運会社は、筆者に計量器を使わせることにほとんど興味を示さなかった。ミシガンとニューヨークの州警察は、貨物トラックを持っていなければ州間高速《インターステート・》道路《ハイウェイ》わきのトラック検量所は利用できないといった。ニューヨーク州警察のジェイミー・ミルズ警部補は、近所のゴミ処理場へ行ってみたらどうかといった。そこでは持ち込まれるゴミをすべて計量し、重さに応じて自治体に請求しているのだという。そこで筆者はミシガンの自宅に一番近いゴミ処理場へ車を走らせ、ゴミ収集車の短い列に並んでおとなしく待った。自分の番が来ると、筆者は平屋の白い建物の脇にある長い金属板に車を乗り上げ、車を降りて金属板の外に出た。建物のくぼんだところに立って面白がって見ている係員から、車の重量が印刷された紙片を手渡されると、筆者は走り去った。

ドア枠を見てちょっとした引き算をすると、筆者が乗っていたエクスプローラーには一一〇〇ポンド（約五〇〇キロ）積載できると算出された。筆者はフォードのジョン・ハーモンに電話をかけて、取扱説明書の不適当なアドバイスについて指摘し、コメントを求めた。それから筆者が書いていたタイヤ騒動の特集記事のために、取扱説明書とドア枠のステッカーについて酷評する文章の下書きに取りかかった。だが、フォードは先まわりをした。二、三週間後フォードは、すべての新車を工場で計量し、推奨される最大積載重量をドア枠のステッカーに記載し、取扱説明書の表現を見直すことを発表して、筆者の質問に答えたのだ。

車が重すぎるかタイヤの空気圧が低すぎて、タイヤに過剰な負担がかかると、タイヤの側面は少し余計に張り出し気味になる。余計に張り出した側面は走行中にたわみ、そのために熱が発生する。熱はタイヤの強度の大敵である。熱によってタイヤを形成しているボンドがはがれ始めるからだ。そして、内部でいつ分解が始まるかを、タイヤの外から判断するのはきわめて難しい。

熱で分解する粗悪なタイヤ

さらに悪いことに、フォードが当初選んだファイアストンATXとATXⅡタイヤ、またその後継である類似のウィルダネスATタイヤは、低価格のモデルであまり熱に強くない。これらのタイヤには「C」の温度定格がついていた。AからCまでの政府のタイヤ格付け等級で最低である。つまり温度による影響をもっとも受けやすいのだ。

フォードが選んだファイアストン製タイヤは、速度定格も「S」だった。これは、完全に空気が入っていれば時速一一二マイル（約一七九キロ）で最低一〇分は持つことを、政府が保証したということである。この評価システムでは、空気がいっぱいに入ったタイヤの空気圧は三五ポンド平方インチを想定している。しかし二六ポンド平方インチでは、S級のタイヤは時速一〇六マイル（約一七〇キロ）で一〇分持つとしか保証されない。

それでも八〇年代末には、十分な余裕を与えているとフォードのエンジニアは思っていた。エクスプローラーにはコンピューター制御のスピードリミッターがついており、時速九九マイル（約一五八キロ）を超える速度で走れないようになっていた。連邦の制限速度は五五マイル（約八八キロ）であった。しかし連邦の制限速度は九五年一二月八日に廃止された。西部および南部の州では特に、制限速度を時速七〇から七五マイル（約一一二から一二〇キロ）に上げ始め、制限を設けない場合すらあった。一方フォードは、一部のエンジンのコンピューターを適切にプログラムしておらず、ドライバーは実際には一二〇マイル（約一九二キロ）もの速度を出せた。フォードの役員は、ファイアストン・タイヤ危機が起きてからやっとこの問題を知り、一一万六三三台のエクスプローラーとマーキュリー・マウンテナーをリコールして、コンピューターを交換しなければならなかった。フォードは、このような速度で現実に事故が発生したとは認識していないと主張したが、一度でもその速度に達すれば、タイヤの内部が損傷を受けて、後で破損することもありうるとタイヤの専門家は指摘する。

エクスプローラーのわずかな安全マージンは、グッドイヤー製タイヤを装着しているときには適切なものであることがわかっている。九五、九六、九七年式では、半数が同社のタイヤを履いていた。グッドイヤーを装着したエクスプローラーでは、タイヤに起因する事故はきわめて少ない。しかしこの車の小さな安全マージンは、ＳＵＶ用としては粗悪な設計と製造のファイアストンのタイヤに対応するには十分でなかった。

ファイアストンが独自に行なった内部調査では、設計上の問題がすべてのＡＴＸタイヤに、製造上の問題がイリノイ州ディケーターの老朽化した工場に見つかっている。それらがＡＴＸと、その工場で製造されたウィルダネスに影響していた。ＡＴＸタイヤは、マッチョでアウトドア風に見せることを意図して、側面に深い溝がついている（ウィルダネスにはない）。この溝が結果的に、接地面と側面の接合する部分のゴムを非常に薄くしていた。これがひびを発生させ、ひびがタイヤに拡がって、接地面が剥がれたのである。ディケーター工場では、古い設備で製造したＡＴＸとウィルダネス・タイヤ両方のゴムの厚みが一定しておらず、そのため一部のタイヤはところどころで設計仕様書の要求よりもゴムが薄くなっていることがあった。また、ディケーターでタイヤ製造に使用されていたゴム・ペレットは、大量の潤滑剤を使う旧式の機械で噴射されていた。この潤滑剤は製造工程でペレット同士がくっつくのを防ぐためのものだが、あとでゴムがタイヤの中で強い化学結合を形成する能力を阻害してしまう。

人身事故専門弁護士は、ファイアストンが他の問題を隠しているとして告発したが、同社は否定している。弁護士の主張によれば、ウィルダネスの設計も、特に九八年五月にゴム製くさびの厚さを増す以前のものは欠陥であったという。弁護士らはまた、ノルマに追われた上司から、ファイアストン自体の品質基準にも合わないタイヤの製造を強要されたというファイアストンの元従業員を見つけている。

横転が増幅したタイヤ問題

こうしたタイヤの問題も、またエクスプローラーの設計上の問題も、もう一つの危険——横転——がなければ安全上大きな脅威にはならなかったであろう。FARSのコンピューター分析では、一九九〇年代にタイヤが原因でエクスプローラーの乗員が死亡した事故の九七パーセントで、車が横転していたことがわかっている（註4）。その期間、全SUV車種の乗員でタイヤが原因となって死亡した三七七名のうち、八四パーセントで横転が要因となっているが、乗用車では同様の死者の三八パーセントである。興味深いことに、タイヤに起因する死亡事故でエクスプローラーに匹敵するのは、エクスプローラーの前身、ゼネラル・タイヤを装着したフォード・ブロンコⅡであった。NHTSAが九三年に調査したが欠陥が見つからなかった車だ。同様に興味深いのは、ジープ・グランドチェロキーにはタイヤに起因する死亡者がほとんどいないことだ。グランドチェロキーは市販されているなかでもっとも安定性の高いSUVの一つである。

しかしタイヤの破損が他のSUVで発生した場合、さらに悪い結果が起こりうる。道路交通安全保険協会のデータでは、信頼性の高い事故統計が十分得られる数がすでに市販されている中型SUVで、横転による乗員の死亡率がエクスプローラーより低いのはグランドチェロキーだけである。しかしエクスプローラーの乗員の死亡率は、それでもフォード・トーラス中型セダンの二倍である。ファイアストン・タイヤの欠陥は、横転事故全体の統計にはわずかな影響しか及ぼさなかったのだ。

さらに大きな問題はエクスプローラーの車高が、SUVの例に漏れず、左右の車輪の幅（トレッド）に対して高すぎることである。トレッドを重心の高さの二倍と対比するという八六年に政府が却下した安定性を求める公式を使うと、ドライバーだけが乗っているエクスプローラーは、単独事故で横転する可能性が三〇パーセント以上あり、フル積載のエクスプローラーは四〇パーセント以上の確率でひっくり返る。ほとんどすべての乗用車とミニバンが横転する確率は二〇パーセント以下であり、多くの乗用車では一〇パーセント以下である。

九〇年代後半にエクスプローラー乗員の死傷がたび重なったとき、傾向を見きわめることが難しかった理由の一つが、SUVの横転はタイヤに問題がなくても発生することだと、ファイアストンはのちに主張している。規制は「この種の車の総数に対応していない。その数は過去一〇年で爆発的に増えているのだ」と、ファイアストンの販売担当副社長でのちに小野からCEOを引き継ぐジョン・ランペは、二〇〇〇年九月一二日に議会で証言していった。「このような問題は我々には難しかった。我々は車の専門家ではない。しかもこうした問題のせいで、今認識しているような当社のタイヤの問題を理解するのが難しくなったのかもしれない」

安定性評価への動き

横転論争はよい効果を一つもたらしはした。NHTSAがついにこの問題解決のための対策を講じたのだ。ただしそれは、交通安全活動家を満足させるものではなかった。たまたま同局は二〇〇〇年春に、乗用車と小型トラックの安定性を、車の側面および正面衝突時の強度のように、星一つから五つで評価する計画を発表していた。八六年に却下された公式を引き継いで、車のトレッドを重心の高さの二倍で割ると局はいった。

五つ星の車はかなり幅が広く車高が低いもので、単独事故で横転率が一〇パーセント未満のものと予測された。四つ星の車は単独事故で横転の確率が一〇〜二〇パーセントと考えられ、以下同様に続いて、一つ星の車は単独事故での横転率が四〇パーセントを超えるものになると予想された。大部分の乗用車は四つ星か五つ星を得るはずであった。ミニバンには四つ星がつけられることが多く、SUVとピックアップには一つ星から三つ星がつくであろう。

自動車業界はNHTSAの計画に激しく反対した。コンシューマーズ・ユニオンも二つの理由からこの評価は不十分であると批判した。この評価は、現行の安全基準とは違い、もっとも不安定な車の販売を禁止しない。またこの評価法は、消費者が車のカテゴリーの中で違いを見分けるために役立たない。例えばジープ・チェロキーのように比較的安定性の高いSUVをそうでないものと区別できないのだ。事実、大部分の

SUVとは違い、チェロキーはNHTSAの統計モデルにはまったく当てはまらない。チェロキーには二つ星しかつかないが、めったに横転することはないのだ。

コンシューマーズ・ユニオンは代わりに、再び横転の運転テストを開発することを政府に求めた。NHTSAは信頼性の高いテストに向けてかなりの進歩を遂げており、コンピューター制御のロボット式操舵装置なども開発していた。これを使えばさまざまな車を同じコースで毎回まったく同じように走らせることができる。車のトレッドと重心高の統計学的比較とは違い、走行テストは、自動車メーカーが電子式安定システムを取り付ける動機づけとなる。このシステムは、アンチロック・ブレーキやタイヤと車の動きを検知する多様なセンサーを使用して、車が横滑りを始めたときに一つあるいは二つの車輪を減速し、必ずドライバーがハンドルを切った方向に車が進むようにするものである。これにより横滑りで路肩に乗り上げたり、ガードレールに突っ込んだりして横転する危険性は減少する。

シェルビー上院議員（その本拠地であるアラバマ州にはダイムラークライスラーの工場があり、メルセデスMクラスが製造されている）はコンシューマーズ・ユニオンの批判に飛びついた。彼は二〇〇〇年夏、NHTSAの予算に修正案を出し、自動車の安定性の走行テストに関してより詳しい研究が行なわれるまで、同局が横転の格付けを公表することを禁止しようとした。しかしファイアストン論争でそのような反対論は吹き飛んでしまい、シェルビーの修正案はNHTSAの予算が最終的に通過するまでに削除された。晩秋、NHTSAはついに格付けを公表した。エクスプローラーには星は二つしかつかなかった。

だが自動車業界が安心したことに、NHTSAの格付けは、車に一人しか乗っていないときの安定性だけを基準にしており、推奨最大積載重量まで積み込んだときの評価ではなかった。乗用車に乗せる人や荷物を増やしても、安定性に与える影響はほとんどないことが、NHTSAの調査でわかっている。乗用車の座席やトランクは、車の重心の近くにあるからである。しかしSUVに人や荷物をたくさん乗せると、安定性は低下する。座席や後部荷室が車の重心よりも上にあることが多いからだ。NHTSAの研究では、エクスプローラーの横転しやすさをフル積載で評価すれば、星は一つしかつかないことがわかっている。

タイヤを原因とする死亡事故への国民の怒りに応えて、議会は二〇〇〇年一一月一日に法案を可決し、N

HTSAにいくつかの分野でより厳格な基準の原案を作ることを要求した。局は、ただトレッドと重心高の二倍を比較するのでなく、車の横転しやすさを確実に予測できる走行テストの考案のためにもう一度努力することを命令された。また局は、不十分なタイヤの安全性の規制を強化するように指示を受けた。この規制は六〇年代後半に作られたもので、小型トラックには乗用車よりもさらに甘かった（いずれにせよエクスプローラーのタイヤは、たまたま乗用車の基準を満たしていたが）。最後に、自動車メーカー、タイヤメーカー、その他の自動車部品メーカーは、海外におけるいかなるリコールや安全にかかわる交換の取り組みもNHTSAに届け出ることと、もし保証の要求や訴訟に安全性の問題を示唆するパターンがあることに気づいた場合も局に通知することを義務づけられた。

これはファイアストン事件のようなことが二度と起きないようにするための意欲的な取り組みであった。だが消費者が、ファイアストン・タイヤ問題に持ったのと同じくらいの関心を、横転の格付けに払った形跡はない。ファイアストンのタイヤが引き起こしたのは、九九年のアメリカにおける横転死亡事故――つまりタイヤがリコールされる前の最後の丸一年分――の一パーセント未満であるにもかかわらずだ。

自動車産業、特にフォードは、それでも二〇〇〇年末にはタイヤ騒動がほぼ過ぎ去ってくれるだろうと思っていた。しかしそれは間違っていた。実はそれまでに判明した以上のファイアストン製タイヤに問題が見つかったのだ

まだあった欠陥タイヤ

二〇〇一年の冬から春にかけて、フォードのエンジニアと統計学者は、ファイアストン・タイヤの性能について綿密な追跡調査を続けていた。彼らはファイアストンに、フォード車に装着されている型のタイヤに関する保証のデータすべてを引き渡すことを要求した。また、他社のタイヤの破損率をきわめて詳細に分析した。四月中旬、彼らは不気味な結論に達した。エクスプローラーに装着されている残りのウィルダネス・タイヤは、前年の秋に代替品として取りつけたものも含め、業界平均の三倍の割合で破損しており、しかも破損率は増加しているのだ。問題は、前にはまったくリコールされなかった一六インチサイズのウィルダネス・タイヤにも、ディケーター以外の工場で製造され

た一五インチ・タイヤにも発生していた。数少ない一七インチ・タイヤだけには問題がなかった。

夏が近づき、それとともに高温によるタイヤ破損増加の可能性が迫るなか、フォードは問題にどう対処するかという疑問に直面していた。フォード経営陣に悪夢が蘇った。しかもこのうえなく悪いタイミングで。四月上旬、フォードとファイアストンは、すでにリコールした以外のタイヤには問題はないと、再度公式に宣言していた。ファイアストンは、消費者の記憶が薄れ始めたことを願いつつ、評判回復のために新たな宣伝キャンペーンを展開していた。フォード自身はまったく新しいエクスプローラーを発表していた。それはもはやレンジャーと共通のシャシーを使ってはいなかった。二〇〇二年型エクスプローラーのトレッドは、以前のモデルよりも六センチ拡げられていた。しかしフォードは、この設計は乗員の快適性のために数年前に決定されたもので、横転を心配したものではないと主張した。フォードは何としても新型エクスプローラーを成功させたかった。

四月にフォードの統計学者が発見した新たなデータには、いくつかの変動があった——一部の最新の工場で製造されたタイヤは、古い工場のものより信頼性が高かったのだ。新型のタイヤは、接地面の分離を防ぐためにより厚いくさびが入っており、やはり旧型タイヤよりも破損が少なかった。そこでフォードの経営陣は内密にデータを検討し、三つの選択肢を得た。その一、消費者の混乱を防ぐため、一七インチのものを含めすべてのウィルダネス・タイヤを対象とする二度目のリコールを、ファイアストンに求める。その二、破損率の上昇が見られるウィルダネス・タイヤのみファイアストンにリコールを求める——しかしタイヤがどの工場で製造されたか調べるために、消費者にもう一度車の下に潜り込んで製造番号を見てくれというのは、大混乱のもとのように思われる。その三、見て見ぬふりして、夏じゅう無事を願う。

ファイアストンにますます怒りをつのらせたフォードは、他のタイヤメーカーに、大量の交換タイヤが必要になった場合、どのくらいの期間で作ることができるか密かに打診を始めた。五月一七日の木曜日には、フォードのエンジニアは選択肢の徹底的な分析を終え、フォードの経営陣と役員は決断の準備をしていた。週末には年に一度の慈善イベントがアトランタ動物園で開催されることになっており、重役用ジェット機は数名の首脳をその催しに連れていくように予定されていた。しかし、重大な決定の際に全員が捕まるように、フライトはキャンセルされた。ファイアストンにはまだ秘密にしていた。

その木曜、フォードが新たに多くのタイヤに問題を見つけたという噂を筆者は聞いた。筆者はファイアストンの役員に電話をかけたが、何も聞いていないといわれた。フォードの報道担当部長ジェイソン・バインズは、フォードは常にタイヤのデータを見直しており、全米高速道路交通安全局《NHTSA》と緊密に仕事をしているとだけいって、詳しい話を避けた。

結局、身元を決して明かさないという条件で、フォードがリコール済みのもの以外のファイアストン製タイヤに問題を発見したと話す人物が三人見つかった。「我々は別の問題にぶつかった。リコールの必要なタイヤの数では、この前のものより大きいかもしれない」と、フォードの調査に近いところにいた人物はいう。討議に近いところにいた別の人物は、より慎重にこういった。「リコールされたもの以外にも問題のあるモデルが存在するという一般的な結論はある。問題は、それがリコールを正当化するほど悪いものかどうかということだ」

バインズはまだ何もいおうとしなかった。しかしフォードの役員がのちに語った話のなかに、偶然フォードの専門家集団がその晩、普段なら閉まっている時間にNHTSAを訪問して、残業していた係員に、広い範囲にわたるタイヤ問題の統計学的証拠を発見したと告げたというものがあった。

筆者の記事は翌日、経済面の一ページ目のトップに載った。記事では、疑いのあるタイヤはすでにリコールされたものほど破損率は高くないようであると強調した。だが、フォードは「ファイアストンに新たにタイヤのリコールを求める方向に傾いている」とも書いた。

ファイアストンの役員は激怒した。それはフォードが発見のことを何もいわなかったからというだけではなかった。記事は三人のニュースソースに触れており、それがずいぶん多いような気がしたので、筆者がフォードの情報をわざとリークしたと誤解したからだ。ファイアストンの新CEOジョン・ランペは、その木曜の夜、メキシコのクエルナバカにあるファイアストンの工場で、メキシコのファイアストン・ディーラーのために開いたマリアッチ・バンド付きパーティーに出席していた。金曜の早朝、側近が電話口で記事を読んで聞かせると、彼は愕然として、すぐに運転手にメキシコシティ空港まで連れていくようにいい、自分のオフィスにはアメリカに帰るフライトで空席がある一番早いものを予約するように命じた。それは午前一〇時三〇分発ダラス行きの便だった（フォードとは違い、ファイアストンにはジェット社用機はなかった）。ランペはナッサーに電話で連絡を取ろうとしたが、ナッサーは電話に出なかった。

ダラスに着くと、ナッシュビルへの接続便の出発まで少し時間があった。そこでランペはナッサーのオフィスにもう一度電話をかけた。今度もナッサーは出なかった。代わりに、フォード・グループの購買担当部長カルロス・マゾーリンがファイアストン本社に電話してきて、すぐに飛んでいってランペと直接話したいといった。ファイアストンの重役は、フォードが何か汚いことをやろうとしていると確信して、ランペは週末いっぱい付き合いで忙しく、早くても月曜の午前中までお話しできないとマゾーリンに答えた。ランペには家族との付き合いは確かにあったが、週末いっぱいふさがってはいなかった。実はファイアストンの役員は、選択肢を検討するあいだ時間を稼いでいたのだ。

ディアボーンでは、このような微妙な情報を誰かが、ましてや三人の人間が漏らしたことに、ナッサーが憤慨していた。多数のフォードの保安要員が、ただちにリークの調査をするように命じられた。

リーク源を突き止めるために、フォードの保安担当者は、社の電話回線を通った数多くの通話の記録を調べるコンピューター・ソフトウェアを使っていると、バインズは直後に筆者に電話してきた。保安要員は、リークの直前の数日間に筆者の電話番号と通話した可能性のある人物を特定しようとしていた。「リークした者がわかったら、厳しい措置をとる——社内でできる限り厳しい措置を」とバインズはいい、即時解雇もありうると付け加えた。

筆者には、これは安全問題に触れないように脅しをかけているように聞こえた。情報源が見つからないので、バインズは筆者を使って脅迫を伝えさせようとしているようだった。バインズはこれを否定した。筆者の記事には、二度目の問題のタイヤは一度目のものほど危険ではないようだと書いてあったので、消費者のパニックは起きていなかったが、パニックの可能性が存在すれば社にはそうしたパニックを防ぐ義務があるのだと、彼はいった（註5）。

フォードの広報課は筆者の記事に対する論評を、ほぼ金曜日いっぱい避けていた。しかし午後遅くなって、バインズの代理の一人が、通信社の記者に記事は事実かと訊かれ、無思慮に「違う」と答えた。これが引鉄になって、土曜日にはいくつかの新聞が、フォードはタイヤに問題がないと考えているという記事を大々的に掲載した。マゾーリンはまだ、すぐにもナッシュビルに行かせてほしいといっていたので、これはファイアストン役員の疑念を深めただけだった。

フォードとファイアストンの訣別

ファイアストンの経営陣はその週末じゅう会議を開いた。その結論は、ファイアストン・ブランドが生き残るためには、フォードにやられる前にフォードを叩くしかないというものだった。月曜の早朝、マゾーリンがフォードの社用機でナッシュビルに到着すると、ランペがじきじきに車で空港まで出迎え、ファイアストン本社へ連れていった。そこで二人は一時間足らず会談した。マゾーリンはフォードの統計分析を示して、二度目の、より広範囲にわたるリコールを行なうことをファイアストンに求めた。ランペは、ファイアストン独自の分析では、自社のタイヤが他社の製品に比べて少しでも劣るという結果は出ていないと反論した。

そしてランペは、マゾーリンにナッサー宛の手紙を手渡した。週末いっぱいかけて作成されたこの手紙には、ファイアストンは、既存の契約を履行するため以外、今後一切フォードにタイヤを販売しないと書いてあった。実業界でも最古の部類に属する、一世紀近い取引関係が断たれたのだ。

マゾーリンは無感情で手紙を受け入れた。「彼は紳士で、職業に徹しきっていた」とランペはいった。ファイアストンは即座に、いかなる安全上の問題もタイヤではなくエクスプローラーの欠陥によるものに相違ないとする判断を発表した。

フォードの首脳部と役員は完全に不意をつかれた。フォード役員会はこの議題について電話会議で延々話し合い、ついに苦渋の決断を下した。フォードは、世界中の自社製小型トラックに装着されているファイアストン・ウィルダネス・タイヤを、前年の秋に代替品として装着されたものも含め、すべて自社の出費で交換しなければならない。

二〇〇〇年八月のリコールのように、交換対象のタイヤは公式には約一三〇〇万本だった。しかしウィルダネスは比較的新しいモデルなので、大部分が現役だった。そのため車から取り外して新しいものに交換されるタイヤの実数は、前回よりはるかに多く、一一〇〇万本にもなった。これは途方もなく高いものにつく。フォードはディーラーの工賃と新品のタイヤ（他社製のもの）に支払うために三〇億ドルを用意しなければならなかった。

五月二二日火曜日の朝、フォード本社で開かれた記者会見で、ナッサーはいつも通り闘争的だった。ファイアストン製タイヤには欠陥があると彼はいい、破損率は他のメーカーのタイヤが一〇〇万本あたり五本なのに対して、同社製では一〇〇万本あたり一五本にのぼることを示した（前年の秋にリコールされたモデルは一〇〇万本につき六〇から二〇〇本だった）。記者会見の席でナッサーの隣に座っていたビル・フォードは、青ざめた険しい表情をしており、食あたりでもしたかのようだった。「私はファイアストンを家族の一部として育った」。彼はいった。「それは私の家族の名前、間違いなく母の苗字だ……たくさんの家族の想い出と一族の伝統に汚点が残ってしまった」

ファイアストンはすぐさまエクスプローラーの安全性を激しく攻撃した。「当社のタイヤは安全だ」とランペはフォードの記者会見の直後に出した声明でいった。「問題があれば、我々はそれを認めて解決する。そのことは証明済みだ。ここで本当に問題なのはエクスプローラーの安全性だ」

続く数日、ファイアストンはエクスプローラーを、異常に不安定でタイヤ破損に途方もなく無防備な車として描き出そうと躍起になった。五月三一日、ファイアストンはNHTSAにエクスプローラーの公式な安全性調査を行なうように申し入れた。ファイアストンが雇った研究者、オハイオ州立大学機械工学教授デニス・A・ガンサーは、エクスプローラーのタイヤが破損すると、この車は「オーバーステア」を起こしやすいと主張した。オーバーステアを起こすと、ハンドルを小さく切っても車は急激に曲がる。オーバーステアによって、車体後部は旋回中に外側に振れる。横滑りしている最中に、車のタイヤが道路に食い込むほどの摩擦を突然取り戻すと、横転が起こりうる。

横転の危険性を減らすために、SUVは通常アンダーステアに設計されており、急カーブを曲がるにはハンドルを大きく切らなければならない。ガンサーの計算は、エクスプローラーの問題は乗員や荷物の重量で増大することを示している。エクスプローラーはジープ・チェロキーやシボレー・ブレイザーよりも、タイヤ破損の後でオーバーステアを起こしやすいとガンサーは主張した。

フォードの反応は予想通りだった。同社はすでにエクスプローラーと他のSUV五車種をひと冬かけてテストしており、その結果、タイヤ破損の後ドライバーがハンドルをかなり急に切れば、すべての車種がオーバーステアを起こしやすいことがわかった。テストした車にはブレイザーも含まれており、ファイアストンとは逆に、エクスプローラーとの違いをフォードは見いだせなかった。しかしフォードは、きわめて安定性の高いチェロキーをテストに加えるのを明らかに避けていた。

再びフォードは、他のSUVと変わらないとエクスプローラーを擁護した。実のところ、エクスプローラーに非難が浴びせられるたびに、フォードはそのように応えていた。他のSUVの多くもかなり低圧のタイヤを履いており、余分な荷重を支えるだけの余裕はあまりない。多くのSUVはタイヤが破損すればやはり横転している。そして、他の乗用車やSUVのタイヤも、多くはエクスプローラーのタイヤ程度の速度しか保証されていない。

NHTSAは二〇〇一年一〇月四日に、一八カ月にわたるファイアストン製タイヤの調査をついに終了した。九八年五月以前に製造した、厚いゴム製くさびが入っていない三五〇万本のウィルダネス・タイヤのリコールにファイアストンは同意したが、まだ使われているのは七六万八〇〇〇本にすぎないと見積もっていた（註6）。都合のいいことに、このタイヤはいずれにしてもフォードがほとんど交換していた。破損の危険性がきわめて高い古いタイヤを使っている顧客を、フォードは密かに優先していたからだ。

同時にNHTSAは、エクスプローラーに特別な問題点があるという証拠は見つからなかったともいった。「保証要求と苦情のデータが示すところでは、エクスプローラーにおけるタイヤ接地面の剥離が、他のSUVの場合より事故につながりやすいということはない」と同局はいう（註7）。

他のSUVの横転とタイヤ破損の記録を考えると、これは明らかに一応ほめているようで実はけなしているのだ。加えて、NHTSAはSUVの問題を安全上の欠陥だと言明できずにきた。まったく同じ問題を持つSUVが他にも数多く道路を走っているからだ。SUV発達の初期に厳しい安全基準を定めなかったことで、リコールの命令が困難あるいは不可能なほど多くの車種に影響する大きな問題に、局はくり返し直面した。公衆安全上のこうした誤りの影響は、九〇年代にはいくらかやわらげられていた。それは大部分のSUVを最初に買った客が、もっとも安全なドライバーだったからだ。しかし中古SUV市場が急成長し、ツードアのフォード・エクスプローラー・スポーツのような安価な新型が若いドライバー向けに売り出されているために、この執行猶予も長続きしそうにない。

3

SUVが世界を轢きつぶす

16章　次世代のSUVドライバー

よく晴れた秋の午後、高校の駐車場に停めた鮮やかな赤のシボレー・サバーバンの運転席に座ったエイプリルは、助手席に手を伸ばしてプラスチックのティアラを掴んだ。車は彼女の家のものだ。富裕なロサンゼルス郊外にある高校に通う彼女は、学園祭の美人コンテストで五人のプリンセスの一人に選ばれたばかりだった。ティアラを窓の外で振りながらエイプリルは、自分が選ばれた理由の一つは、生徒のなかで一番大きな車に乗っているおかげで人気があったからだと話した。

女王様のような気分

「大きなトラックは大好き。かっこいいし、タイヤが大きいから」とエイプリルはいう。「みんなあたしのこと、赤い大きなトラックに乗っている子だって知ってるんだ」

エイプリルには四輪駆動はまったく必要ない。だがこの車の高い最低地上高は、時には中央分離帯や芝生を乗り越えて近道をすることができるという自信を与えてくれる。「茂みの中だって、線路だって走れるよ」と彼女は解説する。「毎日学校に乗っていくんだ——安全な感じがするし、高いところに座ってるとずっと遠くまで見えるから、女王様みたいな気分」

エイプリルは、自分の身長は一六七センチだがSUVに乗るともっと高いような気分になるという。エイプリルの父はサバーバンのサスペンションを一五センチ高くしていた。そのためただでさえ高い車高がさらに高くなったが、さらに横転しやすくなり、衝突時には乗用車のクランプル・ゾーンを乗り越えやすくなった。

「ここにいれば、あたしは二メートル一〇センチぐらいね」。エイプリルは運転席に座ったままいった。「この車本当に好き。強くなったような気がするから――誰かがあたしを馬鹿にしたら、そいつのケツにぴったりつけてあおってやるんだ」

だが話をしているうちに、エイプリルは車の大きさを怖いとも感じていることを告白した。彼女の声は心なしか沈み、初めのはじけるような勢いは、事故で他人の命を奪う心配を話し始めると姿を消した。その恐怖は最近、停めてあった近所の住人のシボレー・アストロ・バンにぶつけてから大きくなっているという。「人を死なせないかと心配なの――近所の人のトラックにぶつけたら、持ち上がっちゃった。ちょっと当たっただけなのに」とエイプリルはいった。「それが一番怖いな。人を死なせるかもしれないってことが」

次のSUV市場

それは当然の恐怖である。だが残念なことに、それで子供にSUVを運転させることを思いとどまる親は少ないようだ。その日、自分の車を運転して学校に通っている生徒のなかで、少なくとも四分の一はSUVに乗っているようだった。対照的に、筆者は教師専用の駐車場にSUVは一台もないことに、目を留めずにいられなかった。おそらく教師の給料は多くの生徒の親よりも少ないだろう。

最近ミシガン大学をはじめ、全国の大きな大学の裕福な学生社交クラブの外には、SUVが列をなして停めてある。高校の駐車場も同じようになりだした。若者が次のSUVの大きな市場、特に中古SUVの市場だということで、交通安全専門家の意見は気がかりな一致を見せている。国内のSUVの半数以上が五年経っておらず、また一二年以上経ったSUVは非常に少ないので、今のところそのドライバーは最初の所有者――責任感のある年配者――である傾向が強い。最初のオーナーの多くは結婚しており、運転する時間は昼間か宵の口である。この時間帯は深夜に比べて走行距離あたりの事故発生頻度がはるかに小さい。

新車のSUVの需要に自動車メーカーはついていくのが難しく、それが原因でSUVの価格は非常に高く維持されている。そのため九〇年代後半には、フルサイズSUVの購入者は二、三年以内の車なら買い値の九〇パーセントもの値段で売ることができた。これはまた、SUVオーナーが定期的に車を売っては新車を買うのを助け、新しいSUVの販売とリースを活性化させるのに役立っていた。

しかし高い中古車価格は、若者や飲酒運転常習者をSUVの購入から遠ざけてきた。飲酒運転の常習者は市場で一番古く安い車を買うことが多い。現在多くの州には、飲酒運転で有罪が確定した者の車を一時没収するプログラムがある。ところが、そのようなプログラムのなかには財政難に陥っているものがある。没収した車の大多数は古いぼろ車で、ドライバーは没収期間が終わっても保管料を持って引き取りには来ず、車を置き去りにしてしまうからだ（註1）。

特に気がかりなのが、SUVの非常に長い耐用年数である。八〇年代から九〇年代にかけて、デトロイトは少しずつ品質にまじめに取り組むようになり、ここ数年ビッグスリーは、すべての車種で外国メーカーと同じくらい信頼性の高い車を生産するようになっている。現在ではより高品質の鋼板がボディーに使用されているため、錆びてだめになることはない。車が長持ちするようになっており、国内の平均車齢は九〇年代には好景気にもかかわらず高くなっている——以前の好況時には、アメリカ人は古い車をスクラップにして最新型を欲しがったため、平均車齢は低くなる傾向が強かった。

中古車価格は、古いモデルに関しては低く留まっている。一〇年以上前の車が二五〇〇ドル以上で売れることはめったになく、普通はもっと安い。そのため古く非常に安い車の在庫が大量に溜まっており、しかも増え続けている。しかしこうした車の亜鉛メッキ鋼の外装は耐久力があるかもしれないが、機械的な機能は不滅ではない。適切な整備をしてやらなければ、ブレーキなどの重要な構成部品は劣化する。

この膨大な中古車の在庫のなかに、SUVはまだわずかしかないが、これからの数十年でもっと増えるだろう。事実、現在製造されているSUVは特に長く現役で使用できそうであるが、その間大きな被害を乗用車にもたらし、恐るべき高率で横転しつづけるだろう。デトロイト製のSUVは、『コンシューマー・リポーツ』などの信頼性テストで乗用車より良い成績を収める。おそらくSUVは単純で頑丈な構造を持ち、最近では多大な費用と管理上の注意が注がれているからであろう。他の乗用車の乗員を死亡させ、それ自体の乗員も負傷するような重大事故を起こしたSUVでも、車としてのコンディションはかなり良好で、ボディパネルと車室の修理は必要でも、重い鋼鉄製のシャシーは無傷なことがあると、警察の事故調査官はいう。ぴかぴかの新車のフルサイズSUVを運転する酔っ払いやティーンエージャーよりも唯一恐ろしいのは、ブレーキが故障しかかった一五年落ちのフルサイズSUVに乗る酔っ払いやティーンエージャーだ。すでに二〇〇〇万台を超えるSUVが、安定性や他の道路利用者の安全にまったくといっていいほど配慮することなく製造され、これから何十年にもわたって道路をうろつきまわるのだ。

自動車メーカーはさすがに酔っ払いをSUVに引きつけようとはしていないが、若者にSUVを売り込もうとはしている。それは新車のSUVを売る手段でもあり、中古SUVの需要を拡大して値段を高く保つための手段でもある。これはまずい思いつきだが、安全にもたらす影響にはまだあまり注目されていない。これまでにもっとも注目を集めた一〇代のSUVドライバーの事故では、死傷者は一人も出ていない。もっとも一匹は出ているが。二〇〇二年一月二日、クリントン大統領の愛犬バディーは、ニューヨーク州チャパクアで建築業者のトラックを追いかけて通りに飛び出し、高校生が運転するSUVに轢かれて死んだ。警察は犬の死を事故と判断し、起訴はしなかった。しかしこの事件は、運転に関して最悪の記録を持つ層にSUVが流行り始めたことを強調するものだった。

この傾向は三つの理由から不安である。一〇代から二〇代前半が現在アメリカの人口に占める割合は非常に大きく、人口統計上の理由からパーセンタイル順位も日々上がっている。自動車の嗜好は一〇代初めに形成され、多くの場合生涯持続する。しかしながら一〇代から二〇代初めほどSUVの運転に適さない年齢層はない。

現在アメリカでは、ここ三〇年でもっとも一〇代の人数が多くなっている。一年間に生まれる子供の数は、一九四六年から六四年のベビーブームの期間に急増したが、六〇年代後半から七〇年代半ばにかけては激減し、それはベビーブーマーが自分の子供を持つようになるまで続いた。出生数は一九七七年から九〇年にかけて回復し、以来、高い率で安定している。こうした子供たちのなかに、今SUVの虜になっている一〇代から二〇代前半あたりの人たちがいるのだ。

最近の若者たちはSUVの力強い感じを愛しており、他のどの年齢層にもまして乗用車よりSUVを好む傾向が強いことを、さまざまな自動車会社とコンサルタント会社の調査員は常に見いだしている。実際、フォードのブレーンを長年務めたジム・ブリンのような影響力のあるマーケットリサーチャーは、SUVへの愛着は年代に反比例して変化するという。大恐慌や第二次世界大戦の時期に育った人々がSUVを買うことはまれである。ベビーブーマーのSUVに対する態度は真っ二つに分かれ、乗用車やミニバンを好む者がいる一方で四輪駆動車を受け入れる者もいる。二〇代から三〇代前半のドライバーはSUVを好むが、人数が少なく、収入がピークとなる年代に達していないので、自動車市場への影響は意外に小さい。

SUVを好むティーンエージャー、大学生

ティーンエージャーと大学生は、だが、SUVを好むことで驚くほど一致している。自動車メーカーは、保護者の許可を得て、わずか一三歳の子供を含めた一〇代のフォーカスグループを調査している。GMによれば、九九年に面接した一〇代の子供の九〇パーセントが、SUVが他のどの車種より好きだと答えた。SUVがまだ市場の一七パーセントを占めるにすぎないことを考えれば、これは恐るべき数字である。若者が危険な外見のSUVに好感を抱くことは、驚くにあたらない。子供の娯楽は近年ますます暴力的になっている。アニメは今では、ワーナーブラザーズやディズニーのかわいい動物の代わりに、戦闘ロボットを売りにしている。マクドナルドが三歳児向けに売っているハッピーミールには、レゴのおもちゃが入っており、組み立てると鎧を着た異星人の戦士になる。マイクロソフトが二〇〇一年にテレビゲーム機のXボックスを発表したとき、そのゲームの一つ「ヘイロー　コンバット　エボルヴ」のテレビコマーシャルでは、主人公が人間型異星人を銃で撃つだけでなく、大きなSUVに似た車で跳ね飛ばすところを見せていた。

自動車の好みは音楽の嗜好によく似ているようだ。それは子供の頃に、しばしば親の好みに反抗して形成され、生涯続く。一九六〇年代に大人になったベビーブーマーは、ビートルズやグレートフルデッド、ローリングストーンズといったグループへの愛が揺らぐことはない。その弟や妹たちは、七〇年代のディスコミュージックを不可解なことに愛好し続けている。同じように、一九三〇～四〇年代に大型乗用車が欲しくてたまらなかった人々は、今なお大型乗用車を買い続けているのだ。人間はもっとも強く、もっとも持続する

音楽や自動車への愛着を、一二歳から一五歳の間に形成するようだとフォードの役員はいう。気が滅入るような話だが、これはつまり八〇年代半ば以降に自動車を買い始めた人間は、生涯SUVを買い続けるということだ。

自動車マーケットリサーチャーは若者が持つSUVへの関心に注目してきた。「若い世代へのアピールは驚くべきものだ」と、フォード・ブランドのエクスプローラー担当課長、エド・モルチャニーはいう。「当社のSUVはすべて、Y世代に非常に強い。フォードはとても人気のあるブランドでありイメージだ」

フォードの若年層戦略が始まったのは、九七年後半に入ってのことである。九〇年代初めから半ばにかけて、エクスプローラーを組み立てているセントルイスとルイビルのフォードの工場は、需要に追いつくことができなかったため、主に大きなフォードアのエクスプローラーを製造した。フォードア・モデルはツードアよりも利幅が大きいのだ。フォードは年に四三万台のエクスプローラーを製造していたが、ツードア・モデルは年間わずか三万から五万台であった。

しかしフォードアの中型SUVの市場は、九七年末には変わっていた。クライスラーがフォードアのダッジ・デュランゴを発表し、メルセデスはフォードアのMクラスを市場に出したので、エクスプローラー工場を二四時間体制で動かしていた品不足はいくぶん解消した。外国製SUVが、トラックベース、乗用車ベースを問わず市場にあふれ始めた。フォード自体も九六年により大型のエクスペディションを発表し、裕福な世帯の多くがエクスプローラーに代えてエクスペディションを選ぶようになった。

そこでフォードは、格好の良いホイールなどの細かい飾りが二〇代以下の客を引きつけることを当て込んで、ツードア・エクスプローラーに「スポーツ」オプション・パッケージを発表した。それはたちまちに成功を収めた。「若いグループで、独身者と女性の客が増えた」とフォード・グループの全SUV担当マーケティング課長であり、エクスプローラー担当マーケティング課長としてはモルチャニーの前任であったダグラス・W・スコットはいう。「このスタイルに本当に興味を示したのは若い顧客だった」

新バージョンは実に好評だったので、フォードは後でその車をエクスプローラー・スポーツという別車種に分類した。それに合わせて、フォードはエクスプローラー・スポーツ・トラックを開発した。これは屋根のない長さ一二〇センチのピックアップの荷台を後部に持つものだ。両方ともボディの下はエクスプローラーとほとんど同一であり、同じ組立ラインで製造を続けることができた。ツードア版の年間生産台数は、フォードア・モデルの販売数が減ってツードア・モデルが増えるに従い、一〇万台にまで上昇した。

これら比較的安価なエクスプローラーの変種により、フォードはエクスプローラー購入者の全体的な平均年齢を一気に引き下げることに成功した。「若者をターゲットにしようと私は必死だった」と、スポーツ・トラックとレンジャー小型ピックアップ担当マーケティング課長、ドルー・クックはいう。クックによれば、レンジャー・ピックアップに比べて「スポーツ・トラックは少し早くポジショニングを決め、X世代にがっちり食い込んでいる」。

これはデトロイトにとって特に重要なことである。国内自動車産業の頭を悩ませているのは、アメリカ車を好むのが主にもうすぐ生涯最後の車を買うであろう年配の人たちであり、もっと若い人々はヨーロッパやアジアの車に引き寄せられているということだ。ビュイックの乗用車を購入する客の平均年齢は七〇歳近い。エクスプローラー・スポーツとスポーツ・トラックの客は、一生のうちに一五回は新しい車を買いにディーラーに戻ってくるだろう。「その多くは大学を出たばかりの人たちなのだ」とスコットはいう。

しかし車を今たくさん売るというのは目標の一部でしかない。フォードは、なるべく小さな子供にエクスプローラーに興味を持たせようとしている。その子たちが大人になったら、一生の間にさまざまな大きさや構造のエクスプローラーをもっと買ってくれるだろうと思っているのだ。

「我々はこれまでよりも若い人たちを取り込みたい。それが商品の売り込みの決め手なのだ」とモルチャニーはいう。その目標に向けてフォードは、若い人がいる豊かな家庭の市販データベースを利用し、ダイレクトメール・キャンペーンを行なっていると、フォード・ブランド部門の社長ジェームズ・G・オコナーはいう。またフォードは、エクスプローラー、エクスプローラー・スポーツ、エクスプローラー・スポーツ・トラックの宣伝用車輌を、若いテレビ視聴者向けのスポーツイベントに提供している。

SUVをより若い客に売り込んでいるのはフォードだけではない。他の自動車メーカーの重役も、この先一〇年、乗用車のシェアを喰ってもっとも急速に伸びるSUVは、価格が二万ドル以下で若者にも買えるモデルだといっている。「トラックが次に進出する市場がまさしくこれだ」とGMの主席マーケットリサーチャー、ポール・バリューはいいながらも、この分野ではフォードがGMに先行していることを付け加えた。「フォードの若年層戦略の多くは、フォード製トラックの競争力を強めるだろう」

しかしなおGMも、その商標権部を手始めに、積極的に動いている。筆者の三歳になる息子は、ハリケーンのなかで犬を救出する警察の活躍を描いた本を持っている。その本には警察車輌の塗装と装備を施したシボレー・タホ・フルサイズSUVが登場し、同じ色に塗られた八センチほどのおもちゃのタホも付いている。最近、警察署のそばを通りかかったとき、息子は興奮したように本物の警察のタホを指さしていった。「ほら、警察トラックだよ！」

「ジープ・ラングラー…子供や孫にプレゼントするクルマ」キャンペーン

クライスラーは九六年の夏にラジオとテレビで大規模な宣伝キャンペーンを行なった。それは小型で廉価なジープ・ラングラーを子供または孫に買い与えるように、親や祖父母に訴えかけることを狙ったものだった。クライスラーの市場調査で、多くのティーンエージャーと二〇代前半の若者はラングラーが大好きなのだが、金がないので安い中古車を買っていることがわかっていた。しかしクライスラーは、その親や祖父母ならラングラーが買えることに気づいた。そこでクライスラーは、長らく続けてきた以前の広告キャンペーンをやめにした。それまでのマッチョなテレビコマーシャル・シリーズは、ラングラーが牛と戦うといった、心配性の親や祖父母が子供や孫にはやってほしくなさそうな冒険を売りにしていた。

代わりにクライスラーは、夕闇迫る美しい山の中腹で、さわやかな若い男女が焚火を前に並んで座り、近くにはジープ・ラングラーが停めてあるという広告を流し始めた。この広告のメッセージは、クライスラーのマーケティング担当者によれば、若い方々が手つかずの自然に触れられるように、お子さん・お孫さんにラングラーを買ってあげましょうということだ。広告には、年長者を脅えさせるセックスを暗示するものはない――広告の中の若い男女はあまりくっついてはいない。テントさえ見当たらないということは、若い二人はこれから闇の中、道もなさそうな山の斜面を車で帰っていくことになっているのだろう。ラングラーのラジオCMはもっと親向けに仕立ててある。例えばある広告に登場する若い女性は母親とドライブに出かけ、自分のボーイフレンドのことを楽しげに話す。彼のことは母親も気に入っている。

キャンペーンがうまくいったかどうか判断するのは難しい。一〇代の自動車所有に関する統計はきわめて当てにならない。親の名義で登録されている車が多いからだ。ティーンエージャーが車の代金をどうやって支払っているかについて、公に手に入る統計はまったくない。だが理由はともあれ、ラングラーはここ五年よく売れており、それは他の小型SUVも同じだ。そしてこれらは若いドライバーを引きつけやすい車なのだ(註2)。

ティーンエージャーと二〇代前半の人々はSUVが大好きなのかもしれない。だが彼らはそれを運転すべきなのだろうか? 最近の多くの調査結果は、子供の安全が本当に心配なら、親は子供にSUVを運転させないように、そして友達が運転するSUVに同乗させないようにすべきだということを示している。

自動車事故による若年者の死亡率は、近年のSUVの増加がなくても異常に高い。一五歳から二四歳までのアメリカ人の死亡事例は年間約一万件で、その三分の一が自動車事故によるものである。これは同じ年齢層のすべての病気による死亡を合わせたものとほぼ同数であり、やはり同じ年齢層の殺人と自殺による死者を合わせたものを超えている(註3)。

若者にSUVを売るのは、愚かで無責任な行為

若者の交通事故死の状況に関する厳密な研究は、特に殺人について行なわれているものに比べると、驚くほど少ない。だが、これまでの研究が示すところでは、若い人の死亡事故は他の車との衝突によるものよりも単独事故に極度に偏っており、運転の未熟さがその理由のようである。そしてこうした単独事故の多くが、横転を伴っている。横転はSUVが特に弱い事故で、SUV搭乗者の全死亡事例の五分の三を占めているのだ。横転は身体麻痺の文字通り最大の原因であり、一〇代で麻痺を起こした患者は、後になって起こした人よりも運動能力を失ってからの人生が長い。だからティーンエージャーにSUVを運転させるのは特に悲しむべき間違いであるかもしれない。

若者がSUVを運転した結果、病院や修理工場からの請求を支払うことに、保険会社はうんざりし始めている。道路交通安全保険協会の会長ブライアン・オニールは、自動車会社のマーケティング担当者が若い人々にSUVを売り込もうと躍起になっていると聞いて愕然とした。「メーカーが一〇代や二〇代前半の人たちを相手にSUVを販売しようとしているなら、愚かで無責任なことだ。SUVは安全な車ではなく、その横転と操縦性の特性は独特だからだ」とオニールはいう。「ティーンエージャーにふさわしい車は、小さすぎず大きすぎないSUV以外のもの――中型のセダンだ」

道路交通安全保険協会は、若いドライバーにSUVを運転させないよう親に注意する新聞発表を行なっている。「一〇代のお子さんに不安定な車を運転させてはいけません。多目的スポーツ車、特に小型のものは重心が高く、本来乗用車よりも安定性が低いものです。急ハンドルを切ったとき――一〇代の人たちがふざけて、または運転ミスを修正しすぎてこれをすることがあります――このような安定性の低い車は横転しかねません。より安定性の高い乗用車なら、最悪でもスリップかスピンで済みます」

事実、自動車業界の安全性担当者も、SUVを若者に勧めることには慎重である。長年フォードの安全および環境担当部長を務めたヘレン・ペトラウスカスは、二〇〇一年春にフェアレーンのヘンリー・フォードの邸宅で、記者を集めて退職記念昼食会を開いた。その席で彼女は、自分の娘が運転の練習をするときには、コンパクトカーのフォード・テンポを使うよう強くいったと述べた。またペトラウスカスは娘に、赤のような刺激的な色は選ばないようにとまで命じている。親は運転があまり面白くなさそうな車を選ぶべきだと、彼女は勧めている。

ポール・ニューマンの警告

ペトラウスカスの後任者スー・シシュクは同じ会場で、ティーンエージャーには「中型セダンが勧められるだろう――彼らのイメージするもの、彼らのやりたがることは、たいてい親が求めるものと違うのだ」といった。

次世代のSUVドライバーが台頭するとき何が起きるか、関心を持っている著名人も少しだがいる。もっとも有名なのはポール・ニューマンである。俳優であると同時にレーシングカーのドライバーでもあるニューマンは、鋭敏なハンドルとよく利くブレーキの価値を熟知している。

「一九七三年には、みんなフォルクスワーゲンのディーゼルを買って走り回っていた」ニューマンは一九九九年にいった。「それが今度はエクスペディションを買っている。ここが政府の理解できないところだ。こんな流行が生まれているというのに、なぜバンパーの高さを規制しなかったのか——まったく、これは犯罪だ。そしてエクスペディションが八年落ちになって七〇〇〇ドルに値下がりしたら、大勢の若い連中がそれを買う。残念ながらこの若い世代が多くの事故を引き起こしているのだ。つまり一七歳の子供を二トン半の車に乗せて、老婦人が運転するトヨタ・ターセルに突っ込ませようということだ。これは暴力だよ」（註4）

17章　多目的クロスオーバー車

一九九七年一月のデトロイトとロサンゼルスの自動車ショーを訪れた客は、さまざまな大きさのSUVが多数展示されているなかに二台の変わり種を見つけた。変わり種は、発売されたばかりのトヨタRAV4と、一カ月後に発売される予定のホンダCR-Vであった。両方ともかなり車高が高く角張ったデザインで、小型のフォードアSUVのように見えた。四輪駆動はCR-Vには標準装備でRAV4にはオプションだった(註1)。二台の価格とサイズは、ジープ・チェロキーのような比較的小さな中型SUVと競合するものだが、RAV4はCR-Vやチェロキーよりいくぶん小さめだった。

新しいカテゴリー

RAV4とCR-Vの変わっている点は、いずれもシャシー、側面、屋根が溶接されて一体化した乗用車のようなボディを持っていることだ。モノコック・ボディとして知られるこの構造により、二台の車はそれまでのSUVよりも軽く、燃費も良くなっていた。従来型のSUVは、いまだにピックアップ・トラックに使われている昔ながらの重い鋼鉄製フレームの上に、ボディをボルト留めして作られている。一九九〇年代、日本の自動車メーカーはアメリカでのSUVブームに注目するのが非常に遅かった。一つには昔からの鶏肉税のせいでピックアップ市場ではあまり積極的でなかったからであり、また、SUVを一時の流行として軽視していたからでもある。事実、日本人の重役のなかには、トラックを改装した操縦性の悪い車が、性能のよい乗用車よりも好まれることに疑いを漏らした者もいた。トヨタとホンダがこの市場に参入するにあたって、乗用車のような設計を実験するのは理にかなっていた。両社ともボディ・オン・フレームの車を作る技術をもうあまり持っていなかったからだ。この古い技術は、ひどい燃費の悪さのために、大部分放棄されてしまっていたのである。

RAV4とCR－Vの走りは、昔からの堅く重いシャシーがない分、従来のSUVよりも多少スムーズである。また従来のSUVほど大きく重くないので、いくらか運転がやさしい。そして財布にも少しやさしい——オートマチックのCR－Vは、市街地でガロン二二マイル（リッター約九・三キロ）、ハイウェイで二五マイル（リッター約一〇・五キロ）となかなかの燃費を示す。より小さなRAV4のマニュアル・シフトで二輪駆動のものでは、市街地でガロン二四マイル（リッター約一〇・一キロ）、高速道路でガロン二八マイル（リッター約一一・八キロ）の素晴らしい燃費が窓のステッカーに表示されている。だが、頑丈な鋼鉄製フレームのシャシーがないため、オフロード走行と牽引には従来のSUVほど有効でない。それでもトヨタとホンダは、二台の車を小型トラックとしてNHTSAに認定させた。二台は最低地上高が高く、少なくともオプションでオフロード走行に必要な四輪駆動を備えていると、両社は主張した。車が乗用車とトラックのどちらとして規制されるべきか、局は自動車メーカーに決めさせており、ホンダとトヨタの決定を疑うことはなかった。

CR－VとRAV4はすぐに好評になり、ホンダ、トヨタ両社は生産を間に合わせるのに必死になった。女性の顧客は特にこれら新型車の操縦性と乗り込みやすさを好んだ。RAV4とCR－Vは乗用車のようなシャシーと軽量な全輪駆動を備え、従来のSUVよりも低く、乗り降りが楽になっている。これまでのSUVでは、ドライバーは車に乗り込むために長い階段を昇らねばならず、スカートをはいていては難しいことがあった。

RAV4もトラック？

国内小型トラック市場の五分の四を占めるデトロイトのメーカーは、RAV4とCR－Vの人気急騰に危機感を覚え、すでに始めていた同様の車の生産に向けた取り組みに拍車をかけた。大部分の新型車は、フォード・エスケープからビュイック・ランデブーまで、やはりヒットして一つの市場区分を作りだした。九五年には存在せず、九六年には二〇〇〇～三〇〇〇台のRAV4で成り立っていたこの区分は、二〇〇一年には一〇〇万台、その年アメリカで販売された全車輌の五・九一パーセントにまで成長した。それに比べ、ミニバンの市場区分全体は、二〇〇一年には六・九三パーセントにすぎなかった(註2)。爆発的な成長には、顧客に新型車を認知させるための莫大な広告費に後押しされたという部分もある。九六年にトヨタがRAV4の販促を始めた頃三三〇〇万ドルだった広告費は、二〇〇〇年には四億一三六〇万ドルに上昇している(註3)。

販売が異常に伸びたことで、この新しい区分を何と呼ぶべきかという疑問が生じた。自動車メーカーは、ニューモデルはすべてまぎれもなくSUVであると主張し、新しい区分など必要ないと言い張った。この立場はメーカーのマーケティングおよび政治的方針に合致した。メーカーはこうした車、本質的には車高が高く全輪駆動機構を備えた乗用車が、SUVと呼ばれ続けるようにしておきたかったのだ。消費者はSUVと名がつけば何でも買っていたし、規制当局はすべてのSUVを小型トラックとして認定していたからである。データサービス会社のなかには、例えばポーク社のように、メーカーの望み通り乗用車ベースの多目的車とトラック・ベースの多目的車を、SUVに関する統計のなかで区別したことがないものもある。『オートモーティブ・ニューズ』は、乗用車風の多目的車を試しに「スポーツ・ワゴン」と呼んで別に統計をとっていたが、この呼称は定着することはなく、またメーカーからはひどく嫌われた。業界最高のデータサービスであるウォーズ（同社は商務省の経済指標で用いる自動車販売台数をまとめている）は、乗用車風のモデルを多目的クロスオーバー車と呼び、その販売を別に記録している。

多目的クロスオーバー車をトラックに分類する隠された意味

自動車メーカーは、多目的クロスオーバー車への移行について、走りのよい車を求める消費者の需要に応えるだけでなく、従来のSUVに対する安全上、環境上の懸念に対応するものであると述べている。実際には、多目的クロスオーバー車は、政府の規制に開いた小型トラックの抜け穴にメーカーがつけ込むための、また新たな手段となっている。自動車産業の市場調査結果によれば、多目的クロスオーバー車の主な購入者は、もしそれがなければ乗用車を買っていた人々である。したがって多目的クロスオーバー車の増加は、小型トラックに適用される甘い安全性、燃費、スモッグ規制の対象となる車を、さらに大量に路上に出すという効果をもたらしている。

事実、エタノールの抜け穴さえしのぐ最大の燃費の抜け穴は、かなり燃費のいい乗用車、例えばトヨタ・カムリやフォード・コントゥアにただ単に四輪駆動を与え、外装を手直ししてから、規制当局にこれは小型トラックだということである。こうした車を小型トラックの平均燃費に含めれば、メーカーはいっそう多くの怪物SUVを売ることができ、一方政府には、わが社の試験場での平均燃費はガロン二〇・七マイル以上であるということができる。すべての新車のなかで、試験場での平均燃費が二〇・七マイルの車の割合を上げ、二七・五マイルを達成する車の割合を下げるため、多目的クロスオーバー車は実質的にアメリカの自動車全体の燃費に悪影響を与えているのだ（註4）。

フォードは、エスケープ――市場で一番売れている多目的クロスオーバー車である――を発売したことによって、SUVの燃費を二五パーセント向上する計画の最大三分の一が最終的には達成されると宣伝までした。しかしフォード・エスケープの燃費は、それが取って代わった売れ行きの鈍いセダン（フォード・コントゥアやマーキュリー・ミスティークといったトーラスよりやや小さな車）より悪い（註5）。一九九九年、フォード・モーター社はカンザスシティにあるコントゥアとミスティークの組立工場を閉鎖した。一年後、工場はエスケープ生産のために新旧の設備を組み合わせて再開された。生産中止されたコントゥアの窓のステッカーには、市街地でガロン二〇マイル（リッター約八・四キロ）、ハイウェイでガロン二八マイル（リッター約一一・八キロ）走ることが表示されている。エスケープの窓のステッカーには、その燃費性能は市街地でわずかガロン一八マイル（リッター約七・六キロ）、ハイウェイでガロン二四マイル（リッター約一〇・一キロ）と記載されている――小型トラックとしてはいいが、乗用車としてはよくない。エスケープの燃費が悪いのは、主にエンジンが大きいためで、コントゥアの一七〇馬力に対して二〇〇馬力を発揮する。フォード社は、エスケープが大きなエンジンを必要とするのは、車高が高くコントゥアより空力が悪いのと、コントゥアはわずか五〇〇キロしか牽引できないのに対して、最大一五〇〇キロまで牽引できるようになっているからだという。エスケープはかつてのコントゥアとミスティークを売上で大きく引き離しているので、フォードは二つあるトーラス組立工場の一つ（シカゴにあるもの）を二〇〇二年初めに閉鎖し、設備を入れ替えてトーラス・ベースの多目的クロスオーバー車、フォード・クロストレーナーを製造すると発表した。

トヨタ、クライスラー…乗用車ベースでも小型トラック認定

この数年、新型車を小型トラックと呼ぶにあたって自動車メーカーはますます図々しくなり、NHTSAは、七〇年代にできた法律はメーカーにかなりの裁量を与えているといって、それをやめさせるために何もしていない。例えばレクサスRX－300（トヨタ・ハリアー）は、基本的には車高を上げたトヨタ・カムリ・ワゴンに、異様に高い車体前部と全輪駆動を与えたものである。レクサスの親会社トヨタは、九八年三月にRX－300を発表した際、この車を燃費と排出物規制上、乗用車として認定した。ところがデトロイトのメーカーがクロスオーバー車を、ワゴンのような格好をしているものでもすべて小型トラックに分類し始めると、トヨタもすぐにそれに倣った。トヨタ・ハイランダー（クルーガーV）が二〇〇一年一月に発表されたとき、トヨタ関係者は、それがRX－300とほとんど同一であることを認めながら、ハイランダーを小型トラックとして認定することにした。

こうしたクロスオーバー車が岩だらけの山道を登ることはまずありそうにない。「たとえ濡れたドライブウェイを登れなくても、クロスオーバー車はどれもSUVと呼ばれている」と、ダイムラークライスラーの北米販売およびマーケティング部長ジェイミー・ジェームソンはいう。

だが、小型トラックの定義を極限まで拡大解釈したもっともたちの悪い違反者は、九九年に発売されたクライスラーのPTクルーザーである。この車は、ダッジ・ネオン・コンパクトセダンを車高の高いワゴンにし、前部を一九三〇年代のギャングが逃走用に使った車のような外見に作り替えたものとして始まった。そ

の外観は斬新すぎて、何度となくクライスラーの経営者は中止しかけたほどだ。計画が生き延びたのは、頑固で有力な後援者が一人いたからである。クライスラーの社長でのちに副会長になる、毎度おなじみのボブ・ラッツだ。

クライスラーは、PTクルーザーをあくまで小型トラックに分類させるつもりだった。ラッツをはじめ経営陣は、クルーザーの小型乗用車としての燃費を利用して、ダッジ・デュランゴSUVとダッジ・ラム・ピックアップのひどい燃費を埋め合わせたかったのだ。また彼らは、この車の後部の窓にスモークガラスを使い、いっそう凶悪なイメージを出したかった（前に述べたように、連邦規則は乗用車の後部ウィンドウに工場でスモークガラスを入れることを禁じているが、小型トラックはそのかぎりではない）。問題は、PTクルーザーはネオンと同じわずか一五センチの最低地上高しかなく、全輪駆動を与えてもオフロード車に分類されるのが非常に難しいことだった。そこでクライスラーのエンジニアは巧妙な解決策を思いついた。小型トラックに分類されるために、ミニバンには前部座席の背後から車体後部まで貨物を置くための平らな床が続いていなければならず、後部座席は取り外しまたは折畳みが可能でなければならない。大半の乗用車と同様、ネオンはこのような設計にはなっていない。だがクライスラーのエンジニアはくじけなかった。彼らはPTクルーザーの後部座席を折り畳めるように設計した。それから後部荷室内壁の、折り畳んだ座席の上端と同じ高さに金具を取りつけて、取り外し可能なプラスチック板を金具の間に渡した。するとどうだ、PTクルーザーには前部座席の背後から後部ドアまで続く平らな床ができ、規則に定められたバンの定義に合うではないか——もっとも、いずれにせよクライスラーは、結局その車を月間販売報告書のなかでSUVに分類したが。

「間違っているのはルールのほうだ。我々のゲームのやり方ではない」

BMWは九〇年代末に全輪駆動のX5を設計するにあたって、別の問題に直面していた。BMWは、その高出力の車が連邦の義務づけた乗用車の平均燃費を満たさないために罰金を払っていた。ところがデトロイトのメーカーは、馬力のあるSUVを作っているのに罰金を支払っていなかった。BMWは以前からこれに不満を漏らしていた。だから、X5では乗用車式のモノコック・ボディを使用してBMW車の特徴である俊敏な操縦性をできるだけ残す一方で、その車を乗用車に分類されて罰金を支払うことになるのは嫌だった。同社はX5のオフロード性能について特に何も主張せず、この車をSUVではなく「スポーツ・アクティビティ車」と呼んだ。それでもBMWは最終的に、X5が燃費の面で甘い扱いを受ける資格を得るために、この車は小型トラックであって乗用車ではないとNHTSAに告げた。「なぜメルセデスやレクサスが（SUVのために）払っていない罰金を、わが社は払わなければならないのか。それが大きな理由だ」と、当時BMWの北米事業社長だったビクター・ドゥーランはいう。「間違っているのはルールのほうだ。我々のゲームのやり方ではない」

多目的クロスオーバー車の大きな疑問は、安全性能はどうかという点にある。なかにはその乗用車のような設計のおかげで、政府の衝突テストで健闘しているものもある。CR-Vは正面衝突時の前席の乗員保護で五つ星、側面衝突時の前後席両方の乗員保護で五つ星を獲得している。またCR-Vは、対横転性で三つ星と悪くない点を取っており、これは他の多目的クロスオーバー車の多くも同様である。ミニバンをベースに設計されたGMのクロスオーバー車、ポンティアック・アズテックは、対横転性でミニバン並みの四つ星を達成している。

衝突テストは、事故時にクロスオーバー車の乗員がどの程度守られるかのかなり良い目安ではあるが、クロスオーバー車が他の車にどの程度の被害を及ぼすかはよくわかっていない。クロスオーバー車が道路を走るようになってから日が浅いため、統計学的に有効なパターンを形成できるだけの数の事故が起きていないからだ。だが、従来のSUVよりはいいが、乗用車よりは危険だという可能性がもっとも高い。多目的クロスオーバー車は従来のSUVのような堅固なフレームを持たないが、ボンネットの高さは、それが模倣しているピックアップ・ベースの車種とたいてい六、七センチしか違わない（註6）。三〇〇〇ポンドの障壁をフォルクスワーゲン・ラビットの側面に衝突させる一九八六年のNHTSAの研究では、側面衝突の被害の決定する要素としては、堅さよりもボンネットの高さが相当に重要であることが明らかになっており、多目的クロスオーバー車が側面衝突では従来のSUVとほとんど同じくらい危険であることを示唆している。多目とが、イギリスの研究で新たに証明されている。側面衝突では車体前部の高さが重量よりも重要であることを、その研究は示している（ただしアメリカの研究者、特に自動車メーカーの研究者は異論を唱えている）。しかし多目的クロスオーバー車はピックアップ・ベースのSUVよりも軽いので、正面衝突で乗用車の乗員を死亡させる可能性は、確かに低くなると思われる。正面衝突では側面衝突の場合よりも重量が問題となるからだ。

多目的クロスオーバー車の増加が、横転から燃費まであらゆるものに与える総合的な影響は、主にそれが乗用車と従来の小型トラックのいずれに取って代わるかによって決まる。すでに述べたように、これまで鈍重で乗り心地の悪いトラックを運転する不利益を嫌ってSUVを避け、乗用車を買っていた人々を多目的クロスオーバー車が引きつけていることの証拠は、うんざりするほど強固である。多目的クロスオーバー車の市場占有率が九七年以来急激に伸びている一方で、従来のSUVの市場占有率は一七パーセントで驚くほど安定している。J・D・パワー・アンド・アソシエイツ社によれば、例えばエスケープ購入者が下取りに出す車の六二・四パーセントが乗用車であり、八・四パーセントがバン、一〇・三パーセントがピックアップ、一八・九パーセントがSUVである。

フォード・モーター社のフォード・ブランド乗用車およびトラック担当社長ジェームズ・オコナーは、ほとんどの人は同じ種類の車を何度も買い続けるので、従来のSUVから多目的クロスオーバー車への転向はごく少ないだろうという。これは自動車メーカーにとっても都合がいい。労力と多額の費用をかけてボディ・オン・フレームの生産のための工場設備を整えてしまったので、もう一度転換したくはないからだ。

「クロスオーバー車の市場は、基本的には現在の乗用車購入者を引きつけるだろう」と、GMの最高経営責任者兼社長リック・ワゴナーは二〇〇一年六月に宣言した。「SUV購入者はSUVタイプの製品に満足している」

18章 アーノルド・シュワルツェネッガー

満面の笑みを浮かべ、一分の隙もなく仕立てられたライトグレーのスーツを着た、映画スターにしてボディビルダーのアーノルド・シュワルツェネッガーは、明るいオレンジ色のハマーで七番街を走り、タイムズ・スクウェアに乗り入れた（巻頭写真参照）。助手席で野次馬に手を振っているのはルドルフ・ジュリアーニ・ニューヨーク市長だ。二〇〇一年四月のよく晴れた昼時で、歩道は観光客でごった返していた。

「ターミネーター」の名セリフ

警察は七番街を車輌通行止めにしていた。アーノルドは、ファンの金切り声を受けながら、歩くほどの速度で車を走らせた。タイムズ・スクウェアの黄色いタクシー群を見慣れた者には、ハマーの格好はその場にそぐわぬものだった。フロントガラスに傾斜はついておらずほぼ垂直、また車の側面も垂直で、ボンネットや屋根とかっちり直角に交わり、アメリカ軍が使用しているハンビー軍用輸送車を真似た、四角張った装甲車のような外見を車全体に与えている。ドライバーの頭上の屋根には黒く短い支柱がついており、さらにその上に幅三〇センチの黒い円盤が載っている――これは暗視装置で、車内のドライバー側サンバイザーの隣にあるスクリーンに接続されており、暗闇でも周囲三六〇度の人間と車を表示することができる。

しかしハマーの鮮やかなオレンジ色の塗装は、車を特大のキャンディのように見せていた。ハマーの後部には黄色と赤の二台のマウンテン・バイクがベルトで固定されていた。この車が自分を若くスポーツマンタイプだと思っている人にぴったりなはずだということを示唆する、メーカー流のやり方だった。

　ブロードウェイはタイムズ・スクウェアで七番街と斜めに交差しており、軍の徴募センターが二つの通りに挟まれた長い三角形の安全地帯に位置している。暗緑色に塗られた海兵隊の装甲兵員輸送車――軽装甲車輌《LAV》――が三角形の頂点に、四四番街に接して停めてあり、戦闘服を着た六人の海兵隊員がそばに立っていた。

　ハマーが四四番街を横切ると、アーノルドはハンドルを左、LAVとは反対に切り、あらかじめ警察が人を払ってあったABCスタジオ前の歩道の縁石に車を乗り上げた。アーノルドと市長は這うようにして下車し、車の後ろに回って、伸びてきた手を何度か握った。若いファンの歓声が高まった。

　スタジオ正面で、通りと同じ高さの巨大な窓がちょうつがいを軸に開いた。なかではロックミュージックが鳴り響き、一〇〇人ほどの記者、自動車会社重役、広報担当者が待っていた。開いた窓から、プロのドライバーが車を慎重に狭いステージへと乗り入れた。アーノルドと市長は向き直り、大股で後に続いた。

「アイル・ビー・バック（また来る）」アーノルドはどすの利いた声でファンにいい残し、それをきっかけに歓声がさらに高まった。『ターミネーター』の名セリフはこの場にふさわしかった――劇中で彼の演じる半分ロボット半分人間の殺人マシーンは、警察署への立ち入りを拒んだ警官にこのセリフを吐く。すぐにサイボーグは歩道をトラックで走ってきて、警察署の正面の壁に突っ込むのだ。

　ABCスタジオの中では、金網のフェンスがステージの後ろに設置され、キャンディーのような色合いのハマーに、メーカー重役の意図では埃っぽい都会の背景を与えていた。アーノルドはマイクを持ってステージ中央にゆっくりと登場し、ハマーの筋肉質なスタイルを示し始めた。「ごらんなさい、あの三角筋、あの腓腹筋」と、彼は冗談を飛ばした。

　それから彼は聴衆に、いかにして自分がハマー・ファンになったかを語りだした。彼は一〇年前、映画『キンダーガートン・コップ』の撮影のためにワシントン州にいた。そのとき、五〇台の軍用ハンビーが車列を組んで走ってくるのを見た。「私は車を停めて、こう思ったんです。『あの車を買わなくちゃ』ってね」と彼はいった。「自分がこの車に乗って、山の中や砂漠を走っているのが目に浮かびましたね」

　そこでアーノルドは映画の車輌主任に、インディアナ州サウスベンドにあるハンビーを製造している軍需会社、AMジェネラルに電話をさせ、一台注文した。AMジェネラルは、ハンビーは軍用車輌なので市販するための連邦の基準を満たしていないという理由で、提供を断った。アーノルドはマネージャーにそれを告げられたときの自分の反応を詳しく語り、聴衆の笑いを誘った。「で、私はいってやったんです。『ちょっと待てよ、この俺に、ターミネーターに手に入らないものがあるっていうのか？　そんなはずはない』」

アーノルドはみずからAMジェネラルの重役にくり返し電話をかけ、さらにはインディアナへ飛んで彼らに直談判した。軍事予算は減少しており、同社は最終的に民間型のハマーを製造することに合意した。アーノルドはABCスタジオの聴衆に、自分は九二年末に組立ラインから出てきた最初のハマーを買い、今でも持っていると話した。

冗談を交えながらアーノルドは、ゼネラルモーターズがハマーのブランドをAMジェネラルから九九年の一二月に買収した際、GMの重役とひんぱんに話し合い、このブランドの攻撃的な見てくれを損なわないように念を押したことを詳しく述べた。重役はそのようなことはしないといって彼を納得させた。

アメリカの軍事力のシンボル

発言を終えると、アーノルドはマイクをGMのマーケティングリサーチャー、マイケル・ディジョバーニに渡した。彼こそが世界最大の自動車メーカーを説得してハマー・ブランドを買収させ、GMのハマー事業本部長になった人物である。「マイク、私のトークはどうだった？　車のセールスマンみたいにできたかな？」アーノルドは満面の笑みを浮かべていった。

黒髪が薄くなりかけた中年の役人風GM管理職、ディジョバーニはアーノルドの隣で小さくやせこけて見え（そうでない者がいるだろうか？）、その朝リハーサルで打ち合わせてあった何かしらの出番の合図を受けなかったことに驚いているように思われた。彼は聞き取れないような声でアーノルドに何かつぶやき、それからアーノルドに顔を向けたまま、台本どおり次のセリフを暗唱した。

「ハマーはすべてにおいて優秀であろうと努力しています」。ディジョバーニは大半の聴衆に背中を向けたまま、大声で棒読みした。

アーノルドは静かに、しかしがっちりとディジョバーニの両肩を掴み、顔を聴衆に向けさせた。「ハマーはすべてにおいて優秀であろうと努力しています」。ディジョバーニは列席者に一本調子でくり返した。

イベントの終わりは少々盛り上がりに欠けたかもしれないが、アーノルドの登場に対する大衆の反応が、GMが望むものすべてだった。マイクロソフト・ウィンドウズの最新版が新車よりもはるかに注目を集める時代に、ハマーの発売は夕方のニュースで全国放送された。華やかな有名人を扱う雑誌は、イベントに群がったパパラッチが撮った写真を多数掲載した。GMを動かす経理屋にとって何よりだったのは——この会社はもう長いこと自動車野郎ではなく財政の専門家が運営していた——アーノルドがこのイベントをすべてタダでやってくれたことだ。

「何もかも私がハマー・ファミリーの一員だからやっていることだ——私はもともとハマーのためにやってきたし、これからもハマーのためにやっていく」とアーノルドはいう。

アーノルドがハマー・ブランドに情熱を傾けるのも無理からぬ話だ。それは極端な男らしさという彼の個人的イメージを強化し、自分をアメリカの軍事力のシンボルと位置づけさせてくれるからだ——オーストリアで育ち、アメリカに移り住んでも訛りの消えないボディビルダーには悪くない考えだ。彼のハマーへの熱狂は、このブランドを創造するのに手を貸したばかりか、世界的にヒットさせた。そしてその過程でAMジェネラルをも救ったのだ。

奇妙な偶然だが、AMジェネラルも六〇年代のロイ・チェイピン・ジュニアとスティーブン・ジラードのカモ猟から生まれたものだった。カイザー・ジープは、ジープを消費者に売る儲けのない小売業と、ジープをはじめとする軍用車輌を世界各国の軍に売る非常に儲かる軍需業務から成り立っていた。六九年にカイザー・ジープを買収した直後、チェイピンは車を二つの部門に分けた。事業の小売りサイドはアメリカン・モーターズのジープ部門になった。軍需業務はAMジェネラルになった。アメリカン・モーターズはAMジェネラルを資金調達のため八二年に売却し、以後AMジェネラルの所有者は何度も変わった。

アーノルドが電話をかけるようになった一九九〇年、AMジェネラルは苦境に陥っており、上層部にはそれがわかっていた。一九八三年に同社は、レーガンの軍拡計画の一環として、大型のハンビーを年間二万台組み立てるため、旅客バス工場を振り当てていた。しかし冷戦の緊張は緩み始め、ベルリンの壁は崩壊した。軍事予算は落ち込み、アーノルドが受話器を取ってAMジェネラルに平和の配当を提案する頃には、軍によるハンビーの注文は年間四〇〇〇台以下に減っていた。

SUVブームはすでに始まっていたが、ハンビーが民生用車輌に変身するとはまだ思いもよらなかった。七九年に設計され、以来ほとんど変わっていないこの車は、通常キャンバス製のドアと屋根を装備していた。防音材はなく、兵士をエンジンの熱から守る断熱材もほとんど入っていなかった。ダッシュボードにも事故に備えたクッションが入っておらず、曲がりなりにもスプリングがついている座席は運転席のみである――あとの三つの席は、硬い金属の上に厚い布のクッションを敷いただけだった。

しかし確かにハンビーの車幅はきわめて広く、そのため事故時にも横転しにくかった。また非常に頑丈で、八九年にパナマの独裁者ノリエガを排除した際、軍はハンビーをパラシュート投下したが、沼地に逆さまに着地した車も陸軍レンジャー部隊が引き起こして問題なく走っていった。

ハンビーをハマーにするために、AMジェネラルがまずやったのは、砲塔に搭載した擲弾発射機や機関砲といったハンビーのオプションを除外することだった。その代わり、クッション入りダッシュボード、大量の防音断熱材、金属製のドアと屋根が装着された。巨大なトランスミッション・ハウジングが依然車室の真ん中を走っているが、AMジェネラルはその両側に最新の乗用車の座席を設置した。

ハマーのドアは非常に高く、乗り降りはロッククライミング並みのひと仕事だ。数年前、デトロイト・オペラの初日の公演に妻と出かけたときに見た光景を、筆者は決して忘れないだろう。ハマーに乗り込もうともがいているタキシードとイブニングドレスを着た二組の白髪の夫婦を、駐車係が手伝おうとしていたのだ。

ハリウッド映画にひっぱりだこ

ハマーの顧客名簿には、テニスのスター選手アンドレ・アガシ、ボクサーのマイク・タイソン、ラッパーのクーリオらが名を連ね、スポーツ選手とタフガイ芸能人の紳士録のように見える。一台一〇万ドル近い値段にもかかわらず、AMジェネラルは年に一〇〇〇台のハマーを売るようになった。そしてハマーは文化的センセーションを巻き起こし、アメリカ・ナショナリズムの象徴となって、映画からおもちゃまであらゆるものを売るためにやたらと使われた。

自動車メーカーは、新車の露出が増えれば売上も増すと期待して、ハリウッドの映画会社に映画、テレビ番組、音楽ビデオなどで使う車を無料で提供するのが普通である。時にメーカーは、自社の車を使ってもらうために何百万ドルも出すこともある。BMWがジェームズ・ボンド・シリーズのプロデューサーを説得し、英国の秘密諜報部員にイギリス・ブランドの超高級スポーツカー、アストン・マーチンを捨ててドイツ車を選ばせたときのように。

ハマーの驚くべき点は、映画会社がAMジェネラルに頭を下げてハマーを借りるようになり、この便宜に対して進んで金まで払ったことだ。一九九九年から二〇〇〇年にかけて、ハマーは『マーシャル・ロー』から『スリー・キングス』まで三二本の長編映画と四八本のテレビの連続番組に登場した。

「こちらではハマーのレンタル料は一日五〇〇ドルだ」と、カリフォルニア州バーバンクにあるクリエーティブ・エンターテインメント・サービスィズ社社長、ダニー・トンプソンはいう。同社は映画のなかで使われる商品の調達を専門にしている。「マッチョな映画、マッチョなビデオ、ラップ歌手を扱うときには、みんなハマーが必要だ。ハマーはハリウッドが要求するオフロード車のナンバーワンだ」

『将軍の娘』のような一部の映画では、プロデューサーが軍を説得して本物のハンビーを借り出すことができず、実物のように塗装されたハマーを借りて使用している。映画のなかのハンビーが本物かどうか見分けるには、屋根を見ればいい。ハマーには三つの黄色いランプが、フロントガラスとリアウィンドウの上端、屋根の中央部にある。これは運送用トラックには普通に見られる警告灯で、連邦法規により幅が六フィート八インチ（約二〇三センチ）を超える民間車輛に義務づけられているものだ（ハマーの幅は二一六センチ）。しかし軍用車にはこの規則が適用されず、このようなランプはついていない。

おもちゃのハマーも大人気

ハマーに注目したのはハリウッドだけではない。全国の子供やコレクターにモデルカーを販売しているミズーリ州カンザスシティのカーズ・ザ・スターでは、九八年にはハマーの模型が他のどの車よりも売れている。二〇〇一年にはハマーは三位に落ちている。主な理由は大人のコレクターが新しいモデルに移ったからだと、店主のフィリップ・L・シュローダーはいう。しかしティーンエージャーともっと小さな子供たちには、ハマーが他のモデルより売れ続けている。唯一売上の障害になるのは、ハマーの模型が全長三三センチのダイカスト製のものしか発売されておらず、三五ドルと値が張ることだ。

「小さいのがあればもっともっと売れるんだが」とシュローダーはいう。

ハマーのモデルを買う客の多くは、一〇代の少年たちだ。ワシントン州ベルビューに住む一七歳のクーパーは、高校のフットボール部の副キャプテンである。幼い頃、彼はポルシエ、フェラーリ、コルベットといったスポーツカーを集めていた。だが高校に入る頃には、ベッド脇の棚に黒いハマーを置いて、本物のハマーが買える日を夢見るようになっていた。

「ハマーがいいのは戦車だってことなんだ。流行りの戦車みたいな。兵器のおもちゃを持つみたいなものさ」とクーパーはいう。「他の車を見下ろして、得意そうに笑えるところがいいんだ。『こっちのほうがでかいぞ』って。強くなったような気がするんだ」

ティーンエージャーがハマーを運転するかもしれないという見通しは恐ろしいが、現実のものだ。テキサスのジェイソン・フランケルは、彼のいうところの「田舎者」向けにおもちゃの付け歯を作る工場を所有している。彼はこれまでに二台のハマーを買い、九歳の娘が一六歳になったらもう一台彼女のために買うつもりでいる。「子供が初めて乗るにはもってこいの車だ」とフランケルはいう。「壊れないし、友達がみんなうらやましがるからな」

このような将来の顧客の傾向は、九九年にディジョバーニが発見していた。内気な男で、人と話をするよりも調査結果を検討しているほうが気楽なように見えることもあるが、消費者の欲しがるものの変化を見抜くことにかけては、マーケット・リサーチの世界で彼にかなう者はほとんどいない。

市場の変化…軍国的スタイルが好まれる

ディジョバーニは「一〇代の自動車嗜好調査」を企画した。マーケットリサーチャーが一〇の都市に住む一三歳から一八歳までの若者に、電話でインタビューした。それから調査員は八つの都市へ行き、六五組の

「面接友人ペア」（面接を一緒に受けるティーンエージャーの友達同士のペア。こうすることで安心させて、より遠慮のない意見を得られると期待した）とじかに話した。

結果は驚くべきものだった。ハマーは全体としてはもっとも人気のあるブランドであり、一〇代の男子の間では一位、女子の間では三位だった。ディジョバーニが下した判断は、年少のアメリカ人が今後一〇年に自動車購買層となったとき、彼らは「軍国的スタイル」とディジョバーニが名付けたものを欲しがるようになるというものだった。そして、GMがそれを供給すべきだと確信した。「ベトナム戦争を知らずに育った彼らは、もっと小さな事件、例えば湾岸戦争に影響を受けており、そのなかではアメリカは常に強い」とディジョバーニはいう。「この軍国的スタイルというものは、彼らの意識のなかでは悪いことではない。今のハマーは、非常に軍国的な車だ。それがこういう子供たちには受けるのだ。力強いからだ」

一方で、ハマー・ブランドはヒット商品として大きくなりすぎ、しっかりとマーケティング活動をしようとすると中規模な軍需会社では手に負えないことに、AMジェネラルは気づき始めた。同社は、元の箱形のハマーにいくつかのバリエーションを加えて、拡大する市場を開拓しようとした。こうして発売されたバリエーションの一つが「スラント・バック《スラント》」ハマーである。屋根が後部バンパーに向かって傾斜している軍用ハンビーの一型式（屋根に搭載した対戦車ミサイルの発射時に、爆風で屋根の後部三分の一が溶けるのを防ぐため）に似せたものだ。しかし、一〇万ドルする車向けに作られたコスト構造と、大量市場での経験不足のために、AMジェネラルがハマーの成功によって得た利益はさほどではなかった。

ディジョバーニは調査結果をGMの最高幹部に持っていった。幹部はすぐにこの考えに夢中になった。同社は九九年一二月にハマー・ブランドをAMジェネラルから買収した。価格は一切公表されていない。「GMにとって、ハマーのようなブランドはマーケティング担当者の夢だ」と、その一六カ月後ABCスタジオで、GMの北米事業担当社長ロナルド・ザレラは熱を込めていった。「ハマーは自動車の偶像として、高いネームバリュー、忠実な顧客ベースを持つ。特に若い人の間で強い憧れになっており、当社に若い顧客と結びつく新たなチャンスをもたらすものだ」

GMとのハマー・ブランド売買契約後も、AMジェネラルは実際にはハマーの組立を請け負っていた。主にAMジェネラルが全米自動車労働組合との間に驚くほど低賃金で一〇年間の協定を結んでいたためだ。しかしGMは世界最大の自動車メーカーとしてのマーケティング力をハマーの販促に注いだ。GMは全国一三〇のもっとも大きく、もっとも成績のいいディーラーにフランチャイズを与えている。

GMとAMジェネラルの連合は奇妙なものであった。ABCスタジオでのイベントの前夜、広報担当者を付き従えたGMの重役五人とAMジェネラルの重役二人は、六人の記者をマンハッタン近郊のフラットアイアンビルにある流行のレストラン、AZでの夕食に誘った。個室での主菜には二つの選択があった。スズキのソテーのロックシュリンプ・コロッケとクレソン添えか、非常にレアな分厚いステーキとアスパラガスサラダである。かなり都会的なGMの重役は五人そろってスズキを選んだ。恰幅のいいAMジェネラルの重役は二人とも、皿じゅう血まみれにしながら生焼けの牛肉を引き切っていた（註1）。

ハマーの顧客像

ハマーは、ビュイック、シボレー、キャデラック同様にGMの一部門に仲間入りした。八〇年代後半のサターンとジオ以来、GMでは初の新設マーケティング・グループとなったハマーは、今日の国の精神を具体化するものとされている。ちょうどサターンが、八〇年代に広く行き渡った願望である、より協調的な労使関係を反映していたように。GMの目標は、一〇年以内に年間一四万台のハマーを売るという意欲的なものである。この数字はキャデラックの年間売上台数に迫るものだ。

GMは本来のハマーをハマーH1と改称し、一台一〇万ドルで年間一〇〇〇台から二〇〇〇台を、ディジョバーニが「徹底した個人主義者」と分類する人々に販売し続ける計画である。こうした人々は大変裕福なSUVオーナーで、車のオフロード性能に非常にこだわるが、実際にオフロード走行をするのはたったの五〜一〇パーセントだと、ディジョバーニはいった。

「徹底した個人主義者とは仲間の真の称賛を求める人々である」とディジョバーニは強調する。

しかしGMは、本当に儲かるのは少し小さめのハマーを大量に高値で売ることだと考えている。作業が速く進むようにコンサルタントを参加させ、既存のフルサイズSUVとピックアップのシャシーを使い回して、GMはハマーH2を急いで設計し、二〇〇二年六月から一台約五万ドルで年間四万台売るつもりでいる。アーノルド・シュワルツェネッガーがタイムズ・スクウェアに乗りつけたのは、H2の試作車であった。

全長はシボレー・タホSUVほど長くないが、八センチ幅が広く、一〇センチ高く、最低地上高が三センチ高くなったH2は、まだ一〇代の少年の心を持った客にアピールするように設計されている。革張りの前席とダッシュボードはコルベットを模したものだ。運転席と助手席の間にあるシフトレバーは、ジェット戦闘機のスロットルに似ている。試作車では、エンジンを始動させるときに押すボタンに「ファイア（発射）」という文字までついていたが、量産型ではつかないことになっている。

「弁護士がどうしてもやらせてくれなかった」。ディジョバーニがもの足りなさそうにいった。

ハマーH2は、ディジョバーニが「功成り名を遂げた人」と大いに皮肉を込めて呼ぶ者を対象に設計されている。「彼らは、Eコマース株を二万株買うというような、株式市場で強気の姿勢を取るという意味では勇気がある。本当はオフロードを走るつもりなどあまりないのだが、彼らには他人から、大変ご繁盛でといわれることが実に重要なのだ」

H1同様、H2にもアーノルドの影響が見られる。GMは当初H2を、傾斜したフロントガラスと割合ありふれた外見のタイヤを備えた設計にしていた。アーノルドがGMを説得した結果、H2はほぼ垂直のフロントガラスを持つ、現金輸送用の装甲車のような姿となった。また、タイヤには攻撃的なオフロード調の外見のものが採用された。「彼はわが社のホイールが気に入らなかった。弱々しいと思ったのだ。それで変更した」とGM北米事業担当社長のロナルド・ザレラはいう。

GMはハマーH3中型SUVを二〇〇四年か二〇〇五年に発売する計画で、一台二万五〇〇〇ドルで年間八万から一〇万台売ることを期待している。交通安全の専門家の懸念にもかかわらず、この車をできる限り若いドライバーに売りたがっていることを、GMの重役は隠そうとしない。「これは若い人が買える車になり、そして彼らは買うだろう。ハマーの威信に憧れを抱いているからだ」と、ザレラはABCスタジオのイベント後のインタビューでいった。そしてH3の次には、まだ設計者の構想段階で上層部は生産を承認していないが、さらに小さく安価なH4が控えている。これはジープ・ラングラーのサイズで、若い購入者にもいっそう手が出しやすくなる。

ハマーは、軍務に就いたことはないが、できればそうしたかった人々にアピールする傾向があることが、GMのマーケット・リサーチでわかっている。退役軍人のなかには、当然不快感を覚えている者もいる。「軍に勤務したこともないのに、軍服を着たり軍用車に乗ったりしたがる人がいるのは困ったものだ」と、退役海兵隊大佐で海外戦争復員兵協会の国家安全保障部長を務めるブルース・ハーダーはいう。「ずっとカウボーイになりたかった人間が、人生も後半に来て帽子と馬を買うみたいなものだ――まあ、それでもカウボーイにはなれないが」

こうしたハマーはみんなどこを走るのだろう？　GMの予想では、収入が二〇万ドルを超える世帯がH1とH2を買うとされている。ハマーは実用的な自家用車ではなく道楽だからである。フランチャイズの少なくとも七〇パーセントは、ハマーが主に非常に裕福な人々にアピールすることを考慮して、GMCトラックではなくキャデラックのディーラーに与えられている。また、鋭いマーケットリサーチャーであるディジョバーニは、アメリカのどこよりも多くの高額所得者がいるという理由で、マンハッタンをハマー販促の中心に決めた。そこで彼は、ハマー・ディーラーの環でニューヨーク市を包囲し、加えてマンハッタンに一カ所置くべく、自動車ディーラーと交渉中である。

「ランドローバーやレクサスのディーラーがあるところ、それが我々が狙う地域だ」と彼はいう。「ニューヨークにはたくさんある。マンハッタンのような、金持ちの客がいるところには」

しかし一部の客、特に若い客は難物であるかもしれない。二〇〇一年一月にGMが、デトロイト自動車ショーで初めてH2を展示したとき、最初の夜に見物人の間で二度ケンカがあった。二度目のケンカでは「銃で撃った」という叫び声で小規模なパニックが起こり、観客がコンベンションセンターの外へ駆け出す騒ぎになった。しかし警察の調べでは銃は発見されず、警備は厳しくなったものの展示は続けられた。

GMの計画は群を抜いて野心的であるとはいえ、巨大な軍用車ベースの車の魅力と潜在的利益に気づいた自動車メーカーはGMだけではない。世界最大級のトレーラートラック・メーカーであるフレートライナー社の経営陣は、大型化に向かうSUVの流行を、大きな関心をもって見守っていた。二〇〇〇年夏、機は熟した。同社が市場参入のために選んだのはウニモグだった。

ドイツの軍用輸送車ウニモグ

二〇〇一年のバレンタインデーの朝、オレゴン州シェリダンの三九ヘクタールの農場に住む家庭医、ジェームズ・モロイ三世医師は、家の外で待っていた。彼の家族と友人も一緒で、友人のなかには武骨なドイツの軍用輸送車、ウニモグへの熱い想いをモロイ医師と共にする者もいた。彼らはみな、古くなったウニモグをヨーロッパから購入し、時々モロイ医師の農場に集まっては、ウニモグのきわめて強力な四輪駆動システムを働かせて、ぬかるんだ急坂を上り下りする練習をした。モロイ医師は自分の六三年型ウニモグを非常に気に入っており、二一キロ離れた医院までの通勤に使っているほどだ。毎日ハイウェイを材木運搬車ほどのスピードでのろのろ走り、時にはポートランドの繁華街に乗り入れて路上に停めることもある。

新しいウニモグが見えてくると、彼らは畏怖を感じた――特にモロイ医師の一八歳になる息子ジミーと、その一〇代の友人たちは。まずはじめはウニモグの大きさだ。その全高二九〇センチは、ほとんどバスケットボールのゴールの高さで、一番高いSUVよりほぼ九〇センチ高い。モロイ医師の旧型ウニモグよりも六〇センチ高かった。地上一八〇センチの座席に取りつくために、三段の梯子が側面に取り付けられている。全長は六メートルで、巨大なフォード・エクスカーションさえ三〇センチしのいでいる。幅は一般的な乗用車より六〇センチ、ハマーH1より九センチ広く、そのため屋根の前面と後面にはトラック警告灯が付けられている。

このウニモグには、過保護のSUV愛好家が欲しがりそうな装備がすべてついている。ウォルナットの内装。ムードライト。革張シート。一〇〇〇ワットのステレオ。各ドアに四つのドリンク・ホルダー。本物のトレーラートラックのような煙突形排気筒まで。しかしこの車は運転台に三人しか乗れず、後部にはピックアップ・トラックの荷台がついていた。

ジミーはこの車が心底気に入ったが、一五万ドルの見積もり価格を聞いて少しがっくりした。「信じられないよ」と、彼は翌日の電話インタビューでいい、友人たちも同じ反応だったとつけ加えた。「みんなかなり完璧に参っちゃって――自分も欲しいみたいなことばかりいっていた」

フレートライナーの親会社、ダイムラーベンツが管理している公式ウェブサイトによれば、ウニモグの最初の計画は、一九四二年にベルリン郊外でダイムラーベンツの関係者が立てたという。ダイムラー関係者はこのトラックの起源について詳しく述べようとせず、筆者も信頼に足る社外の史料を見つけることができなかった。しかしウニモグの開発が、ドイツのトラック製造産業が並々ならぬ屈辱を味わった翌年に始まっているのは、興味深い偶然の一致である。一九四一年、ナチス・ドイツがソ連に侵攻したとき、無数のドイツのトラックが深い泥濘にはまって動けなくなり、軍に弾薬、燃料、食糧を補給しようとするヒトラーと将軍たちにとって兵站は悪夢のような状況になった。

独ソ戦での失敗から生まれたウニモグ

東部戦線でのナチスの経験のためか、あるいは他の理由があったのか、特に深い泥の中でも立ち往生せず走り回ることが可能な、新しいトラック用シャシーの設計を、ダイムラーベンツは始めた。シャシーの特徴をなすのは、きわめて重い防水トランスミッションと車軸、重いフレーム、強力な四輪駆動システムであった。これらにより膝までの泥の中を故障することなく走行できるはずであった。

ダイムラーベンツがこの計画を立ててすぐ、連合軍の爆撃機がナチス・ドイツの生産能力をほとんど壊滅させたため、ウニモグの製造は一九四八年まで始まらなかった。それは当時農業用トラクターとして製造された――ドイツは第二次大戦直後に武装解除されたのだ。ダイムラーベンツの一部門であるメルセデスが販売を担当し、ウニモグはその後ドイツ、スイス両軍で使用されるほか、遠隔地での消防・救助車輌として、また頑丈な除雪・道路整備車輌として好評になった。

こうした頑丈な重量級トラックの構成部品は重く、文字通り何トンもあり、しかも長年のうちにさらに重くなる一方だった。空荷でも、最新のウニモグは五・七トンという異様な重さがある。シボレー・サバーバン二台分、あるいはホンダ・アコード四台分より重い。

ダイムラーベンツはフレートライナーを八一年に買収した。フレートライナーは長年にわたり利益をあげていた。九〇年代後半フレートライナーが、自社の販売した大量のトレーラートラックを二、三年使用した後で顧客からかなりいい値段で買い取ることに同意すると、売上は急増した。しばらくの間、フレートライナーはこうしたトラックを中古トラック市場で転売することができた。この戦略は中古トラックが法外な高値で売れている間はうまくいった。しかし、アメリカ経済が低迷した二〇〇〇年、重量級トラック市場は不況に陥った。中古トラック価格は急落し、フレートライナーは何千という中古トラックの不良在庫を抱え込んだ。

新たな資金と利益を生みだす方策を求めて、フレートライナーの経営陣は二〇〇〇年八月にウニモグを同じ親会社(このときにはもうダイムラークライスラーになっていた)を持つメルセデスから輸入することを決めた。メルセデスはウニモグを半世紀にわたってドイツで製造・販売していたが、アメリカの安全・環境基準を満たしていないため、アメリカには輸出していなかった。

それでもモロイ医師のような熱狂的なオフロード走行愛好家は、二五年以上経った車を安全および環境規制から除外するという抜け穴を使って、多数のウニモグを輸入していた。この抜け穴は、ロールスロイスなどのクラシックカーを国内に持ち込みやすくするために設けられたものだが、オフロード・マニアは、ドイツおよびスイス軍や消防署が余剰品として売却した二五年落ちのウニモグを買って輸入するためにそれを利用していたのだ。こうしたマニアのほとんどはきちんとしたドライバーで、州立または国立公園へ行ったときも、もともとついている道を外れないようにしているが、なかには「木しばき」などという悪質な遊び——ウニモグの馬力と重さで幹の直径が一〇センチくらいまでの木を押し倒す——をする者もいた。

フレートライナーの経営陣は、安全と環境上の改修を数カ所行なえば、新車のウニモグをメルセデスから輸入して販売することができると判断した。彼らは年間一〇〇〇台を、うち二五〇台は裕福な個人に、残りは消防署や自治体に救助車や除雪車として販売する計画を企てた。

フレートライナーは、車輛総重量二万六〇〇〇ポンド(約一一・八トン)の車としてウニモグの認定を受けることを選んだ。これは狡猾なやり方だった。州および連邦の法規は、満載時に二万六〇〇一ポンド以上の車の運転者に営業用自動車免許の所持を義務づけている。この車は実際には、満載時で二万七〇〇〇ポンド以上の荷重に耐える機械的強度を有していたが、二万六〇〇〇ポンドを一ポンドたりとも超える重さに耐えられないと認定されているからには、これは自家用車としてまったく合法だと、ウニモグのマーケティング課長ブルース・バーンズはいった。

究極のオフロード・トラック

ウニモグは、サンフランシスコでもっとも急な坂の二倍の傾斜を持つ未舗装路を登れるように設計された四輪駆動システムを備えているが、本格的ＳＵＶというよりはオフロード・トラックである。二〇〇二年に八万ドルで発売される予定だったもっとも基本的なタイプでは、三人乗りの運転台の後ろはむき出しのシャシーである。ピックアップ・トラックの荷台をつけるのにも四〇〇〇ドルの割増し料金がかかる。ウニモグはどこかのトラック・ラリーから抜け出してきたモンスター・トラックに少なからず似ている。だがメルセデスは、長年ウニモグを狩猟用自動車としてオマーンなどペルシア湾岸諸国に供給している。外部の業者がそうしたウニモグに、寝室やその他快適な装備を二五万ドルから六〇万ドルで取りつけている。豪華な探検モデルは、非日常的な作業および居住空間の展覧会で、ニューヨークの近代美術館に展示までされた。

フレートライナーは二〇〇〇年一一月にダラスで開かれたグレート・アメリカン・トラック・ショーで、個人向けのスポーツバージョンを初公開し、フレートライナーのディーラーにその販売とパーツのストックを促そうとした。「ウニモグは北米の４×４トラックとＳＵＶの両方の市場に新局面を加える」とフレートライナーの最高経営責任者兼社長、ジム・ヒービーは記者会見で語った。「それはきわめて適応性が高く、考えられるもっとも困難な状況――洪水、非常に起伏の激しい地形、荒天など――でも操縦できる。しかも頑丈さに加えて、レクリエーションに使うドライバーのために、内装は快適で、おしゃれで、取りつきやすいデザインになっている」

売り込み用のパンフレットはそれ以上に刺激的だった。「道は要らない、自分で作れるのなら」と表紙には書かれており、ウニモグが山の険しい岩角に載っている写真が使われていた。

「大自然を征服したいからといって、革シートやエアコンをあきらめる必要はまったくありません」と、なかには書いてある。ウニモグがオフィスビルの脇を通り過ぎる写真があり、「SUVやその他のいわゆる4×4から、走り過ぎるあなたはこのように見えます」と銘打ったウニモグの図が入っている。

たぶん他のドライバーにとってもっとも不気味なのは、パンフレットの裏表紙の言葉だろう。「攻撃的で大胆、それがウニモグに乗ったあなたです」

信じられないことに、誰も注目しなかった。全国紙はトラックショーを報道しなかった。フレートライナー経営陣は計画を先に進め、このマッチョ車の写真をアーノルド・シュワルツェネッガーのエージェントに送って、組立ラインを出た一号車を受け取るようにアーノルドを説得してくれることを期待した（エージェントは返事をよこさなかった）。彼らは中古ウニモグのコレクターに接触し、新型車への興味をかき立てた。そして市場の反応を見るために、第一回の消費者相談会をモロイ医師の家で開いた。

怪獣ダッジラ

筆者はウニモグのことを発表から二、三カ月後に友人から聞き、かなり批判的な記事を二〇〇一年二月二一日付の『ニューヨーク・タイムズ』経済面のトップに掲載した。新聞一面の図表には、経済面の筆者の記事を読者に告知する説明文とともに、ウニモグをホンダ・インサイト・クーペ、M1戦車、ティラノザウルス・レックスと対比する縮尺図が載った。ウニモグの重さはティラノザウルスと同じと図表には記されていた。

その結果、マスコミ報道が荒れ狂うことになった。特にケーブルテレビとラジオが多かったが、一部新聞でも取り上げられた。ナショナル・パブリック・ラジオの番組「カー・トーク」のインターネット・サイトでは、この車にもっとふさわしい名前を考案するコンテストを開いた。ちなみにウニモグは、ドイツ語で多目的原動機付機器を意味するウニベルザール・モートア・ゲレートの略である。優勝したのはダッジラ（ダイムラークライスラーのブランドのダッジ+ゴジラ）、二位がホワットインザヘルワーゼイスィンキンゴグ（ホワット・イン・ザ・ヘル・ワー・ゼイ・スインキング——あいつら一体何を考えてやがったんだ＋ウニモグ）、三位がコンペンセイター（補償者――性器の大きさについてのコンプレックスを埋めるもの）、四位が同点でフランケンスモグとテストストザウルス・レックス（テストステロン――男性ホルモン＋ティラノザウルス・レックス）であった。

『ニューヨーク・デイリー・ニューズ』紙のコラムニストは、フレートライナーがアーノルドに言い寄ったことに特に慄然としていた。「いやはや、オーストリア人にアメリカでドイツ製戦車を運転させることが、本当に最高のマーケティング計画なのだろうか」と彼女のコラムはいう（一年後、シュワルツェネッガーは、すでにウニモグを持っておりアイダホにあるスキー休暇用の別荘に置いてあることを明かした。「二メーター九〇くらいあるんだ」と彼は『ミルウォーキー・ジャーナル・センチネル』に語った。「サンバレーの人たちは私があのバカな車で走り回っているのを見て、何だかえらく興奮していた。あれはガレージに入らないんだが、子供たちはとても気に入っている。後ろについている大きな荷台に乗せてスキー場までつれていってやるからだ」）（註2）。

ダイムラークライスラーのドイツの役員は、筆者の記事が出てから初めの数時間は、新型車が注目されたことを喜んでいた。「これでハマーの影も薄くなる」とドイツの同社広報担当者はいった。

ところが、出勤してきたダイムラークライスラーのワシントンのロビイストは、その朝ラジオでくり返しウニモグのことを聞き、激怒していた。注目を集めることで、SUVの規制に関心を持った議員が勢いづくことを彼らは恐れたのだ。その日の午後、筆者はフレートライナーの広報から弁解じみた電話を受けた。記事には間違ったところは何もないが、それでも同社は記事が間違っていることを匂わす記者発表をするということだった。

その後出た発表は、フレートライナーは二〇〇二年にウニモグを商用トラックとして三〇〇台だけ販売するといっていた。自家用車市場についてほのめかすのは、「ウニモグは多目的スポーツ車の大量市場で競争することを意図したものではない」という簡潔な一文だけだった。同社はインターネット・サイトから、CEOがウニモグについて述べたことを引用した記者発表を即座に削除した。また、他の記者に宣伝用パンフレットを与えるのを断り、ワシントンのダイムラークライスラーのロビイストにさえパンフレットを分けようとしなかった。フレートライナーは消防自動車の装備を施したウニモグの写真を公表したが、スポーツタイプの写真は公表を拒んだ。

騒動が静まってから二、三週間後、フレートライナーの広報担当者は、同社は二〇〇三年に一〇〇〇台のウニモグを販売するつもりであり、小売市場は「一〇パーセントか、五パーセントか、二五パーセントかもしれない。ほんのひと握りということだ」といった。二五パーセントといわれると、初めにいっていたように、同社がまだ年間二五〇台を裕福な個人に売ろうと思っているのではないかと、疑わしく聞こえる。

しかし一カ月後、ダイムラーはフレートライナーのアメリカ人幹部を解任してドイツ人を後任に据え、買い戻しプログラムのせいで大きな損失を出したことを発表した。新経営陣は、消防署や除雪業務で使うものも含め、ウニモグを輸入する計画をすべて延期した。

彼らには一つ厄介な問題が残っていた。モロイに見せた、そして全国の新聞記者がまだやかましく見せろといっている豪華なスポーツモデルはどうするのか。ヨーロッパに戻すことはできない。すでにアメリカの安全基準に合わせた装備を整えてしまったので、ヨーロッパの規則には一部合わなくなっているからだ。しかしまだアメリカの環境規制に合致しているという認定は受けていない。アメリカでこの車を販売するには、多額の費用をかけてこの手続きをしなければならない。

フレートライナーは独創的な対応を思いついた。ムードライトと革張の内装がついたウニモグを、アリゾナ州のピマ・インディアン保留地の消防署に、救助車として、また遠隔地の山の斜面で火事が起きたときに消防隊員と機材を運ぶ輸送車として使うように、年に一ドルで貸し出したのだ。インディアン保留地の消防用車輌は環境規制から除外されている。この措置により、この車が再び人目に――特に記者の目に――触れることはきわめて少なくなりそうである。

ハマーやウニモグが自家用車として合法であることの不思議

より広い目で見た場合、ハマーとウニモグの重大性は、それが自家用車としてまったく合法だということにある。これらはトラックが通れるほど大きな連邦法規の抜け穴の、もっともとんでもない見本である。

まず燃費から見てみよう。ハマーH1とH2は、市街地走行とハイウェイ走行を組み合わせて、ガロン一三マイル（リッター約五・五キロ）走り、ウニモグはガロン一〇マイル（リッター約四・二キロ）走る。それすらもH1とウニモグは、ディーゼルエンジンを搭載しており、ガソリンエンジンより燃費が三分の一いいから何とか達成しているにすぎない（H2は六リッター・ガソリンエンジンを積んでいる）。三台ともきわめて重いため、中型トラックに分類されており、燃費基準を免除されている。

次に大気汚染である。これだけのディーゼル燃料を燃やせば、必ず大量の微粒子状のすすと、スモッグの原因となるガスが発生する。しかし中型トラックはどちらも、小型トラックよりも多量に排出することを許されている。

安全性はどうか。ハマーH1や、特にウニモグにぶつけられた者は、ひどいことになるだろう。それは非常に重いからというだけではない。いずれの車も最低地上高が異様に高く、シャシーにはきわめて太い鋼鉄のレールが使われていて、それは事故の際にもまったく曲がらない。ハマーH1の最低地上高は四〇センチあり、高さ五五センチの垂直の壁を乗り越えられるように設計されている。ウニモグはさらに高い。連邦の規則では、乗用車のバンパーは地面から一六～二〇インチ（約四一～五一センチ）の間での衝撃に耐えることを要求されている。

GMもフレートライナーも、乗用車との衝突時のコンパティビリティにほとんど注意を払っていない。ウニモグのマーケティング課長のバーンズは、この件について質問されたことにさえ驚いて、このように答えた。「私には見当もつかなかった――いい質問だ」

GMの北米自動車安全担当役員テリー・コノリーは二〇〇〇年夏に、自分の部署はハマーH2の設計にはほとんど関わっていないと、率直に筆者に話した。その設計プロセスはGMのマーケティング担当者と外部のコンサルタントが支配していたのだ。二、三カ月後、ハマーの設計部長テリー・ヘンラインが筆者に語ったところでは、H2のオフロード性能をH1以外のあらゆるSUVより高めるために、GMは太い鋼鉄のレールを、シボレー・タホより五センチ高く試作車のシャシーに取りつけたという。

フレーム・レールの位置を上げることは、衝突コンパティビリティという点で何より危険な設計上の決定の一つである。筆者はGMの重役に、これは本当に最悪のアイディアだと話すようになった。GM内部に同じ結論に達した者がいたに違いない。GMのエンジニアリング担当部長ジム・クイーンが二〇〇一年夏、フレーム・レールの高さを衝突コンパティビリティの観点から見直していると筆者にいったからだ。またGMはH2の量産型には少し小さめのタイヤを装着し、これも衝突コンパティビリティに寄与するだろうとクイーンはいった。

攻撃的な外見をしているからハマーは乗用車より安全なのだという俗説がある。これは間違いなのだが、大勢の信奉者がいる。例えばデトロイトの広告会社重役、マーシー・ブローガンだ。ここ数年、平日には、彼女は往復六五キロを鮮やかな赤のハマーH1で通勤している。

「いつも戦車に乗りたいと思っている」と彼女はいう。「道路にはおかしな人がたくさんいるから。自分も含めてね――私はとても不注意なドライバーだから、安全はとても大切だわ」

この考え方は自己中心的であるだけでなく、間違っていると、交通安全の専門家はいう。中型トラックであるハマーH1は、多くの安全規制を免除されており、エアバッグのような基本的な機能が欠けているのだ(H2にはついているが)。H1にはクランプル・ゾーンもない。

ダラス近郊に住む四四歳のソフトウェア設計者で熱狂的ハマー愛好家のケリ・クインは、以前経験したベンツとの衝突のことを誇らしげに筆者に話した。ある雨の午後、クインはハマーでのろのろ運転のハイウェイを走っていた。ハマーはメタリック・グリーンの九四年型で、クインは前に会ったドライブインのウェイトレスにちなんでルーシーと呼んでいた。ハイウェイを降りようと、右斜めに前かがみになって幅の広い車の向こう側にあるサイドミラーをのぞき込んでいたとき、大型のベンツのセダンに追突された。ベンツの前部はめちゃめちゃになったが、ハマーは一五〇ドルの被害で済んだ。

そこで筆者は、それぞれの車に乗っていた人間はどうなったかと訊いた。するとクインは、ベンツに乗っていた女性は無傷だったが、衝突の衝撃で彼の頭はヘッドレストの脇を抜けて後ろに引っ張られ、首の付け根を負傷し、脊柱の脊椎骨が上から三つ損傷を受けたことを認めた。以来彼は鍼などさまざまな治療を受けているが、効果はあまり上がっていない。「いつも首は痛いし、頭は痛いし、肩は痛いし」と彼はいう。

訴訟好きではないクインは、事故の後で訴訟を一切起こさなかった。だからこの事故には事故鑑定人の厳密な調査が行なわれていない。しかしクインの推定では、彼は衝突時に時速一〇キロから一五キロで走っており、後ろのベンツは三〇キロを超えてはいなかったはずである。

ベンツはつぶれたが、ハマーはバンパーにひっかき傷がつきナンバープレートの枠が曲がっただけだった。バンパーはまったく変形しなかった。それは特別に強化された鋼鉄製で、フックを引っ掛けてヘリコプターで吊り上げ、そのまま空輸できるように頑丈に設計されているからだ。ベンツがぶつかったとき、クインは二台の車が合わさっていく動きをすべて感じたのだ。

「鉄パイプを頭に当てて、ゴムのハンマーで叩いたとする――パイプには傷もつかないが、頭は痛い」とクインは説明した。

AZでの夕食会で、筆者はこの事件をAMジェネラルのCEO、ジェームズ・A・アーマーに詳しく話したが、ハマーの安全性を全面的に擁護し、アーマーはよく知らなかった。クインの事故についてアーマーはよく知らなかった。時に搭乗者の首を保護することは難しいといった。

クインはといえば、今もルーシーに乗っており、相変わらずハマーにほれ込んでいる。しかしこの事故で彼は、大きく頑丈なハマーが他の車にぶつかった場合に引き起こしうる被害に対して、認識を新たにした。

「いつもだいたい、友人にいわせると子猫のなかの象みたいに運転するようにしているよ」とクインはいう。

「簡単に人を傷つけることになるからね」

19章　世界を覆うハイウェイ軍拡競争

もしSUVに不向きな街があるとすれば、それはパリだ。古い通りは狭く、歩行者でごったがえしている。特に観光シーズンには、歩行者がわずかな歩道から車道へとあふれ出す。車は小さく背が低い。ガソリン税が異様に高く、アメリカの三倍にもなるからだ。駐車場のスペースは小さいが、それも見つかればの話だ。そしてオフロード走行の場所がない。環境保護団体がフランス全土にわたって地方当局を説き伏せ、公有地でのその種の行為を禁止させたのだ。

パリのSUV

それでもよく晴れた初夏の平日の朝、裕福なパリ近郊にあるフランク・ロメンのランドローバー・ディーラーはにぎわっていた。作業場はSUVでいっぱいで、なかには配送の準備をしている新車もある。顧客は金持ちだ——ある客はレンジローバーを修理に出している間、フェラーリとBMW7シリーズ・セダンで我慢している。このディーラーではグリルガードを売っており、作業場にあるSUVの少なくとも一台には取り付けられている。すぐそばにあるロメンのジャガー・ディーラーは、対照的にどちらかといえば静かだった。

ランドローバーのショールームは普通、森のように見せかけた雰囲気を持っている。だが上の階にいるロメンの事務所のインテリア・デザイナーは、神経に障るモダニスト的手法をとっており、室内にあるものはどれも黒か白だった。ロメンはフランスで四輪駆動を使う機会について率直に語った。

「フランスでは難しい。（アメリカ）西部のようなスペースはないからだ」と彼はいう。

そこでこのディーラーでは、独自のお膳立てを行なっている。私有地への狩猟旅行あり、乗馬体験あり、ゴルフ旅行まである。こうした活動でも、四輪駆動は必要ないが、とにかく客はこの機能を欲しがるのだと、ロメンは説明する。「それはライフスタイルでもあるのだ。心の中の冒険のような――それをしなくても、することができるということだ」

アメリカの自動車メーカーは、消費者の需要に促されてSUVの製造が増えたと好んで口にする。だがロメンはそのような錯覚をしておらず、SUVが際限なく豪華になっているから人々が持ちたがるのだという。「製品が需要を創ってきたのだ。変わったのは人よりも車のほうだ」と彼はフランス語でいい、「セ・ラ・モード――ファッションだよ」と強調のために英語をまじえた。

ロメンのようなSUVディーラーは最近繁盛している。フランスの自動車市場全体はほとんど拡大していないというのに、SUVの売上は一九九五年から二〇〇〇年の間に一四八パーセント上昇しているからだ。まだSUVは、乗用車ベースの多目的クロスオーバー車を含めても、二〇〇〇年のフランス市場のわずか三・三パーセントを占めるにすぎないが、その増加傾向は明らかである。フランスも例外ではないのだ。

SUV――世界中の裕福な家庭同士の共通点

アメリカは相変わらずSUVの国だが、オフロード車はいたる所でより一般的になり始めている。食べ物から香水まであらゆる消費者の嗜好という点において、世界中の裕福な家庭同士の共通点は、同じ国のあまり裕福でない人々との共通点よりもますます多くなりつつあると、マーケットリサーチャーはいう。SUVはこの好例となっている。

メキシコでは、富裕世帯は長いことシボレー・サバーバンを買い、家族とメイドを乗せて街の邸宅と農村の地所を行き来していた。しかし今、このファッションを都市の中流家庭が真似ている。ゼネラルモーターズにはうれしいことであり、同社はもう少し財力に乏しい人の需要に応えるため、小型のモデルも発表している。

ブラジルでは、高い犯罪率がSUVを流行させた。SUVは頑丈なサスペンションを備えているので、車を防弾板ですっぽり覆うことができるというのが理由の一つだ。一九九七年、当時クライスラーのブラジルにおける販売およびマーケティング担当専務であったマイケル・M・オマラは、サンパウロのディーラーを訪れたとき、一人の男の話をした。質素な服を着たその男は少し前、妻と成人した息子を連れて、とあるクライスラーのディーラーに現れた。価格交渉もせずに、男は一台一一万ドルの防弾板入りグランドチェロキーを三台注文し、無造作に小切手帳を取り出すとその場で支払った。ブラジルの自動車市場の大部分は、非常に安価でアメリカでは売っていないような小さな車で成り立っており、この先そうした乗用車とSUVの衝突は恐るべき結果をもたらすだろう。

オーストラリアでは、SUVが市場の一三パーセントを占めている。フォードは、オーストラリアでもエクスプローラーの販売で大繁盛しており、二〇〇六年にもSUVが市場の二〇パーセントに達するだろうと予測している。オーストラリアは高額の輸入品税で国内の自動車メーカーを保護しているが、輸入トラックにははるかに低率の関税を設定しており、SUVはこのカテゴリーに入っている。アメリカ同様、オーストラリアもSUVが乗用車よりも多くの大気汚染物質を排出することを許容しており、メーカーが取り付ける触媒コンバーターは、あまり高価でない型でよい。クライスラーに雇われて市場を調査したラパイユは、SUVはオーストラリア人の「爬虫類的本能」に訴えかけるという。「オーストラリア人は生存者だ。これが鍵だ」と彼はいう。「彼らはどこでも生き延びられるという感覚を愛するのだ」

中国は、今後二、三〇年間に世界最大の自動車市場となる可能性を持ち、トヨタが大型のランドクルーザーの製造を準備する一方で、新たに中国語のSUV専門グラビア誌が発行されている。フォードは台湾でエスケープを積極的に売り込んでおり、地震で被害を受けたビルの一二階の端に車を載せるという派手な宣伝まで行なったが、悪趣味だとして批判を集めた。貧しいフィリピン南部では、成功した漁民は中古の「ジープ」と呼ばれるSUVを手に入れたいと願っている。もっともその大半は実際には日本製の車だが。

日本ではSUVは一九九〇年代初めに短期間ヒットしたが、その後すたれ、大国では唯一SUV人気の去った国となった。トヨタRAV4のような多目的クロスオーバー車は現在人気が上がっているが、大型でピックアップ・ベースのモデルは人気がない。トヨタの張富士夫社長は訪米の折、これは日本経済の衰退を反映しており、国民が高価な車種を買えなくなっているのだと筆者に語った。しかしホンダの関係者は違う判断をしている。日本人は共同体意識が強いので、駐車スペースをたくさん取ったり他のドライバーの視界を妨げたりする車を選ぶ者に対して、まわりから強い社会的圧力があると彼らはいう。ブラジルと同様、日本の自動車市場もＳＵＶとの衝突に弱い小型乗用車が主流である。

ドイツは、攻撃的な外見の車に対する国を挙げての不信感が薄れてきたと見え、反対の方向に動きだした。最近までドイツの道路ではほとんど見られなかったＳＵＶと多目的クロスオーバー車が、二〇〇一年には新車売上の二・九二パーセントを占め、一〇年前の二倍以上の割合になっている。メーカーが生産を強化しているので、この種の車は二〇〇五年までにドイツ市場で四・七パーセントにまでに急増するだろうと、自動車コンサルティング会社のＪ・Ｄ・パワー・アンド・アソシエイツは予測している。

泥だらけのＳＵＶでロンドンを走る

英国では、ランドローバー関係者が驚きをこめて、顧客が田舎へ行って車をできるだけ泥で汚し、何カ月も洗わずに自慢気にロンドンを走り回っていると話している。ランドローバー社はロンドンに、泥だらけのＳＵＶを載せただけの看板広告をまで出し、この車のオーナーは田舎に地所を持っているに違いないとほのめかした。英国ではフランス同様、オフロード走行は広範囲にわたって禁止されているからだ。しかし、週末に馬を載せたトレーラーを牽引するためにＳＵＶを使う顧客がいる一方、多くはただ列車に乗るために使われている。

「ほとんどは駅に停めてある」と、ロンドン郊外にあるランドローバー・ディーラーの総支配人、マーク・ポーコックはいう。このディーラーには低い人工の丘があり、見込み客は車のオフロード性能を試すことができる。

アメリカほどＳＵＶに狂った市場はないものの、海外での売上は明らかに伸びている。Ｊ・Ｄ・パワー・アンド・アソシエイツは本書のために快く海外のＳＵＶ市場占有率の詳しい分析をしてくれ、その結果、南アフリカ以外のほとんど全地域でシェアが伸びていることがわかった。一九九五年から二〇〇一年の間に、自家用車の売上に占めるＳＵＶの割合は、西ヨーロッパで二・六パーセントから三・三パーセントに上がっており、南アメリカでは二・四パーセントから三・六パーセントに上昇、アジア（オーストラリアを含む）では六・四パーセントから八・三パーセントまで増加している（註1）。しかし、これだけの増加にもかかわらず、アメリカ一国でなお全世界のSUV売上の三分の二以上を占めている。

最大級のSUVはアメリカと、広い土地があり、所得格差が激しく、ガソリンの価格が安い国々――特にメキシコ、ベネズエラ、ペルシャ湾岸諸国――にまだ限定されている。中型と小型のモデルは東アジアとヨーロッパでよく売れており、メルセデスMクラス、BMW・X5、ジープ・グランドチェロキーは特に健闘している。

第二次大戦からのジープのイメージ

世界中のほとんどの市場において、SUVの先駆者はジープである。アメリカ軍は第二次大戦中ジープをヨーロッパとアジアの至るところで使用し、丈夫な軍放出品のジープは、戦後も未開発の地域ですぐに売れた。カイザー・ジープは五〇年代から六〇年代にかけて小さな工場を十数カ国に建設した。当時ほとんどの国で自動車輸入税が非常に高く、アメリカから輸出すると不経済だということも理由の一つだった。カイザー・ジープはアルゼンチンに巨大な工場を建て、アメリカから余剰の機材を大量に輸出して、アルゼンチンとブラジルの最大手企業の一つとなった。「我々は世界中でジープを売ろうと必死だった」と長年カイザー・ジープの社長を務めたスティーブン・ジラードはいう。

第二次大戦からのジープのイメージは、世界各地での生産と数えきれないハリウッド映画によって補強され、今もほとんどすべての国で生き残っていると、精神分析学者で設計者のクロテール・ラパイユはいう。ラパイユは世界中を回って、クライスラーのために消費者のジープに対する態度を十数カ国で調査し、常にこの車が解放を連想させることを発見した。「ジープはアメリカの偶像であり、ハリウッドとアメリカ映画の影響により、アメリカから来た解放者なのだ」とラパイユはいい、さらにドイツでの市場調査では「ドイツ人は、アメリカはドイツを自分自身から解放しに来たといった……。南米でもアジアでも、アメリカにはこのイメージがある。どこへでも行って誰でも助けることができるという観念だ」とつけ加えた。

世界の主要な自動車市場のなかで、英国にだけはジープに対して、このようなイメージが欠けていた。たぶん英国はアメリカ軍に解放されたことがないからであろう。英国においてSUVに関する社会の意識は、ランドローバーが形成したことにラパイユは気づいた。英国ではランドローバーには昔からエリートのイメージがあった。この車は第二次大戦後、裕福な上流階級がぬかるんだ地所を見回るために開発されたからだ。

中小型のSUVは、この先まず間違いなくアメリカの外に急速に拡がるだろう。この数年来自動車メーカーは何十種類もの新型SUVを、世界の自動車市場の三分の一を占めるアメリカ市場向けにせっせと設計してきた。今メーカーはできるだけ多くのSUVを世界中に売ることで投資を回収することを期待している。フォードは多種多様なエクスプローラーを世界中の異なる規制に合わせて設計しており、現在九三カ国で販売している。海外では道路が狭くガソリンは高いため、大部分の国で市場占有率がアメリカ並みに達することは決してないだろうが、それでも占有率は上がるだろう。

北米から世界へ拡がるSUV

今日までアメリカ国外でSUVの売上がそれほど急に伸びなかった理由の一つに、国内の需要をまかなうためにメーカーが工場をフル回転させており、海外市場に供給するための余分な生産能力があまりなかったことがある。ゼネラルモーターズはシボレー・ブレイザーをブラジルの工場からロシアへ輸出している。オハイオ州のブレイザー工場のほうがずっとロシアの港に近いのだが、オハイオ工場はアメリカ市場向けのブレイザーを作るのがやっとだからだ。多目的クロスオーバー車ポルシェ・カイエンの半数は、アメリカ市場を想定しているが、ドイツのライプツィヒで製造されている。

だが非常に多くのSUVの車種が現在アメリカ市場に出回っており、北米とヨーロッパで六カ所の大規模工場が、建設あるいはSUV生産に転換されているので、他の市場に供給する余剰生産力がもうすぐ得られる。もしアメリカのSUV市場が停滞することがあれば、さらに大量のSUVが海外市場に押し寄せるだろう。

これは深刻な環境問題を引き起こす。エンジンが大きく、規制の緩いSUVによる大気汚染はスモッグを悪化させるだろう。SUVが増えれば地球温暖化との戦いは後退する。とはいえ、海外で販売されるSUVの総数は、当分の間アメリカ国内の数字よりも低く留まっているだろうが。

さらに恐ろしいのがSUVが海外で引き起こす安全上の問題である。フォードが独自に行なったエクスプローラーの調査が示すように、中型SUVでも衝突すれば乗用車にひどい被害をもたらす恐れがある。ヨーロッパ、ラテンアメリカ、アジアでは被害はさらに悪化するだろう。こうした地域ではサブコンパクトカーが大量に走っており、一般にそのドア枠下部やボンネットは、アメリカの大半の乗用車よりさらに低いからだ。北米以外の規制当局では、横転による被害を軽減するための規則作りがひどく遅れている。例えばカナダとサウジアラビアだけが、屋根の圧潰に対する抵抗力を規定しようとし始めたが、両国ともアメリカのおざなりな法規を導入したにすぎない。ヨーロッパと日本にはまだ一切基準がない(註2)。

最悪なのは歩行者に対する脅威である。自動車との衝突によりきわめて多数の死者が、開発途上国では発生している。途上国では、歩道や歩道橋など歩行者や自転車を保護する施設がない道路が多いからだ。アメリカでは、交通事故死者に歩行者や自転車運転者が占める割合は一三パーセントにすぎないが、途上国では四〇パーセントにもなると推定されている。歩道もない設計のまずい道路に大勢の人々が歩いており、負傷者への医療も不十分な地域へSUVを持ち込めば、大惨事は間違いない。

アメリカはハイウェイ軍拡競争の先頭に立ってきた。しかし、この先死亡者と環境被害は、実際にはアメリカ国外で同じくらい、あるいはいっそう多くなるだろう。SUVはアメリカの創造物であり、アメリカは本来、自動車を対象とする安全および環境規制で世界をリードしてきたのだから、必然的にアメリカがSUV問題の改善の先頭に立つべきである。しかし九〇年代後半から二〇〇〇年にかけて強いSUV批判にさらされたあとで、自動車メーカーは、さらに大きくさらに攻撃的な、政府の規制をほとんど受けないSUVを製造する計画を引っさげて、勝ち誇った姿を見せている。

米国科学アカデミーの報告

二〇〇一年夏のあわただしく過ぎた二、三週間の間に、ワシントンは本当にSUVの最大の抜け穴――小型トラックに乗用車よりも甘い燃費基準の適用を許す規則――を完全にふさぐかと思われた。続けて二度目のガソリンの高い夏は、多くのアメリカ人を震え上がらせていた。ブッシュ政権は、その支持者であるテキサスの石油産業が、アラスカにある北極圏野生生物保護区で石油を掘削できるようにごり押ししているため、何か他の方策を講じて、環境保護団体の反対をやわらげようと模索していた。カリフォルニアの電力不足が省エネルギー戦略、電気の小売価格の値上げ、電気の卸売価格の法的規制により解決されたことで、エネルギー節約は新たに社会の支持を得ていた。

自動車業界は規制強化を何とか食い止める策を使い果たそうとしていた。一九九六年から二〇〇〇年にかけて、議会の多数派である共和党が毎年運輸省の予算に、燃費問題への出費を阻む規定を加え、それにより小型トラックの基準の引き上げを妨げてきた。しかし二〇〇〇年春、ガソリンの不足と価格の高騰がかなりの論議を生み、この規定を更新することが非常に難しくなった。ミシガン州選出議員団は、基準引き上げの実行可能性を一年間にわたって総合的に米国科学アカデミーに調査させることに合意することでしか、基準強化を防ぎ止められなかった。

科学アカデミーは結局、自動車産業のコンサルタントと退職した石油業界と自動車業界の役員ばかりを委員に選んで、報告書を作成した。環境保護団体の代表は委員会に入れられなかった。そこで二〇〇一年初め、自動車業界は息のかかった議員に、運輸省がエネルギー政策の調査に予算を使うことを禁止する規定を、わざわざ更新するには及ばないといった。

禁止規定を更新しようとすれば、すさまじい政争が引き起こされただろうが、新たに選出されたブッシュ政権が基準を引き上げる可能性はほとんどないと業界は考えたのだ。ジョージ・W・ブッシュ大統領とディック・チェイニー副大統領は二人とも、燃費に対する態度は主に米国科学アカデミーの報告書を見て決定するといっており、その報告書には、燃費改善の可能性はわずかであると書かれているはずだからだ。自動車業界は前年の政治献金額で大幅にブッシュをひいきしており、対立候補のアル・ゴアに与えたのがわずか二万一七六五ドルだったのに対し、ブッシュには一二万六八五〇ドルを与えている（註3）。

また、長年自動車産業の味方だった人物が二人、ブッシュ新政権で幹部職を占めていた。一九九三年から九八年までアメリカ自動車工業会会長で、その後ゼネラルモーターズの主席ロビイストを九九年から二〇〇〇年にかけてワシントンで務めたアンドリュー・カードが、ジョージ・W・ブッシュの首席補佐官となっていた――さらにいえば、ブッシュが新政権の閣僚としてまさに最初に指名した人物だった。それからミシガン州選出の共和党上院議員で、議会で自動車規制全般、特に燃費規制に猛烈に反対していたスペンサー・エイブラハムを、ブッシュはエネルギー省長官として入閣させた。エイブラハムは二〇〇〇年に、自動車メーカーから個人としてはもっとも多額の献金一八万五四五〇ドルを選挙戦のために受け取ったが、議席を守ることはできなかった（註4）。

しかし、二〇〇一年の晩春から初夏にかけてガソリン不足と高騰が再発すると、自動車業界の計画は破綻した。全国の燃費が悪いSUVに十分な燃料を供給するために、精製能力は不十分であることが再び明らかになった。カリフォルニア選出の上下両院議員は特に燃費基準の引き上げを求めだした。

この圧力をそらすため、ミシガン州選出の民主党下院議員ジョン・ディンゲルは、ルイジアナの共和党下院議員ビリー・トウジン、テキサス選出で下院エネルギーおよび大気環境小委員会委員長の共和党下院議員ジョー・L・バートンと共にある計画を練り上げた。トウジンとバートンの選挙区は、昔から石油および天然ガス産業の本拠地である。バートンの選挙区には、すぐ近くのテキサス州アーリントンにあるGMの工場に勤務するUAWの労働者も多数住んでいた。この工場では長年フルサイズの乗用車を作っていたが、一九九七年にフルサイズSUVの生産に切り替えた。工場自体はバートンの選挙区ではなく、隣接するマーティン・フロスト下院議員の選挙区にあった。フロスト議員は、強い権限を持つ下院議事運営委員会（議場での審議の流れを管理する）で最古参の民主党議員である。

ディンゲル、トウジン、バートンの三議員は、表面的には小型トラックの燃費を何とかしようとしているように見えるエネルギー法案を起草した。この法案は、北極圏保護区での掘削を認める一方で、二〇〇四年から二〇一〇年の間に五〇億ガロン（約一九〇億リットル）のガソリンを節約できるように小型トラックの燃費基準を引き上げることを運輸省に義務づけてもいた。

数十億ガロンのガソリンの節約を提案したのは抜け目のない策略であった。大きな数のように聞こえるからだ。だがよく読むとこの法案には、ガソリンとエタノールの複式燃料車の燃費計算について抜け穴を拡げるというような特別扱いも多かった。この法案の掛値なしの効果は、運輸省に基準をわずかガロン一マイル上げるようにいうことだった。それでもバートンの小委員会は、この燃費に関する不十分な妥協案を七月一二日に二九対三で承認した。小委員会の民主党議員の大部分が、共和党と共にこの規定の支持に回った(註5)。環境保護団体とそれに味方する議員は、小型トラックの基準を乗用車と同じガロン二七・五マイルまで引き上げるエネルギー法案の修正案の賛否を、もう一度下院で採決することを求めた。

しかし自動車産業とそれに協力的な議員は、一つ重要な問題がわからないまま動いていた。米国科学アカデミーの委員会が作成している報告書には、実際には何が書かれているのか？　委員会は、技術情報の収集と世論の評価のために、全国で公聴会を開いていた。しかし政治的配慮から、一三名からなる委員会は、慎重に機密を保持しながら報告書を準備していた。全国に散らばった委員は、傍受の可能性がある電子メールを信用せず、草稿のコピーをフェデラル・エクスプレスで交換した。彼らはホワイトハウスにも議会にも運輸省にも自動車業界にも何も教えなかった。

議会は七月一日までに報告書を完成させるように依頼していたが、委員会はそれまでに準備できなかった。だが七月中旬には、委員会は草稿を完成させ、名前を伏せた九人の燃費に関する技術専門家に点検を依頼し、お墨付きを得た。

報告書草案は具体的な燃費基準の引き上げを勧告していなかった。しかしその梗概は、新車、特にＳＵＶとピックアップ・トラックの平均燃費は、既存の技術によって今後六〜一〇年でガロン八〜一一マイル（リッター約三・四〜四・六キロ）もの向上が可能であると明確に述べていた。

委員会は、より軽量な高強度鋼や、可変バルブタイミングのような新しいエンジン技術の使用（ガソリンが高価な日本やヨーロッパ製の一部の乗用車にはすでに使われている）によって余計にかかるコストを調べた。それから委員会は、ガソリン価格がガロン一ドル五〇セント（その夏もっとも一般的だった価格）に留まっている場合、アメリカ国内においてはどれだけ燃費が改善すれば、ガソリンの節約によって一般的な車の寿命である一四年の間に元が取れるかを計算した。報告書の結論は、中型SUVの場合、平均燃費は現状のガロン二一マイル（リッター約八・八キロ）から二六ないし三〇マイル（リッター約一〇・九〜一二・六キロ）にするのが費用対効果が高いというものであった（この数値は試験場で算出した燃費であって、フロントガラスのステッカーのものではない）。大型SUVは現状のガロン一八マイル（リッター約七・六キロ）から二四ないし二六マイル（リッター約一〇・一〜一一・六キロ）に、三五から四九パーセント改善できる。

環境保護団体の要求ほどは高くないとはいえ、これは平均燃費をめぐるきりのない政争を追ってきた者にとって、目玉が飛びだすような数字である。しかしこの改善に特に費用がかかるというわけではない。中型SUVの燃費向上は一台あたり一一〇〇ドルで達成できる。大型SUVでは一台あたり一四〇〇ドルほどである。

なによりも好都合なのは、多くの修正は交通安全に影響を及ぼすことなく行なえることだ。より小さな乗用車の製造を自動車メーカーに奨励すれば、事故死者が増えるかもしれないと報告書は警告する。しかし大型SUVやピックアップの製造を減らすように仕向けることは別だと報告書はいい、このように付け加える。「重量と寸法の減少が比較的重い車（特に四〇〇〇ポンドを超えるもの）に限定されるなら、安全への悪影響は最小限にとどまり、好転さえするかもしれない。そうすれば大型の車は、いかなる車との事故においても攻撃性（損害を与える可能性）が減り、したがって路上で他のドライバーに及ぼす危険が小さくなる」（註6）

入手した報告書の主要部分のコピーに基づいて筆者が書いた記事が『ニューヨーク・タイムズ』一面に載ると、自動車メーカーの重役たちはかんかんになった。その後ヒステリックな行動が続き、特にGMは米国科学アカデミーの職員だけでなく数名の委員の自宅にまで連絡した。委員長のポール・ポートニーは、のちの変更は厳密に科学的理由のために行なわれたと主張している。しかし委員会に近い他の者たちは否定しており、一人はこういう。「委員のなかには自動車業界から連絡を受けて、その結果さらにびくびくしていた者がいた」

理由はともあれ、報告書の主要部分は書き直された。七月三〇日にようやく公開された文書は、草稿ほどには楽観的でなかった。燃費の向上は六～一〇年ではなく一五年かかるとされ、以前の予想より少し小幅だった。環境保護団体とその味方の議員は、アカデミーに以前の草稿を公開するよう求めたが、アカデミーは将来の研究の妨げになるとして拒否した。委員は自分たちが持っている草稿のコピーを破棄することで合意し、他のジャーナリストや環境問題に熱心な議員も草稿を手に入れることは決してできなくなった。それでも環境派議員は、小型トラックの燃費基準をガロン二七・五マイルに引き上げる案を可決できるとまだ考えていた。しかし彼らは、ＵＡＷの力を計算に入れていなかった。

ＵＡＷの圧力と民主党議員の造反

アカデミーの委員会に働きかける一方、自動車メーカーはＵＡＷにも接触していた。組合は環境派と対立するのが嫌で、その春から夏の半ば過ぎにかけて、燃費論争には加わっていなかった。ＧＭは七月下旬に、小型トラックの基準が乗用車並みに引き上げられれば、北米にある二六の組立工場のうち一六を閉鎖しなければならなくなるかもしれないと公然と警告し、圧力を強めた。クライスラーは一三の工場のうち二つを閉めることになるといい、フォードは工場を閉鎖する必要はないだろうといった。三社はすべてほとんど燃費が同じくらいの小型トラックを販売しているため、ＧＭの恐ろしい予言は、好意的にいっても奇妙に思われた。それは小型トラックの基準が、民主党の提案のように六年がかりではなく、一夜にして上がるという想定に基づいていたからだ。

ＵＡＷは七月末、ディンゲル＝トウジン＝バートン案を超えるいかなる燃費基準の引き上げにも反対することを決定した。組合の有力な支部長――多くは州で政治力を持つ大物である――は、エネルギー法がついに下院で審議される八月一日の四日前に、民主党議員に電話をかけ始めた。

小型トラックの基準をガロン二七・五マイルに引き上げる修正案は、二六九対一六〇で完敗し、ディンゲル＝トウジン＝バートン案が法案に残った。「八〇人ほどの民主党議員を修正案に反対させることができ、そのうち四〇人がＵＡＷが原因だった」と、ダイムラークライスラーのワシントンにおける主席ロビイストとなっていたロブ・リベラトーレが後でうれしそうに語った。次に下院は北極圏保護区での石油掘削を認めることを可決し、エネルギー法案はすべて通った。ブッシュ大統領の大勝利であった。

民主党の最有力議員のなかに、土壇場で環境派議員に反対票を投じた者がいた。その一人が民主党下院院内総務ディック・ゲッパートだった。その選挙区ミズーリ州セントルイスは、フォード・エクスプローラー工場の所在地である。もう一人の大物造反者はテキサスのマーティン・フロストであった。GMがその選挙区にある工場をフルサイズSUV製造用に転換するまで、環境派は長年彼を燃費問題では味方だと考えていた。フロストは下院議事運営委員会で中心的な役割を担っているため、その造反は環境派に重大な長期的問題を突きつけた。

ディンゲル下院議員と妻のデビーは、下院での採決の四週間後に、毎年恒例の「労働者の日の週末」パーティーを開いていた。このパーティーはミシガンの政界ではおなじみのものである。フォード本社から三キロと離れていないディアボーンのゲート付き住宅地に、ディンゲルのレンガ造りの家はある。その裏庭のデッキに集まった政治家、自動車メーカー重役、数名のジャーナリストが話に花を咲かせるのだ。二〇〇一年はハワイ風をテーマにした立食パーティーで、デッキからは人波が屋内と裏庭の両方に向かってあふれていた。

ミシガン政界の選り抜きがそこにはいた。なかにはけばけばしく明るい色のアロハシャツを着ている者もいる。州法務長官で民主党員のジェニファー・グランホームが、贅肉をデッキに押し付けながら、知事になる望みを陽気に話している。少数党副院内総務として下院では民主党ナンバーツーの地位にあるデイビッド・E・ボニアは、ワシントンから戻ってきて、やはり知事になる野心を開陳しているが、こちらのほうはいつもの生真面目で、うっかりすると陰気な調子だった。下院歳入委員会で強い影響力を持つサンディ・レビンが、自由貿易問題について慎重にバランスをとった評価を述べている。

屋内では、白い家具が置かれた白い壁のリビングルームで、下院政策委員会の古参共和党委員ジョー・ノーレンバーグが、その夏じゅうミシガンの政治家の頭を完全に占領していた話題、小型トラックの燃費基準の大幅引き上げの打倒についてうれしそうにまくし立てていた。「最後の一日か二日まで、ゲッパートの票はまったく当てにできなかった」と彼はいった。

下院最古参の議員で、七五歳の今も頑強な体格をしたジョン・ディンゲル本人は、ヤシの木がプリントされた非常に派手なオレンジ色の半袖シャツを着ていた。料理のテーブルの脇に立った彼は、肉付きのいい左腕を筆者の首に回して、つい先日の成功、特に議事運営委員会のフロスト議員の予期せぬ支持を喜んだ。「マーティー（マーティンの愛称）は頭のいい男だ」と彼はいった。「議員というのは自分の選挙区を代表するのが当然なのだ」

ディンゲルは、これからもこのような採決を期待していると付け加え、さもおかしそうに笑みを見せていった。「私はこの手のことはきわめて客観的に見ている。そして、強い自動車産業は国のためになるのだ」

GMからボブ・ラッツ再登場

偶然、SUVにかかわるもう一つの大きな出来事が、下院での採決の翌日にあった。ボブ・ラッツが自動車業界で権力を再び手にしたのだ。ラッツは九八年七月に、新しく社の主人となったドイツ人の指示を仰ぐのがいやでクライスラーを退職していた。引退生活に彼はすぐ飽き、エキサイド社の会長兼最高経営責任者となった。同社はダイハード・ブランドなどを作っている世界最大の自動車バッテリーメーカーである。しかしラッツの自動車設計とマーケティングの技能は、明らかにエキサイドでは浪費されていた。

だから二〇〇一年八月二日、デトロイト川のほとりにある一枚岩のようなGM本社で行なわれた記者会見にラッツが姿を現し、同社の副会長に就任して今後すべての車の開発に絶対的権限を持つことを発表すると、自動車業界は震撼した。ダサいGMが究極の自動車野郎をこのような最高の職に就けたことは、デトロイトでは大ニュースであった。デトロイトの日刊紙二紙、『デトロイト・フリー・プレス』と『デトロイト・ニューズ』は我を忘れた。いずれも翌日の一面トップに全段抜きの見出しを掲げた。それどころか八月三日付『デトロイト・ニューズ』の一面記事は、一つ残らずボブ・ラッツとその動向の意味に関するものだった。

ラッツが記者会見で話題にしたかった唯一のGM車は、予想通り、ハマーH2だった。GMのエンジニアがH2を、本来のハマーよりもいくらか実用的だがそれでも戦闘的に設計したことを、ラッツは大げさに話した。「それを見たとき、私は思った。『おお、こいつはまさしくセンセーショナルだ――ガレージにも入るし洗車機にも通せるハマーの縮小版か』」と彼はいった。「誰もが多目的スポーツ車を持っていて、そのどれもが同じに見える時代に、この車は違っている」

GMに入ったときラッツは六九歳だった。同社には、上級管理職はすべて六五歳で引退しなければならないという規定があるが、社の顧問弁護士が規定を調べ、六五歳を過ぎて入社する人間を対象とした退職規則はないと宣言した。ラッツ本人は「誰かがいっていたが、六九は摂氏に直せばたった一八だ」と冗談を飛ばしていた（註7）。

ラッツは将来の車のよい構想を求めて、ミシガン州ウォレンにあるGMの設計スタジオをうろつき出した。彼が来てから一週間と経たないうちに、GM本社からフロリダ州ボカラトンにあるクロテール・ラパイユの事務所に電話がかかった。ラッツ在籍中にクライスラーにアドバイスを与え、SUVの販売手法に強い思想を持つフランス人を、世界最大の自動車メーカーは欲しがっていた。

ラッツはただちに一部のモデルの設計を改め、またあるモデルを生産中止にした。立派なことに、彼は縮小している乗用車の売上にかなりの注意を向けた。特に彼は、どちらかといえば操縦性がきびきびした敏捷な車を作る方法を求めた。ラッツ自身も他の自動車メーカー重役も、みんなが欲しがる鈍重なSUVより、そのような車を好んで運転した。しかしまたラッツは、ハマーH2をもっと恐ろしげにするなど、SUVのラインアップを土壇場で変更し、その冬のデトロイト自動車ショーで一気に発表する準備をした。また、すばやく社内での権力基盤確立に動き、世界次期自動車開発担当副会長に留まったまま、一一月一三日には総北米事業担当会長に指名された。

デトロイト自動車ショー

デトロイト自動車ショーのマスコミ向け内覧は、ミシガンが一年中でもっとも陰鬱な時期、一月上旬に行なわれる。ちょうど最悪の吹雪が襲来する頃だ。ショーの準備は時間に間に合わず、広大なコンベンション・センターの高い裏口は、最新の乗用車やSUVの試作車を搬入するために開け放たれ、凍てつくような強風がどんどん入ってくる。記者とメーカー重役はフォークリフトの陰に身を潜め、作業員がいくつもの展示ブースにつないでいる長い電線につまずかないようにしている。

それでもこのショーは、カンヌ映画祭と自動車産業にとってのコムデックス（コンピューター機器展示会）

をひとまとめにしたようなものだ。六〇〇〇〇人のジャーナリストと二万二〇〇〇人の自動車メーカーの役員とエンジニアを世界中から集める見逃せないイベントであり、さらに一般公開後は七〇万の有料入場者が足を運ぶ。大手自動車メーカーは五〇〇〇万ドルもの金を費やして、最新モデルの巨大な展示スペースを設置する。SUVのための人工の丘や滝、さらには特別製のプラットフォームの上に会場を見渡す重役会議室まで備わったものだ。メーカーは、アクロバット、パントマイム、ジェイ・レノのような芸人、大勢の美女を使って最新モデルを紹介し、多くの場合そのテレビ映像をあとで宣伝に使う。

自動車メーカーは、それが大衆に浸透することを願って、自社の最新モデルに好印象を創りだそうとする。二〇〇二年一月には、ほとんどの最新モデルはSUVと多目的クロスオーバー車であった。各メーカーはこのショーで、自分の会社に勢いがある、つまりデザインの最先端を行っており元気があることをマスコミに信じさせようともする。そして二〇〇二年のショーでは、ゼネラルモーターズに勢いがあることにほとんど疑いはなかった。

ボブ・ラッツはステージの上を気取って歩き、ポンティアック・ソルスティスのスポーツカーなど試作車を満面の笑みを浮かべて披露した後で、記者を引き連れて会場を巡り、他社のモデルを酷評して歩いた。リック・ワゴナーほかGM重役陣はそばに立ち、もう少しおとなしくしていたが、その顔は幼い我が子を見るように輝いていた。

彼らがうれしそうなのも無理もなかった。まわり中どこを見ても成功だったからだ。ワゴナーは一年半前に同社CEOになってすぐ、SUVとピックアップの売上を増やして社の市場占有率を上げることを約束した。当時は誰もが懐疑的だった。アメリカ市場の半分以上を占め、もっぱらトラスト規制当局に神経を使っていた六〇年代前半以来、GMの市場占有率は、ほぼ一貫して侵食されていた。

だが二〇〇一年には、GMはついに市場占有率を上げることができた。それは小さな上げ幅であり、わずか四分の一パーセント上がって二八・一パーセントになっただけだった。しかし一〇分の一パーセントをめぐって熾烈な戦いが展開される市場において、GMは凋落を止められることを示したのだ（註8）。この偉業を達成するために、GMはSUV生産に拍車をかけ、フォードを追い越してアメリカ初の単年度で一〇〇万台を超えるSUVを販売した自動車メーカーになったのだ。

そのカムバックの理由は、GM各部門の展示場に目立つように陳列されていた。シボレー、GMC、オールズモビルの展示場には、それぞれ中型のトレイルブレイザー、エンボイ、ブラバダが分散して置いてあった。三台のSUVはすべて前年の春に、フォードがエクスプローラーに選んだものよりも攻撃的な外見の車体前部と、単純で安価なサスペンションを装備して発売されていた。GMの三車種はエクスプローラーのシェアを喰って多数の顧客を得た。

より大きく、攻撃的なSUVで市場占有率を上げたGM

キャデラックの区画では、フルサイズのエスカレードが「世界一パワフルなSUV」の広告で売り込まれ、ラップ・アーティストの歌で絶賛されている。非常に高く歯をむき出したようなグリルを備えたエスカレードは、顎を開いて道路を泳ぎまわる巨大なサメのようだ。エスカレードの売上は二〇〇一年に三四パーセントも急増したが、同じ時期にいくぶん外見に邪悪さが少ないフォード・ナビゲーターは一六パーセント下降している。

近くにはまったく新しく同じくらい凶暴なエスカレードEXTがあった。これは基本的にはエスカレードであるが、車室を短縮して、後部にできたスペースをカバー付きの短いピックアップ・トラックの荷台にしている。まだ実際に展示はされていなかったが、キャデラックは二〇〇三年に、さらに大きなエスカレードEVTというシボレー・サバーバンのようなSUVを発表する準備もしていた。また中型のキャデラックSRX多目的クロスオーバー車も完成間近だった。エスカレード、EXT、EVTは、GMが製造している途方もないフルサイズ・ピックアップ・ベースSUV群の一部である。エスカレード、エスカレードEXT、エスカレードEVTはすべて、シボレー・アバランチ、タホ、サバーバン、GMCユーコン、ユーコンXL、ハマーH2と基本構造が同じである。GMは、これまで以上に恐ろしい外見のボディを作りだし、もともとはシボレー・シルバラードとGMCシエラのフルサイズ・ピックアップのために設計されたシャシーの上に載せるということを続けているからだ。

GMの展示の中央付近に、黒いハマーH2の巨体があった。それは鉄柵の向こうの台座に据えられ、基部には霧が吹きつけられていた。柵には大きな箱が取り付けられ、このように警告されている。「危険：高圧電流五〇万ボルト、許可なき者の立ち入りを禁ず」。もちろん展示のなかに高圧電流装置などなかったが、この車の凶暴な感じが増していた。

衝突コンパティビリティに対処しているところを見せるために、GMは中空の鉄棒をH2のフレームレールの前端、バンパーの直後に横に渡し、乗用車のバンパーやドア枠を乗り越える危険性を減らしていた。慎重な設計作業の結果、フレームレールの高さはタホのレールと同じ高さになった——乗用車のものよりはいくらか高いが、一部のSUVほどには高くない。だがH2のボンネット前部は一三〇センチもの高さがあり、タホのボンネットよりもさらに二五センチ高い。

ボブ・ラッツが最後の最後で口を挟まなければ、フレームレールとボンネットはもう少し低くなっていたかもしれない。数カ月前にインディアナにあるハマーH2工場を訪れた際、ラッツはH2の小さめのタイヤを装着した型とそうでない型を見せられた。GMのエンジニアリング担当部長ジム・クイーンは、衝突コンパティビリティを改善するために小さめのタイヤ（といってもまだ巨大だが）を要求していた。ラッツはその場で、小さなタイヤはH2のイメージに合わないと判断を下し、一切使用しないように命令した。彼はその後インタビューのなかで、自分がGMの車のデザインにいかに味付けしているかを説明するためにこの出来事を使った。しかし大きなタイヤをつけた場合、フレームレールとボンネットは小さなタイヤのときより2センチ高くなる。デザインとマーケティングへの配慮が時として安全に優先するというよくある例である。「とにかく彼は、攻撃的な見てくれを好んだ」と、H2計画のエンジニアリング部長ビル・ナップは、デトロイト自動車ショーで自分の作品のまわりをうろつきながらいった。

二〇〇一年九月一一日のテロ攻撃は、GMに有利に働いた。攻撃前にも、ハマーを消費者の小グループに見せると、常に高い得点を取っていた。しかし世界貿易センターが倒壊し、国防総省が一部燃えた後で、得点は跳ね上がった。ナップのそばに立っていたディジョバーニは、H2はディーラーに届いたとたんに売れるだろうと、うれしそうに予告した。

九月一一日の攻撃は、軽い景気後退を深刻なものに変え、自動車業界に重大な影響を及ぼすのではないかと一時心配された。消費者の自信は落ち込んだ。ディーラーは閑散としていた。だがGMは、常識破りの値引きプログラムでこれに対応し、成功を収めた。「アメリカを動かし続けよう」と銘打ったこのプログラムは、SUVを含めたGMの全車種に三年間の無利子ローンを提供するものだった。

GMは以前乗用車に、割り戻しと低率ローンを提供していた。だが初めて、GMはSUVにきわめて気前のいい条件を与えた。GMは乗用車の工場をSUV製造用に転換しており、売り物はたくさんあった。大型SUV一台につき利益は一万ドル以上あるので、値引きの余地は大きかった。顧客に無利子で貸し付けるためにGMにかかるコストは、三万五〇〇〇ドルのモデルの場合約四五〇〇ドルだから、それでも儲けは出る。フォードとダイムラークライスラーもGMの条件に合わさざるを得ず、アメリカ人は全国のディーラーに殺到し、記録的な数のSUVが売れた。二〇〇一年一〇月は結局、アメリカ自動車産業史上もっとも売上の多い月となった。値引きは一一月、一二月も引き続き行なわれ、いずれの月も大きな売上高を叩きだした。

組立工場を規格化してコスト削減したGM

自動車工場、特にSUV工場とその下請業者はフル操業し、労働者は再びレストランへ行き、新しい服を買い、その他何かしらに金を使い始めた。自動車産業が経済に及ぼす影響はきわめて重要であり、そのため『ウォールストリート・ジャーナル』が一面記事で、軽い景気後退が急落につながるのを防げたのはGMの刺激策のおかげだと述べたほどだ――もっとも景気は二〇〇二年になっても深刻な長期的衰退の兆しを示したままだった。

GMはフォードやダイムラークライスラーよりもさらに大幅な値引きをすることができた。GMは密かに数十億ドルをつぎ込んで、乗用車工場をSUV生産のために転換し、一方既存のSUVおよびピックアップ・トラック工場の拡張と近代化を行なっていたのだ。二〇〇二年デトロイト自動車ショーの会場をぶらついているうちに、筆者はたまたま、GMの副会長兼最高財務責任者で、元フォード最高財務責任者のジョン・ディバインに出会った。彼はうれしそうに、GMは全モデルを値引きしても利益をあげており、売れ行きのいいモデルの値引きは、売上をほとんど落とすことなく年末に少しずつ元に戻すことができたと断言した。

ポルシェの展示の脇を歩いているとき、筆者は偶然ジェームズ・ハーバーを見つけた。世界中で組立工場の評価を行なっている有名な生産性コンサルタントである。新型ポルシェ911を発表する記者会見の後に残されたパイプ椅子にだるそうに座ったハーバーは、GMが自動車の製造方法をどのように変えているかを、次第に熱っぽく語りだした。

各工場が異なるモデルを異なる設備で生産するのでなく、GMは北米に二十数カ所ある広大な組立工場の少なくとも八カ所を、フルサイズSUVとピックアップをまったく同じ工程で製造するように転換した。コスト削減と品質改善の可能性は非常に大きい。「どの工場でもエアコンが全部同じ場所についているんだ」とハーバーは驚嘆した。「八つの工場をまったく同じにすると何がいいのか。一カ所で問題が見つかれば、全部直せる。すべてが規格化されているからだ」

フォード、ランドローバー、ボルボ

筆者は何度かフォードの展示までぶらぶらと歩いた。それは二階建ての奇抜なもので、フットボール場ほどの面積が少数の乗用車と多数のSUVで埋まっていた。楽しそうな顔をしているフォード重役は少なかった。同社ランドローバー部門にあてられ、フルモデルチェンジしたレンジローバーを紹介している中央部分の者たちは特にそうだった。大きなフラットパネルのテレビ画面が、ランドローバー展示場の磨き上げられた木の壁にはめ込まれ、サファリに出かけたり危険な土地を横断したりするレンジローバーの広告を見せていた。一台のレンジローバーが壁から斜めにぶら下がり、見学者はその頑丈な四輪駆動システムをうっとりと眺めていられるようになっていた。

ランドローバーの自動車開発責任者で、元エクスプローラー商品プランナー主任だったスティーブン・ロスは、宙吊りになった車の下に立ち、この車が沼地から脱出し岩場を登る卓越した性能について語った。しかしまた、彼は率直に、七万ドルを超える値段でもうすぐ発売される高級車に乗って、いったい何人の客がそんな真似をやってみるだろうかともいった。「誰がこいつで岩登りに行くっていうんだ」と彼はいった。「でもブランドを裏切っちゃいけない。だから岩登りができなくてはいけないんだ」

フォード総合展示場のフォード・ブランド区画の近くに数個の看板があり、まだこの会社のスローガンを宣伝していた。「よりクリーンに、より安全に、より速やかに」。エクスペディションは完全にモデルチェンジされ、二〇〇二年秋に発売される新型が展示されていた。フォードはエクスペディションのシャシーだけを別に展示しており、隣の表示板が親切に、新型のシャシーの前部には乗用車への被害を軽減するためのブロッカー・ビームが入っていると説明している。車体下部の部品は一部が明るい青に塗装され、燃費を少し改善するために軽合金でできていることを表している。この大きく角張った車のウィンドウ・ステッカーは、自動車ショーの時点ではまだ印刷されていなかった。だがのちに、四輪駆動と五・四リットルの大きなエンジンを装備した主力モデルの場合、市街地でガロン一四マイル（リッター約五・九キロ）、ハイウェイでは一七マイル（リッター約七・二キロ）という悪い燃費を表示することになる。

通路の向こう側では、やはりフォードの一部門であるボルボが、初の多目的クロスオーバー車である黒いXC90を陳列していた。この車は横転に備えて強化された屋根を装備していた――アメリカのメーカーが、フォードも含め、アメリカで製造されるSUVに必要ないと依然として言い張っていたものだ。また、ピックアップ・トラック・ベースのボディ・オン・フレーム設計ではなく、乗用車のようなモノコック・ボディを使用したXC90は、衝突時に車体前部がつぶれてエネルギーを吸収するように設計されていた。車体前部の低い位置には中空の鉄棒もあり、乗用車のバンパーやドア枠を乗り越える危険性を減らしている。

だがポケットから巻き尺を取りだして測ってみると、ボンネット前部の高さは九七センチあった。大半のSUVよりは低いが、ボルボS80セダンよりまだ二〇センチ高い。筆者はボルボの上席安全エンジニア、クリステル・グスタフソンにボンネットの高さについて尋ねた。彼の答えは、ボルボは衝突コンパティビリティについてはさまざまな対応をとってきているが、増加するボンネットの高い車との側面衝突から乗用車の乗員を守るには、乗用車にサイドエアバッグを装備すればいいというものだった。サイドエアバッグは、ここ三年以内のかなり高価な新車の一部にオプションで手に入るだけなので――そして手ごろな価格の中古車市場ではまず見られないので――このアドバイスは現在乗用車に乗っているドライバーにはほとんど慰めにならないように思えた。

フォードの重役が何人か、たまに展示の脇を通りすぎたが、彼らは険しい表情をしていた。心配なのも無理はなかった。フォードの利益は一九九九年の七二億四〇〇〇万ドルから二〇〇〇年には三四億七〇〇〇万ドルになり、二〇〇一年には五四億五〇〇〇万ドルの損失を出してしまった。GMとは違い、フォードは乗用車の工場をSUV生産に転換しておらず、生産技術の規格化も進んでいなかった。自動車一〇〇台あたりの苦情数で測ったフォードの品質は、ビッグスリーで最低に転落し、市場占有率も低下し始めた。

ビル・フォードは、二〇〇一年一〇月三〇日にナッサーをCEOの座から引きずり降ろし、同社はよりコストを意識した業務の方法を追求すると宣言した。ビル・フォードの支持を受けて、ナッサーは数多くの間違いを犯していた。ナッサーはフォードをゼネラルエレクトリックのようなもっと多角的な企業にしたいと思って、数十億ドルを自動車ディーラー、廃車置き場からインターネット・マーケティングに至るありとあらゆるものにつぎ込んだのだ。こうした投機的事業は金を失うだけでなく、フォード・モーターの経営陣を、車を製造して売るという基本的な仕事に集中できなくした。同社は新型車をまともに作ることにもひどい支障をきたし、新しいエスケープやモデルチェンジした二〇〇二年型エクスプローラーを、いずれも発売したばかりで続けてリコールするような見苦しいはめに陥った。GMのデザインスタジオが、多彩な車をますます凶暴な外見で次から次へと出してくる一方で、フォードはそれほど凶悪でないフォード・エクスペディションにしがみつき、デトロイト自動車ショーに展示する新型でも、その外見を少ししか変えなかった。爬虫類的な客が代わってGMのショールームに群がるにつれ、エクスペディションの売上は減少し、フォードはミシガン・トラック工場の二四時間操業を止めたが、それでもこの工場がフォードでは一番忙しかった。

フォード・モーター社を世界一社会的責任を持つ自動車メーカーにしようというビル・フォードの夢は、ファイアストン不祥事のせいで、まさしくそのタイヤを履いたエクスプローラーのように転覆した。フォード・ブランドのイメージはひどく低下し、特別に安全な、またはクリーンな車を求める人のブランドとして市場に位置づけることは、不可能に近くなった。したがってビル・フォードの戦略の財政的根拠は崩壊した。彼のモットー「よりクリーンに、より安全に、より速やかに」は、一九九八年から二〇〇〇年にかけてライバルメーカーの重役を激怒させた。それは燃費や大気汚染のような分野での競争に少しずつ彼らを引きずり込み、政府の規制をクリアするために最低限のことをやっていればいいというわけにはいかなくしたからだ。だが今ではそのスローガンは、まだ自動車ショーの看板には使われていたが、フォードの経営陣の辞書からはほとんど消えかかっている。代わりに好まれているのがコスト削減のモットー「基本に帰れ」だ。

フォード・モーターにとって特に痛かったのが、SUVとピックアップの排気をライバルメーカーの車よりクリーンにするために、高性能触媒コンバーターに使うパラジウムを大量に買い込んでしまったことだ。フォードは世界のパラジウム消費量の五分の一を占めるまでになっていた。大量買いのためにこの希少金属の価格は貴金属市場で一〇倍に高騰して、二〇〇一年初めには一オンス(約二八・三グラム)一一〇〇ドルと金の価格の四倍近くになった。フォードでも他メーカーでも研究技師は価格急騰を見て、効率を落とすことなく触媒コンバーターのパラジウム使用量を減らす方法を考案した。しかしフォードの購買部は技術の進歩についていけず、新たにパラジウムを購入する契約を結び続け、今後数年パラジウム鉱山で産出されるものに最高値を払う契約までした。二〇〇一年後半、パラジウムの価格は一オンス四〇〇ドル以下に暴落し、フォード経営陣が気づいたときには、同社の貯蔵庫には少なくとも一〇年分の必要量のパラジウムがうなっていた。善行に見返りなしという意地の悪い格言を証明するかのように、同社はパラジウムの備蓄で一〇億ドルの損失を出したことを、デトロイト自動車ショー内覧の最終日に発表した。

フォード・モーターはSUVの平均燃費を二〇〇五年までに二五パーセント改善する計画をまだ主張していた。しかしフォードはこの試みでも壁にぶつかった。同社はガソリンと電気のハイブリッドのエクスプローラーを二〇〇五年に数万台販売する予定だったが、この計画が技術的な理由で保留になったのだ。

デトロイトを燃費問題に取り組ませることに、ワシントンも関心を失っていた。スペンサー・エイブラハム・エネルギー省長官はデトロイト自動車ショーに姿を現し、ブッシュ政権は次世代自動車パートナーシップを中止すると発表した。この計画は、メーカーに二〇〇四年までに低燃費車を量産することを要求し、代わりに政府が研究費を助成する(最終的には一五億ドルに達した）というものであった。ブッシュ政権は新しい計画を立ち上げ、メーカーは補助金を受け続けることができる。計画はフリーダム・カー（自由の車）と呼ばれ、実際に車を量産することは要求していない。フリーダム・カー計画は補助金を燃料電池車の開発にあてるというものである。たとえ燃料電池車が自動車売上に大きな割合を占めるには、まだ長い時間がかかろうとも。エイブラハム長官はそれでも、フリーダム・カーは燃費基準の代案を代表するものだといった。

エイブラハム長官の登場は、自動車ショーの新車宣伝攻勢から束の間気をそらしたが、それ以外の時間の大半を記者とメーカー重役は、展示されている多数のSUVに群がって過ごしていた。ショー会場のあちらこちらで、さまざまなメーカーが展示している大型乗用車とミニバンは、対照的に目に見えないかのようだった。大部分は何年もモデルチェンジされず、見ている者さえほとんどいなかった。

ミニバン、セダン――安全で経済的

これは驚くにはあたらない。大型乗用車とミニバンの売上は、九〇年代後半以来ゆっくりと減少し、代わりにアメリカ人はSUVを買っているからである。しかし悲しいことでもある。大型乗用車とミニバンは安全で、価格が手ごろで、信頼性が高く、非常に燃費がいいからだ。

デトロイト自動車ショーに展示されていた大型乗用車とミニバンのウィンドウ・ステッカーは印象的であった。大型乗用車は特に空力のいい形状と高度なエンジンを持ち、またほとんどはモノコック・ボディである。二・七リッター・エンジンを積んだフルサイズのダッジ・イントレピッドは、ウィンドウ・ステッカーのためにEPAが行なった計算によると、市街地でガロン二〇マイル（リッター約八・四キロ）、ハイウェイで二八マイル（リッター約一一・八キロ）走る。ビュイックの日本版である内部の広々としたトヨタ・アバロンは、市街地でガロン二一マイル（約リッター約八・八キロ）、ハイウェイでは二九マイル（リッター約一二・二キロ）走る。フルサイズのシボレー・インパラは、市街地ではアバロンと一緒、ハイウェイでは三二マイル（リッター約一三・五キロ）である。ミニバンは乗用車ほど効率が良くないが、それでもSUVよりはずっとよい。ホンダ・オデッセイは市街地ではガロン一八マイル（リッター約七・六キロ）、ハイウ

ェイでは二五マイル（リッター約一〇・五キロ）走る。

大きな需要と強気の売り込みがSUVの価格を押し上げているために、信頼性の高い乗用車とミニバンは非常に手ごろな値段で手に入る。『コンシューマー・リポーツ』が「二万五〇〇〇ドル以下の掘り出し物」二〇〇二年版をリストにした際、ミニバンが三台――ダッジ・キャラバンSE、ホンダ・オデッセイLX、マツダMPV・LX――入っていた。リストにはまた二八台の乗用車が載っており、大型あるいは比較的大型のシボレー・インパラ、ダッジ・イントレピッドSE、ホンダ・アコード、マーキュリー・グランドマーキスGS、フォルクスワーゲン・パサートGLSなどが挙がっていた。しかしSUVは四台しか載っておらず、しかもすべてかなり小型のモデルだった。一番大きなものは、小排気量の四気筒エンジンを積んだ中型のトヨタ・ハイランダー二輪駆動モデルであった（註9）。

おそらく一番重要なことだが、大型乗用車やミニバンは、他の車に及ぼす危険がSUVよりはるかに小さく、それでいて乗員の保護に優れている。NHTSAは五つの安全基準（正面衝突時のドライバー保護、正面衝突時の助手席乗員保護、側面衝突時のドライバー保護、側面衝突時の後席乗員保護、横転抵抗性）について、新車の性能を一つ星から五つ星で採点している。考えられる最高の得点、つまり五項目すべてで五つ星、合計二五の星を取った車は今までにない。しかし二〇〇二型式年度には、三車種がこの自動車のロイヤルストレートフラッシュに相当するものを達成しかけている。四つの基準で最高点を取り、一つの基準だけ満点に星一つだけ足りず、合計で二四の星を獲得したのだ。

これら際立って安全な車の中にSUVは一台もない。いや、SUVは最高レベルの車に遠く及ばないのだ。フォード・ウィンドスター・ミニバンとホンダ・アコード・セダン、リンカーンLSセダンはいずれも、サイドエアバッグを装備した場合に、この快挙を達成している。また別の三車種――起亜セドナ・ミニバン、ボルボS80セダン、ホンダ・シビック・コンパクトクーペ――は、正面および側面衝突テストで二〇点中二〇点の満点を達成しており、もしNHTSAが横転抵抗性の評価もしていれば、おそらく四つ星か五つ星を獲得していただろう。

正面および側面衝突の星による格付けが有効なのは、重量差が二五〇キロを超えない車同士を比較するときだけである。ホンダ・シビックは多くの事故において重量の点で不利だろう。ただしシビックの敏捷性は、ドライバーがそもそも事故を起こさないためには有利に働くかもしれない。しかし比較的大型の乗用車やミニバンは一八〇〇キロ近い重さがある。それを超えると、いくら重さを増しても乗員に安全上の利益はほとんどなく、一方他の道路利用者への危険は大きくなると、道路交通安全保険協会ではいっている。したがって大型乗用車とミニバンは、星をたくさん獲得したというだけでなく、多種多様な車との衝突に対して理想的な重量に近いのだ。

対照的に、ＳＵＶ二車種とピックアップ一車種だけが、やっと二二個の星を獲得している。サイドエアバッグを装着した四輪駆動のレクサスＲＸ３００とフォード・エスケープ、そしてニッサン・フロンティア・ピックアップの二輪駆動版である。他のＳＵＶとピックアップは、乗用車のドライバーを大きな危険にさらしながら、相当に成績が悪い。

しぼむコンパティビリティ研究予算

自動車業界がデトロイト自動車ショーに浮かれている頃、全米高速道路交通安全局《NHTSA》は乏しい予算で苦闘していた。衝突コンパティビリティの研究は、二〇年前のように後回しにされていた。一九九七年から九九年にかけて一時的に関心が盛り上がり、この問題の年間研究予算は二五〇万ドルにまでなった。しかしその後、局の予算総額が議会の定めた上限に達し、コンパティビリティの研究は、特にファイアストンの調査費が大幅に増えた後では、真っ先に削減の対象となった。ホロウェルの衝突コンパティビリティ研究予算は年間一〇〇万ドルまで落ち込み、実環境データを調べるためにジョクシュのような外部の統計学者を雇うことも、コンピューター・プログラマーに局の車同士の事故モデルを更新させることもできなくなった。

「我々がやりたいことはすべて予算枠を超えていた」とホロウェルは嘆く。「作業ペースは前より遅くなっている」

ファイアストン騒動の後で議会が要求した新規則の草案作成で、局は予定を大幅に遅らせているが、ほとんど誰も気にしていない。二〇〇三会計年度のブッシュ政権の予算は、ＮＨＴＳＡの支出をほぼ横ばいにすることを求めていた。これはインフレを計算に入れれば削減ということだ。ＮＨＴＳＡはまだ実走による横転テストの開発に必死だったが、何を提案しても業界の猛烈な反対に遭うのは確実だった。
同時に、NHTSAの欠陥調査官は、横転しやすいというだけの理由で車が安全でないと宣言することに、まだ消極的だった。デトロイト自動車ショーの五週間後、NHTSAはファイアストンによるエクスプローラー調査要求を拒否した。理由をNHTSA局長ジェフリー・ランギはこう述べている。「接地面剥離後の操縦特性に関して、エクスプローラーが他のSUVと大きく異なっているというファイアストンの主張を裏付けるデータはない」(註10)
だが局は、いかなるSUVのモデルも他のSUVとのみ比較するようにくり返し要求してきたために、自縄自縛に陥ってしまったことを暗に認めてはいた。かなり紋切り型の記者発表の終わり近くには、国民に向けた注目すべき警告があった。「フォード・エクスプローラーに関する決定とは別に、SUVが一般に乗用車と比べて事故時に横転する傾向が強いことについて、NHTSAは消費者に注意を喚起する。二〇〇〇年には、SUVの事故による全死亡者の六二パーセントが横転の結果発生している。対して乗用車では二二パーセントである」(註11)
二〇〇二年三月一日、NHTSAは新しい法務部長の任命を発表した。ジャクリーン・グラスマン、それまでの七年間ダイムラークライスラーの法務部長を務めてきた人物である。NHTSAとそれが監督する企業の間でまた人の出入りが始まったのだ。六週間後ダイムラークライスラーは、自動車雑誌二誌が行なった定例のテストにおけるジープ・リバティの横転に対し、今後リバティのサスペンションを約二センチ下げると発表する対応をとった(註12)。しかし同社は大胆にも、それまでの九カ月ですでに販売した一二万三〇〇〇台のリバティをリコールする計画はないと宣言した。ダイムラークライスラーは、安定性の問題は深刻なものではまったくないといっているものの、同社の姿勢は、規制当局にはメーカーに横転問題への対策をとらせる十分な強制力がないことを表している。

ビル・フォードの苦渋──会社を維持するのか、環境保護の信念にしがみつくのか

ファイアストンの調査の終わりはフォードの混乱の終わりではなかった──それとはほど遠かった。フォードの市場占有率は二〇〇二年上半期も低下し続け、損失はかさみ、一族の財産である会社を維持するのか、

環境保護の信念にしがみつくのか、ビル・フォードに厳しい選択を迫った。

二〇〇〇年九月、議会によるフォード・エクスプローラー＝ファイアストン製タイヤ問題の調査がたけなわの頃、ビル・フォードは、何があっても環境に対する責任を重視することに変わりはないと、挑戦的に宣言した。なぜならば「それは一時の流行ではない、一生をかけて、キャリアを通してなすべきことだ」からだ。しかし社の財政の健全性が急激に低下すると、ビル・フォードは財産を主義に優先した。彼は四本で一続きのテレビコマーシャルを収録した。そのなかの一本は、彼がアウトドアへの愛を語りながら自社のSUVを売り込むというものだった。また二〇〇二年三月には、燃費基準を引き上げる上院の発議に反対するロビイングを、フォード・モーターに積極的にやらせた。フォードは従業員に手紙の文例を配って、法案に反対する手紙を議会宛に書かせることまでやった。環境保護団体とジャーナリストは一様に、こうしたことと以前に公言していたこととのギャップに首をひねったが、ビル・フォードは他の自動車会社重役以外の誰とも、ほとんど話をしなくなっていた。一族が所有するフォードの株により、ビル・フォードを社のトップから引きずり下ろすことは難しかったが、彼の前途は多難であった。デトロイトの古株はビル・フォードを信用していなかった。九八年から二〇〇〇年にかけての不埒な行為を決して忘れていなかったのだ。そしてビル・フォードは環境保護派からも信用されていなかった。そのなかには、彼の環境への関わりは果たして本物だったのだろうかと疑いを抱く者もいた（ビル・フォードをよく知る人間は、環境への責任は少年時代から彼がもっとも強く抱いていた信念だと断言するが）。

フォード・モーター社が驚くべき早さで凋落していったことと、ビル・フォードが社会的責任を強調したことの間には、ほとんど関係はない。しかしそれがデトロイトの戦略に対する信用を完璧に失わせたことには変わりがない。自動車メーカーは時たま燃料電池車の試作品を発表したり、ハイブリッド車をいくつか宣伝したりということを続けているが、デトロイトのメーカーが近い将来、連邦の規制の要求を超えて全車種にわたる排ガスや燃費の具体的な改善に取り組むということはありそうにない。業界の標準を決めるのは、今やボブ・ラッツであってビル・フォードではないのだ。

SUVの勝利

SUVに批判的な者にとって、最終的な敗北は上院の燃費法案が採決された三月中旬に訪れた。上院はすでに基準の引き上げに対し反対を明確にしていたので、実質的な基準変更が可決される見込みは大きくはなかった。民主党でマサチューセッツ選出のジョン・ケリー上院議員とサウスカロライナ選出のアーネスト・ホリングズ上院議員はそれでも、平均燃費を二〇一三年までに、乗用車も小型トラックも一律にガロン三五マイル（リッター約一四・七キロ）もの高さに引き上げる立法を推進していた。自動車メーカーとUAWは予想通りに憤慨し、効果的に対応した。GMと組合は法案に反対する労働者の集会を、ウィスコンシン州ジェーンズビルのシボレー・サバーバン工場、オハイオ州トリードのトランスミッション工場、デトロイト郊外のフルサイズ・ピックアップ・トラック工場で開催した。民主党が僅差で上院を支配している（五〇対四九、無所属一名）にもかかわらず、三月一三日の採決では、法案は六二対三八で完全に否決された。法案に反対票を投じた者のなかには、中西部選出の民主党議員だけでなく、トム・カーパーもいた。カーパーは五年近く前にデラウェア州ウィルミントンにあるダッジ・デュランゴ工場の再開式に出席しており、デラウェア州知事から連邦上院議員の職に移ってきていた。おまけに同議員は、NHTSAがピックアップの燃費基準を引き上げることを一切禁止するという別個の修正案を通過させた――この規定は自動車業界のロビイストが要求してもいなかったものだ。

自動車メーカー、特にGMは勝ち誇っていた。彼らの味方が今やホワイトハウスとNHTSAの廊下を歩き回っているのだ。いずれの党も議会で真剣にSUVを問題にしたいとは思っていない。燃費基準はほとんど手つかずのままだ。ただしカリフォルニアの規制当局は、地球温暖化への懸念から、二、三年のうちに州内の基準を定めるかもしれない。ブロッカー・ビーム装着と多目的クロスオーバー車へ向かう傾向は、安全面である程度利益をもたらすが、衝突コンパティビリティ問題はいまだ脅威であり、規制当局は基準を定めるところからはほど遠い。SUVと多目的クロスオーバー車の売上は、ファイアストン・タイヤの混乱や地球温暖化問題、汚染への懸念にもかかわらず好調である。

現在見通せるかぎりでは、アメリカの、そして世界の道路にはさらに多くのＳＵＶがひしめき合うことになりそうだ。

20章　ＳＵＶに乗るということ

『ニューヨーク・タイムズ・マガジン』の倫理コラムニスト、ランディ・コーエンに読者が尋ねた質問は単刀直入なものだった。「私はかっこいいＳＵＶを買おうとしています。でも友人たちは、私が犯罪者か何かのようにいいます。そうなのでしょうか？」

ＳＵＶに乗るのは犯罪的な行為か

コーエンがコラムに書いた四段落の回答は、特に『ニューヨーク・タイムズ』の慎重な基準に照らせば、いつになく辛辣なものだった。「ＳＵＶのオフロード走行能力がどうしても必要でなければ、つまり、あなたの多目的スポーツ車に目的がなければ、カウボーイごっこのために他人を危険にさらすことを正当化することはできません。あなたのライフスタイルを支えるために、他のドライバーが寿命を縮めるいわれはないのです」。コーエンはこう結論する。「ですから、ＳＵＶでニューヨークを走る予定でしたら、広い荷物室に死出の旅じたくを整えておかれることですね。あなたは地獄へまっしぐらに走っているのですから」（註1）

ＳＵＶは、安全と汚染防止のための装置が自動車にほとんど取り付けられていなかった古き悪しき時代の六〇年代以来、自動車産業が生み出した公衆の安全と環境に対する最大の脅威である。それはすでに、数千人のアメリカ人の命を奪っている。その人たちは、メーカーが代わりに乗用車を売っていれば今も生きていたはずなのだ。そしてこの先さらに数千人が死ぬ。国中の家庭や病院に、横転が引き起こした身体麻痺や大気汚染が引き起こした呼吸困難で不必要に苦しめられる人々が、その爪痕として残されている。

ＳＵＶブームのおそらくもっとも悲しむべき部分は、それがまったく不必要なことだ。自動車メーカーは、燃費がよく汚染の少ないエンジンの設計について多くを学んでおり、今日の大型乗用車は八〇年代初めのサブコンパクトカー程度しかガソリンを喰わず、汚染物質もほとんど排出しない。こうした大型乗用車、例えばリンカーンLS、トヨタ・アバロン、ボルボS80などは、大きなクランプル・ゾーンと多数のエアバッグを備え、横転の可能性も低いなど、乗員の安全においても優れている。

七〇年代初めのオイルショックの時代に暮らす家族が、魔法か何かで現代の自動車ディーラーに運ばれたとしたら、アメリカは食べてもなくならないケーキのような都合のいいもの——燃費がまずまずでほとんど汚染を出さない安全でゆったりとした車——を作る方法を見つけたのかと驚くことだろう。しかし時間旅行をしてきた家族が、ディーラーから一歩外に出て現代の道路を見渡したら、きっと愕然とするだろう。アメリカでもっとも教養がありもっとも裕福な家族が、大型乗用車の代わりに乗っているのが、ブレーキの利かない背が高く不安定な化け物で、路上で他のドライバーの視界をさえぎり衝突のときには大きな被害を引き起こす代物なのだ。

簡単な解決策はないが、考えられるいくつかの事柄

残念ながら、ＳＵＶが引き起こす問題に対する簡単な解決策はほとんどない。だからこそ問題はこれほど長引き、これほど深刻になったのだ。ハリウッドのスターからワシントンの政治家、全国のメディア、国中の裕福な地域の住民に至るまで、アメリカでもっとも影響力のある人々の多くが自動車メーカーに取り込まれ、ＳＵＶを非難するどころかそれを運転している。ＳＵＶ製造はミシガン、オハイオ、インディアナ、ウィスコンシンの各州で経済の基礎になっている。これらの州は大統領選挙の激戦区であるため、並外れた政治的影響力を持つ。またＳＵＶの製造は、国内でもっとも潤沢な資金と大きな政治力を持つ労働組合、全米自動車労働組合の雇用をも支えているのだ。

それでも問題に対処するためにやることはいろいろあるだろう。ジープ・チェロキーの事例は、他のＳＵＶもそれほど簡単に横転せずに済むということを示している。車の市販を認める前に、何らかの最低限の安

定性基準を定めるべきである。全米高速道路交通安全局《NHTSA》は、新車に対する厳格な安定性テストを開発すべきだ。この措置が大きな動機となり、自動車メーカーは、横転のリスクを減らすために車の幅をより広く、全長を短くするか、さもなければ最新の電子システムを装備するようになるだろう。ＳＵＶの屋根は万一横転した場合でも簡単につぶれてはならない。州の道路部局は低いガードレールの交換を最優先にすべきだ。

議会はＮＨＴＳＡに年間数百万ドル――州間高速《インターステート・》道路《ハイウェイ》の一マイルの建設費より安い――の予算を与え、衝突コンパティビリティの基準を作らせるべきである。理想的な基準は、中型乗用車の前部の形をした障壁を用いたものになるだろう。それをメーカーが市販しようとしているあらゆる車に正面衝突させる。もし障壁に許容できない被害が引き起こされたら、その車は市販されてはならない。これによってメーカーは、ＳＵＶやピックアップを乗用車の車体前部を乗り越えないように設計することを要求される。

同時に、テストで許容できない被害を障壁から受けた車も市販されてはならない。この規則によって、小型乗用車のメーカーにも設計を改善する圧力が加わる。連邦の規制当局はすでに、乗員が十分に守られるかどうかを判断するため、このような障壁を新型車の側面に衝突させている。しかし、衝突コンパティビリティの研究が資金不足で現在なかなか進まないことを考えると、新しい衝突コンパティビリティの基準は、仮にできたとしても、少なくとも二〇一〇年式までは有効なものにはならないだろう。この現状は遺憾であり、議会は進行を速めるために、二兆ドルの予算のなかから資金を何とか捻出すべきである。

乗用車の乗員を側面衝突から守るのはもっと難しい。一部のＳＵＶ、例えばエクスカーションは現在ブロッカー・ビームを備えて、乗用車の低い車体前部を乗り越えないようになっているが、それでももっと低い位置にある乗用車のドア枠は乗り越えてしまう。もっともよい対策は側面衝突テストのやり方を見直すことだ。ＮＨＴＳＡは、コンパクトカーが横から衝突したところをシミュレートする障壁ではなく、より高く重い障壁を使って、中型あるいはフルサイズＳＵＶが側面にぶつかったところをシミュレートすべきである。これでメーカーはおそらく、サイドエアバッグをオプションではなく、すべての車種に標準装備せざるを得なくなるだろう。

道路交通安全保険協会は二〇〇二年後半に、ＳＵＶを模した障壁を乗用車の側面に衝突させる実験を開始し、結果を公開するという。そして結果を恥じたメーカーが衝突コンパティビリティへの対応を進めることと、より多くの人があと二、三〇〇ドル余計に払ってサイドエアバッグをオプションで取りつけようと考えることを期待している。最低地上高の高い小型トラックは、低い乗用車よりもこのテストへの抵抗力が大きいので、テスト結果にはすべて、横転による死者は側面衝突や追突による死者よりも多いという警告を添付するべきだ。

その一方、悪質なドライバーに殺傷力が特に大きな車を選ばせないようにするうえで、保険会社は大きな役割を果たすことができるし、また果たすべきである。州の規制当局は保険会社に、保険金請求が正当化する最大限まで、車種による保険料の調整を行なうことを義務づけているはずだ。筆者は時々乗用車のドライバーから、ＳＵＶを懲らしめるために何ができるかと質問を受ける。一つの答えが、自分が加入している保険会社に手紙やEメールを送り、できる限りもっとも大幅な自動車損害賠償責任保険の車種別調整を行なうようにいうことである。同時に、州の保険規制当局と州議会議員にコピーを送る。ステートファームやUSAAのような、調整に完全に反対している会社の保険に加入している人は、プログレッシブかオールステートに切り替えれば、たぶん保険料を節約できるだろう。切り替えるときには、忘れずに前の保険会社と代理店に決心の理由を説明すること。

それでも責任保険が存在する以上、殺傷力の少ない車を買う動機は小さくなる。州議会議員は、他のドライバーや歩行者を死亡させたり、その身体に障害を与えたりした場合の罰則を強化する必要がある。ミシガン州は現在、ガソリンスタンドで金を払わずに逃げたことで有罪になった者の運転免許を取り消している。ガソリンスタンド・オーナーの政治的影響力の強さを証明する規定である。だが過失がはっきりしない事故で二名を死亡させない限り、ドライバーが免許を失うことはない。これでは不十分である。事故で他人を傷つけた者には、もっと厳しい罰則があってしかるべきだ。懲役刑は、飲酒運転者やひと握りの故意に事故を起こす人間だけでなく、過失によって他人を死傷させた者にも課せられるべきである。必要もないのにＳＵＶに乗っていると、死亡事故を起こして過失致死罪で刑務所に入れられる可能性が高くなるかもしれないと考えれば、裕福な家庭はミニバンの代わりにサバーバンを買うのをためらうかもしれない。だがこれは、SUVに対する社会の認識が大きく変わり、乗用車でもできる移動にSUVを運転していて死亡事故や重傷事故を起こした者に、陪審員が非難の目を向けるようになるまでありそうにない。その日はたぶんずっと先だろう。

ティーンエージャーに対する州の免許法も変える必要がある。一部の州は一六歳の者の免許に、最初は昼間だけ運転を許可するというような制限を実験的に加え、交通事故死を減らしている。もう一つ有効な制限は、一六歳の者にSUVやピックアップの運転を禁じることであろう。これらは運転が難しい車であり、初心者は横転の多い小型SUVや、乗用車を破壊しうるシボレー・サバーバンで運転経験を積むべきではない。

一〇代の若者を雇用している建設会社や農家などの小企業は、若いドライバーへの規制に反対するだろう。農家をこのような規制から除外せよという主張もあるかもしれない。だが、保険会社が責任保険を車種別に完全に調整すれば、いずれにしても一六歳の者にSUVやピックアップを運転させることは、コストに敏感な事業主ならまずしないだろう。運転教習課程も見直し、車高の高い車を運転することの非常な難しさと危険性を強く警告する必要がある。

鉄製のグリルガードあるいはカンガルー・バーを取りつけた車を市街地で走らせることも禁止しなければならない。グリルガードにはほとんどファッションとしての意味しかなく、そして凶器である。またグリルガードは取り外し可能である。ただしモデルによって取り外しやすいものとそうでないものはある。もしある日の午後をグリルガードで藪こぎをして過ごしたいという人がいるなら、それも良かろう。特に私有地でやるのであれば。しかし終わったらグリルガードを車から外さなければならない（この規則のもっと控えめな形として、市街地では鉄製のグリルガードは禁止するが、ゴムやプラスチック製の危険性が少ないものは認めるというものもありうる。しかしこの種の規則は実施が難しいだろう）。連邦政府は工場で装着される自動車の装備を規制するが、市には安全に影響するアフターマーケット部品を規制する権限がある。市によっては、一部の人間がやっているようにシャシーに沿って電灯を並べて車をUFOのように見せることを、気を散らすとして禁止している。こうした積極的な市会議員には、グリルガードのような本当の安全問題にエネルギーをつぎ込んでもらいたい。

ヘッドライトの高さと光軸の傾きも厳重に規制する必要がある。高い位置に取りつけたヘッドライトのまぶしい光は、対向車のドライバーの目に直接飛び込み、あるいはサイドミラーに反射して先行車のドライバーの目に入る。これも多くの人が乗用車を捨ててSUVに走る理由の一つである。メーカーには、地面から大体七五センチ以上に取り付けられたヘッドライトを、少し下向きにすることを義務づけるべきだ。

連邦取引委員会はSUVの広告を調査し、四輪駆動が安全上有利であるかのようにほのめかすことをメーカーにやめさせる必要がある。そのような利点を少しでも匂わす広告――四輪駆動で車を雪や沼地から脱出させることに注目させるような――には、滑りやすい路面ではSUVのブレーキの利きは乗用車と同程度か、もっと悪いかもしれないという警告文を入れるべきである。

重量級の小型トラックに対する連邦税の抜け道をふさぎ、税法での高級乗用車への差別待遇を終わらせなければならない。減価償却規則では、車輌総重量がわずか六〇〇一ポンド（約二七二四キロ）にすぎない小型トラックを買った経営者に、加速税務減価償却を認めるべきでない。この規則は、キャデラック・ドビルやリンカーン・タウンカーを私的利用のために買った経営者が、過剰に税控除を受けることを制限するために作られたものである。しかしこの規則はキャデラック・エスカレードやリンカーン・ナビゲーターを買った者に悪用されており、こうして逃れた税金は最終的には誰かが払わなければならない（さもなければ連邦政府の債務がさらに増えることになる）。加速税務減価償却の限度は少なくとも一万ポンド（約四五四〇キロ）まで引き上げ、私的利用を判断する規則は乗用車の規則に合わせるべきだ。抜け道を設けるとすれば、少なくとも長さ六フィート六インチ（約一九八センチ）の屋根のない荷台を持ち、前部には座席を一列だけ備えた、商用あるいは農業用の目的の利用に供するフルサイズ・ピックアップ・トラックを対象とすべきである。

奢侈税はいずれにしても二〇〇二年に段階的に廃止される。しかし議会が、財政赤字を終わらせるためにそれを復活させることがあれば、やはり小型トラックの限度は、現行の車輌総重量六〇〇〇ポンドから一万ポンドに引き上げられるべきだろう。

小型トラック、特にSUVの排ガス基準は強化される必要がある。クリントン大統領のもとで、車輌総重量一万ポンド以下のすべてのＳＵＶは、二〇〇九型式年度までに乗用車と同じ基準を満たすことを義務づける規則を、ＥＰＡは発表した。自動車メーカーは、これを達成するための排ガス削減の第一ラウンドを、二〇〇四型式年度に行なうことに同意した。しかしメーカーは、続く二〇〇七および二〇〇九型式年度の削減に、ＥＰＡへのロビイングか訴訟で抵抗するかどうかについて言葉を濁している。議会は厳しい基準を法制化して、このようないかなる抵抗に対してもあらかじめ手を打つべきである。

なかでも最大の難問は、ＳＵＶの燃費の悪さをどうするかである。考えられる答えにはすべて難点がある。

ガソリンの大幅値上げは、アメリカ人に車の運転を控えさせ、また効率のよいエンジンを備えた軽量で空力のよい車を選ばせるうえで、もっとも効果があるだろう。これによりガソリン消費量は減り、地球温暖化に対処することと、中東や環境的に脆弱な北極圏野生生物保護区のような地域で産出する石油への依存を抑制することに、少なくとも小さな貢献になる。またガソリン価格が上がれば、ふところの寒い若者は、ガソリンを喰う中古のＳＵＶを買う気をなくすだろう。経済学者のなかには、ガソリン税からの収入を他の税、例えば所得税の減税に使い、ガソリン税が上がってもアメリカの労働者の税負担が全体としては増えないようにすることを提案する者もいる。

だが、自動車業界の市場分析によれば、ＳＵＶを購入するのは富裕な世帯で、給油にかかるコストをあまり気にしないため、ガソリンの価格が永続的にガロン二・五〇ドルにまで上がらなければ、新車のＳＵＶの売上に大きな影響はないという。これほどの大幅な値上がりはまずありそうにない。

アメリカ国内ではガソリンの安値が継続する可能性が高いことから、燃費基準を厳しくすべきかどうかは未解決のままである。経済学者やその他自由市場の信奉者は燃費基準を心底嫌っている。しかし基準を今のままで放置すること、つまり乗用車と小型トラックで平均が違うことが、自動車市場をゆがめてきた。それは二七年にわたり、安全で低公害の乗用車の代わりに危険で排ガスが汚く効率の悪い小型トラックを売る大きな誘因を、連邦政府がメーカーに与えるというひどいものであった。今小型トラックの基準を躍起になって維持しようとすることを、自由市場を機能させるためとして正当化することはできない。

米国科学アカデミーの委員会の研究は、かなり大幅な燃費の向上が可能であることを示している。燃費向上の技術はガソリンの節約によって引きあい、自動車の売上を減少させることはあまりない。フォードが二〇〇〇年に、ＳＵＶの平均燃費を二〇〇五年までに二五パーセント向上させると自発的に約束したこと――そして実際にはなされなかったものの、ミニバンとピックアップについても同様の約束を検討していると、フォード役員がコメントしたこと――は、小型トラックの燃費を大きく改善することが可能であることを証明している。

ＮＨＴＳＡと道路交通安全保険協会の調査は、小型トラックの燃費向上を要求すれば人命も救われることをも示している。比較的大型のＳＵＶとピックアップを少し小さく軽くすることで、乗員の安全を損なうことはなく、他の人間にとっては道路がより安全になる。保険会社は長年、乗用車は安全上の理由からできるだけ大きくあるべきだと主張していた――この主張は環境保護団体や一部の進歩的な交通安全活動家との間で論争になっていた――が、保険会社ですらフルサイズＳＵＶには批判的である。

とはいえ、ただ小型トラックに平均燃費の向上を義務づけるだけでは、危険を引き起こす恐れがある。メーカーが、巨大ＳＵＶにはよりよいエンジン技術を採用し、高強度の軽合金の使用を増やす一方で、小型で安価なＳＵＶの製造を増加させるという危険である。そうすれば燃費平均はたちまち上昇するだろうが、そのようなＳＵＶは若い人々の間ですぐに人気となるだろう。これには過去に前例がある。七〇年代末から八〇年代初めにかけて、一つには燃費基準の引き上げに合わせようとして、また高いガソリン価格に対応するために、メーカーは大量の小型車を製造し、赤字を出してそれを売った。そうすることで、利益になる大型車を引き続き売ることができるようにしたのだ。

フルサイズＳＵＶをより多く売るために小型ＳＵＶの販売で損をしてもいいとメーカーに思わせることは、交通安全の観点からまずいアイディアだ。車の乗員とその車が衝突した他の道路利用者の死亡率を総合したもの——もっとも大まかな安全の指標である——を見ると、小型SUVはいかなるサイズのSUVよりも、そしていかなるサイズの乗用車、バン、ピックアップよりも致命率が高い（註2）。小型SUVは小型乗用車よりもはるかに悪い。トヨタ・セリカの小型セダンは、横転による死亡率が登録台数一〇〇万台あたり一四人で、すべての事故におけるドライバーの総死亡率は一〇〇万台あたり七三人である。二輪駆動のツードア・エクスプローラーの横転死亡率は登録台数一〇〇万台あたり一五〇人で、ドライバーの総死亡率は一〇〇万台あたり二三一人である。車体前部が高く、堅いピックアップベースのシャシーを持つツードアのエクスプローラーは、事故の際に他のドライバーを死亡させる可能性もセリカより高い（註3）。

また、小型トラックの基準を急激に引き上げると、メーカーは単にSUVのサスペンションの耐荷重能力を増大させ、車輛総重量を八五〇〇ポンド以上にして燃費基準の対象からはずしてしまう恐れがある。GMは一九九九型式年度、四輪駆動のサバーバンが燃費平均に適合するのが難しかったときにこれをやった（註4）。もし小型トラックの基準を上げるとするなら、車輛総重量を一九七五年の当初の立法で設定されていた一万ポンド台に引き上げ、メーカーに怪物を売る誘因を与えるのを防ぐ必要がある。

乗用車の燃費基準をさらに引き上げるのは、小型トラックの基準がはるかに低い水準に留まっている限り、いい考えではない。ビュイック・パークアベニューのような大型乗用車は、多くのSUVの車体前部を受け止められるように高いドア枠がある。小型乗用車はそうではない。アメリカ人は家族の人数が少なくても広い車を好む。もしアメリカ人がSUVを離れて、クリーンで安全で燃費のいい乗用車に戻るとすれば、その乗用車はできるだけ大きい必要がある。最近、最大級の乗用車のなかには小型SUVよりも燃費がいいものがあるため、環境保護団体が絶賛するようなハイブリッドのコンパクトカーやサブコンパクトカーでなくても、乗用車への切り替えを促すものであれば何でも有益である。

二〇〇二年三月に上院で否決されたケリー＝ホリングズ法案は、乗用車と小型トラックの基準を別個に引き上げることで、少なくとも二〇一〇年まで、ことによると恒久的に両者の基準を大きく離れたままにしておくものだった。それはSUVの抜け穴を開けたままにする、安全上まずい考えであった。少なくとも議会は、燃費について対策を進める前に、乗用車と小型トラックの区別を廃止すべきである。そのうえで燃費基準を引き上げれば、メーカーは少なくとも大型ＳＵＶの埋め合わせに、小型ＳＵＶではなく小型乗用車を使う融通性を持つだろう。

乗用車と小型トラックの燃費の平均をメーカーごとに統合すると、結果には大きな差ができる。これがカテゴリーの統合に大きな政治的障害となる。例えばクライスラーは現在、小型トラック三に対して乗用車一の割合で販売しているが、ホンダではこの比率は逆転する。その結果、二〇〇〇型式年度の燃費を統合したものは、試験所での平均値を使って、ダイムラークライスラーでガロン二一・八マイル（リッター約九・二キロ）、ホンダでは二九・四マイル（リッター約一二・四キロ）である(註5)。乗用車と小型トラックで単一の基準、おそらくはガロン二五マイルあたりを設定すれば、デトロイトのビッグスリーにはとてつもなく大きな負担になり、一方ホンダやトヨタは自前の大型ＳＵＶの売上を伸ばすことができる。

この問題に対処するためには二、三の方法がある。一つは各メーカーに乗用車と小型トラックを統合した燃費を、一〇年間で一定の割合で引き上げるように要求することである。伸び率は、規制当局と議会がどれくらい地球温暖化と中東の石油への依存に懸念を持っているかによって、一〇～五〇パーセントの間のどこかになるだろう。

ホンダは、今まで低燃費を実現してきたことで不利益を被るべきではないと主張して、パーセンテージで引き上げる方式には激しく反対している。ホンダには環境保護運動に強い味方がいる。ホンダはクリーンで効率のよいエンジンの導入の先頭に立つことが多かったからだ。進んで燃費基準引き上げを業界に呼びかけるホンダ――その基準はホンダには達成が簡単で、他のメーカーには難しいものであるが――を環境保護派は愛している。

しかしホンダの低燃費は、一部は先進的なエンジン技術を反映したものだが、大部分はホンダが乗用車、特にシビックのような小型車の販売を重要視していることの表れである。燃費システム全体を、ホンダがその気になればフルサイズＳＵＶ市場に参入する能力を維持することに基礎を置いて立案するのは馬鹿げている。

メーカーごとにパーセンテージを設定して引き上げることは、全米自動車労働組合にとってきわめて受け入れやすい新たな規制システムとなり、実際に何らかの動きにつながる可能性が大幅に増えるかもしれない。環境保護団体とそれに味方する議員は、ブライアン法案の時代から、先手を取ってUAWに歩み寄ることなく、くり返し大胆すぎる法案を議会に持ち込んでは時間を無駄にしてきた。残念ながらこの四半世紀、政府の規制は土俵をSUVに有利なように拡げて、中西部北部の経済が乗用車の危険な代用品の生産に中毒しているのを放置してきた。いかなる燃費政策もこのような大きな社会的・経済的問題を認識したものでなければならない。

農家や建設業者など小規模事業からの新基準への反対を鎮めることも必要である。フルサイズ・ピックアップに厳しく限定した抜け道を加え、緩い燃費基準を適用すれば、ある程度歩み寄りはできるだろう。減価償却規則とまったく同様、この規則は、少なくとも長さ六フィート六インチの屋根のない荷台を持ち、座席が一列だけのピックアップに厳密に限定する必要がある。

しかし、乗用車とトラックの基準を統合して、各メーカーにパーセンテージによる引き上げを要求することは、なお安全上の問題を残す可能性がある。メーカーはやはり多数の小型乗用車と多数の小型SUVを製造しながら、殺傷力の高いフルサイズSUVを大量に送りだすかもしれない。

安全上の見地から最良の燃費システムは、アメリカ人に大型乗用車かミニバンの運転を奨励することであろう。これらの車は、その乗員と衝突した他の道路利用者の死亡率を総合したものがもっとも低いからである。本当に四輪駆動と重量物の牽引能力を必要とするごく少数の人々には、フルサイズでなく中型SUVを売る誘因をメーカーに与えることも、よい制度の条件である。中型とフルサイズのSUVは、搭乗者の死亡率は同じくらいであるが、衝突された車の搭乗者に対しては、フルサイズSUVは中型のモデルよりも致命率が高いという欠点を持つ（註6）。

安全性に取り組む誘因をメーカーに与えることは、省エネルギーや地球温暖化の場合と同様に簡単ではなく、さらに複雑な一連の燃費規則が必要となるだろう。そのような規則は複雑さゆえに、自動車業界とそのロビイストのごまかしに対して弱点を持つかもしれない。しかし安全を最優先の目標とするなら、乗用車か小型トラックかではなく重量と大きさに基づいた車のカテゴリー別に、規制当局は燃費目標を定める必要がある。

車は重いほど安全上有利であるが、乗用車なりSUVなりの空荷の重量が四〇〇〇ポンド（約一八〇〇キロ）——大型乗用車、ミニバン、中型SUVの重量——に達すると、優位性は頭打ちになるようである。それを超えると、特にSUVは他のドライバーを死亡させる確率が高くなる一方、その車の乗員はそれ以上安全にならない。そこで安全を根拠に、重さが例えば四〇〇〇ポンド以下の複数の重量区分と、四〇〇〇ポンドから一万ポンドの車すべて（フルサイズ・ピックアップを除く）を含む単一の重量区分で、個別の燃費基準を作ることを強く主張できる。それから後者のような大型の車の基準は、安全を理由に今後数年で早急に引き上げ、一方軽量の車に要求する燃費改善は小幅にする。こうすることでメーカーは、比較的大きめの中型SUVや大型乗用車、あるいはミニバンで、四〇〇〇ポンド以上の燃費基準に分類される大型SUVの売上を埋め合わせるか、さもなければ大型SUVを軽量化し、もう少し進んだエンジンを搭載せざるを得なくなる。これはすべて安全によい効果をもたらすだろう。

もう一つの可能性は、車の重量ではなく大きさを決定要因にすることである。車の全長に全幅をかけると、車の占有面積が求められる。燃費基準を占有面積に応じて決め、占有面積の大きな車には緩い基準を認めれば、メーカーには車をできるだけ長く幅広く、それでいてできるだけ軽く作る誘因が与えられる。幅が広くなれば自動車は横転しにくくなる。メーカーは、たっぷりとクランプル・ゾーンを取ったできるだけ大きな軽量のモノコック・ボディ車を売らねばならないと感じるようになるだろう。

だが環境保護団体は、大きさや重さをガイドラインにすることに反対している。異なる大きさや重さの車に別個の規則があると、メーカーが小型乗用車や小型SUVの生産を大幅に削減して、大型乗用車やミニバン、中型SUVを主に売るようになるのではないかと心配しているのだ。このようなことをさせないように規則を策定することはできるだろうが、メーカーは新しい抜け穴を探すか作るかするだろうと、環境保護団体は確信している。小型の乗用車とSUVが姿を消していけば、その結果石油の輸入は増し、北極圏のような環境が傷つきやすい地域で石油を掘削しようとする圧力が強まり、地球温暖化ガスの排出量も増大するかもしれない。

SUVがもたらす安全と環境問題の複雑さを考えると、解決をあきらめてしまいがちになる。ガソリン税の引き上げ、対人傷害保険料の計算方法の変更、グリルガードの使用規制を除けば、すでに道路を走っており、この先一〇年以上は使われ続けるであろう二〇〇〇万台のSUVへの対策はほとんどない。多くの工場が現在SUV生産に力を入れているため、問題は今後いっそう深刻になることはあっても、よくなることはなさそうである。あとは問題全体がどこまで深刻になるかというだけだ。

それでも何らかの手を打たなければならない。大半の家庭にとって、SUVは乗用車の代用品としては劣悪なものなのだ。しかし不備な政府の規制――多くは業界のロビイストが方向づけたものだ――のために自動車メーカーがますます多くのSUVを製造する大きな動機がとにかくできてしまった。メーカーは過剰で時にはまぎらわしい広告キャンペーンを行ない、人間性のもっとも邪悪な部分に訴えかける車のデザインを考え出して、アメリカ人を惑わし、SUVを買わせてきた。SUVは国内外で増殖し、ハイウェイ軍拡競争を煽って世界中の道路を乗用車ドライバーには居心地の悪い場所にし、安全と環境の両方を損なう風潮を悪化させている。

アメリカと世界が行動を起こすのを一年遅らせるごとに、問題は悪化するだけだ。

終章

中国のホンダの工場にて

二〇〇三年九月初めのある蒸し暑い午後、中国・広州のホンダの工場は、ロサンゼルスと同じ人口を持つ無秩序で過密な都市にあって、整然とした場所であった。フェンスの内側には、何十もの大きな白い壁の建物が一直線に並び、通りはこざっぱりと整備されている。労働者は自転車で行き来している。月収二四〇ドルの彼らには、自分たちが製造しているホンダ・アコード・セダンやオデッセイ・ミニバンを買う余裕はない。それらは、中国を世界でもっとも急成長する自動車市場へと変貌させている裕福な工場所有者、不動産開発業者、共産党の幹部連のためのものだ。

十分なクランプル・ゾーンを持ち、安定性の高い設計がなされたアコードとオデッセイは、混雑して設計のまずい中国の道路にはうってつけである。ここでは走行距離あたりの死亡率が、アメリカの三〇倍にのぼるのだ。しかし門脇轟二《こうじ》・広州ホンダ総経理（社長）は、一週間前に一本の電話を受けてから、多目的クロスオーバー車の製造を検討している。「アメリカ・ホンダの社長が、そのような車種を中国で生産するように私に強く勧めた」と彼はいう。「もし中国がそういう車種を生産すれば、彼らは将来的に部品のやり取りをしたいのだ」

ホンダさえもがSUVと多目的クロスオーバー車に熱意を見せていることは、残念ながらこの種の車が拡大を続けることを示している。だがその同じ週、地球の反対側で、アメリカ人がついにSUVの危険性を真剣にとらえ始めたことを示す明るいきざしが見えていた。

自動車産業と保険業界の安全性の専門家で作る委員会が、SUVやピックアップ・トラックが乗用車に衝突した際の危険を減少させるための自主的な衝突コンパティビリティ基準作成計画に合意した。NHTSAは自動車メーカーを、横転からドライブウェイで子供をバックで轢くことまで、多岐にわたるSUVの問題に取り組ませるため、本格的に働きかけていた。保険業務局は、車が他車のドライバーの生命に及ぼす危険性に基づいて保険料を調整する新しい計画に、最後の仕上げをしていた。時代の流れはカリフォルニアから始まることが多い。カリフォルニア州知事に立候補したアーノルド・シュワルツェネッガーは、自分のハマーが選挙戦に不利に働くことに気づき、そのうち一台を天然ガスか水素で走るように改修する方法を表立って探し始めた（註1）。

本書発売から15カ月で何が起こったか

筆者が本書のハードカバー版を完成させてから一五カ月で、SUVは誰も予想だにしなかったほど大きな問題となり、その問題に対処するための取り組みが本格的に行なわれるようになった。が、SUVに関して最近かなりよいニュースがある一方で、古い問題は相変わらずであり、なかにはいっそう悪くなったものもある。

例えばアメリカでは、二度にわたる連邦の小型トラック減税により、不動産ブローカーや医師など車を一部業務目的で使うと主張するSUV購入者の抜け穴が、事実上拡大された。今では最高級の車種を買っても、初年度に一〇万ドルもの減価償却が受けられるのだ。ほぼハマーH1まるまる一台分の価格である。

SUVの非情な算術は続いている。アメリカにおいて新車販売台数にピックアップ・ベースのSUVが占める割合は一七パーセント前後で横ばいになっているが、それでも全登録車輌台数にSUVが占める割合よりかなり高い。さらに、SUVはまだ年間に廃車にされる台数の三パーセント未満にすぎない。ぼろぼろになるほど古いSUVが少ないというだけのことだ。このように新車販売台数と廃棄率とが釣り合わないことから、これら怪物が路上にさらに溢れることは確実である。

同時に、多目的クロスオーバー車は驚くべき早さで乗用車から客を吸い上げている。この区分は二〇〇三年の最初の九カ月で、アメリカ市場の九・八パーセントにまで急激に拡大した。その一年前には七パーセントであった。クロスオーバー車の環境上の成績が、そしておそらく安全性能が乗用車よりも劣る傾向にある以上、これは将来問題が発生する兆しである。

フルサイズ・ピックアップも支持を増やしており、二〇〇三年の上三四半期で前年の一三パーセントから一三・八パーセントに上昇している。今も輸入ピックアップに課せられている鶏肉税を回避するため、トヨタとニッサンは米国内でのピックアップの製造能力を急速に拡大した。これはデトロイトの自動車メーカーに残された数少ないプロフィットセンターの一つに、深刻な脅威となっている。

大型のピックアップは、それから派生したフルサイズSUVと同様の安全および環境上の問題を数多く引き起こす。自車および衝突された車の乗員の、登録台数一〇〇万台あたり年間死亡率はさらに高い。フルサイズ・ピックアップは若い男性が運転する場合がきわめて多く、荷台に重い貨物を積んでいることもあるからだ。だがフルサイズ・ピックアップの伸びは、コンパクト・ピックアップからの乗り換えによるものが多いようだ。コンパクト・ピックアップのシェアは近年失われつつある。すべてのサイズをあわせたピックアップ市場全体は、一九九〇年代後半と変わりがない。つまりピックアップは――SUVや多目的クロスオーバー車とは違い――多数の人々を乗用車から引き寄せなかったということだ。

SUV、多目的クロスオーバー車、大型ピックアップの人気が高まるにつれ、燃費と交通安全は損なわれている。新車の平均燃費は二〇〇二年式ではさらに悪化し、一九八〇年以来最悪レベルになった。

さらにぞっとするのは、自動車事故で死亡するアメリカ人の数が二〇〇二年には六一九人増えて四万二八一五人になり、一九九〇年以来最悪となったことだ。横転事故による死亡者数は、増加分の五分の四以上を占め、その大半はSUVの搭乗者に発生したものだ(註2)。現在NHTSAの予測では、一九五〇年代以降着実に減少していたアメリカの年間交通事故死者数は、今後五年間で五万人にまで増加するかもしれないという――つまり、交通事故によって、ベトナム戦争の初めから終わりまでの戦死者とほぼ同数のアメリカ人が、一年間に死亡するかもしれないのだ。死亡者数は、アメリカ人の走行距離が増加しているにもかかわらず、毎年減少していた。しかし走行距離一〇〇万マイルあたりの死亡者数も横ばいとなり、この先上昇する勢いにあるように思われる。

死亡者数の増加は、ようやくアメリカ人がシートベルトを締めるようになっていることを考え合わせると、特に愕然とするものである。シートベルトの着用率は、NHTSAの最近の調査では七九パーセントに跳ね上がっており、二〇年前のレベルの五倍以上である。SUVの乗員はシートベルトを着用する傾向が平均よりも少々高い。シートベルトは横転時の生存に重大な役割を果たすが、横転による死者はベルト着用率の向上にもかかわらず増え続けている。横転するSUVが路上に増え続けているからだ。

しかし死亡者数の増加、燃費の悪化、SUVの全世界への拡大、その他もろもろの問題は、二〇〇二年夏までにすでに起きていた登録車種と工場の生産能力の変化を見れば避けがたいものであった。少し驚いたのは問題に対処するペースが速まったことだ。

二〇〇二年七月、カリフォルニア州が実際に採択した法案は、州の大気資源委員会に対し二〇〇五年までに、ある規則の草案作成を要求するものであった。すなわち、乗用車および小型トラックによる温室効果ガス排出の「実現しうる最大限の削減」を達成することを、自動車メーカーに求めるものである。シエラ・クラブなど環境保護団体は、法案推進のキャンペーンを積極的に行なった。自動車メーカーとディーラーは、政治家たちがSUVを取り上げようとしていると住民に信じ込ませることを狙った宣伝活動を行ない、ロビー活動攻勢をかけたが、州議会は僅差で法案を可決した。しかし法案は、委員会が何らかの行動を起こす前に州議会が一年間の再検討を行なうことを可能にしており、新たな規則は二〇〇八型式年度まで発効しそうにない。自動車業界は、燃費向上を強制するいかなる規則も訴訟によって阻止すると脅している。とりわけこの法案は、燃料や車への課税で燃費改善を達成することを禁じているので、カリフォルニアの厳格な基準が燃費向上を義務づけることはほぼ確実であろう。

カリフォルニアが行動を起こそうとも、GMはついにハマー2を発売した。ハマー2はその年、同社の最大のヒットとなった。客と見物人がショールームに詰めかけ、このマッチョ車には順番待ち名簿ができた。ゼネラルモーターズはこの車の販売促進に、SUV広告の常套手段を用いた。例えば、ある印刷広告は、弱々しい陽光のもと、荒涼とした風景の中にそびえる堂々たるグリルを見せている。宣伝文句はこうだ。「ハマーは他に類を見ない」(註3)。

二〇〇二年九月上旬、ギャリー・トルドーの「ドゥーンズベリー」(ニューヨーク・タイムズはじめ、全米主要紙に掲載されている政治風刺の強烈な四コマ漫画)は、一週間にわたってSUVへの「チケッティング」現象を扱った。ボストンを拠点にする「アース・オン・エンプティ」という団体が、駐車違反警告書に似せた明るいオレンジ色の用紙を大量に印刷した。実はそこには、燃費の悪さから甘いブレーキ、他のドライバーに及ぼす危険に至るSUVの問題点が列挙されていた。有志たちは駐車中のSUVに忍び寄っては、ワイパーにチケットを挟み込んでいた。

本書への自動車業界からの反撃

本書のハードカバー版は二〇〇二年九月一七日に刊行された。自動車業界は出版の一週間前に先制攻撃を仕掛けた。自動車メーカーに意見を求めるために電話した書評家、コラムニスト、トークショーの司会らは、「ノーコメント」との回答を受けた。だが、自動車製造業連合会は、ワシントンにある自動車業界お気に入りのロビー活動およびPR会社の一つであり、燃費基準の引き上げに反対する「消費者」団体「自動車選択の自由連合」を運営しているストラット@コムと共に、SUVを擁護する長い文書を作成していた。ストラット@コムのSUVの専門家はジェイソン・バインズ、元フォードの広報担当部長で、ジャック・ナッサーの辞任の後、このPR会社に加わっていた。

本書の書評用献本を受け取った記者がコメントを求めてバインズに連絡を取ると、彼は署名も会社名も入っていない一六ページの非難と反論の文書をファックスで送ってきた。その文書は本書で扱っているおなじみの業界の主張に乗っかっていた。反論は見事に練り上げられたPR活動で、世論を形成するために、ある問題を引き起こすことを見越しており、その効果はてきめんであった。筆者が本書についてラジオのアナウンサーから初めてインタビューを受けたとき、その質問からすぐに、彼が本を読んでおらず、ストラット@コムの批判だけに依拠していることがわかった――インタビューの途中で筆者が訊くと、アナウンサーはそれを認めた。

文書は、本書六章の一節をこれみよがしに引用していた。SUVの購入者を情緒不安定で虚栄心が強く、結婚生活に気苦労が絶えず、親であることが気詰まりだと描写した部分だ。しかし、この文書はそのあとの「いや、嫌みをいっているわけではない。自動車業界のマーケット・リサーチャーや重役がそういっているのだ」という文を省いている。テレビやラジオのインタビュアーの多くは、SUVにまつわるもっと重要な問題ではなく、この一節について――関係の深い続きの部分を含めずに――話したがった。このようなPRによる業界の小さな勝利が積み重ねられていった。

燃費が悪くなるSUV

自動車産業は、しかし、外交にはほとんど影響力を持っていない。二〇〇二年の秋いっぱい、ブッシュ大統領は対イラク戦争の準備をしていた。低い燃費基準と、それによって余計に原油の輸入が必要になることは、政治的な障害となった。EPAは一〇月二九日、二〇〇二年式の乗用車と小型トラックすべての平均燃費が、試験場の数値でガロン二三・九マイル（リッター約一〇・一キロ）、ウィンドウ・ステッカーの数値でガロン二〇・四マイル（リッター約八・六キロ）に低下したと試算した。過去二一年で最低レベルであった。

一二月一二日、ブッシュ政権は、小型トラックの燃費基準をガロン一・五マイル（リッター約〇・六キロ）引き上げ、試験場での測定値でガロン二二・二マイル（リッター約九・三キロ）とすることを発表した。ただし小型トラックの定義に変更はなかった。引き上げは二〇〇五、二〇〇六、二〇〇七年式でにそれぞれ〇・五マイルずつ分割して施行されることになっている。ゼネラルモーターズとフォードの関係者は当初、それほど難なく基準引き上げに対応できるといっていた。ところが環境保護団体がこれを、いっそう大幅な引き上げを課すべき根拠として捉えると、GM、クライスラー、フォードまでもが後になって、引き上げ幅が大きすぎるのではないかとする文書を連邦政府に提出した。

フォードが引き上げに異議を唱えることにしたのは、環境面で業界内の優位を維持することから最近撤退していることの現れである。ボブ・ラッツが車の設計を統轄するGMでは、マーケティングに活気が戻り、日欧のメーカーが深く食い込み続けるなかで、クライスラーや特にフォードを犠牲にして市場占有率をほぼ維持している。必死に利益を得ようとするなかで先端技術への投資を削減したフォード・モーター首脳部は、SUVの平均燃費を二〇〇五年までに二五パーセント改善するという公約を撤回した。首脳部はハイブリッド・エンジンを搭載したフォード・エスケープの発売を遅らせていた技術的問題を挙げ、同社はまだ燃費の大幅向上を追求していると述べた。GMとダイムラークライスラーはフォードに合わせるとしか約束していなかったため、フォードの撤退はデトロイト全体をSUVの燃費向上の縛りから解き放った。のちにフォード社の二〇〇三年度企業市民報告書のなかで、ビル・フォードは同社のSUVの平均燃費が、最近の年式では事実上低下していることを明らかにした。ランドローバーの燃費が悪化し、エクスプローラー・サイズのリンカーン・アビエーターが発売され、小型のエスケープの売上は落ちていた（註4）。

他の自動車メーカーも、より重くガソリンを喰うSUVへの同じ流れに乗った。言い換えれば、アメリカにおいて燃費が低下しているのは、購入者が乗用車から小型トラックに切り替えているからというだけではなく、小型トラック自体の効率が悪くなっているからなのだ。これは地球温暖化や、中東その他政情不安定な地域からの輸入原油にアメリカが依存することに懸念を抱く者にとって、よい傾向ではない。またこれによって、二〇〇五年から二〇〇七年にかけて自動車メーカーが平均燃費を改善することは困難になるだろう。業界は議会がエタノール車の燃費の特別扱いを拡大することを要求しており、またハマーのように車輌総重量が八五〇〇ポンドを超え、したがって平均に一切含まれない車の生産を増やすといった策を講じようとするかもしれない。

宗教団体のＳＵＶ批判キャンペーン

二〇〇二年秋の時点で、SUVの燃費の抜け穴に本当に関心を持っていた唯一の保守派著名人が、トークショーの司会ビル・オライリーである。オライリーはアメリカが中東からの輸入原油に依存することを危険と見なし、それを公言していた。左派からのSUVに対する批判は、ますます激化していた。シエラ・クラブは以前からもっとも積極的にSUVに反対しており、ハマーとその持ち主をからかった Hummerdinger.com ウェブ・サイトのような独創的で愉快なキャンペーンを考え出している。しかし冬が近づくにつれ、別の団体も活発に動きだした。特筆すべきは、いくつかのリベラル系宗教団体が先頭に立って行なった「イエスはどの車を運転したまうか?」キャンペーンと、カリフォルニアのリベラル派が主催した「デトロイト・プロジェクト」である。

宗教的キャンペーンは、米国聖公会、福音ルーテル教会、ユダヤ教の著名人を引きつけ、自動車メーカーに重大な疑問を突きつけた。運動員は主に燃費について問うた。彼らは、人類は神の創造物を監督し、貧しき者たちを、特に地球温暖化の影響を受けやすいバングラデシュのような土地において護らねばならないという聖書の教えを引いた。この取り組みは、特に修道女が運転しラビ(ユダヤ教の聖職者)が同乗するハイブリッド車のトヨタ・プリウスに、「イエスはどの車を運転したまうか?」のスローガンを掲げてデトロイトを走り回るというイベントのためもあって、かなりマスコミの関心を集めた(註5)。

もっとも、より大きな政治的影響力を持つ保守派のキリスト教団体は協力的ではなく、またデトロイトでは、このキャンペーンは相当笑いものにされた。自動車業界内の冗談好きな連中は、イエスは弟子を乗せるためにエクスカーションかフルサイズ・バンを運転するだろうといった。また、イエスは大工だったからピックアップ・トラックが快適だと思うだろうという者もいた(二〇〇三年夏に行なわれた宗教に対する態度を問う中立的な世論調査のなかに、イエスはどの車を運転すると思うかという設問がたまたま入っていた。回答者の三三パーセントが、イエスはSUVを避けるだろうと考えていた。二九パーセントが、イエスはSUVに乗るだろうと答えた。三一パーセントがわからないと答え、七パーセントが、イエスは車に乗らず歩くだろうと意見を述べた)(註6)。

テレビコマーシャルでの反SUV

デトロイト・プロジェクトは、作家でコラムニストのアリアナ・ハフィングトンと、天然資源防衛委員会の理事であるローリー・デイビッドが始めたものである。この運動はSUVを揶揄したテレビコマーシャルを作り、わずかな放映時間を買ってそれを流し、その後CMがテレビのニュース番組で何度となく再生され、新聞記事で要約されるのを見物した。

二〇〇三年一月の最初のコマーシャルは、ジョージと呼ばれるSUVオーナーに続けて、石油会社の重役、中東の地図、突撃銃を持った覆面姿の男の集団を映していた。ナレーションは刺激的だった。「これはジョージ。これはジョージがSUVのために買ったガソリン。これはジョージがSUVのために買ったガソリンを売った石油会社の重役。これはジョージがSUVのために買ったガソリンを作るための石油を石油会社が買った国。これはジョージがSUVにガソリンを入れるたびに、こうした国からお金をもらうテロリスト」

コマーシャルはこのような字幕で終わる。「オイル・マネーはある種の恐ろしいことを応援します。あなたのSUVの燃費はどれくらいですか?」

もっとも、ある一連の事件により、SUV批判派は社会の支持を失ったかもしれない。ペンシルベニア州エリー、オレゴン州ユージン、ワシントン州シアトル、カリフォルニア州のサンタ・クルス、ドゥアーテ、ウェスト・コビーナで、ディーラーにあったSUVがひどく破壊され、時には放火までされたのだ。二〇〇三年八月二二日のウェスト・コビーナの襲撃では、二〇台ものハマーH2が焼かれた。犯人は多数の車にスプレーで「むかつく汚染のもと」「デブで怠け者のアメリカ人」などのメッセージを残した(註7)。

こうした攻撃は、SUVについて真剣な議論を積み重ねようというあらゆる努力を損なうものだ。そればかりか、攻撃によりSUVのイメージは高まったかもしれない。オーナーは個人主義者で、過激派の怒りをものともせず自己表現を追求する反逆精神の持ち主としてみずからを描くことができるようになったからだ。

自動車産業はSUVへの挑戦を無視してきたわけではない。ストラット@コムは、「アメリカ多目的スポーツ車オーナー会(SUVOA)」という小さな無名の権利擁護団体を支援して、規模を大幅に拡大すると同時に内容も一変させ、自動車選択の自由連合の成功をくり返そうとした。

自動車業界がつくったSUV擁護市民団体

ウィスコンシン州の貯蓄貸付業界のロビイストを引退したウィリアム・D・ブラウズは、SUVOAを営利事業として二〇〇〇年に始めた。ミルウォーキー市外に小さな事務所を構え、貯蓄貸付業時代に使っていた見事な桜材の家具を入れたブラウズは、会費を払いたがるSUVオーナーは大勢おり、いったん基礎となる会員をたくさん集めてしまえば、自動車業界は援助したがるだろうと考えた。

だが一年後に筆者が訪ねてみると、事業は困難に陥っていた。年間わずか五〇ドルの会費にもかかわらず、有料会員は五〇人しか集まらなかった。ブラウズ自身、自動車メーカーが顧客に投影しようとするイメージにはほとんど合わず、トレーラー連結装置のないジープ・グランドチェロキーに乗り、オフロードに出たことは一度もない。「傷をつけたくないんだ」と彼は釈明した。

二〇〇二年秋にSUVがニュースになると、ブラウズはチャンス到来と思った。ストラット@コムが自動車選択の自由連合を運営していたことを思いだした彼は、一〇月に同社に電話し、事業の売却を申し出た。最終的に取引はもっと複雑なものとなった。ストラット@コムは、その時点までのブラウズの出費をすべて埋め合わせるための金をSUVOAに貸したのだ。「彼らは十分な資金を提供してくれ、ひきつづき私を顧問の地位に置いた」と彼はいう。「彼らはすばらしい仕事をしていると思う」

ストラット@コムはSUVOAをワシントンDCにある同社の事務所に移し、非営利団体に改変して、ジェイソン・バインズを会長に就けた。バインズはストラット@コムの社長の地位にも留まった。うまくデザインされた新しいSUVOAのウェブサイトは、手始めにみずからを「SUVオーナーの権利を守り、利益に資することに専念する非営利消費者団体」と謳った。

SUVOAは個人に対しては一人一〇ドルから一〇〇ドルの寄付を募り、団体や自動車ディーラーに対しては年会費一〇〇〇ドルで会員となることを持ちかけた。面白い試みとして、同会は自動車メーカーから寄付をもらわず、その代わり広告を受け付けると公言した。引き継ぎの後、SUVOAが最初に行なった活動の一つが、本書のハードカバー版を古本や在庫処分セールで買うよりもましな金の使い方を会員に選ばせるコンテストだった。ストラット@コムが企画した積極的な広告とPRキャンペーンのおかげで、会員数はあっという間に一万八〇〇〇人にまで増えたと、バインズは二〇〇三年九月に筆者に語り、すぐに五万人になるだろうとつけ加えた。SUVOAの広告と会費の収入は、ストラット@コムが当初ブラウズに支払った金と、続いて広告とPRキャンペーンに費やした金を補って余りあるものだと、バインズは述べた。

もとER医師が規制当局の責任者に

ＳＵＶをめぐる論争で、両陣営がますます辛辣な言葉を応酬するようになる一方で、いいニュースもあった。二〇〇三年になって自動車メーカーが、ＳＵＶの安全性により関心を払うようになったのだ。功績の多くはジェフリー・ランギ博士のものである。このノースカロライナの医師は、ブッシュ大統領によりＮＨＴＳＡの責任者に選ばれ、改革を追求するにあたって真の勇気を見せている。

リカルド・マルティネス元局長と同様、ランギ博士も病院の救急処置室《ER》担当医として、事故の悲惨な結果を見てきた。その見識が初めて垣間見えたのは、二〇〇二年一二月、『ニューヨーク・タイムズ』のダニー・ハキーム記者によるインタビューでのことだった。ランギ博士は、ＮＨＴＳＡの職務を引き受ける二カ月前、一七歳の高校生サラ・ロングストリートの遺体が自分の病院に運び込まれたときの様子を詳しく語った。彼女は小柄な赤毛の少女で、ベビーシッターをし、聖書研究会のまとめ役を務め、友達にシートベルトを締めるよう言い聞かせていた。一九九一年型フォード・エクスプローラーがサラのマツダ６２６セダンに衝突したとき、彼女はシートベルトを締めており、エアバッグも膨らんだ。だがそれでも、ＳＵＶがボンネットの上を乗り越えてしまっては、彼女の命は救えなかった。(註8)。

乗用車の車体前部を乗り越えるＳＵＶの能力に、ランギ博士は衝撃を受けた。「天使のような娘がこの世から奪い去られてしまった。だが私の考えでは、これは不可抗力ではない。防ぎえた事故なのだ。ＳＵＶの構造が違っていれば、あの娘はシートベルトとエアバッグに護られて、車から歩いて出てこられただろう」(註9)

このときの経験が、ＳＵＶ問題に取り組まねばならぬという意識を形成した。「他人の命を犠牲にしても自分と家族を護るという考えが、こうした車を設計するうえで作用している動機だが、それは間違っている」とランギ博士はいう。「政治家ぶるつもりはないが、それは思いやりのある保守主義ではない」(註10)

ランギ博士は、二〇〇三年一月にデトロイトで開かれた自動車業界の会議で講演し、業界が衝突コンパティビリティと横転への取り組みにいっそうの努力をしないのであれば、連邦による規制が必要であろうと公然と警告して、全員を驚かせた。また博士は、横転の成績が二つ星の車は「たとえそれが地球最後のものであっても」子供には買い与えないと辛辣な言葉で批判した。これは自動車メーカー重役を激怒させ、全国的なニュースとなった。

のちに筆者がランギ博士と電話で話したとき、彼は自分の言葉が不適当にきつすぎたと述べた。また、自分はSUVのような特定の車種を槍玉に挙げないように配慮しており、コンパティビリティと横転について全般的に不安を抱いてきたのだと指摘した。それでもなお、ランギ博士は難題への取り組みに全力を傾ける規制当局者という印象であった。最初はエアバッグ、次にファイアストン製タイヤへの懸念のために、局は五年にわたって、事故データによってもっとも大きな問題があるとされる部分に、十分な注意を払うことができなかった——それを改善する必要があると、博士はいった。

自動車メーカーのコンパティビリティ対策

危機感を覚えた自動車メーカーは、道路交通安全保険協会と協力してSUVやピックアップ・トラックに衝突された乗用車の乗員を守る自主的な業界基準を作ることを、二月一三日に発表した。二つの委員会が別個に立ち上げられた。一つは乗用車への側面衝突に対処するもので、より幅広く新型乗用車にサイドエアバッグを装着するという手段をとることになりそうであった。もう一つの委員会は正面衝突を取り扱うもので、こちらのほうが微妙な問題であった。SUVの車体前部を柔らかくするという手段をとれば、立木など他の障害物に衝突したときに搭乗者の危険が増すだろうからだ。

正面衝突に対処することの困難さは、その後NHTSAが一九九九年型および二〇〇三年型のリンカーン・ナビゲーターを、九六年型ダッジ・ネオン・コンパクトセダンと、それぞれ時速三〇マイル（約四八キロ）で走行させて衝突させた結果を公開した際、いっそう明白となった。二〇〇三年型ナビゲーターには、フレームとバンパーの間の低い位置に中空の金属棒が横に入っており、フォードは衝突コンパティビリティを念頭において設計していた。しかし二〇〇三年型は九九年型とほとんど同率でネオンのダミーに胸部の損傷を引き起こし、頭部の損傷については増大する結果になった(註11)。

一つ考えられるのは、二〇〇三年型では重量が増え(九九年型より一五五キロ増えて三〇三〇キロになった)、剛性も上がっているために、安全を重視した設計の利点が相殺されていることだ。しかしフォードのプリヤ・プラサードの反応は、テストが一四〇〇キロのネオンには厳しすぎるというものだった。重量差を考慮すると、これはネオンを時速四〇マイル(約六四キロ)で不動の物体にぶつけるのに匹敵する。連邦の基準はこのような衝撃に耐えることを車に要求していない。二〇〇三年型ナビゲーターがネオンの車体前部を乗り越えることは、九九年型の場合より少なく、大腿部の損傷を引き起こす率も低いことをプラサードは指摘した。二〇〇三年型ナビゲーターに衝突されたネオンの乗員は、胸部や頭部のケガが重くなければ歩いて出てこられるだろうとプラサードは示唆するが、この種の傷害の死亡率は一〇〇パーセントではないまでも高いことを考えれば、予測は難しい。

バックで子どもを轢くSUV

正面衝突にもっとも注意が集まっているが、SUVがバックで子供を轢く問題についてもさかんに語られるようになってきた。キッズ・アンド・カーズという非営利団体の集計によれば、アメリカで二〇〇二年に五八人の子供が、バックしてきた車に轢かれて死亡している。先のオーストラリアでの調査が示すように、小型トラックは乗用車よりも問題である。『コンシューマー・リポーツ』のスタッフが、自動車後部の死角の問題について評価している。高さ二八インチ(約七一センチ)のセーフティーコーンをドライバーから見えないようにもっとも遠くに置いたときのリアバンパーからの距離を、平均的な身長(五フィート八インチ〈一七二・八センチ〉)のドライバーと背の低い(五フィート一インチ〈一五五センチ〉)ドライバーについて計測するというものだ。ホンダ・アコード・セダンでは、死角は平均身長のドライバーと小さなドライバーでそれぞれ一二フィート(約三・七メートル)と一七フィート(約五・二メートル)であることがわかった。ミニバンのダッジ・グランドキャラバンでは一三フィート(約四メートル)と二三フィート(約七メートル)であった。トヨタ・セコイアSUVでは一四・五フィート(約四・四メートル)と二四・五フィート(約七・五メートル)、フルサイズ・ピックアップのシボレー・アバランチでは三〇フィート（約九・一メートル）と五一フィート（約一五・六メートル）だった（註12）。

ランギ博士はSUV問題への取り組みを口にするだけではなかった。局の規則作成スタッフに命じて、その多くを最優先課題にしたのだ。二〇〇三年七月、局は屋根の圧壊抵抗力、側面衝突からの保護、ヘッドライトの眩惑について二〇〇四年に新たな規制を提案するといい、一年後に最終的な規則の準備を整える予定を立てた。またNHTSAは、二〇〇五年に小型トラックの停止距離に関する規則を強化するかどうか、自動車に電子安定性制御装置の装備を義務づけるかどうかの研究を開始すると述べた（註13）。同局の研究部門は、ドライブウェイをバックしてきた車に轢かれて死んだ子供たちの死亡診断書も集め始めている。警察は公道上での死亡についてしか報告を要求されていないので、局の死亡事故データベースはこのような情報を把握していない恐れがあると判断したためだ。

局は大規模な自動車コンパティビリティを行なっている。主に車に多数の圧力センサーを取り付けて、壁に激突させるというもので、二〇〇四年末までには規制の草案作成に取りかかれそうだという。「車のインコンパティビリティを原因とする危険を減らすことは、当局の最優先の目標の一つである」と局は宣言しており、トム・ホロウェルがこの種の問題に少しでも関心を払ってくれる者を必死に探していた頃とは隔世の感がある（註14）。ランギ博士はホロウェルを昇進させ、NHTSAに四人いる研究部長の一人にした。また運輸省は、彼のコンパティビリティ研究に対して、技術上の功績に与えられる最高の賞を二〇〇三年一〇月二九日に与えている。

四大陸の一五社の自動車メーカーが二〇〇三年一二月四日、道路交通安全保険協会との共同研究の結果、二〇〇九年九月一日以降に販売されるすべての新車について衝突コンパティビリティを改善する計画に合意したことを発表した。単に新しい型式年度に向けて微調整をするというものではなく、小型トラックはそれぞれ完全に設計しなおされるので、エンジニアは車体前部にある主要なエネルギー吸収部品――通常はフレームレール――の少なくとも半数が、規則にある乗用車のバンパーの高さ四一～五一センチと同じ高さになければならないことを肝に銘じる必要がある。この基準に適合しない車種は、別のエネルギー吸収部品、フォードのいうブロッカー・ビームを備えることが要求される。小型トラックに側面衝突された乗用車の乗員が生き残るチャンスを高めるために、自動車メーカーは二〇〇九年までにより厳格な基準を満たすことを約束しており、それにより全部とはいかないまでも大部分の車にサイドエアバッグを装着することが事実上義務づけられるだろう。側面衝突基準は車輌総重量八五〇〇ポンドまでの車にしか適用されないが、車体前部の再設計は一万ポンドまでの車に適用され、ハマーH1を除くほとんどすべての車がここに含まれる。

動き出した保険業界

自動車業界と道路交通安全保険協会が事故コンパティビリティ問題に関して協力したことからわかるように、保険会社も現在SUVに注目している。これまで保険業界は、SUVオーナーが損害賠償保険料を十分に請求されていない問題に取り組むにあたって、動きが鈍く断続的であった。オールステート——今もステートファームに次ぐ国内第二位の自動車保険業者である——が、その先頭を切った。

ファーマーズ保険が一九九七年後半に、もっとも他のドライバーに障害を残す可能性が高い車種に対して損害賠償保険料を引き上げようとした直後、オールステートは、もっとも危険な車種でも同社の分析によれば、平均より二、三パーセント高い保険金請求しか発生させていないと主張した。しかし二〇〇四型式年度に向けて、オールステートは現在、もっとも危険な車種については四五パーセントも保険料を値上げし、もっとも傷害を引き起こしにくい車には最大二七パーセントの値引きを提供している。オールステートは医療保険でも車種別に保険料率を調整している。

保険業務局が算出する調整係数は、数百もの保険会社が自主的に利用しており、それらを合わせるとステートファームよりも市場占有率は大きくなる。その保険業務局がついに自動車賠償保険用の調整を二〇〇三年秋に更新した。新しい方式の下では、もっとも多く保険金請求を発生させる傾向にある車種の持ち主は、最大二五パーセント増しの保険料を支払うことになり、一方もっとも害の小さな車種の持ち主は最大二五パーセントの割引を受けることになる。

だがネーションワイドでは、調整はまだプラスマイナス一〇パーセントに制限されている。損害賠償保険料の車種別調整に消極的な他の保険会社——ステートファームとUSAAも含まれる——はこの問題を調査中だが、まだ動きはない。

年間126万人が交通事故で死んでいる

米国内での最近の進歩に暗い影を落としているのが、SUVの全世界への拡大である。中国だけで、二〇〇三年上半期のSUV売上は、二〇〇二年上半期に比べて三倍以上に増えた――中国の小規模な自動車メーカーが、非常に安価な車種を量産していたことが主な理由である（註15）。富裕な市場向きにすら安全で低公害のSUVを設計するのが難しいことを考えれば、開発途上国のSUVが、近いうちに横転センサー、頭部保護用のサイドエアバッグ、衝突コンパティビリティを考慮した車体前部のような最新技術を組み込むことはありそうにない。だが中国は、二〇〇三年一一月に燃費規則の施行に向けて動きだした。この規則の下で、SUVは最大級の乗用車と同じ基準を満たすことが要求される。

加えて、全世界の公衆衛生の専門家が、自動車事故の真の人的損失に関して懸念を募らせている。ジュネーブにある国連機関、世界保健機関（WHO）は二〇〇三年五月、「道路交通事故」によって二〇〇〇年だけで全世界で一二六万人が死亡していると算出した。交通事故の被害者は、多くのあまり豊かでない国で、病院のベッドの最大一〇分の一を占めている。この数字は驚くべきものであり、WHOはさらに悪くなる一方だと予測している。戦争や内戦などの暴力により失われた命は、その四分の一以下――三一万人――である。ただし戦争は、人々を住居から難民キャンプのような衛生状態の悪い場所へと追いやることで、病死者の増加の原因ともなってはいるが。

アメリカはさまざまな面で、今も世界の文化的流行を作りだしており、自動車の流行ではそれが顕著である。しかし政府がアメリカの自動車市場に介入したことで、多くの予測されなかった有害な副作用が現れた。それらは、自動車メーカーに悪用されて、大きな問題を引き起こし、全世界に拡大しようとしている。すでに創りだしてしまった混乱がこれ以上悪化しないように最大限の努力をすることが、規制当局と自動車メーカー両方の責務である。

付録1——SUV：13の神話と現実

神話1——SUVは乗用車より安全である。

現実——SUVは、乗員にとっては乗用車より安全ということはなく、他の道路利用者にははるかに大きな危険をもたらす。SUVの乗員は事故時に乗用車の乗員よりわずかに高い頻度で死亡している。SUV一〇〇万台あたりの乗員の事故死率は、乗用車よりも六パーセント高い。最大級のSUVは、中年世帯が乗っていることが多いが、乗員の死亡率でミニバンやフォード・トーラス、トヨタ・カムリといった比較的大きめの中型乗用車（一般に同じような世帯が乗っている）を八パーセント上回っている。SUVの乗員は乗用車の乗員よりも横転事故で死亡する確率が高く、同じ人間が乗用車に乗っていた場合に比べ年間一〇〇〇人が余計に死亡している。だが他の車との衝突では、SUVは他のドライバーを死亡させる確率が乗用車の三倍近く、一〇〇〇人のドライバーの無用な死を引き起こしている。この一〇〇〇人は、同じ重さの乗用車に衝突されていたら死なずに済んだはずである。またSUVは乗用車よりもはるかに大きな大気汚染源であり、呼吸器疾患を持つ人を年間最大一〇〇〇人死亡させている。

神話2——SUVは若いドライバーに望ましい選択である。

現実——子供のことを思うなら、親は子供にSUVを運転させるべきでない。年長のドライバーと比べて、一〇代の若者が他車との衝突に関係する可能性は平均より多い。だが、単独事故を起こす可能性は、おそらく未熟さゆえに、平均をはるかに上回る。単独事故が心配な人間が運転する車としては、SUVは最悪である。SUVにはクランプル・ゾーンがわずかしかなく、橋台のような堅固な路上の構造物に衝突した場合、乗用車ほど乗員を保護しない。さらに悪いことに、SUVは乗用車より数倍横転しやすい。横転は事故による身体麻痺の主要な原因であり、麻痺は若い人にとって特に重い負担となるだろう。

また親は自分の子供を、他の若者が運転するSUVに乗せないようにすべきである。SUVが危険だというだけでなく、保険会社の統計では、一〇代の人間が運転する車は搭乗者が増えるほど死亡事故の危険性が急速に増えることが示されている。おそらく未熟なドライバーほど注意が散漫になりやすいからであろう。

若い人たちは中型または大型のセダンに乗るべきである。これらは横転しにくく、クランプル・ゾーンが十分にあり、SUVほどには他のドライバーに危険を及ぼさない。

神話3——横転は無謀なドライバーが起こすもので、責任あるドライバーにはほとんど関係がない。

現実——未熟なドライバーのほうが経験を積んだドライバーより車を横転させやすいが、横転は誰にでも起こりうる。自動車産業も認めている連邦政府の調査は、横転事故の九二パーセントは車が「つまずいた」ときに発生することを示している。これは車が縁石、ガードレール、他の車高が低い車などにぶつかったときに起きる。つまずき現象は車の片側の車輪が抵抗の大きい地面、例えば柔らかい路肩の泥や砂利などを通過するときにも発生しうる。無謀なドライバーのほうが車をつまずかせやすいが、ドライバーは誰でも、歩行者を避けるために急ハンドルを切るというような緊急事態に陥ることがあり、そのようなときにつまずき現象が起きる恐れがある。

神話4——酔っ払い運転の車がセンターラインを越えてこちらに向かってきたら、乗用車よりもSUVに乗っているほうがいい。

現実——路肩がなく狭い道路、混雑した道路、滑りやすい道路では、飲酒運転者を避けることはできないかもしれない。しかし飲酒運転が特に問題になるのは夜が多く、道路はそれほど混んでいない。車高が高く鈍重なSUVよりも敏捷な乗用車に乗っていたほうが、ハンドル操作で酔っ払いを避けられる可能性が高く、路肩によけたときでも横転する確率が低い。衝突した場合、SUVは横転しなければ一般に乗用車よりも乗員を保護できる。重量が重いのと、最低地上高が高いために飲酒運転の車のバンパーを乗り越え、柔らかい車室にぶつかることになるだろうからだ。だがSUVは他の車との衝突時にも、単独事故時と同様に横転しやすい。

神話5――全輪駆動または四輪駆動の車は二輪駆動の車よりもブレーキがよく利く。

現実――全輪駆動または四輪駆動とは、エンジンが四つすべての車輪に動力を与えるという意味でしかない。このシステムは車が加速するためには役に立つ。しかしブレーキの効果には何も関係がない。実際、すべての車は四輪すべてにブレーキを備えている。大部分のSUVのように車高が高く重い車は、多くの乗用車のような車高が低く軽い車に比べて停まるのが難しい。路面が濡れていたり凍結したりしていても、SUVは加速時にスリップしにくいため、ドライバーは簡単にだまされて、まわりの乗用車よりもすぐに停まれるわけではないことを忘れてしまう。制動と操縦にもっとも重要な要素は、タイヤが路面に接している面積である。多くのSUVのタイヤは、実は舗装路面との接触が乗用車のタイヤより小さい。SUVのタイヤには、泥や雪の中に深く食い込んで、その下の堅い地面に届くように、深いマッチョな外見の溝があるからだ。

神話6――SUVは安全な車のはずである。アメリカ国内の走行距離一億マイルあたりの総事故死率は、SUVが急増したにもかかわらず、過去一〇年で微減しているからだ。

現実――SUV問題はアメリカに密かに忍び寄ってきている。国内の全自動車登録台数に占めるSUVの増加の割合は、年間一パーセント未満である。この一〇年で飲酒運転は激減し、シートベルトの着用率は伸び、エアバッグは普及している。この三つの変化はアメリカの交通安全を大きく改善しているはずだ。しかしアメリカの道路の致命的危険性はあまり変わっていない。路上で毎年四万二〇〇〇人近くが死亡、三〇〇万人が負傷し、交通事故は国内最大の公衆衛生問題の一つになっている。

神話7――着座位置が高くなることで見通しがよくなり、ドライバーは前方の危険に対処することができる。

現実――映画館で分厚い電話帳の上に座るようなもので、車高の高い車に乗れば確かにそのドライバーの見通しはよくなるが、後ろのドライバーの視界が犠牲になる。車高の高い車のドライバーは、あらかじめ危険な状況を知って事故をある程度回避することはできる。しかし横転の可能性も増加し、それはつまり死亡や麻痺の危険性も増えるということだ。車高が高い車は低い車より安全ということはなく、そのうえ他人を危険にさらすのだ。

神話8――SUVの安全問題は「成長痛」であり、今後数年の間により安全なモデルが市場に出れば消える。

現実――小さな改善、例えば中空の鉄棒をSUVのフロント・バンパーの下に装着して、車高の低い車への危険を減らすといったことは行なわれている。しかし最新のSUVであっても、乗用車より不安定で他の道路利用者への危険はより大きい傾向にある。最大の問題はまだこれからである。現在路上を走っているSUVの大多数は、フルサイズSUVの四分の三をはじめとして、ここ五年以内に製造されたもので、まだ主に中年世帯が乗っている。こうした車が古くなると、機械部品が劣化を始め、若いドライバーや飲酒運転者が手に入れやすい価格になる（飲酒運転常習者は安い車を選ぶことが多い）。同時にSUVが路上の車に占める割合は、今後一〇年ほどで二倍近くなることが確実である。現在SUVは登録車輌の一〇パーセントにすぎないが、この数字は最終的に、SUVが新車販売に占める割合の一七パーセントに追いつきそうだ。

神話9――子供のいる家庭には室内が広い車が必要であり、それはSUVだけだ。

現実――中型あるいは大型乗用車の座席の広さは、中型SUVと同じくらいである。比較的大型の乗用車のトランクには、SUVと同じ荷物の収納面積があるが、荷室の高さはそれほどにはない。ミニバンは、背の高い乗用車のような作りで、七人分の座席も高い荷室も備えている。最大級のＳＵＶはもう少し大きめの内部スペースを持つが、それが必要な家族はまずない。

神話10——ＳＵＶの大気汚染は問題ではない。それは三〇年前の乗用車ほど汚くないからだ。

現実——大型ＳＵＶは走行距離一マイルにつき最大一・一グラムのスモッグの原因となる窒素酸化物（ＮＯ^{x}）を排出することを許されている。これは六〇年代初めの乗用車が出していたマイル三～四グラムよりは少ないが、今日の乗用車より大幅に悪い。現在乗用車は、マイル〇・二グラムしか排出を許されていないのだ。アメリカの大部分の都市で大気環境は改善されてきているが、さらに改善するために不断の努力が必要である。クリントン大統領は、二〇〇一年の任期終了前に、乗用車とＳＵＶのＮＯ^{x}排出量を二〇〇九年までにマイル〇・〇七グラム未満にすることを義務づける規制を公布した。この規制を緩和すべきではない。

神話11（その一）——ＳＵＶの増加は地球温暖化の主要な原因である。

神話11（その二）——ＳＵＶは地球温暖化にはあまり関係がない。

現実——真実はこの間のどこかにある。ほとんどの科学者は、人間の活動が自然のバランスをくずし、地球の気候が温暖化するいわゆる温室効果をもたらす作用をしているという。だが人類がどの程度関与しているかははっきりしていない。自動車がガソリンを一ガロン燃焼させるごとに、ガソリンの中の炭素がグリルから取り込まれた空気中の酸素と化合して、一九・五ポンド（ガソリン一リットルにつき約二・三キログラム）の地球温暖化ガス、二酸化炭素を発生させる。ＳＵＶはガソリンをがぶ飲みするが、人類が放出する全地球温暖化ガスの一パーセント未満を占めるにすぎない。だがそれでもＳＵＶは地球温暖化に特にいたずらに関与している。中型乗用車から大型ＳＵＶに乗り換えると、冷蔵庫のドアを六年間開けっ放しにしていたのと同じエネルギーを一年で消費する。アメリカ人がＳＵＶに愛着を持っていることが一因となって、大統領が米国の地球温暖化ガス総放出量の大幅削減を公約することは非常に困難であり、そのため国際的な地球温暖化対策の取り組みが損なわれている。

神話12――ＳＵＶは、大きな貨物を牽引するのに必要な馬力を得るために、旧式で燃費が悪いエンジンを必要とする。

現実――自動車メーカーのロビイストは、燃費規制の強化に対抗するために、長年この主張を使っているが、メーカーのエンジニアの多くは異論を持っている。多くのＳＵＶのエンジンには、いまだに一気筒あたり二つしかバルブがない。時代遅れのガソリンを大量に消費する設計であるが、強力な馬力を得るために必要であると、ロビイストはことあるごとに擁護している。しかし燃焼室を入念に設計することで、一気筒に四つバルブを持つエンジンでも大きな牽引能力を持つことができる。「四バルブエンジンを使って低速側の出力を太らせることができる」とＧＭのエンジン担当役員タンビール・アーマッドはいう。市場に出ている最新ＳＵＶには四バルブ・エンジンを積んだものもある。フルサイズのトヨタ・セコイア、ＧＭの中型ＳＵＶシボレー・トレイルブレイザー、ＧＭＣエンボイ、オールズモビル・ブラバダなどがそうだ。二バルブでなく四バルブ・エンジンを使用することで、当座の燃費改善が実現するのみならず、可変バルブタイミングのような開発されたばかりのさらに進んだ技術を導入できるようになり、いっそうガソリンを節約できる。問題は、新たに燃焼室を設計するには大変な費用がかかることである。また二バルブ・エンジンに比べると四バルブ・エンジンは部品数が多く、製造に少し余計なコストがかかる。メーカーは、現行のＳＵＶモデルを四バルブ設計に転換するために投資することには消極的である。「四バルブに転換する安上がりな方法はないと思う」とアーマッドはいう。

神話13――長いものには巻かれろ。

現実――事故で他人を傷つけ、路上で他のドライバーの視界を妨げ、スモッグを悪化させ、地球温暖化の原因になっても何とも思わない本当に自己中心的なドライバーには、これは現実的な選択肢に思えるかもしれない。しかしそのようなドライバーは、自分自身の安全の改善にもならず、乗用車よりも運転も駐車も大変な車に乗るわずらわしさに耐えなければならないことに気づく必要がある。

付録2　自動車の分類一覧と初期オフロード車の歴史

ＳＵＶは乗用車ではない。それはピックアップ・トラックから派生したものであるが、ピックアップの屋根のない荷台に代えて長い車室を備え、二列目、ものによっては三列目の座席を持っている。ＳＵＶは市場で大きな成功を収めているが、それは数多くの法の抜け穴によって恩恵を受けているからである。ピックアップ・トラックやミニバンとともに、新車のＳＵＶは小型トラックに分類され、アメリカとカナダでは平均燃費ガロン二〇・七マイル（リッター約八・七キロ）が認められている。乗用車の平均燃費はガロン二七・五マイル（リッター約一一・六キロ）が要求される。ＳＵＶなどの小型トラックは、走行距離一マイルあたり乗用車の五・五倍ものスモッグを引き起こすガスを排出することを許されている。ＳＵＶがもたらす二つの大きな安全問題――横転と他の車に及ぼす被害――に関する政府の基準はない。ただし連邦の規制当局は、車の横転に対する抵抗力を格付けして消費者に提供し始めている。連邦の規制当局は長年にわたってくり返し、小型トラックよりも先に乗用車に、エアバッグ、ブレーキ、ヘッドレストなど厳しい安全基準に適合することを義務づけてきた。

以下は本書で述べた車の種類について簡単に説明したものである。それぞれに代表的な車名を挙げたが、網羅的なリストではない。末尾に初期のオフロード車の簡潔な歴史を付した。

●フルサイズ・ピックアップ

キャデラック・エスカレードEXT
シボレー・アバランチ

シボレー・シルバラード
ダッジ・ラム
フォードFシリーズ
GMCシエラ
リンカーン・ブラックウッド
トヨタ・タンドラ

これらの車は車室の後部に長く屋根のない荷台を持つ。ピックアップは以前は、ツードアで運転台にベンチシートを備えた実用一点張りの車であった。しかし現在ではフォードアで、独立したひじ掛け付きの椅子を装備したものが販売されている。荷台は二メートルが標準だが、二・五メートルのロングベッド・モデルもある。自動車メーカーはピックアップを「ボディ・オン・フレーム」で知られる構造を用いて製造している。この構造では、車のボディはシャシーと別に作られる。シャシーは太い鋼鉄のフレームでできており、そこに車輪やサスペンションなどが取り付けられる。それから組立ラインの終わり近くで、ボディがシャシーにボルト留めされる。

●小型ピックアップ

シボレーS-10
ダッジ・ダコタ
フォード・レンジャー
GMCソノーマ
ニッサン・フロンティア
トヨタ・タコマ

コンパクト・ピックアップともいい、七〇年代のオイルショックで燃費が重要になるまでは、アメリカではほとんど見られなかった車種である。これらのピックアップは、フルサイズのモデルより短いフレームをベースに作られており、荷台も短い。荷台の長さはツードア・モデルで一・八メートル、フォードア・モデルではわずか一・四メートルである。

●フルサイズSUV

キャデラック・エスカレード
シボレー・サバーバン

シボレー・タホ
フォード・エクスカーション
フォード・エクスペディション
GMCユーコンXL
レクサスLX470
リンカーン・ナビゲーター
トヨタ・ランドクルーザー
トヨタ・セコイア
GMCユーコン

これらは、本来フルサイズ・ピックアップ用に開発されたシャシーをベースに作られたSUVで、フルサイズ・ピックアップと同じボディ・オン・フレーム構造が使われている。非常に頑丈な車で、重い荷物を牽引または搭載できるが、家庭用には適していない。にもかかわらず、これらは九〇年代半ばから裕福な家庭の間で大変な人気になっている。理由としては、その大きさと凶暴な外見、豪華なモデルが発売されたこと、重量級の小型トラックの購入者に税制上の優遇があることなどがある。

●中型SUV

シボレー・ブレイザー
シボレー・トレイルブレイザー
フォード・エクスプローラー
GMCエンボイ
ジープ・チェロキー
ジープ・グランドチェロキー
ランドローバー・レンジローバー
メルセデスMクラス
ニッサン・パスファインダー（テラノ）
ニッサン・Xテラ
オールズモビル・ブラバダ
トヨタ4ランナー（ハイラックス・サーフ）

以上は主に小型ピックアップと共通のシャシーおよびボディ・オン・フレーム構造を持つSUVである。これらのモデルは八〇年代後半から九〇年代前半にかけて大人気となり、今日でも人気がある。このなかには「ユニフレーム」構造――非常に重い車体下部フレームを持つが、乗用車のように屋根、側面、床がすべて溶接され、一つのユニットとして組み立てられている——を持つ三車種のジープも含まれている。

●小型SUV

シボレー・トラッカー
フォード・ブロンコII
フォード・エクスプローラー・スポーツ
ジープ・ラングラー

レクリエーション用として長年愛好されてきたツードア・モデルだが、たいていの家族には小さすぎ、乗り心地も堅い。ボディ・オン・フレーム構造を使って作られ、使用しているシャシーは通常、大部分の小型ピックアップに見られるものよりさらに小さい。

●多目的クロスオーバー車

アキュラMDX（ホンダMDX）
BMW・X5
クライスラーPTクルーザー
フォード・エスケープ
ホンダCR-V
レクサスRX300（ハリアー）
ポンティアック・アズテック
サターン・ビュー
トヨタ・ハイランダー（クルーガーV）
トヨタRAV4

これらは基本的には、旧来のピックアップ・ベースのSUVに似せて作られた、車高の高い乗用車である。乗用車のようなモノコック・ボディを持つが、車体前部も着座位置も高い。小型トラックに適用される緩い規制の対象になるように、非常に注意深く設計されているが、実際にはオフロード走行用に作られてはいない。従来の四輪駆動に代えて、これらは通常、全輪駆動システムを備えている。つまり、急傾斜を下るときに必要な、ローギアよりも低いスーパーローギアを持たない。初の多目的クロスオーバー車は、九六年に発表されたトヨタRAV4で、以来この市場区分は大人気となっている。

●ミニバン

クライスラー・タウン&カントリー
ダッジ・キャラバン
フォード・ウィンドスター
ホンダ・オデッセイ
ポンティアック・モンタナ
トヨタ・シエナ

人数や運ぶ荷物が多い家族にはもっとも実用的な車である。ミニバンは大型乗用車のような作りになっている。全輪駆動を備えていることはめったになく、オフロード走行用に設計されていないので、ＳＵＶや多目的クロスオーバー車よりも車高が低い。大部分のミニバンは乗用車同様モノコック構造である。着座位置は高く椅子のようであり、多くのドライバーは良好な視界と快適さからそれを好むが、乗用車の視界を妨げてしまう。ミニバンには十分なクランプル・ゾーンがあり、事故時の乗員保護に優れている一方、他の車に与える被害も小さい。

●大型乗用車

キャデラック・ドビル
フォード・クラウン・ビクトリア
リンカーン・タウンカー
マーキュリー・グランドマーキス
トヨタ・アバロン
ボルボＳ－80

これらは操縦性が小型トラックよりもよく、車内は広くトランク・スペースも十分にある。中型ＳＵＶと比べても燃費がよく、汚染物質の排出もはるかに少ない。しかし乗用車に厳しい燃費基準が課せられた結果、メーカーはこの種の車をあまり売らなくなり、また車高を低くした。ドライバーのなかには、車に乗り込むときに身をかがめることや、脚を前に投げ出してクッションに座るような感覚の座席を嫌う者もいる。ほとんどの大型乗用車にはたっぷりとしたクランプル・ゾーンがあり、乗員にも他の道路利用者にも安全である。大部分はモノコック・ボディを持つ。フォードはまだボディ・オン・フレーム構造で大型乗用車を作っているが、車高が十分に低いので他のドライバーに深刻な脅威をもたらすことはない。

●中型乗用車

シボレー・ルミナ
フォード・トーラス
ホンダ・アコード
ポンティアック・グランプリ
トヨタ・カムリ
フォルクスワーゲン・パサート

アメリカの家庭は以前、あらゆるカテゴリーの車のなかで中型乗用車を買うことが一番多かったが、二〇〇一年の売上ではSUVが車種全体として追い抜いた。大型乗用車と同様、中型乗用車は安全で、かなり燃費がよく、汚染が非常に少ない。モノコック・ボディの車である。

●小型乗用車

アキュラRSX（ホンダ・インテグラ）
アウディTT
シボレー・キャバリエ
ホンダ・シビック
トヨタ・セリカ
フォルクスワーゲン・ジェッタ
フォード・フォーカス

これらは若い人たちの手ごろな足として使えるが、家族用としては少し窮屈である。例外なくモノコック・ボディで作られた車で、一般に操縦性がよく、事故を避けるのに役立つ。しかし事故が起こった場合は、大きな車ほど乗員は保護されない。

●初期オフロード車の歴史

これらは七〇年代を通じてわずかな数が販売され、どちらかといえば実用一点張りの内装を備えていた。主にアウトドア愛好家や企業が購入し、家庭用としてはなかなか注目を集めなかった。

シボレー・キャリーオール・サバーバン
三列の座席を持つ八人乗りセダンであるが、ツードアであった。シボレー・ピックアップがベースである。一九三五型式年度が半分過ぎた三五年春に発売された。当初、驚くほど豪華な内装を施して売り出されたが、よく売れたのは前部に二つだけ座席があり、後部に大きな荷室を持つ商用タイプで、葬儀社、花屋などの小企業に好評となった。第二次世界大戦中には海軍基地で使用された。重量は一六四五キロ、全長五〇三センチ。四輪駆動は五八年にオプションとなる。六七年には後部右側にドアがつけ加えられる。今日のシボレー・サバーバン・フルサイズSUVの先祖である。現行のサバーバンは、座り心地のいいシート、防音材の追加など快適性のための装備により、全長五五七センチ、重量二五〇〇キロになっている。

第二次大戦型ジープ

一九四〇年、四一年にアメリカ軍用に設計された。わずか全長三四〇センチ、全高一二〇センチ、重量九八〇キロ。今日のジープ・ラングラーやジープ・リバティ小型SUVの遠い祖先である。

ジープ・ステーションワゴン

四六年発売。ツードア七人乗りで、前列に三人、中列に三人、後部に横向きで二人が向かい合わせに座る。ボディ外板が直線的で角張っていたのは、曲線の多い形に対応できない元洗濯機工場で打ち抜いたためである。

インターナショナルハーベスター・スカウト

六一年に発売され、八〇年に生産中止された。小型の四輪駆動車で、最初期のジープよりわずかに大きいが、サバーバンやジープ・ステーションワゴンよりはかなり小さい。

ジープ・ワゴニア

ジープ・ステーションワゴンの後継機種として六三年に発売された。ツードアとフォードア、また二輪駆動と四輪駆動が選択できた。

フォード・ブロンコ

一九六五年に六六年型として発売。質素な内装を備えた大型のツードアSUV。フォードのフルサイズ・ピックアップ・トラックをベースにしていた。今日のフォード・エクスペディション・フルサイズSUVの先祖。

シボレーK5ブレイザー
一九六九年発売。ブロンコ同様質素な内装の大型ツードアSUV。シボレーのフルサイズ・ピックアップ・トラックがベース。今日のシボレー・タホ・フルサイズSUVの先祖である。

ジープ・チェロキー
七四年発売。基本的にはツードア版ジープ・ワゴニアの名前を変え、多少スポーティーな外装と、より豪華な内装を備えたもの。アメリカン・モーターズはのちにこの名前を、まったく違う車に使い回す。それが一九八三年後半から二〇〇〇年まで販売された初の本当のSUV、フォードアのジープ・チェロキーである。

付録3　安全なＳＵＶの買い方と乗り方

ＳＵＶの乗員が事故で死亡する可能性は、少なくとも乗用車の乗員と同程度であるが、ＳＵＶが自動車同士の衝突事故で他のドライバーを死亡させる確率は、乗用車よりもはるかに高い。ＳＵＶの危険性の多くは、その設計に固有のものであるが、車の限界を認識しているドライバーは、そうでない者よりも安全である。以下に危険を多少なりとも減らすための提案と、ＳＵＶが本当に必要または欲しい人のために選び方を示す。

1．頭部と頸部を保護し、横転センサーで作動するサイドエアバッグ付きのＳＵＶを選ぶこと。最近の車種――例えばボルボＸＣ90――にはこれを備えたものもあり、将来より普及するだろう。頭部を保護するサイドエアバッグは、横転時に身体麻痺や死亡の危険性を減らし、おそらくシートベルトと同様に安全のために重要なものである。

2．車のコントロールの維持を補助する電子安定制御装置を備え、横転の危険性を減らしたＳＵＶを選ぶこと。

3．常にシートベルトを締めること。ＳＵＶではシートベルトを締めることによる生存率向上の効果が乗用車以上に高いことを調査は示している。

4．決して飲酒運転をしないこと。しらふであってもＳＵＶは乗用車より操縦が難しい。

5．ティーンエージャーにＳＵＶを運転させないこと。横転を引き起こす急激な操作を、経験の浅いドライバーは行ないやすい。
6. 前の車をあおったり、車の流れより速く走ったりしないこと。ＳＵＶは一般に乗用車より停止距離が長い。
7. 濡れていたり凍結していたりして路面が滑りやすいときには、乗用車以上にゆっくり走ること。四輪駆動は加速を助けるが、減速の助けにはならない。
8. 横風が吹いているときには乗用車以上に慎重に運転すること。車高の高い車は低い車より風の影響を受けやすい。
9. 決して過積載をしないこと。乗員や荷物が増えると、ＳＵＶはより重心が高くなり、横転しやすくなる。ルーフラックの使用は避けること。
10. 使用方法に合わせて、タイヤを慎重に選ぶこと。オフロード用タイヤには泥に食い込むように深い溝が切ってある。しかしタイヤの溝は舗装道路に接触する表面積を減らす。
11. タイヤが破損したり、車輪が一つでも軟弱な路肩を踏んでいるときには、急ハンドルを避けること。いずれも横転の原因となりうる。
12. ＳＵＶを買う前に安全性の下調べをすること。正面衝突および側面衝突テストの結果は、横転のしやすさとともにＮＨＴＳＡのウェブサイトで調べることができる。www.nhtsa.dot.gov/cars/testing/ncap/
13. 正面衝突および運転者側の角の衝突、および頭部の拘束など車の安全特性に関する優れた考察を道路交通安全保険協会のウェブサイトで見ることができる。www.highwaysafety.org/vehicle_ratings/ratings.htm.
14. 同時に環境面の下調べもすること。燃費の成績と大気汚染に関する情報についてはエネルギー省のウェブサイト参照。www.fueleconomy.gov/
訳註：日本国内では「自動車事故対策機構・自動車アセスメント」のウェブサイト（http://www.nasva.go.jp/assess/index.html）で衝突テストの結果を見られ

るが、アメリカのものほど網羅的ではない。また、燃費および排ガスの情報は、「国土交通省自動車交通局技術安全部環境課」のウェブサイトで得られる。http://www.mlit.go.jp/jidosha/nenpi/nenpilist/nenpilist.html

註

序

1 ———統計は道路交通安全保険協会より。これらの数字は横転について述べた第8章でより詳しく取り上げている。

2 ———横転による過剰な死亡者は、SUVで横転が発生する割合（約20パーセント、ただし年によって多少違う）と路上の全車輛に占めるSUVの割合（10パーセント未満）との比較に基づいている。連邦政府の統計によれば、2000年にはSUVの横転による死者が2049名発生している。もしSUVの横転死亡率が乗用車の率と一致していれば、死亡者数はどちらかといえば1000名に近いはずである。SUVにより過剰に引き起こされた乗用車の乗員の死は、ミシガン大学の統計学者、ハンス・ジョクシュの計算による。ジョクシュは1998年に連邦の安全調査を請け負い、SUV、ピックアップ・トラック、ミニバンの設計のせいで、これらが衝突した他の車の搭乗者が、乗用車に衝突されていた場合に比べて2000名多く死亡していることを発見した。ジョクシュの推定では、これらの死亡の半数はSUVが引き起こしているが、データの内訳は、報告書には記載されていない。EPAは1999年に、大気汚染規制を強化すれば年間4000人の生命を救えると試算した。同庁はクリントン政権が退陣する直前に、SUVによる汚染だけで失われる命は1000名という数字を筆者に示した。いずれの数字も本文で後述する。

第1章

1 ———1936年のカタログと1935年型に関する情報は、自動車歴史家協会のジェームズ・K・ワグナーの個人コレクションより。

2 ———Patrick R. Foster, *The Story of Jeep, Iola,* Wisc.: Kraus Publications, 1998, pp. 22–37. 技術情報と写真を満載した同書は、ジープ・コレクターがこの車の歴史を研究しようとする際にすばらしい資料である。

3 ———"Archives of Business," The New York Times, Mar. 15, 1987, sec. 3, p. 4.

4 ———Foster, p. 41.

5 ———Ibid, pp. 47–49.

6 ———Ackerson, Robert C., *Standard Catalog of 4x4s: 1945–2000,* 2d ed., Iola, Wisc.: Krause Publications, p. 522.

7 ———Foster, p.86.

8 ———Ibid, p. 93.

第2章

1 ———Meyers, Gerald, "I Didn't Know My Truck Would Hog the Road," *The New*

York Times, July 30, 2000, sec. 3, p. 11.

2 ———理論上は、運輸省自体ではなく運輸長官がこの権限を持つ。現実問題としては、省の１部局である全米高速道路交通安全局の局長が、上司である長官およびホワイトハウスと密に相談しながら、実際に規制を取り扱う。

3 ———"Light Truck Fuel Economy Standards," Federal Register, Vol. 43, No. 57, March 23, 1978, p. 11997.

4 ———Ibid.

5 ———Ibid.

6 ———歴史的な市場占有率は、*Automotive News The 100-Year Almanac,* Detroit, MI: Crain Communications, April 24, 1996, p. 105ff の売上数から計算した。

7 ———自前の小型ピックアップを開発する一方、GMは1979年から82年にかけてシボレーLUVという小型ピックアップを販売した。これは実は、GMが一部所有する系列会社、いすゞが日本で製造し、アメリカに輸出してシボレーの名前で販売したものであった。

8 ———データはウォーズ・オート・インフォバンクから筆者に提供されたもの。

第３章

1 ———Vlasic, Bill, and Bradley A. Stertz, *Taken for a Ride,* New York: William Morrow, 2000, p. 32.

2 ———Ibid., pp. 34–35.

3 ———Eisenstein, Paul A., "Body Builder: Bob Lutz Plans to Put Some Muscle Back Into GM's Cars," *Hour,* January, 2002, p. 53.

4 ———Lutz, Robert A., *Guts,* New York: John Wiley & Sons, 1998, pp. 11–12.

5 ———フォード一族のある血統は、長男に祖父の名前を付けるという複雑な習慣を持つに至っている。ヘンリー・フォードは１人息子にエドセルと名付け、エドセル・フォードは長男にヘンリー・フォード２世と名付けた。ヘンリー・フォード２世はこの手本に倣って息子にエドセル・フォード２世と命名し、エドセル・フォード２世は今度は息子にヘンリー・フォード３世（現在大学生）と名前を付けた。

ヘンリー・フォード２世の一番下の弟はウィリアム・クレイ・フォード・シニアと名付けられ、それが現フォード・モーター会長ウィリアム・クレイ・フォード・ジュニアの父である。ウィリアム・フォード・ジュニアはビリー・フォードと呼ばれて育ったが、現在ではビル・フォードと呼ばれる方を好んでいる。（訳註：「ビル」は「ウィリアム」の愛称）

第４章

1 ———Center for Responsive Politics のデータベース。同センターは連邦選挙管理委員会が作成したファイルを用いている。

2 ———燃費基準と特定企業の数字は、全米高速道路交通安全局が年３回発行する統計報告書 “Summary of Fuel Economy Performance” より。

3 ———Doyle, Jack, *Taken for a Ride: Detroit's Big Three and the Politics of Pollution*, New York: Four Walls Eight Windows, 2000, p. 265.

4 ———Remarks of Governer Bill Clinton, Drexel University, April 22, 1992, p. 5.

5 ———これは、基準が上がれば、自動車メーカーはコンパクトカーより大きな車を生産している工場を閉鎖し労働者を解雇するだけだという、メーカーの誇張した予測に基づいていた。むしろメーカーは、これらの資源の一部をより小さな車の生産に振り向けただろう。しかし、外国メーカーがデトロイトを犠牲にして市場占有率を拡大する結果、やはり多少の雇用の減少はミシガン州で発生したであろう。

6 ———Gardner, Greg, et al., “CAFE Clash: Clinton Insists He's Flexible; GOP Ads Assail Him on Auto Fuel Economy,” *Detroit Free Press*, Aug. 22, 1992, p. 9A.

7 ———Lenzke, James T., *Standard Catalog of American Light-Duty Trucks*, 3d ed., Iola, Wisc.: Krause Publications, 2001, p. 150.

8 ———ポーク社より提供された自動車登録データ。

9 ———“National Transportation Statistics 2000,” Bureau of Transportation Statistics, April, 2001.

10 ———インサイトの出力の90パーセント以上は、電気モーターではなくガソリンエンジンから来ている。インサイトの優れた燃費は、主に同車が小さなアルミニウム製の車であるためだが、小型車のマーケットは小さい。燃費を決定する要素としては、ハイブリッドエンジンよりも重量のほうが重要である。ダイムラークライスラーはハイブリッドのダッジ・デュランゴを2003年に発売することを計画しているが、その燃費は、ガソリンエンジンのガロン15マイルに対してガロン18マイルでしかない。ハイブリッドエンジン車は、旧来のガソリンエンジン車よりも製造コストが数千ドル余計にかかる。ハイブリッドには非常に多くの電気機器が付属するためである。ハイブリッドはガソリンの節約により、ヨーロッパや日本では10年以内に元が取れるが、アメリカでは優遇税制による相当な政府の補助（自動車メーカーはそれを求めている）がなければ、まだ経済的ではない。現在の産業計画に基づけば、2010年までにハイブリッド車が自動車登録台数に占める割合は１パーセント未満である——現在のE85複式燃料車より少ないシェアであり、ガソリンの総消費量に大きな違いをもたらすには足りない。

　もう１つの幻想が、すべての内燃機関を燃料電池に転換するというものである。燃料電池とは水素を効率的かつ静粛に車輪を回す電流に変えるものだ。これは新しいアイディアではない——ゼネラルモーターズは燃料電池車の試作車を1960年代後半の自動車ショーに展示している。当時も今も、問題は燃料電池車をガソリンエンジン車と競争できるコストで製造することにある。今日でも、コストは20倍から30倍高い。エネルギー省は燃料電池の最大の後援者だが、その統計学者も現在のところ、2020年にわずか３万2000台の燃料

電池乗用車と2万5000台の燃料電池小型トラックが売れるだけだと予測している。代替燃料車の予測販売数の統計については、the Annual Energy Outlook 2002, Energy Information Agency, Dec. 21, 2001, Supplemental Table 45 参照。

第5章

1 ――エクソンモービルとウォルマートは2000年の総売上高で自動車メーカー3社をしのいでいる。だが両社とも大手自動車メーカーほどの経済的影響力はまず持っていない。エクソンモービルは石油を探し、くみ上げ、流通させるが、実際に作っているわけではなく、従業員数はトップ自動車メーカーより少ない。ウォルマートにはどの自動車メーカーよりも多くの従業員がいるが、大部分は販売員で、所得は自動車工場労働者の3分の1以下である。ウォルマートは販売する商品を製造していないからだ。

2 ――数字は全米不動産業協会から提供されたもので、中古一戸建て住宅の中間価格を使用。

3 ――ミシガン・トラック工場の最近の歴史は、自動車産業の歴史を映し出している。この工場は1960年代から70年代には活況を呈したが、80年代になると不況のためにフォードはほとんどの従業員を解雇し、87年にはわずか1100人の労働者しか残っていなかった。90年代後半までには、SUV ブームのおかげで、従業員数は4倍になった。80年代後半に同工場を覆っていた絶望感を秀逸に描写した本に、*End of the Line : Autoworkers and the American Dream* by Richard Feldman and Michael Betzold, Champaign: University of Illinois Press, 1988 がある。

4 ――エクスペディションとナビゲーターの売上と利益の数字は、当時フォードから簡単に説明を受けたウォール街のアナリストによる。フォードは売上と利益の数字の提供を、競争上の理由から断ったが、同社関係者は、ここに挙げた推測値はほぼ正しいと筆者に語った。

5 ――Letters of Understanding Between UAW and the Ford Motor Company, Oct. 9, 1998, vol. IV, p. 95. クライスラーおよびGMの労働協約に添付された手紙にも同一の文言が含まれる。フォードとダイムラークライスラーは、景気が停滞した2001年に深刻な財政難に陥ったが、いずれも工場の閉鎖を組合に納得させることができなかった。両社とも数千名の労働者を一時帰休にしたが、賃金の3分の2を42週間払い続けねばならず、その後、退職するか他に職を見つけた者以外には、仕事がなくても全額払いに戻さなければならなかった。両社は2003年9月に行なわれる次回の労使交渉の一環として、工場を閉鎖することを望んでいる。

6 ――自動車ディーラーの支出を除けば、一部の企業、例えばフィリップモリスやマクドナルドは自動車メーカーに迫る。しかし同じ製品を宣伝しているのだから、ディーラーを含めたほうが公平である。この尺度では、自動車産業は

広告支出において突出している。

第6章

1 ――Lutz, Robert A., *Guts*, New York: John Wiley & Sons, 1998, pp. 71–72.
2 ――他人に危害を及ぼすからという理由でSUVを避ける購入者がいるのではないかとの懸念から、クライスラーは1998年初めに密かに調査を行なった。マーケット・リサーチャーがSUV購入者に面接したところ、選択する車種によって多少異なるグループに分かれた。大きなダッジ・デュランゴの購入者は、他人に苦痛を与えることにまったくといっていいほど心配を示さなかった。外見がそれほど凶悪でない車種のオーナーは、もっと思いやりのある反応を示したと、報告書のコピーを持つ人物はいう。
3 ――アメリカの広告支出は、以前はコンペティティブ・メディア・リポーティングで知られていたデータ・サービスCMRが、きわめて正確に測定している。ニールセン・システムがテレビの視聴率を測定するように、CMRは広告を評価する。CMRは、すべてのテレビ・ラジオ放送と数百の新聞・雑誌に現れた広告の継続期間と大きさを測り、次にこうしたメディアがさまざまな長さまたは大きさの広告に課金するための価格表と照らし合わせる。テレビ局や屋外広告板など多くの媒体は、CMRに直接広告費のデータを提供してもいる。広告主はCMRに大金を支払って、ライバル会社がある商品の宣伝にいくら使っているかを正確に知る。本書のために、筆者がピックアップ・トラック・ベースのSUV51車種のリストを用意したところ、CMRは各車種について年間広告費をコンピューターではじき出してくれた。計算には、すべての車種に対する、地上波テレビ、新聞から雑誌、屋外広告板まであらゆる媒体への出費が含まれている。
4 ――筆者のためにポーク社が計算したデータ。同社は全国の自動車登録データを追跡している。
5 ――これは1981年の全平均である。月により、また州によってさらに高いことがある。
6 ――高額所得者の購入シェアについては、J・D・パワー・アンド・アソシエイツより。ガソリン価格の外挿は、米国石油協会と国勢調査局のデータに基づいて筆者が行なった。
7 ――Cobb, James G., “Behind the Wheel/2002 Cadillac Escalade,” *The New York Times*, July 15, 2001. また、Roberts, Selena, “Some Winter Stars Prefer Green to Gold,” *The New York Times*, Feb. 7, 2002.

第7章

1 ――この広告には別バージョンもあるが、クライスラーはそちらについては論じることを辞退した。

2 ———ある種のサスペンションに取り付けられている高度な「水平」装置は、前傾を多少減らすことで、この問題にある程度対処している。

3 ———減速の大部分がなぜ制動距離の終わり近くで発生するのか、直感的にはわかりにくいかもしれないので、ここに簡単に説明する。自動車のブレーキは、フルブレーキをかけたとき、1秒間に時速15〜22マイル（24〜35キロ）減速できる。しかし車は、ブレーキをかけてから最初の1秒には、最後の1秒よりも長い距離を進む。前者のほうが速度が速いからだ。2002年型エクスプローラーは時速60マイル（96キロ）から約3秒で停止する。最初の1秒で速度は時速40マイル（64キロ）に落ちるが、エクスプローラーは75フィート（23メートル）走る。これは停止距離の半分以上である。次の1秒で、速度は20マイル（32キロ）に落ち、エクスプローラーはさらに42フィート（13メートル）を走る。最後の1秒で速度はゼロになり、この間エクスプローラーが走る距離はわずか18フィート（5.5メートル）である。

4 ———『コンシューマー・リポーツ』は本書のためにこの計算を行なった。これらの数字は同誌には発表されていない。

5 ———Shultz, Gregory A., and Michael J. Babinchak, "Final Report for the Methodology Study of the Consumer Braking Information Initiative," U. S. Army Materiel Command, March 1999. この報告書には免責条項があり、試験結果は特定の車種を評価するために使うべきではなく、また、エクスペディションが他の大型SUVと比べていいとも悪いとも示唆するものではないとされている。フル積載時、エクスペディションは乗用車よりも重い荷を運ぶことができる。

6 ———Csere, Csaba, "Avoiding Crashes or Surviving Them?" *Car and Driver*, September 1998, p. 11.

7 ———費用の節約のため、規制当局は実際の衝突テストを、基本的に同一の車種グループのなかでもっとも安価なもので行なう。シボレー・タホ、GMCユーコン、キャデラック・エスカレードは本質的には同じ車であり、ただユーコンとエスカレードは車体前部が外見上異なり、車室が豪華になっている。調査では、豪華な車室は安全にほとんど影響がないことが示されている。そこで当局は、実際にはタホを衝突させるが、結果はユーコンとエスカレードにも有効であるという。現実には、この種のモデルの初期型は、2000年にモデルチェンジされてより豪華になる以前、衝突テストの成績が少し良かった。

第8章

1 ———アーカンソー州におけるより最近の調査では、身体麻痺の事例の45〜50パーセントが交通事故で発生しており、その半数は横転であることが判明している。アーカンソー州は、衝突の前にどの程度車が回転すれば横転と見なされるかに関して、ユタ州よりも若干厳格な定義を使用している。アーカンソー脊髄委員会のトーマス・ファーリーへのインタビューによる。

2 ——Wilson, Kevin A., "A Jeep Rollover Proves Hard to Understand," *Auto Week*, Nov. 26, 2001, p. 10.

3 ——Friedman, Donald, and Carl E. Nash, "Advanced Roof Design for Rollover Protection," Seventeenth International Conference on the Enhanced Safety of Vehicles, 2001.

4 ——Partyka, Susan C., "Roof Intrusion and Occupant Injury in Light Passenger Vehicle Towaway Crashes," NHTSA, 1992.

5 ——Rains, Glen C., and Michael A. Van Voorhis, "Quasi Static and Dynamic Roof Crush Testing," NHTSA, 1998.

6 ——"Federal Motor Vehicle Safety Standards; Roof Crush Resistance: Docket No. NHTSA-1999-5572; Notice 2," NHTSA, 2001.

7 ——道路交通安全保険協会の車種別年間死亡表。比較的大きな中型SUVの横転による死亡率は、グランドチェロキーがこのカテゴリーに含まれなければ、さらに大きなものとなることに注意。

8 ——Farmer, Charles M., and Adrian Lund, "Characteristics of Crashes Involving Motor Vehicle Rollover," Insurance Institute for Highway Safety, 2000, p. 6.

9 ——これら車のカテゴリー別死亡率は、本章ですでに述べた車種別横転死亡率とは比較できない。道路交通安全保険協会は、特定車種についてドライバーの死亡率を計算しており、最新の数字は1999年のものである。車の分野全体については、同協会はドライバーだけでなく全乗員の死亡率を計算しており、最近のものは2000年である。

10 ——ケイトー研究所の『レギュレーション』誌は2001年、SUVなどの小型トラック乗員の死亡率が90年代半ばに乗用車より高かったのは、それらが農村地域の道路で使用されることが多かったからだとする、2人の経済学者によるコンピューターを使った計算を掲載した。しかし交通安全の専門家は、方法論に疑義があるとしてこの結論を無視している。

第9章

1 ——Chillon, "The Importance of Vehicle Aggressiveness in the Case of a Transversal Impact," First International Conference on Enhanced Safety of Vehicles, 1971.

2 ——Ventre, Phillippe, "Homogenous Safety Amid Heterogeneous Car Population?" Third International Conference on Enhanced Safety of Vehicles, 1972.

3 ——Kossar, Jerome M., "Big and Little Car Compatibility," Fifth International Conference on Enhanced Safety of Vehicles, 1974.

4 ——Wolfe, Arthur C., and Thomas A. Ranney, "Components of Vehicle Aggressiveness," 28th Annual Proceedings of the American Association for Automotive Medicine, 1984.

5 ——Terhune, Kenneth W., and Thomas A. Ranney, "Components of Vehicle Aggressiveness," 28th Annual Proceedings of the American Association for Automotive Medicine, 1984.

6 ——Monk, Michael W., and Donald T. Willke, "Striking Vehicle Aggressiveness Factors for Side Impact," National Highway Traffic Safety Administration, 1986. ボンネットを低くすることで、確かに新たな問題が発生している。障壁がラビットの非常に低い位置に当たると、中のダミーは回転する。ダミーの骨盤は車の中心に向かって動き、頭部は逆さまの振り子のように振れてラビットの窓から飛び出し、障壁の上に当たる。しかし当局がこのテストを行なうにあたって使用したダミーは、本当の人体の頭部と首が実際にどう動くかをシミュレートするために設計されていない安価なものであったため、この結果が正確かどうかははっきりしない。

7 ——Hollowell, William T., and Hampton C. Gabler, "NHTSA's Vehicle Aggressivity and Compatibility Research Program," Fifteen International Conference on Enhanced Safety of Vehicles, 1996. この論文では、大きさが異なるSUVについて死亡率を個別に計算しておらず、他の車のカテゴリーと比較することなく、すべて1つのカテゴリーにまとめている。連邦政府の事故データは、事故に関与したSUVの大きさを判断しにくい形で整理されている。

8 ——Hollowell, William T., and Hampton C. Gabler, "The Aggressivity of Light Trucks and Vans in Traffic Crashes," National Highway Traffic Safety Administration, 1998. この新しい分析も、メルボルンの論文と同様に他の車で死亡したドライバーに限定され、すべての乗員を扱っていない。すべての車にはドライバーが乗っているが、例えばミニバンは、ピックアップよりも多くの人数が乗っていることが多い。もしある種の車が何らかの理由で特に多くミニバンに衝突するとすれば、その車の他車の乗員に対する殺傷率は増大するが、他車のドライバーに対する殺傷率には変わりがない。ミニバンは主に都市で見られるので、都市で使用される車種は、主に農村部で使われる車種よりもミニバンに衝突しやすい。

9 ——Eisenstein, Paul A., "The Truck Jihad: America's popular press wages a holy war on trucks, putting the squeeze on SUVs. Why?" *Auto Week*, May 25, 1998, p.18. 同誌の表紙には、コンピューターで加工してSUVの危険性に関する筆者の記事以外何も載っていないかのように見せた『ニューヨーク・タイムズ』1面の脇で、いかつい手がSUVを握りつぶしているところが描かれていた。

10 ——"Special Issue: Vehicle Compatibility in Crashes," Status Report, vol. 34, no. 9, Insurance Institute for Highway Safety, 1999.

11 ——筆者はこうした危険を多少じかに経験している。筆者は大学から奨学金を受けて、1983年のひと夏、ニューヨーク州のロチェスター市警察と行動を共にした。数週間にわたり、夜間パトロールの車に同乗して、市のもっとも犯罪発生率が高い地域を回ったのだ（そう、ロチェスターには何カ所かそういう

ところがある。大半は安全な街であるが)。ある夜、筆者が新米警官とパトロールカーに乗っていると、他のパトカーが停めようとした車が逃走したという無線連絡が入った。そのとき、手配中の車が私たちの車のそばを通り過ぎ、追跡が始まった。車は猛然と州間高速道路の出口ランプを上がって行ったので、私たちも後を追って、ハイウェイをフルスピードで逆走し始めた。幸い未明の時間で、交通はなきに等しかった。逃走車は次の出口ランプで曲がってハイウェイを降り、私たちもついていった。ドライバーは車を公営住宅地に乗り入れ、急停止した。筆者と一緒にいた警官はパトカーを、逃走車の運転席側のドアが開かないように、ぎりぎりに停めた。車の同乗者が逃げ出したので、筆者がついていた警官が追いかけて捕まえた。ドライバーは助手席側のドアから何とか抜け出し、走って逃げたが、角を曲がったところで非常に太った警官に捕まった(犯人を足で追いかけて捕まえたのは初めてだったそうだ)。その警官はドライバーを捕らえ、地面に押さえ込んだ。あとで筆者は新米警官に、高速追跡をどのように習ったのかと訊いた。彼は、高速追跡の訓練を受けたことも前に経験したこともなかったので、追跡の間は恐ろしかったと答えた。市は訴訟を心配し、またそのような追跡を訓練する最善の方法がよくわからないため、その種の訓練はまったく行なっていなかった。

12 ――Barbat, Saeed, Xiaowei Li, and Priya Prasad, "Evaluation of Vehicle Compatibility in Various Frontal Impact Configurations," Seventeenth International Conference on the Enhanced Safety of Vehicles, 2001.

13 ――計算はかなり単純である。SUVは少し措いておき、大型乗用車が他のあらゆるサイズの乗用車に衝突した事故5000件あたりのドライバーの死亡数だけを考える。このような事故では、平均して大型乗用車のドライバーは2.2名、衝突された車のドライバーは5.5名が死亡している。合計すると5000件あたり7.7名の死亡者である。なぜ死者が大型乗用車でなく他の車に偏っているのか?大型乗用車のほうが衝突された乗用車の大半より重いので、大型乗用車のドライバーは有利になりやすい。ここでエクスプローラーが関わる事故を見てみる。いい知らせは、同数の乗用車との事故で、エクスプローラーのドライバーの死亡数はわずか1.2名だということだ。大型乗用車に乗っていた2.2名が死亡することと比較して、エクスプローラーは確かに1人の命を救っている。悪い知らせは、大型乗用車でなくエクスプローラーにぶつかった場合、相手の乗用車のドライバーは死亡率が急増することだ。事実、それは2倍の11名になる。つまり乗用車の乗員5.5人が余計に死亡するということである。双方の事故死者数の合計も上昇する。大型乗用車と他の乗用車が衝突した事故では7.7名の死亡者数が、エクスプローラーが関わることで12.2名になるのだ。

14――この種の障壁テストがどのように機能しうるかについては、Summers, Stephen, William T. Hollowell, and Aloke Prasad, "Design Considerations for a Compatibility Test Procedure," Society of Automotive Engineers, March 2002 参照。

第10章

1 ———衝突保険は一部、車の価格を基準に計算される。3万5000ドルするSUVの新車のオーナーは、2000ドルの価値しかない10年落ちの乗用車のオーナーより高い衝突保険料を払うのが普通である。しかし乗用車とSUVの価値が同じなら、衝突保険料は乗用車のほうが高い傾向にある。

第11章

1 ———ポーク社はこの推定のために都市部のSUV登録データを分析した。

2 ———Kockelman, Kara M., and Raheel A. Shabih, "Effect of Vehicle Type on Capacity of Signalized Intersections: The Case of Light-Duty Trucks," *Journal of Transportation Engineering* 126 (6), pp. 506–512. ミニバンも交差点の通過に時間がかかるかもしれない。ミニバンを買うドライバーには慎重な人が多く、青信号でもゆっくり加速するからだ。この研究者はフルサイズ・ピックアップとコンパクト・ピックアップを区別していない。もし区別していれば、フルサイズ・ピックアップの数字はいくらか大型SUVに近く、コンパクト・ピックアップの数字は小型SUVに近かっただろう。

3 ———筆者はパーカのポケットに巻き尺を入れて持ち歩くのが習慣になり、さまざまな記事を書くのに役に立ったが、一度だけ気まずい思いをした。筆者が家族を連れて、ワシントンのナショナル・カセドラルで行なわれたクリスマス・イブの深夜ミサに参加したときのことである。たまたまクリントン一家も来ており、シークレット・サービスが金属探知器を設置していた。最初筆者は、鍵も小銭もみんな出したのに、なぜ機械が鳴るのかわからなかった。しまいに係官は手持ち式の探知器を使って巻き尺を探し当てたが、なぜ教会に巻き尺を持ってくるのか、初め非常にいぶかしがられた。結局返してくれたが、これは9月11日のテロ事件の以前であり、もし後だったら返してもらえなかっただろう。

4 ———Kahane, Charles J., and Ellen Hertz, "The Long-Term Effectiveness of Center High Mounted Stop Lamps in Passenger Cars and Light Trucks," National Highway Sagety Administration, March 1998.

5 ———"Surface Vehicle Draft Technical Report J2338: Recommendations of the SAE Task Force on Headlamp Mounting Height," Society of Automotive Engineers, November 1996.

6 ———最終的にGMも筆者のためにデジタル機器を持ったエンジニアを駐車場に派遣し、フルサイズ・ピックアップとSUVのヘッドライトの高さをより正確に計測した。4輪駆動車のロービーム用ヘッドライト電球は地面から36.5～38.78インチ（約92.71～98.5センチ）の間にあり、一方2輪駆動車では34.45～35.5インチ（87.5～90.17センチ）であった。このことからも、4輪駆動を

装備した車の車高が高く、他のドライバーにまぶしさによる迷惑だけでなく危険な結果をもたらしていることがわかる。

7 ——Lefler, Devon E., and Hampton C. Gabler, "The Emerging Threat of Light Truck Impacts with Pedestrians," Seventeenth International Conference on Enhanced Safety of Vehicles, 2001, p. 3. 大型のバンとピックアップ・トラックはSUVよりさらに致命的である。ここに挙げた数字は論文中のものと多少違う。筆者はガブラーが論文発表後に更新した数字を基にしている。

8 ——Attewell, R., and K. Glase, "Bull Bars and Road Trauma," Australian Transport Safety Bureau, December 2000.

9 ——Holland, Andrew J. A., et al., "Driveway Motor Vehicle Injuries in Children," *Medical Journal of Australia* 173, pp. 192–195.

10 ——Urban Land Institute and National Parking Association, *The Dimensions of Parking*, 4th ed., 2000, p. 45.

11 ——"Carjackings in the United States, 1992–1996," Bureau of Justice Statistics, March 1999, p. 1.

12 ——全国保険犯罪局はもっとも多く盗まれる自動車の年間リストを発行しており、トヨタ・カムリとホンダ・アコードがトップになる傾向がある。しかしこのリストは、カムリとアコードが他のどの車種よりも多く道路を走っているという事実を考慮していない。各車種の数を調整すると、SUVと大型高級乗用車が突出している。

13 ——その後ロッシュマンは職を変え、損害保険業界の代表者になっている。

第12章

1 ——"Light-Duty Automotive Technology and Fuel-Economy Trends 1975 Through 2001," Environmental Protection Agency, September 2001, p. 15.

2 ——Ibid., pp. F-1, F-3.

3 ——Ibid.

4 ——Ibid.

5 ——Ibid., p. 3.

6 ——アルゴンヌ国立研究所のスティーブ・プロトキンのデータ。

7 ——炭素原子１個の原子量は12であり、酸素原子２個の原子量は約16である。二酸化炭素分子の原子量は44で、その44分の12はガソリン中の炭素に由来し、残りは空気中の酸素から来ている。ガソリンの精製度にもよるが、ガソリン１ガロンに含まれる炭素は5.4ポンド（約2.5キロ）前後である。したがってガソリン１ガロンを燃焼させたときの二酸化炭素発生量は、19.4ポンドから19.7ポンド（8.8キロから8.9キロ）になる。

8 ——この発言の引用元である講演原稿には「オフレコ」と表示されている。しかし筆者はそれには拘束されない。なぜなら筆者は講演には招待されず、その場にいなかったからだ。原稿のコピーは後日、自動車業界に出回り、筆者は

４年後に某業界関係者から入手した。

9 ——DeCicco, John, and James Kliesch, "ACEEE's Green Book: The Environmental Guide to Cars & Trucks, Model Year 2001," American Council for an Energy-Efficient Economy, Washington, D.C., 2001, p. 117.

10 ——2001 Inventory of Greenhouse Gas Emissions and Sinks, Environmental Protection Agency, Box ES-4. 乗用車と小型トラックが排出するすべての種類の温室効果ガス——主に二酸化炭素——は、アメリカでは1995年から99年の間に7. 8パーセント増加した。

11 ——しかし貸し手、主に自動車メーカーや銀行が、その車がガソリンを喰うためにリース終了時の再販価値が低いと判断すれば、リース料金は高くなるかもしれない。低所得の中古車購入者はガソリン価格により敏感であろうから、これが中古車価格に影響しうる。

12 ——ウォーズによれば、2001年にピックアップ・ベースのSUVは小型車市場の17. 24パーセントを占めていた。乗用車ベースの多目的クロスオーバー車は5. 91パーセント、バンが8. 97パーセント、ピックアップが18. 67パーセントで、合計50. 79パーセントである。

13 ——German, John, "Emission Inventory: Planning for the Future," Proceedings of a Specialty Conference Cosponsored by the Air & Waste Management Association and the U. S. EPA, Oct. 28-30, 1997, Research Triangle Park, NC. Vol. II, p. 676.

14 ——Salpukas, Agis, "Shell, Texaco to Merge Some U. S. Refining," *The New York Times*, Mar. 19, 1997, p. D1.

15 ——Cushman, John H., "U. S. Would Need to Cut Use of Fuel Drastically," *The New York Times*, Dec. 11, 1997, p. A10.

16 ——"State Motor Fuel Tax Rates 1/1/2002," American Petroleum Institute.

17 ——German, "Emission Inventory," p. 678.

第13章

1 ——Robinson, Aaron, "Reinventing 4-Wheel Drive," *Automotive News*, Oct. 11, 1999.

2 ——『ニューヨーク・タイムズ』は、試乗車の使用料も支払っているほとんど唯一の報道機関である。

3 ——ここに挙げた広告関連の数字は、すべてCMRが筆者のために快く計算してくれたものである。自動車メーカーは2000年に、SUVと乗用車ベースの多目的車の宣伝に合計19億2000万ドルを費やした。一見すると市場占有率のわりには小さく、約130億ドルの業界全体の広告費と比べれば妥当なものに思われる。だが自動車業界の広告の多くは、特定の車種を対象にしているわけではない。メーカーによる広告の多くは割り戻しや低率ローンを売り込んだり、キャデラックやレクサスといったブランド全体のイメージ・アップを意図するもの

であったりする。ディーラーによる広告には、ディーラー自体の宣伝であったり、販売しているモデルを多数紹介していて、特定のSUVや多目的クロスオーバー車の広告として勘定できないものがある。

第14章

1 ――フォードの純資産額の５パーセントと議決権の40パーセントを占める特殊な株。フォード一族は他に普通の株も１パーセント持っている。したがって議決権の合計は、前述の通り41パーセントである。

2 ――Collier, Peter and David Horowitz, *The Fords : An American Epic*, London: Futura Publications, 1989, p. 354.

3 ――Ibid., p. 411.

4 ――特殊な株がフォード一族以外の者に譲渡されると、自動的に普通の株に変わり、特別な議決権はつかなくなる。しかし、特殊な株が一定以上普通の株になってしまうと、特殊な株全体の議決権が損なわれる。ビル・フォードが基金を作ったとき、一族の持株数は、社内で40パーセントの議決権を持つために必要な最低ラインぎりぎりまで低下していた。最低ラインを割ると、一族がコントロールする株の等級は、30パーセントの議決権しか持たなくなり、持株数が低下すれば、議決権は20パーセントに落ち、最終的にはゼロになる。この基金は、一族の各成員の配当収入の一部を使って売りに出された特殊な株を買い取るもので、これを創設したことにより一族の持株は安定し、議決権が40パーセントから30パーセントに低下する差し迫った危険はなくなった。

5 ――Morris, Betsy, “This Ford is Different: Idealist on Board,” *Fortune*, April 3, 2000, p. 134.

6 ――Ibid.

7 ――Taylor 3d, Alex, “Behind Bill's Boardroom Struggle: The Fight at Ford,” *Fortune*, April 3, 2000, p. 141.

8 ――Bill Ford speech to 5th annual Greenpeace Business Conference in London, Oct. 5, 2000, p. 7.

第15章

1 ――これは『ニューヨーク・タイムズ』の才能豊かな統計専門家、ジョッシュ・バーバネルによる優れた分析の１つである。

2 ――Plungis, Jeff, “Money, Clout Key to Fixing NHTSA,” *The Detroit News*, Mar. 6, 2002, p. A 1 .

3 ――Sherrill, Martha, “The Buddha of Detroit,” *The New York Times Magazine*, November 26, 2000, p. 113.

4 ――この分析も『ニューヨーク・タイムズ』のジョッシュ・バーバネルによるものである。

5 ———結局、フォードの連中はニュース・ソースを見つけられなかった。タイヤ問題の記事の情報源を探しだす努力をしているとバインズにいわれるずっと前から、自動車メーカーが時々、社の電話システムから通話を逆探知していることを筆者は知っていた。企業が、社の電話を使って従業員がかけたり受けたりした電話の記録を残すことは合法であるが、通話者に知らせずに録音することは違法である。

6 ———Gilpin, Kenneth N., "Firestone Will Recall an Additional 3.5 Million Tires," *The New York Times*, Oct. 5, 2001, p. C3.

7 ———NHTSA Press Release 51-01, Oct. 4, 2001.

第16章

1 ———ミネソタ州はこの問題のうまい解決法を考えついた。車は持ち主の家に置いたまま、ナンバープレートを没収し、車に鉄製の車輪固定具を取り付けて、運転できなくしてしまうのだ。これなら保管料は一切不要であり、車のオーナーはあとで所定の罰金を払ってナンバープレートを取り戻そうという気になる。

2 ———当初SUVに関してまったく認識が甘かった筆者は、ラングラーの広告キャンペーンが行なわれた当時、とてもいい考えだと思った。そればかりか、筆者は広告についてのコラムでそのように書きもした。幸い、そのコラムが掲載されることはなかった。筆者はそれを書き直し、自動車メーカーがどのように若い客を捕まえようとしているかについての全般的な記事にしたからである。筆者はデトロイトでは新参者で、まだ純粋に経済記者として自動車業界を扱っており、広範囲にわたるSUVの安全および環境問題についての懸念を抱いていなかった。

3 ———"Deaths: Final Data for 1998," July 24, 2000, National Vital Statistics Report, vol. 48, no. 11, Centers for Disease Control and Prevention, p. 26.

4 ———Kitman, Jamie Lincoln, "Blue Eyes on the Set, Blue Streak at the Wheel," *The New York Times*, Nov. 13, 1999. ニューマンがいわんとするのは「17歳の子供を2トン半のSUVに乗せて……」ということだ。自動車業界の人間も含めた多くの人々と同様、ニューマンもSUVを間違って乗用車と呼んでいる。しかし通常エクスペディションは確かに2トン半前後の重さがあり、ニューマンが一般の人よりも自動車の発達を鋭く注視していることがわかる。

第17章

1 ———のちにCR-Vでも四輪駆動はオプションになるが、大部分の人は四輪駆動のモデルを買っている。

2 ———本章の市場区分に関するデータは、ウォーズ自動車データバンクから独占的に入手したものである。ミニバンの数字に大型バンは含まれていない。大型

バンは2001年の自動車市場で、別に2.04パーセントを占めている。

3 ———これらはCMRが本書のために行なった計算結果である。筆者は、ウォーズが多目的クロスオーバー車と定義した17車種のリストを提供し、CMRはこれらの車種について各メディアに出た広告を合計した。1996年から2001年９月までで、自動車メーカーとディーラーは11億3000万ドルを多目的クロスオーバー車の広告に費やしている。

4 ———メーカーが小型トラックの基準をぎりぎりで満たしている限り、多目的クロスオーバー車は全体的に平均燃費を低下させる。メーカーが多目的クロスオーバー車を利用して小型トラックの燃費を最低基準以上に引き上げれば、全体の燃費に及ぼす最終的な影響は、いっそう不明瞭になる。ただし、このようなことは今のところ起きていない。

5 ———コントゥアとミスティークは、実際にはフォード・ヨーロッパ事業が開発したモデル、フォード・モンデオが元になっている。同車は90年代半ばから終わりにかけてとてもよく売れた。ガソリン価格が高く、車に詰め込まれることを苦にせず、おそらく肥満率が低いために、ヨーロッパではこの区分で、アメリカの一般的なモデルよりも小さめのセダンがより受け入れられている。

6 ———ボンネットの高さの計り方に関して、一般に認められた業界標準はなく、メーカーはそのような数字を教えようとしない。本書に掲載された最近のボンネット高は、筆者が自動車ショーで巻き尺を使って計測したものに基づいている。筆者は1998年１月から計測を始め、2002年３月にデトロイトを離れるまで続けた。ボンネット高は、地面からボンネット前端までを計測しているが、前端からほぼ一直線に段差が立ち上がり、それからなだらかになっている場合、地面から段差までを計測した。

第18章

1 ———ただしこのとき、GMの３人の女性広報担当者はAMジェネラルの重役連に倣って血のしたたるステーキを注文した。それは筆者も同じだった。

2 ———Daly, Sean, “Arnold’s Latest Film Finally Sees the Light,” *Milwaukee Journal Sentine*l, Feb. 6, 2002, p. 1E.

第19章

1 ———南アフリカを除き、アフリカのデータは入手できない。南アのSUVの市場占有率は、より多く小型乗用車が手に入るようになると微減し、2001年には8.6パーセントになった。J・D・パワー・アンド・アソシエイツのデータは、SUVと多目的クロスオーバー車を区別せず、一括してSUVとして扱っている。

2 ———“Federal Motor Vehicle Safety Standards; Roof Crush Resistance: Docket No. NHTSA-1999-5572; Notice 2,” NHTSA, 2001.

3 ———Center for Responsive Politics のデータベース。www.opensecrets.org より

アクセス可能。

4 ———Ibid.

5 ———Kahn, Joseph, “Panel Calls for Higher Mileage Standards,” *The New York Times*, July 13, 2001, p. A12.

6 ———Committee on Impact and Effectiveness of Corporate Average Fuel Economyの未公開報告書草案。カッコ内は原文のままである。

7 ———この華氏から摂氏への換算は少し間違っている。華氏69度は摂氏20.6度である。

8 ———『ニューヨーク・タイムズ』デトロイト支局の筆者の前任者、ジェームズ・ベネットは、市場占有率争いをトロイのヘレネの争奪戦にたとえた。

9 ———“Finds for under $25,000,” *Consumer Reports*, April, 2002, p. 7.

10 ———NHTSA Press Release 11–02, Feb. 12, 2002.

11 ———Ibid.

12 ———リバティは、アメリカの『オート・ウィーク』誌とドイツの『アウト・ビルト』誌のテストで横転した。ダイムラークライスラー社がいうには、サスペンションを低くするのは横転に対処するためだけでなく、顧客調査の結果、この車でオフロードを走るドライバーが予想以上に少なく、最低地上高がそれほど高くなくていいことがわかったからだとのことであった。サスペンションを低くすれば乗り心地もよくなると、同社はいう。『コンシューマー・リポーツ』は緊急操縦性テストでリバティに「良い」の評価を与えているが、NHTSAはこの車に安定性で２つ星をつけている。これは単独事故時に30パーセントから40パーセントの確率で横転するという意味である。

第20章

1 ———Cohen, Randy, “The Ethicist: Departure Delays,” T*he New York Times Magazine*, May 2, 1999, p. 26.

2 ———Lund, K. Adrian, “CAFE Standards Statement Before the U. S. Senate Committee on Commerce, Science and Transportation,” Jan. 24, 2002, p. 3.

3 ———Ibid. セリカは比較的安全な小型乗用車であるが、二輪駆動のツードア・エクスプローラーは比較的安全性が低い軽量SUVであり、ここに挙げた数字は特にショッキングな対比になっている。しかし、より広いカテゴリーについて安全に関する統計を見ても、問題はやはり歴然としている。乗員と衝突した他の道路利用者を合計した登録台数100万台あたり死亡率は、もっとも小型の乗用車で275人、もっとも小型のSUVで424人である。

4 ———ただしK1500サバーバンは、2000型式年度以降は車輌総重量8500ポンド未満に戻っている。重量級のK2500およびK3500型は何年も前から8500ポンドを優に超えているが、サバーバンの売上高の10分の１を占めるにすぎず、主に企業向けに販売されている。

5 ———“Light–Duty Automotive Technology and Fuel–Economy Trends 1975

through 2001," Environmental Protection Agency, September 2001, p. 27.

6 ——Lund, "CAFE Standards Statement," p. 3.β

終章

1 ——Weiss, Kenneth R., and Miguel Bustillo, "Schwarzenegger Is the GOP's Green Candidate," *The Los Angeles Times*, September 7, 2003.

2 ——"2002 Annual Assessment of Motor Vehicle Crashes," NHTSA, July 17, 2003, p. 16, 57.

3 ——Hakim, Danny, "Detroit and California Rev Their Engines Over Emissions," *The New York Times*, July 28, 2002, sec. 4, p. 3.

4 ——Ibid., "Ford S.U.V.s Use More Gas than Before," *The New York Times*, July 18, 2003, p. C1.

5 ——Ibid., "The Price of Success; Now Add God to the List of Enemies of the S.U.V.," *The New York Times*, November 24, 2002, sec. 4, p. 3.

6 ——"2003 Religion and Public Life Survey," Pew Research Center for the People & the Press and the Pew Forum on Religion and Public Life, July 24, 2003. 調査は二〇〇三年六月二四日から七月八日まで行なわれた。サンプルの規模は二〇〇二名のアメリカ人の成人。国民の三分の一は「イエスはどの車を運転したまうか」キャンペーンを知っていた。設問四四および四五への回答参照。

7 ——Madigan, Nick, "Cries of Activism and Terrorism in S.U.V. Torching," *The New York Times*, August 31, 2003, p. A20.

8 ——Hakim, Danny, "A Regulator Takes Aim at Hazards of S.U.V.s," *The New York Times*, December 22, 2002, sec. 3, p. 1.

9 ——Ibid.

10 ——Ibid.

11 ——Summers, Stephen, "Lincoln Navigator Compatibility Test Series," SAE Government Industry Meeting Powerpoint presentation, May 13, 2003. いわゆるブラッドシャー・バーが作用しない可能性があるということも、フォー

ドのエンジニアがこの名前をつけてから数年にわたり筆者がそれを承認してこなかった理由である。

12 ———“Driving Blind,” *Consumer Reports*, October 2003, p. 23.

13 ———“NHTSA Vehicle Safety Rulemaking Priorities and Supporting Research: 2003-2006,” NHTSA, July 21, 2003.

14 ———Ibid.

15 ———“SUV Sales Soar by 248 Percent,” Xinhua News Agency, August 19, 2003.

訳者あとがき

本書はHigh and Mighty（Keith Bradsher, PublicAffairs, 2004）の全訳である。原著のハードカバー版は二〇〇二年九月に刊行され、ニューヨーク公立図書館ヘレン・バーンスタイン優秀ジャーナリズム賞、『ワシントン・マンスリー』誌の二〇〇二年政治分野書籍賞を受賞し、『ニューヨーク・タイムズ』の「その年もっとも注目すべき本《ノータブル・ブック・オブ・ザ・イヤー》」、アメリカ書店協会による独立系書店の窓口、「ブックセンス」の「76選」に選ばれた。その後二〇〇三年一二月までの新たな進展を加筆したペーパーバック版が、二〇〇四年初頭に発刊された。日本語版は当初、ハードカバー版をもとに翻訳作業が進められていたが、脱稿直後に改訂版出版の知らせを聞いて急遽加筆部分を追加、新版が日米ほぼ同時に書店に並ぶ運びとなった。したがって本書に収められたSUVをめぐる諸問題についての情報は、現時点では最新のものといえる。

著者キース・ブラッドシャーは、『ニューヨーク・タイムズ』のデトロイト支局長を長年務めた敏腕記者である（本書執筆後、香港支局へ異動）。アメリカ製造業の屋台骨を支える自動車産業の主要製品であるSUVを真っ向から「欠陥商品である」と告発した本書は、著者が『ニューヨーク・タイムズ』紙上ですでに論陣を張っていたことも手伝って、発刊直後から大きな反響をよんだ。

自動車メーカーは、本書に対する「反論書」を作成、本書で批判された「業界べったりのジャーナリストたち」からも烈しい反論が、特にデトロイトの新聞紙上をにぎわせた。一方、アメリカ消費者運動のゴッドファーザー的存在であるラルフ・ネーダーが本書を絶賛しているように、「よくぞ書いてくれた」という評価も高い。米国のトップランクの政治家、官僚、トヨタの張社長を含む自動車メーカーの経営者から、環境保護団体の活動家まで、じつに丁寧な直接取材をもとに執筆され、容赦なく批判する本書のスタイルは、取材先や広告主に気兼ねしての、なれ合い的な記事が多い日本のマスメディアに慣れ親しんでいる日本の読者にとっても、新鮮だったのではないか。

なお、著者は、SUVに関するデトロイトからの一連の報道を評価されて、ジョージ・ポーク賞を受賞、また、ピュリッツァー賞のファイナリストに選ばれている。

数年前、テレビのニュースで、アメリカで中古の軍用装甲車が民間向けに売り出されているという話題を見た覚えがある。さすがに機関銃はダミーに換えられているが、買っているのは兵器マニアではなく普通の人（若い女性が運転している映像が流れていた）だそうで、少し笑った。だが、装甲車を買うメンタリティはアメリカでは決して特殊ではないということが本書を読むとわかる。わが身を守るために他人を威圧し、時には押しつぶす。そういう心理が装甲車とはいわないまでも、人々にSUVを買わせているのだ。

SUV（スポーツ・ユーティリティ・ビークル——多目的スポーツ車）とは、おそらく車好き以外にはあまり聞きなれない言葉で、日本ではクロカン四駆とか4WDのほうが通りがいいが、本書では原則としてSUVの呼称で統一している。日本でもひと頃四駆ブームがあり、おそらく年に数回スキーに行くか、河原に乗り入れてバーベキューをするという名目で購入されたと思われるSUVが街に溢れた。だが現在アメリカでは、そのようなレベルを超え、SUVが乗用車に取って代わる勢いだという。しかし、SUVは燃費、環境、安全性、あらゆる面で乗用車よりも大きく劣る車だと、本書の著者は述べている。この本はSUVが交通安全と環境に与える多大な害と、そのような劣悪な車がアメリカで乗用車に取って代わり、全世界の道路をも席捲しようとしている理由を、綿密な調査によって詳しく描いたものである。

SUVの危険性といえば、横転がすぐに頭に浮かぶ。八〇年代後半に日本製SUV、スズキ・サムライ（日本名ジムニー）が横転しやすいとしてアメリカで問題視されたことがある。日米貿易摩擦論争たけなわの頃であり、これはアメリカの自動車メーカーと消費者団体が結託して日本車を狙い撃ちしたものだという陰謀論めいた主張もあった。

しかしブラッドシャーによれば、横転はほとんどすべてのSUVにつきまとう宿命である。仮にサムライへの非難に不当な部分があったとすれば、それはサムライだけが危険であるかのように喧伝されたことと、横転は急ハンドルを切ったときだけに発生するかのようにミスリードしたことであろう。

しかもSUVの問題は横転だけではない。本書第二部で詳述されているように、事故時に他の車や歩行者に及ぼす危害、燃費の悪さによる資源の浪費と環境破壊、高い車高がもたらす他の道路利用者の不便など、枚挙にいとまがない。

そのように劣悪な車が、なぜ作られ、売れるのか？ SUV批判に対してメーカーはこのように反論している。「我々は顧客が欲しがるものを作っているだけだ」。だが実は、その需要はメーカーが作りだしたものだ。SUVは法的には乗用車ではなく小型トラックとして扱われ、したがって規制が甘く、税制上も優遇されている。メーカーは法の抜け穴を利用して、利幅の大きな――排ガス対策や安全性、燃費向上のためにコストをかけなくて済む――SUVを売りたいがために、巨額の広告費を費やし、ユング心理学を応用した（？）いかがわしいマーケティング手法を用いて、人間のエゴに訴えかける車のデザインと広告を次から次へと繰り出している。そして抜け穴を狭めようとする政府や議会の取り組みに対しては、政治献金と巨大労組UAW（全米自動車労働組合）の票を武器に影響力を駆使し、ことごとく打ち破ってきた。著者はSUVの危険性や反社会性を指摘するだけでなく、こうした政治的、経済的背景を徹底的に調べ上げ、世界最大の産業が世界最大の国の政府にいかに影響を及ぼしているかを暴露した政治力学のルポに本書を仕上げている。

ところで本書に書かれているようなことが日本でも起こりうるのだろうか。著者は日本を「大国では唯一SUV人気の去った国」と位置づけている。日本でも貨物自動車には安い自動車税をはじめ、いくつかの優遇措置があるが、貨物自動車として分類されるための基準はアメリカより厳しく、当然アメリカ製のSUVはその基準に適合しない。適合させようとすれば、内装などは高級乗用車の代用とするには質素すぎるものになるだろう（ピックアップは日本でも貨物自動車に分類されるが、さすがにピックアップを買うのは、相当なマニアか本当にトラックが必要な人であろう）。九〇年代初めの日本の四駆ブームはむしろ、SUVが貨物自動車を脱して乗用車に分類されるようになったことが一因といえる。したがって今のところはアメリカと同様の事態に日本が陥る可能性は低い。

しかし、国内の需要が一段落ついたアメリカのメーカーが、日本市場に狙いをつけたら、そしてアメリカ政府が規制緩和を日本政府に求め、貨物自動車の定義がアメリカと同じになったら、九〇年代初めの四駆ブームが数倍規模で戻ってくる恐れがある。これはあくまで訳者の想像だが、昨今の何でも規制緩和すればいいという風潮を考えると、ありえない話ではないようにも思える。そのような事態になったらどうなるか知るために、そしてそのような事態にならないために、日本の行政当局者や国会議員、また保険業界関係者にも本書を読んでいただきたいと思う。

同時に、本書の記述で日本の国情に合わない点について、素人考えではあるが私見を述べておきたい。

ブラッドシャーはSUVに代わるものとして、大型乗用車とミニバンを勧めているが、これは日本の道路事情には当てはまらない。狭い日本の道路に大型乗用車が増えれば、大型SUVよりはましとはいえ、交通事情を悪化させるだけだ。アメリカの基準によるミニバンも同様である。幅が二メートル近いシボレー・アストロが「ミニ」バンだなどとは、日本では正気の沙汰ではない。これは極端な例にしても、国産のミニバンにも最近ますます巨大化する傾向が見られる。日本の道路事情に合っているのは、小型乗用車（いわゆる5ナンバー）枠に収まるものであろう（実はこれは因果関係が逆で、この枠の車に合わせて日本では道路整備を行なったらしいのだが）。

こんな本を翻訳しておいて何だが、私はジープの類が好きだ。子供の頃には軍用車輌のプラモデルはずいぶん作ったし、高校生の頃には「将来買うなら四駆」と思っていた。その後、初めはオートバイで、それから足で歩いて山の中を巡るようになると、日本は四駆でなくても走れるか、四駆でも走れない場所がほとんどであり、数少ない四駆でなければ走れない場所は走ってはいけないところだということに気がついて、少し気持ちが引いた。肥大化して華美になったSUV自体に魅力を感じなくなったこともある。だがジムニーや旧ジープのような小型で実用本位のモデルなら欲しいと最近まで思っていたし、先に述べた中古装甲車も、白状すれば少し欲しいと思った（買えはしないが）。だから本書を訳し終えて、寂しい気持ちも正直している。しかし本書を読んだ後では、とてもではないがSUVを運転する気にはなれない。砂漠の真ん中か北極圏にでも引っ越さない限り、私はSUVを買うことはないだろう。

SUVは大半の人間にとって無駄なものである。そうした無駄が人間には必要なのだ、という考えもある。魅力的な考えだが、二一世紀は無駄な自動車を許容するようなのどかな時代ではないのかもしれない。もしかすると自動車そのものが無駄と判断されるかどうかの瀬戸際にあるのだから。

本書の翻訳にあたって、自動車用語をモータージャーナリスト・いしわたり康氏に監修していただいた。自動車を愛する方にとって愉快とはいえない内容であるにもかかわらず、氏は訳者の拙い文章を熟読され、時には原文まで参照して不備を指摘してくださった。末筆にて恐縮ではあるが、心からお礼を申し上げる。なお、訳文についての責任はいうまでもなく訳者にある。

二〇〇四年一月

著者略歴

キース・ブラッドシャー
Keith Bradsher

1996年から2001年まで『ニューヨーク・タイムズ』デトロイト支局長を務める。この間、ジョージ・ポーク賞を受賞し、ピュリッツァー賞の最終候補者となる。

ノースカロライナ大学およびプリンストン大学を卒業後、1989年より『ニューヨーク・タイムズ』記者として活躍。現在は同紙香港支局長をつとめる。

本書は、ハードカバー版が2002年に刊行され、「訳者あとがき」にあるように数々の賞を受賞、増補ペーパーバック版は2004年に刊行。

訳者略歴

片岡《かたおか》　夏実《なつみ》

1964年神奈川県生まれ。

主要訳書は、マーク・ライスナー『砂漠のキャデラック---アメリカの水資源開発』、アルンダティ・ロイ『わたしの愛したインド』、エドワード・アビー『爆破---モンキーレンチギャング』(いずれも築地書館)など。

SUVが世界を轢きつぶす
世界一危険なクルマが売れるわけ

2004年3月15日　初版発行

著者　キース・ブラッドシャー
訳者　片岡夏実
発行者　土井二郎
発行所　築地書館株式会社
〒104-0045　東京都中央区築地7-4-4-201
✆03-3542-3731　FAX03-3541-5799
http://www.tsukiji-shokan.co.jp/
振替00110-5-19057
印刷・製本　株式会社シナノ
装丁　小島トシノブ
©2004 Printed in Japan　ISBN 4-8067-1280-9

HIGH AND MIGHTY
THE DANGEROUS RISE OF THE SUV

by Keith Bradsher

Translated by Natsumi Kataoka

Published in Japan by Tsukiji shokan Publishing Co.,Ltd.